U0172676

本书获评住房和城乡建设部“十四五”规划教材
本书为“国家级教学成果奖”教材
住房城乡建设部土建类学科专业“十三五”规划教材
“十二五”普通高等教育本科国家级规划教材
高等学校建筑学专业推荐系列教材

AN INTRODUCTION TO GREEN BUILDING

绿色建筑概论（第二版）

刘加平　董靓　孙世钧　编著

中国建筑工业出版社

图书在版编目（CIP）数据

绿色建筑概论 = AN INTRODUCTION TO GREEN BUILDING / 刘加平，董靓，孙世钧编著．—2 版．—北京：中国建筑工业出版社，2021.1（2024.6 重印）

住房城乡建设部土建类学科专业“十三五”规划教材 “十二五”普通高等教育本科国家级规划教材　高等学校建筑学专业推荐系列教材

ISBN 978-7-112-25450-7

Ⅰ.①绿…　Ⅱ.①刘…　②董…　③孙…　Ⅲ.①生态建筑－高等学校－教材　Ⅳ.① TU-023

中国版本图书馆 CIP 数据核字（2020）第 174708 号

责任编辑：陈　桦　杨　琪
文字编辑：柏铭泽
责任校对：党　蕾

为了更好地支持相应课程的教学，我们向采用本书作为教材的教师提供课件，有需要者可与出版社联系。

建工书院：http://edu.cabplink.com/index
邮箱：jckj@cabp.com.cn　电话：（010）58337285

住房城乡建设部土建类学科专业“十三五”规划教材
“十二五”普通高等教育本科国家级规划教材
高等学校建筑学专业推荐系列教材
绿色建筑概论（第二版）
AN INTRODUCTION TO GREEN BUILDING
刘加平　董　靓　孙世钧　编著
*
中国建筑工业出版社出版、发行（北京海淀三里河路 9 号）
各地新华书店、建筑书店经销
北京雅盈中佳图文设计公司制版
北京圣夫亚美印刷有限公司印刷
*
开本：787 毫米 ×1092 毫米　1/16　印张：$21\frac{1}{2}$　字数：424 千字
2020 年 12 月第二版　2024 年 6 月第二十五次印刷
定价：49.00 元（赠教师课件）
ISBN 978-7-112-25450-7
（36425）

Preface

第二版前言

建筑是人类从事各种活动的主要场所。人口增加、资源匮乏、环境污染和生态破坏与人类的建筑活动密切相关。绿色建筑作为建筑界应对环境问题的回应，已经成为世界建筑研究和发展的主流和方向，并在不少国家进行实践推广。在中国，绿色建筑理论的研究和实践是业界持续关注的热点。

为了让读者系统了解绿色建筑的知识，我们编写了这本教材。教材的主要内容包括：绿色建筑概述、场地分析与环境设计、室内环境、建筑节能设计与技术、水资源有效利用、绿色建筑材料、建筑设备、绿色建筑整合设计、绿色建筑的运营管理与维护、绿色建筑的评价，以及绿色建筑设计实例。

本书尽量涵盖设计、材料选择、运营管理与维护、评价体系等绿色建筑全生命周期的各项内容，通过本书的介绍，为读者建立绿色建筑的基本知识结构，为进一步学习和实践绿色建筑设计打下基础。

在第二版的修订过程中，参编的教师们为完善这本教材，积极收集资料，集思广益、认真写作、反复修改，终于完成了这本对绿色建筑知识进行较为全面介绍的土建类学科专业教材。

本教材内容广泛，深入浅出，并兼顾学科前沿。希望读者在阅读和学习后能够对绿色建筑的概貌有较为全面的了解，同时也希望本书对读者在实践中提高绿色建筑设计能力有所帮助。本教材的编写分工如下：

主　编　刘加平（西安建筑科技大学）、董靓（华侨大学）

第 1 章　绿色建筑概述（董靓、曾煜朗）

第 2 章　场地分析与环境设计（董靓、黄瑞）

第 3 章　室内环境（董靓、毛良河）

第 4 章　建筑节能设计与技术（孙世钧）

第 5 章　水资源有效利用（孙世钧）

第 6 章　绿色建筑材料（刘加平）

第 7 章　建筑设备（刘加平）

第 8 章　绿色建筑整合设计（董靓）

第 9 章　绿色建筑的运营管理与维护（刘加平、陈敬）

第 10 章　绿色建筑的评价（董靓、韩君伟）

第 11 章　绿色建筑设计实例（刘加平、陈敬）

全书由刘加平和董靓负责统稿。

在成书的过程中，编者得到了多方面的支持和帮助。中国建筑工业出版社的陈桦主任为本教材的出版提供了很多帮助，特别是经常性的鼓励与督促使得本书终于顺利修订完成。我们对以上个人及机构给予的帮助表示诚挚的谢意。

限于编者的学识，书中的错误及疏漏在所难免，衷心希望各位读者给予批评指正。

本书可作为高等学校建筑学、风景园林、城乡规划、室内设计等专业本科生及研究生的教材，也可供建筑设计人员和相关科研人员参考。

2021 年 9 月本书获评住房和城乡建设部“十四五”规划教材。

西安建筑科技大学教学成果《面向西部的绿色建筑多层次人才培养模式建构与实践》获 2018 年高等教育国家级教学成果奖二等奖，本书为该教学成果教材。

Preface

第一版前言

建筑是人类从事各种活动的主要场所。人口增加、资源匮乏、环境污染和生态破坏与人类的建筑活动密切相关。绿色建筑作为建筑界应对环境问题的回应已经成为世界建筑研究与发展的主流和方向，并在不少发达国家实践推广。在中国，绿色建筑的概念开始为人们所熟悉，绿色建筑的理论研究和设计实践也已成为业界的热点。

为了让读者系统了解绿色建筑的知识，我们编写了这本教材。教材的主要内容包括：绿色建筑概述，室外环境分析与设计，室内环境及其控制技术，建筑节能设计与技术，水资源有效利用设计与技术，绿色建筑材料和建筑设备，绿色建筑的运营管理与维护，绿色建筑评价，绿色建筑设计实例等。

本书尽量涵盖从设计、材料选择到运营管理与维护、评价体系等绿色建筑全生命周期内的各项内容。希望通过本书的介绍，为读者建立绿色建筑的基本知识结构，为进一步学习和实践绿色建筑设计打下基础。

参编的教师们为了写好这本教材，在近两年的时间里，积极收集资料，集思广益、认真写作、反复修改，终于完成了这本对绿色建筑知识进行较全面介绍的教材。本教材内容广泛，深入浅出，并兼顾学科前沿。希望读者在阅读和学习后能够对绿色建筑的概貌有较为全面的了解，对实践中提高绿色建筑设计水平有所帮助。本教材的编写分工如下：

主　编　刘加平（西安建筑科技大学）、董靓（西南交通大学）、孙世钧（哈尔滨工业大学）

第 1 章　董靓（西南交通大学）

第 2 章　董靓、黄瑞（西南交通大学）

第 3 章　董靓、毛良河（西南交通大学）

第 4 章　孙世钧（哈尔滨工业大学）

第 5 章　孙世钧（哈尔滨工业大学）

第 6 章　刘加平（西安建筑科技大学）

第 7 章　刘加平（西安建筑科技大学）

第 8 章　董靓、韩君伟（西南交通大学）

第 9 章　董靓、段川（西南交通大学）

全书由刘加平和董靓负责统稿。

为了保证教材的质量，我们在西南交通大学本科生和研究生的相关课程中进行了试用，并根据试用反馈意见做了调整。

在成书的过程中，编者得到了多方面的支持和帮助。西南交通大学建筑学院博士生曾煜朗同学和徐淑娟同学在全书统稿中提供了很多帮助；立昂设计（dongleon.com）向我们提供了资料和支持；中国建筑工业出版社陈桦副编审为本教材的出版提供了很多帮助，特别是经常性的鼓励与督促使得本书终于顺利完成。我们对以上个人及机构给予的帮助表示诚挚的谢意。

限于编者的学识，书中的错误及疏漏在所难免，衷心希望各位读者给予批评指正。

本书可作为高等学校建筑学、园林景观、城市规划、室内设计等专业本科生及研究生的教材，也可供建筑设计人员和相关科研人员参考。

2010 年 7 月

Contents

目录

第10章　绿色建筑的评价

第11章　绿色建筑设计实例

第1章 绿色建筑概述

1.1 绿色建筑的概念

根据住房和城乡建设部颁布的《绿色建筑评价标准》GB/T 50376—2019 中的定义，绿色建筑是指“在全寿命周期内，节约资源、保护环境、减少污染，为人们提供健康、适用、高效的使用空间，最大限度地实现与自然和谐共生的高质量建筑。”在《大且绿——走向 21 世纪的可持续性建筑》一书中，绿色建筑（Green Building）被定义为：通过节约资源和关注使用者的健康，把对环境的影响减少到最小程度的建筑，其特点是有舒适和优美的环境。

大卫和鲁希尔·帕卡德基金会曾经给出过一个直白的定义，“任何一座建筑，如果其对周围环境所产生的负面影响要小于传统的建筑”，那么它就可以被称之为绿色建筑。这一概念向我们表明，“传统的建筑”或者说“现代建筑”对于人类所生存的环境已经造成过多的负担。以欧洲为例，欧盟各国一半的能源消费都与建筑产业有关，同时建筑活动还造成农业用地损失，污染及温室气体排放等相关问题（Brian Edwards，1999）。人们因而需要通过改变建筑设计与建造的方式，来应对 21 世纪的环境问题。

在不同的国家和地区，绿色建筑（Green Building）有不同的名称，如在日本称之为“环境共生建筑”,欧洲常称之为“生态建筑”（Ecological Building）、“可持续建筑”（Sustainable Building），我国台湾地区则称之为“永续建筑”。从宏观层面上，我们可以认为“绿色建筑”“生态建筑”“可持续建筑”表述的是同一个意思，既关注建筑的建造与营运给环境所造成的负担，也强调为使用者提供健康舒适的使用环境。

细致区分的话，三者也有区别：

绿色建筑的概念较为宽泛，只要是有环保效益、对资源进行有效利用的建筑，我们都可以称之为绿色建筑。各国现有的绿色建筑评估体系也向我们表明，绿色建筑是可以划分等级的，也就是说，建筑的“绿”可以是不同的。

生态建筑是一种参考生态系统的理念与规律来进行设计的建筑。生态系统的核心观念就是一种自我循环的稳定状态，而生态建筑的理想状态，也就是可以在小范围内达到自我循环，而不对环境造成负担。

可持续建筑则与可持续发展的理念有关，可持续发展（Sustainable Development）的发展方式要求在发展过程中，“既可以满足我们这一代人的需要，又不牺牲下一代满足他们需要和渴望的能力”（布伦特兰委员会定义）。保障下一代使用资源的权利的基础是合理地使用资源：在不可再生资源部分，需要“优化不可再生资源使用的效率”；而对于可再生资源，则需要让其被使用的速度低于自然更新的速度。可持续建筑就是按照这一理念所设计的建筑。

1.2　绿色建筑相关学科理论基础

绿色建筑理念贯穿于建筑物的全生命周期，其所涉及的相关学科较传统建筑学更加广泛。现概述绿色建筑相关学科理论基础如下：

1. 绿色建筑文化与历史

1）绿色建筑文化

2）绿色伦理

3）绿色建筑发展史

2. 绿色建筑基础理论

1）建筑环境心理学

2）建筑环境物理学

（1）建筑光学

（2）建筑声学

（3）建筑热工学

3）建筑气候学

3. 绿色建筑技术知识

1）绿色建筑材料

2）绿色建筑构造

3）绿色建筑结构工程

4）绿色建筑设备工程

（1）给水排水工程

（2）供热、供燃气、通风与空调工程

（3）供电与照明工程

（4）通讯与网络工程

4. 绿色建筑分析

1）需求分析

（1）需求定义：限制、边界、外部、内部

（2）需求的层级：需要、目标、用户需求、环境需求、人文及美学需求

（3）需求特性：正确性、可理解性、可追踪性、优先级

（4）需求获取：访谈、问卷调查、原型、案例、观察

（5）需求说明文档

（6）需求验证：评审和检查、原型验证

（7）需求变更管理

2）功能建模与行为分析

3）建筑环境与性能分析

（1）热环境分析

（2）风环境分析

（3）光环境分析

（4）声环境分析

（5）空气品质分析

（6）水环境分析

（7）全生命周期能耗分析

（8）全生命周期环境影响评价

4）非功能性质量分析

（1）安全性

（2）可用性

（3）可靠性

（4）可维护性

5）风险分析

5. 绿色建筑设计

1）设计基础

（1）设计原则

（2）设计策略

（3）设计功能和需求之间的交互

（4）设计风格、模式语言

2）概念设计

3）详细设计

4）性能设计

（1）节能

（2）节水

（3）节地

（4）节材

5）设计评价

（1）绿色建筑标准

（2）评审

（3）使用后评价

（4）问题分析与报告：缺陷分析、问题追踪

6）设计过程

（1）过程概念

（2）过程实现：过程定义的层次、生命周期模型

7）设计质量

（1）设计质量标准
（2）过程保证
（3）产品保证
8）设计技术与支持工具
（1）计算机辅助分析 CAE
（2）计算机辅助设计 CAD
（3）计算机支持的协同设计 CSCD
（4）可视化技术，虚拟现实 VR

6. 设计管理

1）设计团队组建与管理
（1）组织结构
（2）沟通与协同工作
（3）会议管理
（4）冲突解决
2）项目计划与控制
（1）工作分解
（2）资源分配
（3）风险管理
（4）变更控制
（5）结果分析
3）设计知识管理
（1）文档管理
（2）知识共享

7. 绿色建筑经济学

8. 绿色建筑运营与管理

（1）专业实践能力
（2）表现技巧
（3）沟通技巧
（4）团队精神
（5）职业道德

可见，绿色建筑的设计与建造，不仅具有对传统职业建筑师培养的需求，更对建筑师的可持续设计理念有系统化的要求。同时，它也不仅仅要求建筑师完成设计的工作，更包括了承担施工、维护和管理等涉及建筑物“全生命周期”的责任。

1.3 绿色建筑设计因素

绿色建筑的设计包含两个要点，一是针对建筑物本身，要求有效地利用资源，同时使用对生态环境友好的建筑材料；二是要考量建筑物周边的环境，要让建筑物适应本地的气候、自然地理条件。

如同 20 世纪的主题是“现代主义”一样，21 世纪的建筑学运动主题会是“可持续性”。绿色建筑并不是一种如“后现代主义”“解构主义”之类的设计思潮，而是一种结合 21 世纪人类发展的新趋势，在建筑学领域内所做出的回应。

绿色建筑设计所需要考虑的几个因素：

1. 基地

在基地的选择上，首先要考虑控制建筑活动对基地的污染，要避免水土流失、大气污染，避免使用优质耕地，而鼓励开发曾受到污染的土地。其次，保证一定的开发密度，其周围有很好的配套设施，如商业服务网点、教育文化设施、医疗福利建筑等，形成混合型小区。同时，基地周围也要求有良好的公共交通系统。再者，设计师需要考虑雨水的管理与利用，并通过适当的场地设计提升空地率，进而减少城市热岛效应。最后，通过以上种种措施，来保障基地的可持续性。

2. 水资源利用

水资源利用包括场地景观用水与建筑物内用水。景观用水应利用中水或者雨水，而不是饮用水。设计师在进行景观植物浇灌系统的设计时，也应考虑设计出合理而节约的浇灌方式。建筑物内部用水的环保措施，包括使用节水设备、对废水的利用等，从而减少建筑物对水的需求和建筑物排出的废水。也就是说，建筑通过雨水、中水的合理利用，达到节水的目的。以往的误区是对于水这种自然资源，在计算价格的时候，仅仅是根据人类在得到水的过程中相关的消费与生产，所产生的费用来制定价格，而没有将对自然界的负面影响计入成本，导致了水费偏低、使用者节约意识不强的状况出现。事实上，水资源是迫切需要我们以审慎的态度来加以利用的。

3. 能源的使用

建筑设备系统的能源使用，应减少使用化石能源，而鼓励使用可再生的清洁能源，如风能、太阳能、生物质能等。

4. 建筑材料

从“全寿命周期”角度考虑建筑材料的选择，就要考虑到从来源、生产、运输、安装、使用到最终的废弃或者再次利用的整个过程。因此，当地材料、可回收的材料（如钢材）、可再生的自然材料（如竹子、木材），相对于旧有的建筑材料是更好的选择。

同时，建筑材料需要保障其安全性，不能对人体及周围环境产生危害。

5. 室内环境品质

在建筑设计中，应鼓励自然通风，同时提高机械通风的新风率；应鼓励自然采光，同时通过良好的建筑设计保证电气照明系统与自然采光的方式配合良好；应提高建筑物室内的舒适度，同时优化采暖、通风、制冷等系统的能源效率，也就是说，室内环境品质其实也是与能源的使用密切相关的。此外应严格控制室内空气品质，避免室内化学品与污染物的扩散。

此外，设计师在设计中结合基地特性，可以使用一些创新的设计手法。需要注意的是，绿色建筑并不需要花费更多精力，而是通过在设计开始之前就充分考虑到适合基地的设计手法，而达到提供舒适使用环境与降低对环境负担的目的。

1.4 绿色建筑文化与绿色价值观

绿色建筑文化的兴起是与绿色设计观念在全世界范围内的广泛传播密不可分的，是绿色设计观念在建筑学领域成为主流的体现。

绿色设计 GD（Green Design）这一概念最早出自于 20 世纪 70 年代美国的一份环境污染法规中，它与现在的环保设计 DFE（Design For the Environment）含义相同，是指在产品整个生命周期内优先考虑产品的环境属性，同时保证产品应有的基本性能、使用寿命和质量的设计。

因此，与传统建筑设计相比，绿色建筑设计有两个特点：一是在保证建筑物的性能、质量、寿命、成本满足要求的同时，优先考虑建筑物的环境属性，从根本上治理污染、节约资源和能源；二是设计时，设计师所考虑的时间跨度大，涉及建筑物的整个生命周期环节，即从建筑的前期策划、设计概念形成、建造施工、建筑物使用直至建筑物报废后对废弃物处置。

这也就体现在绿色建筑文化与价值观上，一方面强调对自然与基地的充分尊重，而不是“人定胜天”的与自然对抗的观念；另一方面则是一种循环与可持续性的观念，因为“大自然不会产生废弃物”，人类作为地球这个生态系统的一部分，也不应该仅仅为了满足自身的需求，而生产出大量的自然无法降解的物质，或者说“垃圾”，而应该让人类的建筑活动再次成为整个生态循环体系中的一部分：既从上游得到“能量”，又为下游提供“食物”。

1.5 绿色建筑的发展与意义

绿色建筑的发展是与环境问题和可持续发展密切相关的。自 1962 年蕾切尔·卡森（Rachel Carson）出版了《寂静的春天》（*Silent Spring*）一书。环境问题开始被西方发达国家所重视。而 20 世纪 70 年代爆发的中东石油危机，则让西方国家意识到了能源不是取之不尽的，20 世纪 70 年代以前那种鼓励消费的价值观开始被质疑，人类需要在保证自身的发展与保护地球资源、环境两者中找到平衡。

1987 年，世界环境与发展委员会公布了里程碑式的报告——《我们共同的未来》，提出了人类可持续发展的策略。

1992 年的“地球高峰会议”则签署了《气候变化公约》《生物多样性公约》《森林原则》《里约热内卢宣言》《21 世纪议程》等重要文件，让可持续发展的观念跨越了区域限制，开始在全世界范围内被广泛重视。

我们最耳熟能详的，则是于 1998 年签订的《京都议定书》，限制了各国二氧化碳的排放量，把控制碳排放量作为处理地球环境恶化问题的解决方法。

图 1–1　瑞士再保险大厦

所有的这些出版物、会议，都使得绿色建筑理念的出现及推广有了良好的社会背景。但是，如前文所述，绿色建筑并不是一种建筑的新风格，我们可以说勒·柯布西耶是“现代主义建筑”的代表人物，扎哈·哈迪德是“解构主义建筑”的代表人物，但是，在绿色建筑领域，我们暂时还不能找到某个开创这种风格的代表，却可以看见越来越多的优秀建筑师，运用绿色建筑的设计手法，让他们的作品更好地与环境和谐共处。如 MVRDV 所设计的“德国汉诺威 2000 年世界博览会荷兰馆”，福斯特与合伙人事务所设计的位于伦敦的“瑞士再保险大厦”(图 1–1)。在以往，我们只是从建筑学的角度，认为这些作品是巧妙的设计，而事实上，它们也是优秀的绿色建筑。

此外，各国所颁布的绿色建筑评估体系，也从另外一个侧面向我们展示了绿色建筑的发展历史：

1990 年英国建筑研究所 BRE 公布了其研究的“建筑研究机构环境评估法”(Building Research Establishment Environmental Assessment Method，简称 BREEAM 体系)，也是世界上第一个绿色建筑评估体系。

1998 年美国绿色建筑协会(USGBC)推出了“能源与环境设计先导”(Leadership in Energy and Environment Design)的绿色建筑分级评估体系，即我们所熟知的“LEED”的 1.0 版本。该体系起草于 1994 年，是美国绿色建筑协会在参考了英国的 BREEAM 后独立创造出的美国建筑分级体系。而如今，这一体系在世界范围内也拥有很大的影响力。

此外，还有 1998 年加拿大发起研究，多国及地区参与的 GBTool 体系，我国台湾地区于 1999 年启动的绿色建筑评估 EEWH 体系，日本 2002 年颁布的“建筑物综合环境性能评价体系”(Comprehensive Assessment System for Building Environmental Efficiency，简称 CASBEE 体系)等多个绿色建筑评估体系。

在 2006 年，我国建设部(现住房和城乡建设部)也颁布了《绿色建筑评价标准》GB/T 50376—2006，标志着我国也拥有了自己的绿色建筑评估体系。

在了解了绿色建筑的概念、学科基础、发展历史，以及设计理念之后，本书为何要大力推动绿色建筑建设的意义已经不言自明。大到对整个人类、各个国家的发展，小到每个人的日常生活，绿色建筑都会对其产生深远的影响。

绿色建筑，其实只是为了让我们可以健康、舒适、安全地在地球上生活而设计、并逐步实施的建筑学策略。所有的一切，目标都是为了人类，可以舒适地生活。只不过相对于以前的建筑学策略，这次关注了环境。

1.6 本书主要内容介绍

本书尽量涵盖从方案设计、材料选择到运营管理与维护、评价体系等绿色建筑全生命周期内的各项内容，但并未包括绿色建筑结构体系和绿色建筑施工两项内容。本书希望通过以下内容的介绍，可以帮助读者建立起绿色建筑的知识体系框架，为进一步学习绿色建筑设计打下基础。本书主要内容包括：

1. 绿色建筑概述；
2. 场地分析与环境设计；
3. 室内环境；
4. 建筑节能设计与技术；
5. 水资源有效利用设计与技术；
6. 绿色建筑材料；
7. 建筑设备；
8. 绿色建筑整合设计；
9. 绿色建筑的运营管理与维护；
10. 绿色建筑的评价；
11. 绿色建筑设计实例。

第2章 场地分析与环境设计

自然环境是人类赖以生存和生活的基础，建筑始终存在于一定的自然环境之中，绿色建筑更是强调建筑与周围环境相融合。环境是相对于中心事物而言的，与某一中心事物相关的周围事物，就是这个事物的环境。在现代建筑学与环境科学的相关概念中，环境用来指称在人类活动空间范围内的由所有自然、人工景物构成的完整系统。从环境角度来研究建筑与人的关系，则更强调建筑因素、环境因素、人的因素三者之间的整体效应，是一种系统意识的表现。

综合分析已选场地内外自然条件和社会条件，充分利用现有的各种资源，实现对生态环境的最大保护和最小破坏。建筑与周边环境相协调，使项目取得最佳的经济效益、社会效益和环境效益，从而实现自身的可持续发展。

2.1 气候

2.1.1 气候分区

气候影响人们生活的舒适程度，以及对生化燃料的需求。一般来讲，世界上大部分地方都使用生化燃料来创造舒适的居住环境。如果我们能够有效利用并局部调节所在气候区的微气候，我们就可以在维持舒适的家居和工作环境的同时，减少所需的能源消耗量。中国建筑气候区划将全国共分为五个大气候类型区：严寒地区、寒冷地区、夏热冬冷地区、夏热冬暖地区、温和地区，可参见《民用建筑统一设计标准》GB 50352—2019 内“中国建筑气候区划图”。各区气候特点及对建筑的基本要求见表 2-1。

不同分区对建筑基本要求　　表 2–1

分区名称		热工分区名称	气候主要指标	建筑基本要求
Ⅰ	ⅠA ⅠB ⅠC ⅠD	严寒地区	1 月平均气温≤ –10℃ 7 月平均气温≤ 25℃ 7 月平均相对湿度≥ 50%	1. 建筑物必须满足冬季保暖、防寒、防冻要求 2. ⅠA、ⅠB 区应防止冻土、积雪对建筑物的危害 3. ⅠA、ⅠB、ⅠD 区的西部，建筑物应防冰雹、防风沙
Ⅱ	ⅡA ⅡB	寒冷地区	1 月平均气温 –10~0℃ 7 月平均气温 18~28℃	1. 建筑物应该满足冬季保温、防寒、防冻等要求，夏季部分地区应兼顾防热 2. ⅡA 区建筑物应防热、防潮、防暴风雨，沿海地区应防盐雾侵蚀

续表

分区名称		热工分区名称	气候主要指标	建筑基本要求
Ⅲ	ⅢA ⅢB ⅢC	夏热冬冷地区	1月平均气温 0~10℃ 7月平均气温 25~30℃	1. 建筑物必须满足夏季防热、遮阳、通风降温要求，冬季应兼顾防寒 2. 建筑物应防雨、防潮、防洪、防雷电 3. ⅢA区应防台风、暴雨袭击及盐雾侵蚀
Ⅳ	ⅣA ⅣB	夏热冬暖地区	1月平均气温＞10℃ 7月平均气温 25~29℃	1. 建筑物必须满足夏季防热、遮阳、通风、防雨要求 2. 建筑物应防暴雨、防潮、防洪、防雷电 3. ⅣA区应防台风、暴雨袭击及盐雾侵蚀
Ⅴ	ⅤA ⅤB	温和地区	7月平均气温 18~25℃ 1月平均气温 0~13℃	1. 建筑物应满足防雨和通风要求 2. ⅤA区建筑物应注意防寒，ⅤB区建筑物应特别注意防雷电
Ⅵ	ⅥA ⅥB	严寒地区	7月平均气温＜18℃ 1月平均气温 0~22℃	1. 热工应符合严寒和寒冷地区相关要求 2. ⅥA、ⅥB应防冻土对建筑物地基及底下管道的影响，并应特别注意防风沙 3. ⅥC区的东部，建筑物应防雷电
	ⅥC	寒冷地区		
Ⅶ	ⅦA ⅦB ⅦC	严寒地区	7月平均气温＞18℃ 1月平均气温 -5~-20℃ 7月平均相对湿度＜50%	1. 热工应符合严寒和寒冷地区相关要求 2. 除ⅦD外，应防冻土对建筑物地基及底下管道的危害 3. ⅦB区建筑物应特别注意积雪的危害 4. ⅦC区建筑物应特别注意防风沙，夏季兼顾防热 5. ⅦD区建筑物应注意夏季防热，吐鲁番盆地应特别注意隔热、降温
	ⅦD	寒冷地区		

注：表中的资料来源于《民用建筑设计统一标准》GB 50352—2019。

2.1.2　城市热岛

城市热岛（Urban Heat Island）是指城区中心的气温明显高于外围郊区的现象。在近地面温度图上，郊区气温变化很小，而城区则是一个高温区，就像突出海面的岛屿，由于这种岛屿代表高温的城市区域，所以就被形象地称为城市热岛。通过观察纽约及伦敦等大城市，城市内外的温度差最大可以达到10~12℃。热岛效应明显地损害了城市生活的舒适性，同时室外的高温化导致了建筑物内空调设备能耗的增加，而空调设备排热量的增大又促使了城区气温的升高，形成了恶性循环。

产生城市热岛效应的因素有很多，首先，城市的地表大部分被建筑物和道路覆盖，由于大量硬质的建筑材料和对太阳光吸收较强的颜色的使用，吸收大量热辐射，导致地表升温。其次，建筑物的设备、路面交通、照明设施等伴随着各种城市活动，消耗了大量的能源而排热量大，使覆盖城市的大气变得炽热起来，且由于绿地稀少，而无法通过蒸发来实现冷却的效果。此外，城区大气污染物浓度大、气溶胶微粒多，在一定程度上起了保温作用。

如图 2-1 所示为城市内外的热平衡。消耗掉的能源最终以热的形式散发掉，如建筑物的空调等设备废热散发到空气中，道路上的车辆和地铁里的热气都以气体形式散发到大气中。此外，随着城市下水道的系统完备，雨水大多直接流入下水道被排出，而使得土壤得不到水分，使得

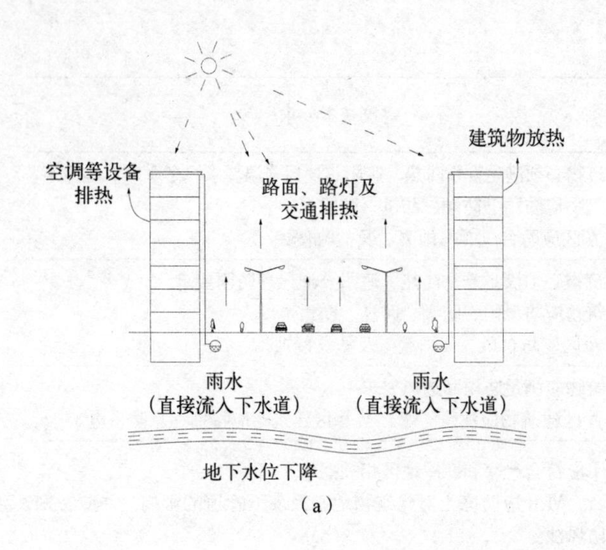

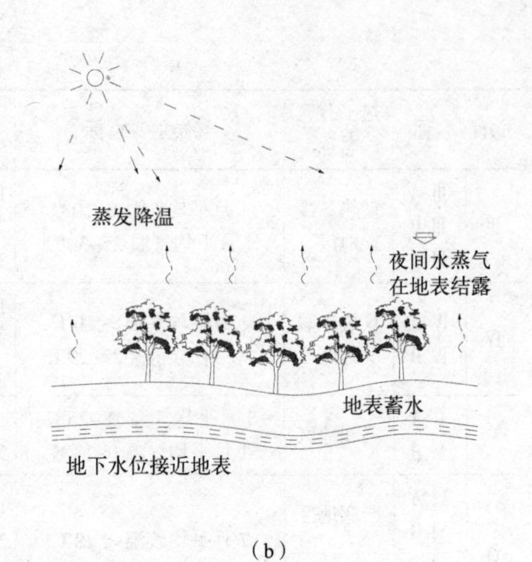

图 2–1　城市内外的热平衡
（a）城市内；（b）郊外

土壤的干燥导致了城市蒸发能力的减弱。建筑物和道路表面所吸收的太阳热量，由于无法通过蒸发来冷却，并且由于城市表面与空气间的温度差热气向空中散发，导致了城市表面的高温状态。即使在夜间，由于白天没散发掉的热量仍不断向大气中散发，导致城市表面几乎一整天持续处于高温状态。一般认为在冬季，城市热岛效应较强，不仅是因为冬季的大气安定度强，能源消耗也是原因之一。

从城市建设和发展绿色建筑的角度来看，应控制和减弱日趋严重的热岛现象，改善城市热环境。城市中大量硬质的建筑材料和对太阳光吸收较强的颜色的使用，是导致城市热岛效应的罪魁祸首。而利用较高反射率建筑材料来降低城市热岛是一项有效的手段。物体表面反射太阳辐射热量的能力叫作反射率。表 2–2 是建筑业中一些常见材料的反射率。例如涂白漆的建筑物表面其反射率高达 0.90，这意味着它可以反射 90% 的太阳辐射热量；柏油路的反射率只有 0.05，也就是说，它只能反射太阳辐射热量的 5%。物体表面反射太阳热量的能力（即反射率）其范围为 0~1.0。一般来讲，浅色表面的反射率较高，能够反射大部分的太阳能量，而深色表面的反射率较低，能够吸收大部分的太阳能。房屋所获得的热量也是如此，深色的房屋因为其表面材料的反射率较低，室内的温度会较高。这是因为建筑外部的墙壁和屋顶所获得的热量会通过建筑物自身的传输作用传到房屋的内部。传输作用是指在建筑物内部，热量从物体温度较高的部分（墙壁和屋顶）传送到温度较低的空间或者能量较低的部分。只有厚厚的温度绝缘层才可以阻止温度从高温向低温的传递。加利福尼亚州萨克拉曼多的一项研究表明，把一间房屋墙壁和屋顶的建筑材料的反射率从 0.30 提高到 0.90，其制冷设施的能量消耗因此下降了 20%。在修建建筑过程中选用人工建筑材料时，地中海的很多国家如希腊，几个世纪以来就注重使用浅色的建筑材料，使环境更加舒适。表 2–3 是一些人工建筑材料的温度。

人工地表的建筑材料表面反射率 表 2–2

材料	反射率
柏油路	0.05 ~ 0.20
水泥路	0.10 ~ 0.35
铝箔	0.92 ~ 0.97
铝板	0.80 ~ 0.95
草坪	0.25 ~ 0.30
树木	0.15 ~ 0.18
泥瓦材料（砖块和石头）	0.20 ~ 0.40
白漆	0.50 ~ 0.90
有色漆	0.15 ~ 0.35
褶皱屋顶	0.10 ~ 0.16
沥青和砂砾屋顶	0.08 ~ 0.18
红褐色砖瓦屋顶	0.10 ~ 0.35

各种材料在高温天气（30℃）的温度 表 2–3

材料	温度
柏油路	39℃
深色柏油粗砾屋顶	57℃
浅灰色柏油粗砾屋顶	52℃
红砖墙壁	33℃
浅色木质篱笆 向阳面	36℃
浅色木质篱笆 背光面	33℃
石子路	39℃
水泥路	42℃
草坪	31℃
树叶表面	29℃
树叶覆盖植被	49℃
树皮覆盖植被	42℃

2.1.3 水系统的平衡

地球上的水并不是处于静止状态的。从全球范围看，水分主要通过蒸发（蒸腾）、水汽输送、降水和径流构成一个封闭式的循环系统。即水在太阳辐射作用下，由地球水陆表面蒸发变成水汽，水汽在上升和输送过程中遇冷凝结成云，又以降水的形式返回地表。水分进行这种不断的往复过程，即水分循环。如图 2–2 所示，分为两种循环，一种是海洋表面水分蒸发、凝结成云，并以降水的形式落在陆地上，陆地上的水分又以地表径流的形式重返海洋的过程称为水分大循环；另一种是海洋（或

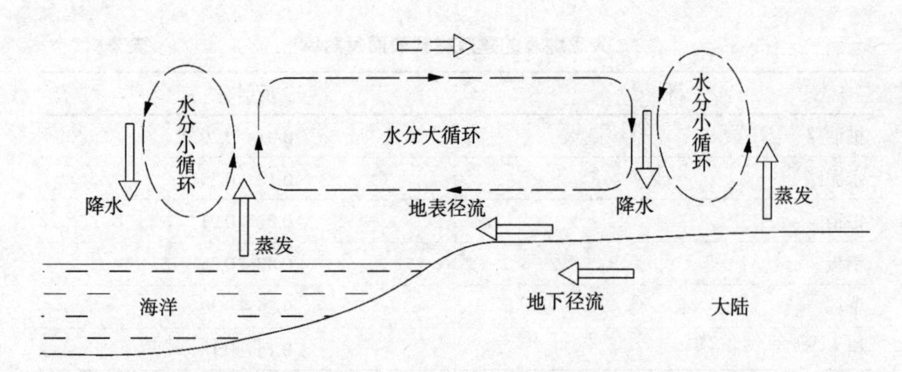

图 2-2　地球表面的水循环

陆地）表面水分蒸发、凝结，又以降水的形式返回海洋（或陆地）的过程称为水分小循环。在自然状况下，地球上的总蒸发量与总降水量相等，整个地球上的水分总量大体上是恒等的。

城市化后，受人类活动的影响，导致天然流域被开发、植被遭受破坏、土地利用状况改变，自然景观被大幅度改造。不透水地面的大量增加，使城市的水文循环状况发生了变化，降水渗入地下的部分减少，填洼量减少，蒸发量也减少，地面径流的部分增大。这种变化随着城市化的发展、不透水面积的增大而增大。

水循环系统的平衡是绿色建筑诸多系统平衡中的重要一项。

想要解决这一问题，有两个重要内容是需要引起大家重视的。一是增强地面的透水能力。增强地面透水能力可强化天然降水的地下渗透能力，减轻排水系统负担，补充地下水量；二是增加绿化面积。树木的枝叶能够防止暴雨直接冲击土壤，减弱雨水对地表的冲击，同时树冠还可以截留一部分雨水。如图 2-3 所示，自然降雨时，有 15%~40% 的水量被树林树冠截留或蒸发，有 5%~10% 的水量被地表蒸发，地表的径流量仅占 0%~1%，大多数的水，即 50%~80% 的水量被林地上一层厚而松的

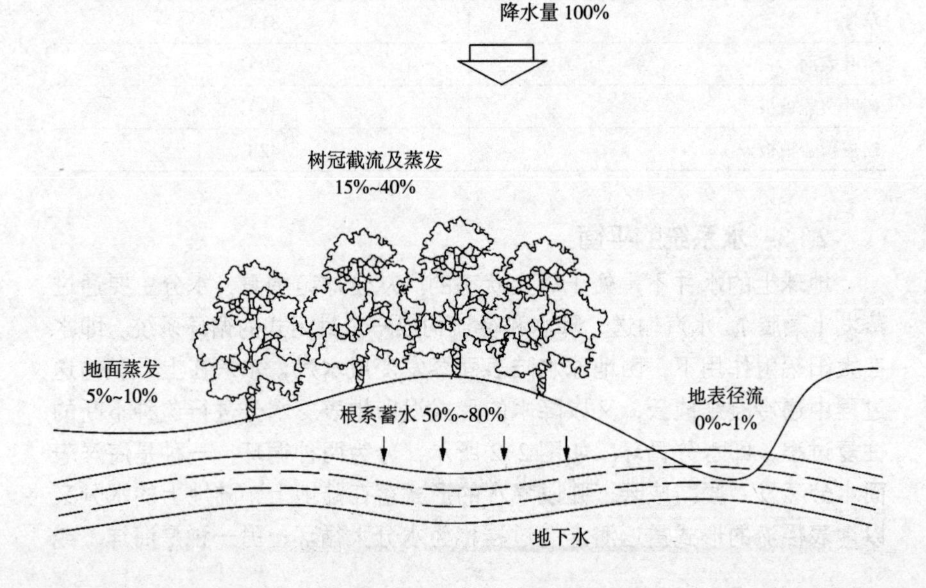

图 2-3　树木的蓄水保土作用

枯枝落叶所吸收，然后逐步渗入到土壤中，变成地下径流。这两项内容均可减少地表径流，促进雨水资源通过蒸发等途径进入自然的水循环系统中，并且在暴雨来临之际，还可有效缓解城市排水系统的压力。

2.2　场地分析

2.2.1　理想的建筑基址

中国传统堪舆学说关于理想风水模式（图 2-4）条件是背山面水、山环水抱、层层护卫、对称协调、阴阳互补，这种理想风水模式是古人对良好人居环境追求的经验积累。

一般而言，山的南坡是建筑基址的最佳选择（图 2-5），在此建造房屋有很多好处。

第一，在冬季拥有良好的日照。冬季太阳高度低，南坡不易受到遮挡，且相较水平地面其单位面积能受到更多的日照。在温带的一个南向 20° 斜坡上，它的春天将比平地上的提前大约两周来临。南坡土壤能吸收和积蓄更多的热量，建筑依山而建能保证冬季有良好的日照，且可以利用土壤热量。

第二，冬季能很好地避开寒冷的北风。由于山顶和山东西两翼对北风的遮挡，山的南坡在冬季位于背风区（即风影区），受北风的侵袭大大减弱。

第三，夏季有良好的自然通风。在夏季，由于主导风一般来自南向，建筑依山而建能迎向主导风向；由于山谷和山坡在白天受太阳辐射加热和夜间受天空辐射冷却而受热不均匀，会在热压作用下形成交替的地方风，白天风从山下吹向山顶，

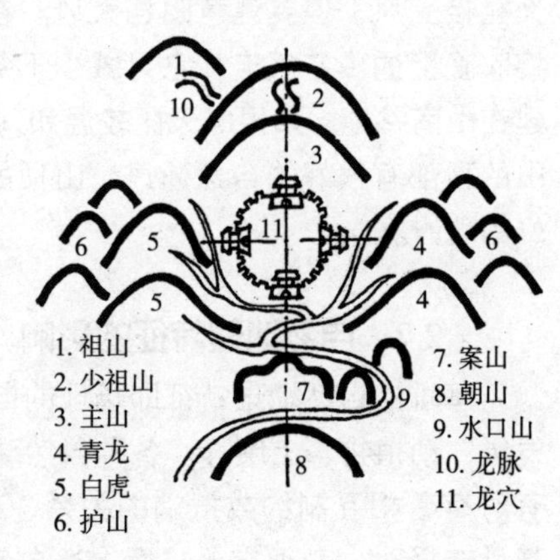

图 2-4　最佳的城址选择

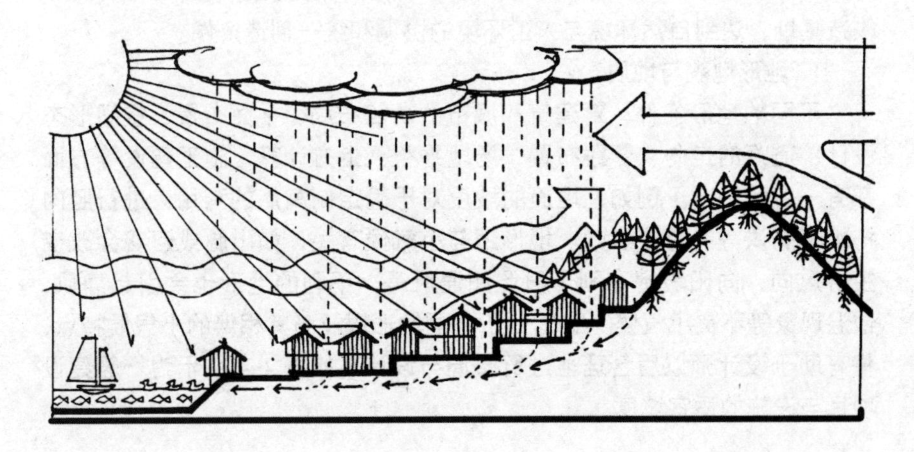

图 2-5　山南坡是最佳的建筑选址

夜间从山顶吹向山谷。

第四，有良好的排水地势。由于坡度的存在，降雨时，地表水顺势而下，便于形成排水引导，避免泥石流、山洪、塌坡等水土流失造成的各种危害。

第五，避免“霜冻”和“疾风”效应的形成。建筑建在山坡上，可以避免冬季冷空气下沉在山谷、洼地、沟地等处形成“霜冻”效应，也可避免在山顶形成“疾风”效应。

第六，有利于耕作。山的南坡由于日照充足，降水相对丰富，是农作物生长的好地方。在南坡建造房屋便于对农作物进行耕作和管理，减少出行距离。

第七，利于植被种植。山的南坡也是适合植被生长的好地方。植被可保持水土，可调节气候，可产生新鲜空气而提高空气质量；种植果林或经济林可取得经济效益，植被还可作为燃料能源，具有便于取得和搬运的优点。

第八，南坡山脚常是地表水汇集之处，便于养殖灌溉、生活洗涤。南面的水池和植被还对夏季的热风有冷却作用。

气候条件和建筑类型，共同决定了在丘陵地区最佳的建筑地点。例如，在寒冷地区，一个可以避免冬季寒风又能避免“霜冻”效应的南向斜坡是比较好的场地选址。在温带地区，斜坡的中上部分，它既能接受阳光，又能接受风，但要注意阻挡大风。在干热地区，朝东斜坡的低洼地带能接收晚上的冷空气流，它可减少下午太阳的辐射；如果冬天非常冷，就建在山南谷地；如果冬天比较温和，就建在山的北面或东面。在湿热地区，山的顶部有很好的自然通风，山顶的东侧可减少下午太阳的辐射，是较好的地方。

2.2.2 自然地理特征的影响

基址的自然地理特征即场地的自然环境特征包括地质、地貌、水文、气候、动植物、土壤等。各种自然环境要素对基址的影响并不是孤立的，有时有着相互制约或抵消的关系，有时则需要相互配合加剧某种作用。基址选择时，必须充分了解上述自然条件的影响，为以后合理地利用和改造基址、达到自然环境与人工环境的协调和统一创造条件。

1. 地形地貌与地质

不同的地形条件，对建筑和城市的功能布局、平面布置、空间形态设计、道路的走向、管线布置、场地平整、土方计算、施工建设等方面都有一定的影响。例如，地面的坡度对于确定制高点的利用、进行竖向排水及防洪等有重要影响。地形还与小气候有关，如山脉或河谷会改变主导风向、向阳坡地有利于日照和通风等，不利的地形也会引起静风、逆温现象等不良小气候。因此，分析不同地形以及与其相伴的小气候特点，将有助于设计师以后合理地进行布局与设计。如表 2-4 所示为一般建设项目与设施的适宜坡度。

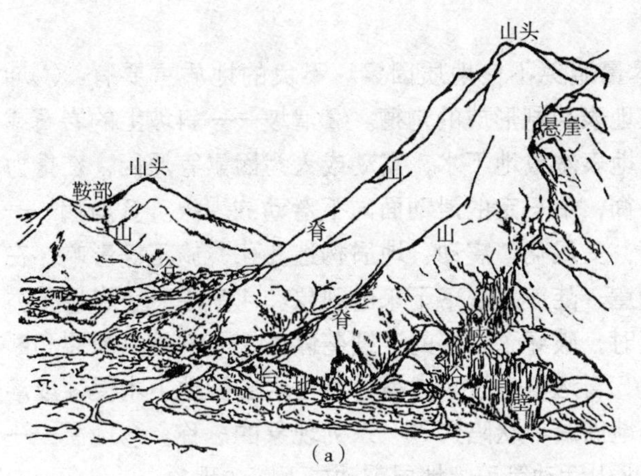

（a）

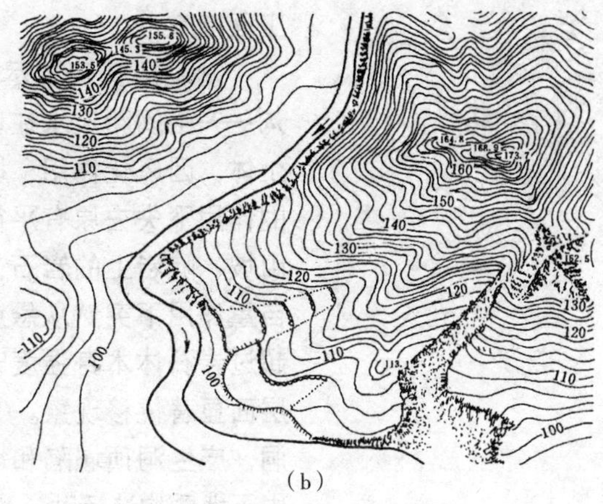

（b）

图 2–6　地形地貌与地形图
（a）自然地形地貌；
（b）测绘图的表达

从自然地理宏观地划分地形的类型，大体有山地、丘陵与平原三类；在小地区范围内，地形还可以进一步划分为多种类型，如山谷、山坡、冲沟、盆地、谷道、河漫滩、阶地等（图 2–6）。尽管人们可以对地形进行调整和改造，但自然地表形态仍是基址选择的基本条件。基址一般选择较为平坦而简单的地形，但有时也含有多种地形的组合。

地形图是反映基址地形地貌最重要的基础资料，它在道路与管线纵坡设计、土石方计算及场地平整中有广泛的应用。用地形图还可确定基址的用地范围，因为各种建筑物与设施都要求建造在不大于某一特定坡度的相对平缓用地上。

一般建设项目与设施的适宜坡度　　　　**表 2–4**

项目	坡度	项目	坡度
工业	0.5%~2%	铁路站场	0%~0.25%
居住建筑	0.3%~10%	对外主要公路	0.4%~3%
城市主要道路	0.3%~6%	机场用地	0.5%~1%
城市次要干道	0.3%~8%	绿地	可大可小

地质对基址选择的影响主要体现在其承载力、稳定性和有关工程建设的经济性等方面，基地的地表一般由土、砂、石等组成，将直接影响到建筑物的稳定程度、层数或高度、施工难易及造价高低等。

各种建筑物，构筑物对地基承载力具有不同的要求。一般民用建筑取决于其建筑物的性质、层数、结构及基础形式等，差别较大；道路与市政建设用地一般要求在 $50kN/m^2$ 左右。因此，在基址选择时，要调查用地范围内地表组成和地基承载力的分布状况，一些不良地基的土壤，如泥炭土、大孔土、膨胀土、低洼河沟地的杂填土等，会在一定条件下改变其物理性状，引起地面变形或地基陷落而造成基础不稳，使建筑物发生裂缝、变形、倒塌等破坏。这类用地一般不宜作为建筑用地。因条件所限而必须加以利用时，须采取防湿、排水、填换土层、桩基等相应工程措施。

基址选择还要尽量避免不良地质因素。不良的地质主要有：①冲沟——由间断流水在地表冲刷形成的沟槽。②滑坡——斜坡上的岩石或土体，因风化作用、地表水或地下水、震动或人为因素等原因，在重力的作用下失去原有平衡，沿一定的滑动面向下滑动的现象。③崩塌——山坡、陡岩上的岩石，受风化、震动、地质构造变化、施工等影响，在自重作用下突然从悬崖、陡坡上脱落下来的现象。④断层——岩层受力超过岩石体本身强度时，破坏了岩层的连续整体性，而发生的断裂和断层面显著位移现象。⑤岩溶——石灰岩等可溶性岩层被地下水侵蚀成溶洞，产生洞顶塌陷和地面漏斗状陷穴等一系列现象的总称。⑥地震——由于地质构造运动、火山活动等引起地层震动或下陷的现象。

2. 气候条件

气候条件对基址的影响有着有利与不利两方面，它的作用往往通过与其他自然环境条件的配合，而变得缓和或是加强，尤其在创造适宜的工作和生活环境、防治环境污染等方面具有直接的影响。此外，还应注意到基址所在小地区范围内可能存在着地方气候与小气候。影响基址选择的气候因素主要有太阳辐射、风、温度、湿度与降水。

太阳辐射不仅具有重要的卫生价值，也是取之不竭的潜在能源。日照的强度与日照率在不同纬度地区存在着差别，太阳的运行规律和辐射强度是确定建筑的日照标准、间距、朝向以及遮阳设施、热工设计的重要依据。基址选择应遵循“冬季向阳，夏季庇荫”的原则。

风对基址有着多方面的影响，如防风、通风、抗风等，而基址的热环境更与日照和风密切相关。基址选择应遵循“冬季避寒风，夏季迎凉风”的原则。风也是基址潜在能源的一种形式。有害气体对空气的污染与风向及其频率有关，基址选择应避开大气污染源的下风侧。通常定义污染系数为风向频率与平均风速之比值。

气温主要取决于所受太阳辐射强度的大小，一般纬度每增加一度气温平均降低 1.5℃ 左右。海拔高度每升高 100m，温度降低 0.6℃左右。因此，纬度和海拔高度大的地方，意味着温度较低。此外，海陆位置及海陆气流的分布也影响着气温。空气温度和湿度对于人们的热感觉有重要影响，长期影响着人们的行为方式，并形成不同生活习惯，会对基址的功能组织、建筑的布置与组合方式、空间形态和保温防热产生影响。当所处地区的气温日较差、年较差较大时，将影响到工程的设计与施工，以及相应工艺与技术的适应性和经济性等方面。如北方寒冷地区冬季的冻土深度就是建筑和工程设计的重要参数。

降水对基地选择的影响主要表现在降水量、降水季节分配和降水强度等方面，它直接影响地表径流和引起地面积水，如河流洪水，并影响建筑和城市的防洪和排水设施的设计与建设。因此选择基址时，应当弄清基址处的降水规律和特点，考虑降水对以后竖向布置、给排水设计、道路布局和防洪设计等工作的影响。

有关气候条件对基址选择的影响，除上述主要因素外，还有气压、雷击、积雪、雾和局地风系、逆温现象等，如果有特殊情况，需对其进行进一步了解。

3. 生物多样性

任何一个自然基址内的地表的形态、土壤状况以及河流、植物群落、野生动物的栖息地的分布都是自然长期演化的结果，是具有生态平衡和相对稳定性的生态系统。因此，对一个与动植物群落有关的基址进行选择，必须考虑这一地区生态多样性，即生态系统的结构功能和物种的多样性，以及物种内的属类多样性。如果某个地域有稀有物种或濒危的植物或动物物种，在这种情况下，可以认为此地区不适合进行新项目的开发。任何一个新项目的开发其基址都需要认真地把它放在更大的生态系统中，尤其是把它放在邻近的生态系统中进行细致地评估。

4. 地表土地性质

地表土地是否合适建设取决于它的形态和内在性质。当基址是未开垦的处女地时，这个问题显得尤为重要，因为这种自然区域应该尽可能地加以保留。从土地的内在的性质来看，它有一定的适应性，只适于一种或几种用途。通常按自然形态将土地分为八类，即：地表水区、沼泽地区、泛洪区、地下含水层区、地下水回灌区、坡地、森林和林地；以及平地。它们的适应性和自然形态见表 2-5。

土地的八种类型及其在建筑和城市选址的适应性　　表 2-5

土地类型	建筑或城市使用的适应性	说明
地表水区及河边	港口、码头、船坞、水处理厂、与水有关的工业、公共事业及居住用的开放空间、农业、森林和游憩	1. 指江、河、湖泊、溪流占据的土地 2. 原则上，只允许必须占用临水位置的，且在目前和将来，不会污染和降低地表水供应的建筑使用
沼泽区	游憩、某些农业、作为隔离城市建设用	原则上，要反映排洪蓄水、野生动物栖息、鱼虾产卵繁殖的场所等主要作用
泛洪区	港口、码头、船坞，水处理厂、需水运交通和用水的工业、农业、森林、娱乐、公共事业的绿地和居住区的绿地等	1. 按 50 年一遇计 2. 应排除所有建设，仅供不会受洪水泛滥之害的或与洪泛区不能分离的建设使用
地下含水层区 地下水回灌区	农业、森林、娱乐、工业 （不产生有毒及破坏性污染物的）	1. 回灌区是地表水与地下水转换的地方 2. 应该保护好管理好河道和溪流 3. 应禁止建设单位排放有毒的废物或生物粪便和污水 4. 应该停止使用灌注井向含水层灌注污染物 5. 所有的土地利用要在规定的渗漏的限度之内
陡坡地	森林、娱乐、带有林地的低密度宅区（小于 0.4 公顷 / 户）	1. 控制泛滥和冲蚀 2. 坡度超过 12°，不适于耕作和建设，应造林
森林和林地	森林、娱乐、低密度住宅 （小于 1 公顷 / 户）	1. 调节水文，改善气候，减少冲蚀、沉积、泛滥和干旱 2. 美化环境，为飞禽走兽提供栖息场所 3. 作为游憩的潜力是所有土地类型中最高的 4. 维护费用低而其景观自生不灭的 5. 可用作木材生产基地和空气库

续表

土地类型	建筑或城市使用的适应性	说明
价值高的平地和缓坡地（头等农业用地）	农业、森林、娱乐、公共事业机构内的开放空间、低密度住宅（小于 1.2 公顷 / 户）	该地区应确认为不能承受建筑或城市化，拥有高度的社会价值的用地
价值低的平地和缓坡地		适合于建筑和城市建设，可产生较高的价值

5. 水文条件与水文地质

水文条件即江、河、湖、海与水库等地表水体的状况，这与较大区域的气候特点、流域的水系分布、区域的地质、地形条件等有密切关系。自然水体在供水水源、水运交通、改善气候、排除雨水及美化环境等方面发挥积极作用的同时，某些水文条件也可能带来不利的影响，特别是洪水侵患。在进行基址选择时，须首先调查附近江、河、湖泊的洪水位、洪水频率及洪水淹没范围等。按一般要求，建设用地宜选择在洪水频率为 1%~2%（即 100 年或 50 年一遇洪水）的洪水水位以上 0.5~1m 的地段上；反之，常受洪水威胁的地段则不宜作为建设用地，若必须利用，则应根据土地使用性质的要求，采用相应的洪水设计标准，修筑堤防、泵站等防洪设施。

水文地质条件一般指地下水的存在形式、含水层厚度、矿化度、硬度、水温及动态等条件。地下水除作为城市生产和生活用水的重要水源外，其对建筑物的稳定性有很大影响，主要反映在埋藏深度和水量、水质等方面。当地下水位过高时，将严重影响到建筑物基础的稳定性；特别是当地表为湿性黄土、膨胀土等不良地基土时，危害更大，用地选择时应尽量避开，最好选择地下水位低于地下室或地下构筑物深度的用地，在某些必要情况下，也可采取降低地下水位的措施。地下水质对于基址选择也有影响，除作为饮用水对地下水有一定的卫生标准以外，地下水中氯离子和硫酸离子含量较多或过高，将对硅酸盐水泥产生长期的侵蚀作用，甚至会影响到建筑基础的耐久性和稳固性。

地表的渗透性和排水能力也应该被认真地加以分析并考虑。因为，倘若新建小区地表对水的不渗透，可能会严重影响基址的水文特征。

2.2.3 现状调查与分析

场地分析主要包括场地现有自然条件、建设条件、政策限制性条件的分析。自然条件由地质、地貌、水文、气候、动植物、土壤等六项基本要素组成。建设条件主要指现存的人工物质环境，包括场地内外现存的有关设施及其构成的相互关系，例如各种建筑物和构筑物、绿化与环境状况、功能布局与使用要求等。政策限制性条件主要体现在对场地建设的各种控制性指标方面。对场地可持续设计的主要因素列于表 2-6，它们也是用于场地分析的基本资料。

影响场地设计的主要因素　　表 2-6

影响因素	说明	条件
1. 地理纬度与太阳辐射	它影响建筑布置与组合、形态与大小，朝向与间距、采暖与制冷、保温与防热，道路布置和走向，设备配置规格是评价室外人体舒适感及生物气候建筑设计的重要依据	自然条件
2. 阳光通道	它决定建筑的位置，以便能最大限度地利用自然日光资源进行被动式太阳能采暖、天然采光和太阳能发电	
3. 风速风向分布	它影响建筑的位置，以避免截留阴冷潮湿的空气或在酷热的时候阻挡了有利的凉爽微风；在设计室内空气处理系统或使用被动式太阳能制冷策略时，认真地测量风荷载和风压差是十分必要的；是评价室外人体舒适感及生物气候建筑设计的重要依据；与建筑的通风和防风设计以及绿化有关；还影响道路布置和走向	
4. 气温气湿分布	它影响建筑布置与组合、形态与大小，采暖与制冷、保温与防热、设备配置大小；有时会影响项目建设与施工；是评价室外人体舒适感及生物气候建筑设计的重要依据	
5. 降水分布	它影响建筑朝向布置、形态与大小，防潮与防洪、雨水收集和给排水设计等	
6. 地形和相邻土地形式	它们影响建筑物布置与组合、形态与大小、朝向与间距，与场地平整与土方计算、道路走向与管线布置、排水与防洪等有关	
7. 土壤构造及其承载能力	它们影响建筑物的稳定性、层数、高度，与施工难易、造价高低、不良地质的整治与防范和抗震设计有关；可通过被风、水和机械干扰破坏的潜在可能性来辨别土壤的等级	
8. 地下水与地表径流特征	它决定建筑的位置以及转移暴雨径流的自然渠道和径流滞留池的位置，影响给排水设计，与绿化、防洪、基础的稳定性、饮用水标准有关	
9. 小地块的形状和道路	它影响一个场地容纳开发计划的能力，即使它的大小和环境因素是有利的，一般不应用于低密度的或与周围土地不相容的用途	
10. 动植物与土壤特性	决定场地中哪些应选取保护，与生物多样性、生态系统、绿化布置和利用、耕地保护、土壤适应性有关	
11. 空气质量	评价现有空气状况好坏，预测项目对空气质量的影响	
12. 邻里和未来开发状况	它影响计划项目未来的发展，并可能导致必要的设计变更	建设条件
13. 现有交通与其他设施	影响场地的交通效率，建设的经济性，与环境舒适性及出行活动有关	
14. 文物古迹与风俗习惯	历史性的场地和特征可以作为项目地段的一部分被结合进来，从而增加与社区的联系并保存该地区的文化遗产； 影响场地功能组织布局、建筑布置和风格	
15. 场地内外各种建构物	场地内建筑物和构筑物再利用的可能性影响场地建设的经济性，拆迁与重建；场地外建构物影响场地内建筑的布局、朝向、间距、保温、防热、视野、景观、立面取向，对建筑风格与形态的设计有启发作用，还影响道路布置与出入口选择	
16. 环保状况	影响建筑的功能组织和布局，与朝向、间距、污染防范措施、绿化布置有关	
17. 用地控制	用地边界线，道路红线，建筑控制线，用地面积，用地性质	政策限制
18. 密度控制	建筑密度，建筑系数，场地利用系数	
19. 高度控制	建筑高度，建筑层数	
20. 容量控制	容积率，建筑面积密度，人口密度	
21. 绿化控制	绿化覆盖率，绿化用地，绿地率	
22. 其他控制	建筑形态，停车泊位	

场地现状调查既要系统全面，又要深入细致。调研的项目、内容与方式见表 2-7。

现状调查的项目、内容与方式 表 2–7

序号	调查项目	调查内容	调查方式
1	场地范围	场地方位、面积、朝向、道路红线与建筑控制线位置、是否有发展余地等，以及与现状地形、地物关系	需现场实测并记录一些尺寸；注意地形图中表达不清或与实际有出入之处
2	规划要求	当地城市规划的要求，如用地性质、容积率、建筑密度、绿地率、后退红线、高度限制、景观控制、停车位数量、出入口……	结合控制性详细规划设计条件，须到当地城市规划主管部门走访
3	场地环境	场地在城市中的区位、附近公共服务设施分布、空间及绿化情况、道路及停车等交通设施状况； 附近有无水体、“三废”等污染源、军事或特殊目标等	应实地踏勘、访问、观察并记录、核对现状图，了解有无可利用或协作的设施与条件
4	场地地形及地质、水文等	场地地形坡向、坡度，有无高坡、洼地、沟渠； 场地岩脉走向、承载力情况，有无不良地质现象； 附近水源、洪水位和地下水状况； 有无文物古迹等	实地踏勘、访问、观察并记录、核对地形图；进行地质初勘；走访当地地质、水文部门
5	当地气候	当地雷雨、气温、风向、风力、日照及小气候变化情况等	实地调查、访问，必要时走访当地气象台（站）
6	场地建设现状	原有建筑物、构筑物、绿地、道路、沟渠、高压线或管线等情况，可否保留利用，场地建设是否占用耕地	实地踏勘，核对建筑拆迁及青苗赔偿情况，记录绿化及其他可利用现状
7	场地内外交通运输	相邻道路的等级、宽度及交通状况，场地对外交通、周围交通设施情况，人流、货流的流量、流向，有无过境交通穿越，有无铁路、水运设施及条件	现场调查、记录，必要时走访交通、公路、铁路、航运等部门
8	建筑材料及施工	有哪些地方建筑材料，距场地运距，施工技术力量情况等	实地调查、访问记录，查阅有关资料
9	市政公用设施	周围给水、排水、电力、电讯、燃气、供暖等设施的等级、容量及走向，场地接线方向、位置、高程、距离等情况	实地调查，走访有关部门，详细了解电源的电压、容量，水源的水量、水质……
10	人防消防要求	当地人防、消防部门的有关规定与要求，现有设施是否可以利用等	实地调查，走访当地有关人防、消防部门等……
11	同类已建工程的调查	总体布局特点、建设规模、设计标准、用地位置、周围环境、用地面积和主要技术经济指标；建筑物、构筑物等设施的布置方式、使用功能、功能分区及其优缺点、地形利用；使用状况及优缺点、经验及教训等	实地调查，走访有关人事，查阅有关资料

在以下几方面进行系统细致的分析：

1）分析气候特征。气候分区（湿热、干热、温热和寒冷）有各自具体的特征，分别需要对其进行缓和、加强和利用。每一个气候分区在历史上都有著名的宜人场地和建筑实践。不同的气候区对于场地和建筑的设计要求是不同的，场地和建筑设计必须适应气候特征。

2）分析场地目前的空气质量。场地设计既要评价场地目前的空气质量，以决定有害化学物和悬浮颗粒的存在；又要预测开发项目对于目前空气质量的负面作用。在主要用于商业和工业用途的地区，不好的空气质量应该是决定场地适应性和用途的主要因素，特别是对于学校、公园或高级住宅等设施。应该研究预测季节性的或每日的风的类型，以确定验证了最不利的情况。应在合格的实验室里进行检测，以确定化学物质和颗粒物污染。

3）进行土壤和地下水的检测。进行土壤检测以鉴定来自以往的农业活动（砷、杀虫剂和铅等）和工业活动（垃圾场、重金属、致癌物、化合物和矿物以及碳氢化合物等）的化学残余物，以及在项目邻近地区任何可能的污染物。此外，在天然的岩石和底层含有氡的地区，水污染的可能性值得特别关注。这些检测对于决定场地可行性或减轻或除去污染物所需的建造方法是十分重要的。

4）检测土壤对于回填、斜坡结构和渗透的适宜性。应该检测当地的土壤来确定其承载力、可压缩性和渗透率，以及随之而来的结构适宜性和机械压实的最佳方法。

5）为湿地的存在和濒临灭绝的物种而评价场地的生态系统。除了指导表层植被的清除、土地平整、排水系统的选择、建筑定位以及暴雨径流的调节等湿地规则外，还有濒临灭绝物种的管理规则，用以保存特别的动植物物种。保存和恢复策略需要全面的经济分析、从专家那里以及通过遥感和实地观测方法收集到的合理的基础资料。

6）检查现有的植被以便列出重要植物种类的数量清单。这将使开发商或业主明确在建造过程中易受危害的具体植物，从而制定并采取保护措施。

7）将所有潜在的自然危险标在地图上（如风、洪水和泥石流）。历史上的洪水资料、风暴灾害资料和下沉资料应该与目前每年的风和降水资料一起标在地图上。指出项目的开发在不久的将来是否存在必然的持续影响是十分重要的。

8）用图表的方式列出目前的行人和车辆的运动以及驻留，以便确定交通类型。应该考虑地段附近地区目前的交通和停车类型与项目中的建筑设计和场地交通类型的关系。

9）考察利用现有地方交通资源的可能性。探讨与现有机构共享现有的交通设施和其他资源的可能性，如停车场和短程往返运输工具。这将带来更高的场地效率。

10）明确建造的限制和要求。对当地土壤条件、地质、挖土的限制和其他场地特有的因素和限制条件进行分析，明确是否需要特殊的建造方法。

11）考察可能恢复的场地文化资源。历史性的场地和特征可以作为项目地段的一部分被结合进来，从而增加与社区的联系并保存该地区的文化遗产。

12）考察该地区的建筑风格，并将其融合到建筑设计中去。在一个地区历史上占统治地位的建筑风格可以在建筑和景观设计中反映出来。建筑设计时可以借鉴，以增加社区的整体性。

13）力求采用与历史相协调的建筑类型。可能存在历史上与该区域相匹配的建筑类型。考虑将这些类型融入建筑开发中去。

14）基础设施资料分析。对场地现有的公用服务和交通基础设施及其容量进行分析，明确现有的基础设施可利用性和不足性，从而得出改进措施，并预测这些措施对周围地区造成的破坏而需要的费用，使现有各种设施和建构物与项目的建筑和设施结合在一起。

2.3 绿化设计

作为生态系统中的生产者（Producer），植物以其强大的生产力发挥着调节温度、湿度、气流，净化空气，防噪声，净化水体土壤，涵养水源，保护生物多样性等多种重要的作用。

绿化是缓解热岛效应、防治污染等现代城市问题最经济有效的方法。采用生态绿地、墙体绿化、屋顶绿化等多种形式，对乔木、灌木和地被、攀缘植物进行合理配置，形成多层次复合生态结构，达到人工配置的植物群落自然和谐，是绿色建筑规划设计中极为重要的内容。

2.3.1 绿化的贡献

1. 节能

植物节能主要是通过植物蒸腾作用蒸发大量水分（同时带走大量热量）和缓解地球温室效应两大方面实现的：

1）植物在白天特别是高温时段要进行剧烈的蒸腾作用，通过叶片将根部吸收的 90% 以上的水分蒸发到空中。经北京市园林局测定：$1hm^2$ 阔叶林夏季能蒸腾 250t 水，比同样面积的裸露土地蒸发量高 20 倍，相当于同等面积的水库蒸发量。据测定，植物每蒸发 1g 水，就带走 540cal 热量。因此，降温效果十分显著。

从建筑周围环境来看，植物有调节温度，减少辐射的生态功能。在夏季，人在树荫下和在阳光直射下的感觉，差异是很大的。这种温度感觉的差异不仅仅是 3~5℃气温的差异，而主要是太阳辐射温度决定的。茂盛的树冠能挡住 50%~90% 的太阳辐射，经测定，夏季树荫下与阳光直射的辐射温度可相差 30~40℃之多。不同树种遮阳降低气温的效果也不同。

除了局部绿化所产生的不同气温、表面温度和辐射温度的差别之外，大面积的绿地覆盖对气温的调节则更加明显。

2）植物能有效缓解温室效应。在这一方面，屋顶绿化发挥了重要作用。联合国环境署的研究表明，如果一个城市屋顶绿化率达 70% 以上，城市上空二氧化碳含量将下降 80%，热岛效应将会彻底消失。热岛效应的缓解（大面积植被吸收太阳紫外线），减少空调用电量，以减少发电厂二氧化碳的发生量；保护作用延长建筑物寿命，减少重建伴生的二氧化碳的发生量。

国民经济总能耗中，建筑业能耗所占比例很大，发达国家占比一般在 40% 左右，我国占比也在 25% 以上。一座城市的屋顶面积，大约为整个居住区面积的 1/5。经过绿化的屋顶除了在夏天对室外环境具有十分明显的降温和增湿作用以外，还可以大大降低屋顶外表面的平均辐射温度 MRT（一般可降低 10~20℃），从而进一步改善了城市的热环境。

加拿大国家研究中心进行屋顶绿化节能测试后公布的数据表明，没有进行屋顶绿化的房屋空调耗能为 6 000~8 000kW/h。同一栋楼屋顶绿化过的房间空调耗能为 2 000kW/h，节约了 70% 的能量；冬季能节省 50% 的供暖能源。

2. 改善环境质量

1）净化空气

植物具有放氧、吸收有害气体、滞尘、杀菌、释放负离子及等一系列净化空气的作用。

吸收二氧化碳，放出氧气。自然状态下的空气是一种无色、无臭、无味的气体，其含量构成为氮 78%，氧 21%。二氧化碳 0.033%，此外还有惰性气体和水蒸气等。在人们所吸入的空气中，当二氧化碳含量为 0.05% 时，人的呼吸就感到不适，到 0.2% 时，就会感到头昏、耳鸣、心悸，血压升高，达到 10% 的时候，人就会迅速丧失意识，停止呼吸，以至死亡。当氧气的含量减少到 10% 时，人就会恶心呕吐。随着工业的发展，整个大气圈中的二氧化碳含量有不断增加的趋势，这样就导致了对人类生存环境的威胁，降低了人类的生活质量。植物通过光合作用所吸收二氧化碳放出氧气，是名副其实的“天然制氧机”。

吸收有害气体。空气中的有害气体主要有二氧化硫、氯气、氟化氢、氨、汞、铅蒸汽等。其中以二氧化硫的数量最多，分布最广，危害最大。在煤、石油等的燃烧过程中都要排出二氧化硫，所以工业城市的上空，二氧化硫的含量通常是较高的。常见植物吸收有害气体能力见表 2–8。

常见园林植物吸附有害气体能力比较　　表 2–8

有害气体	抗性强的植物	抗性中等的植物	抗性弱的植物
二氧化硫	花曲柳、桑树、皂荚、山桃、黄檗、臭椿、紫丁香、忍冬、柽柳、圆柏、枸杞、水蜡、刺槐、色赤杨、加拿大杨、黄刺梅、玫瑰、白榆、棕榈、山茶花、桂花、广玉兰、龙柏、女贞、垂柳、夹竹桃、柑橘、紫薇	稠李、白桦、皂荚、沙松、枫杨、赤杨、山梨、暴马丁香、元宝枫、连翘、银杏、柳叶绣线菊、糖槭、卫矛、榆树、国槐、美青杨、山梅花、冷杉	连翘、榆叶梅、锦带花、白皮松、风箱果、云杉、油松、樟子松、山槐
氟化氢	圆柏、侧柏、臭椿、银杏、槐、构树、泡桐、枣树、榆树、臭椿、山杏、白桦、桑树	杜仲、沙松、冷杉、毛樱桃、紫丁香、元宝枫、卫矛、皂荚、茶条槭、华山松、旱柳、云杉、白皮松、雪柳、落叶松、紫椴、侧柏、红松、京桃、新疆杨	山桃、榆叶梅、葡萄、刺槐、银杏、稠李、暴马丁香、樟子松、油松
氯气	花曲柳、桑、皂荚、旱柳、柽柳、忍冬、枸杞、水蜡、紫穗槐、卫矛、刺槐、山桃、木槿、榆树、枣树、臭椿、棕榈、罗汉松、加杨、樱桃、紫荆、紫薇、枇杷、香樟、大叶黄杨、刺柏	加拿大杨、丁香、黄檗、山楂、山定子、美青杨、核桃、云杉、银杏、冷杉、黄刺玫、大叶黄杨、栎树、臭椿、构树、枫树、龙柏、圆柏	油松、锦带花、榆叶梅、糠椴、山杏、连翘、糖槭、云杉、圆柏、白桦、悬铃木、雪松、柳杉、黑松、广玉兰

吸滞粉尘和烟尘。城市空气中含有大量的尘埃、油烟、碳粒等。这些微尘颗粒虽小，但其在大气中的总重量却十分惊人。工业城市每年每平方千米降尘量平均为500~1 000t。这些粉尘和烟尘一方面降低了太阳的照明度和辐射强度、削弱了紫外线，对人体的健康不利；另一方面，人呼吸时，飘尘进入肺部，使人容易得气管炎、支气管炎等疾病，1952年英国伦敦因燃煤而产生粉尘危害导致400多人死亡，造成骇人听闻的“烟雾事件”。

植物，特别是树木，对烟尘和粉尘有明显的阻挡、过滤和吸附作用，称为“空气的绿色过滤器”。常见园林植物的滞尘能力比较见表2-9。

常见园林植物的滞尘能力比较　　表2-9

滞尘效果		植物名称
较强	针叶类	圆柏、雪松
	乔木类	银杏、元宝枫、女贞、毛白杨、悬铃木、银中杨、糖槭、榆树、朴树、桑树、泡桐
	灌木类	紫薇、忍冬、丁香、锦带花、天目琼花、榆叶梅
中等	乔木类	国槐、栾树、臭椿、白桦、旱柳
	灌木类	紫丁香、榆叶梅、棣棠、连翘、暴马丁香、水蜡、毛樱桃、接骨木、树锦鸡儿、大叶黄杨、月季、紫荆
较弱		小叶黄杨、紫叶小檗、油松、垂柳、紫椴、白蜡、金山绣线菊、金焰绣线菊、五叶地锦、草本植物

减少空气中的含菌量。城市中人口众多，空气中悬浮着大量细菌。园林绿地可以减少空气中的细菌数量，一方面，是由于园林植物的覆盖，使绿地上空的灰尘相应减少，因而也减少了附在其上的病原菌；另一方面，是许多植物能分泌杀菌素。

健康作用。根据医学测定，绿色植物能有效地缓解视觉疲劳。绿地环境中，人的脉搏次数下降，呼吸平缓，皮肤温度降低，精神状态安详、轻松，同时负离子氧可增加人的活力。

2）净化水体和土壤

城区和郊区的水体常受到工厂废水及居民生活污水的污染，继而危害环境卫生和人们的身体健康。植物有一定的净化污水的能力。研究证明，树木可以吸收水中的溶解质，减少水中的细菌数量。

许多水生植物和沼生植物对净化城市的污水有明显的作用。每平方米土地上生长的芦苇一年内可积聚6kg的污染物，还可以消除水中的大肠杆菌。在种有芦苇的水池中，水中的悬浮物要减少30%，氯化物减少90%，有机氯减少60%，磷酸盐减少20%，氨减少66%，总硬度减少33%。水葱可吸收污水池中有机化合物，水葫芦能从污水里吸取汞、银、金、铅等金属物质。

植物的地下根系能吸收大量有害物质。所以具有净化土壤的能力。有的植物根系分泌物能使进入土壤的大肠杆菌死亡；有植物根系分布的土壤，其好气性细菌比没有根系分布的土壤多几百倍至几千倍，故能促使土壤中有机物迅速无机化，既净化了土壤，又增加了肥力。并且研究证明，含有好气细菌的土壤具有吸收空气中一氧化碳的能力。

3）减噪

噪声会促使人产生头昏、头痛、神经衰弱、消化不良、高血压等病症。树木对声波有散射、吸收的作用，树木通过其枝叶的微振作用能减弱噪声，而减噪作用的大小取决于树种的特性。叶片大又有坚硬结构的，或叶片像鳞片状重叠的防噪效果好；落叶树种类在冬季仍留有枯叶的防噪效果好；林内有植被或落叶的有防噪效果。

一般来说，噪声通过林带后比空地上同距离的自然衰减量多10~15dB。屋顶花园至少可以减少3dB的噪声，同时隔绝噪声效能可以达到8dB。这对于那些位于机场附近或有喧闹的娱乐场所、大型设备的建筑来说最为有效。

4）保护生物多样性

绿化建筑环境是保护生物多样性的一项重要措施。植物多样性的存在是多种生物繁荣的基础，因而进行多植物种植，创造各种类型的绿地并将它们有机组合成为系统，是实现生物多样性保护必不可少的内容。例如，与地面相比，屋顶特别是轻型屋顶很少被打扰。这里环境优美、空间开敞，昆虫、鸟类均可以找到一方乐土。特别是拥有“空中森林”的城市就相当于在都市里为小动物的生存建立了大森林。

2.3.2　绿化设计的原则

1. 乡土植物优先利用原则

城市绿化树种选择应借鉴地带性植物群落的组成、结构特征和演替规律，顺应自然规律，选择对当地土壤和气候条件适应性强、有地方特色的植物作为城市绿化的主体。采用少维护、耐候性强的植物，从而减少日常维护的费用。

2. 充分发挥生态效益原则

采用生态绿地、墙体绿化、屋顶绿化等多种形式，对乔木、灌木和地被、攀缘植物进行合理配置，形成多层次复合生态结构，达到人工配置的植物群落自然和谐，并起到遮阳、降低能耗的作用；合理配置绿地，达到局部环境内保持水土、调节气候、降低污染和隔绝噪声的目的。

3. 多样性原则

生物多样性包括遗传多样性、物种多样性和生态系统多样性。绿色建筑的绿化设计要求应用多种植物，创造多种多样的生态环境和绿地生态系统，满足各种植物及其他生物的生活需要和维持整个城市自然生态系统的平衡，促进人居环境的可持续发展。

2.3.3 建筑环境绿化

建筑环境绿化可分为大环境绿化和小环境绿化两大类。前者包括居住小区绿地、居住区绿地，再到范围更大的城市区域绿地、城市绿地系统。后者主要是针对建筑单体楼前楼后的绿化。

1. 原有植被的保护与利用

绿色植物与绿色建筑有着非常密切的关系。而原生植被其类型属于地带性植被，情况是最稳定的，因此能最大限度地发挥其良好的生态、经济及社会效益。长势良好的原有植被是名副其实的“原住民”，保留它们合情合理。

另外，在各地漫长的植物栽培和应用观赏历程中，容易与当地的文化融为一体，形成具有地方特色的植物景观。甚至有些植物材料逐渐演化为一个国家或地区的象征，与当地建筑一同构成了独具地方特色的城市。

此外，组团内部仍然需要布置一些绿地作为通风、排气的生态廊道，提供美化街景、遮荫避暑等服务功能，满足居民进行文化休憩活动的需要，并适当调节城市热岛效应的强度。所以理想的城市绿地布局模式，最好能如图 2–7 所示呈“绿网 + 绿心”格局。

2. 建筑单体楼前楼后的绿化

现在树木的种植最常出于纯粹的美学目的，而节约能源的种植则是将能源节省功能放在首位，然后再考虑美学等其他价值。我们的祖先很早以前就知道，栽植树木可使居住环境达到冬暖夏凉的效果。住宅中大约有 50% 的能源消耗是用于室内的供暖和制冷。宾西法尼亚州的一个研究表明，为活动住房遮荫的树木使制冷的成本降低到 75%。

种植树木可以阻挡阳光或寒风是在使用能量制冷以及供暖之前必须了解的。制冷季节（夏季）树木的荫蔽可以带给室内舒适的感觉。通过阻挡照射到墙壁以及屋顶的阳光，树木可以防止房屋加热至超过周围环境的温度，或者可以使一个特定区域的空气保持在一般温度。另外，树木的树荫可以防止周围环境吸收太阳热量。当阳光照射在房屋附近的地面以及道路上时，地面作为一个热量沉积的场所或者热量存储区域，在下午以及夜晚，将太阳能辐射转化为热能量进行释放。而在取暖季节（冬季），可以通过植物遮挡寒风节约取暖能源。

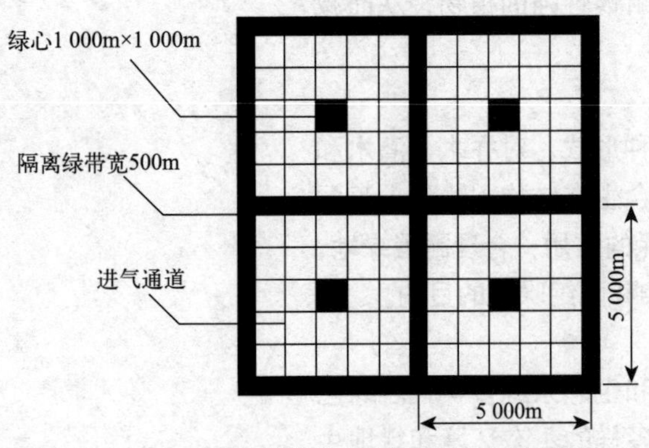

图 2–7 静风条件下城市组团生态绿地布局理想模式

如图 2–8 所示是一种理想的节能种植设计。在制冷季节，东面、西面的植物可以遮挡阳光，南面的屋顶挑檐、门廊或植物（冬季落叶）则将大量的太阳辐射热阻挡在外。在取暖季节，北面的常绿乔木和灌木可以阻挡凛冽的寒风。由于太阳高度角低，南面的

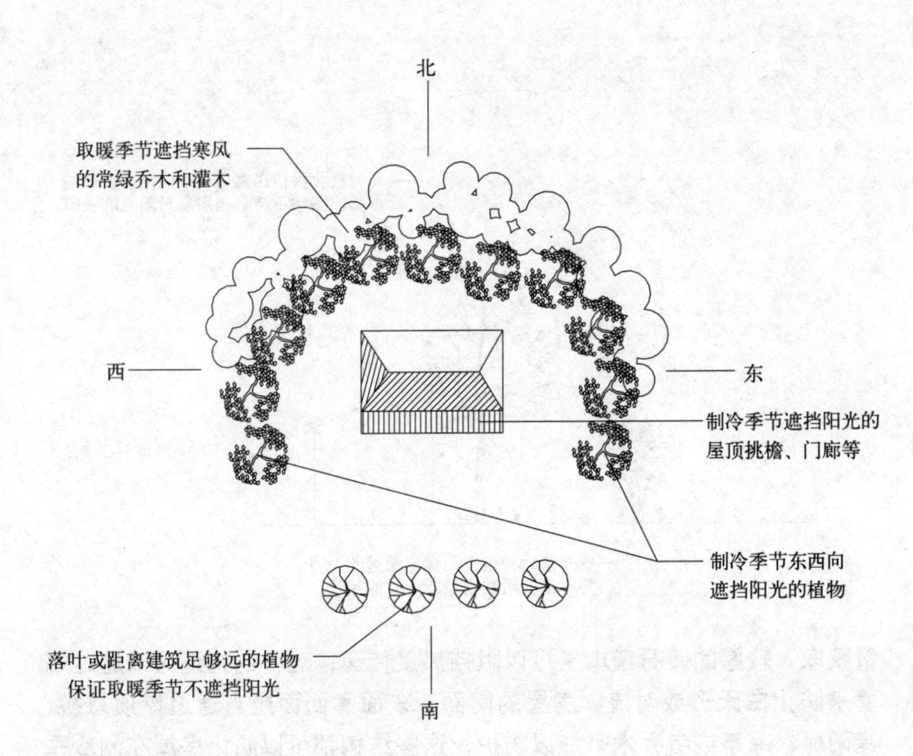

图 2-8 理想的节能种植设计平面布局

挑檐、门廊等不会阻挡太阳光的照射，落叶及距离建筑足够远的植物不会阻碍建筑物对太阳光照热量的获取。

3. 寒冷地区的植物布置

在较冷的地区，冬季漫长而寒冷，夏季短暂而温和，树木的种植应当使其在冬季不会阻碍热量的吸取。由于较冷地区的房屋仅能在南面部分接收冬季的日光，就要求种植的树木在秋、冬以及春季不应阻碍房屋获得较低太阳角度的阳光照射。在冬季，房屋需要阳光来补充热量。房屋的屋檐悬挑就为减少夏季不必要的热量获取提供了最佳解决方案。如果使用树木来控制热量获取，它们应当种植在房屋西侧，来阻挡下午的阳光。种植在西边的树木可以是落叶植物，或者常绿树。当取暖季节开始时，太阳的路径使日光主要照射在房屋的南面。如果树木种植在房屋的南面，它们应当距离房屋足够远，不会阻挡冬季的日光，或者靠近房屋，使树枝可以修剪，以使取暖的季节让阳光照射入房屋。如图 2-9 所示关于冬季的日光角度以及南面的树林位置。

4. 干热气候中的树木栽植

在炎热干旱气候中植物的种植以及房屋的设计目标应当包括在制冷的季节阻止热量的获取，而在取暖的季节允许建筑南面获得较多的冬季阳光。由于房屋制冷比加热要困难一些，这就使得荫蔽成为必要。可以通过在制冷季节，使阳光避免直接照射房屋的东面、西面和南面来保持和减少房屋内热量获取。在这种气候中，热量的传导是导致内部空间变热的主要因素。树木应当种植在房屋的东面、西面以及北面来阻止房屋在制冷季节的热量获取。房屋本身的设计也应当阻止这些部分进行的热

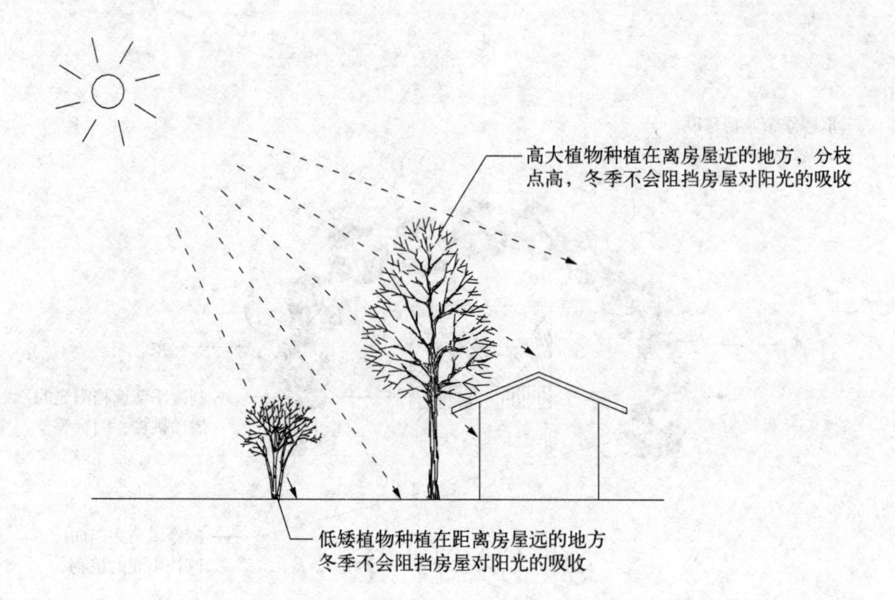

图 2-9　保证获取阳光热量的寒冷地区植物种植

量获取。较厚的砖石墙本身可以阻挡热量传递，这样的构造可以通过墙壁来防止白天形成对流。房屋的南面、东面和西面应当通过屋顶悬挑、遮阳棚、凉亭或者乔木来加以防护，这些结构都可以防止房屋在制冷季节被阳光照射过热，而在取暖季节不阻碍房屋获取较多的热量。在冬季主导风向种植乔木及灌丛阻挡冬季寒风。如图 2-10 所示为关于遮阳挡光的树木、乔木以及门廊的位置。

5. 湿热气候中的树木栽植

在湿热的气候中，树木种植以及房屋的设计目标应当包括：在制冷的季节要阻止热量的获取，而在取暖的季节不阻碍房屋的南面获得较多的冬季阳光。就像在炎热干旱的气候地带，气候中热量的传递是使内部空间变热的主要因素，如果阻止热量进入室内空间，房屋就不会加热到

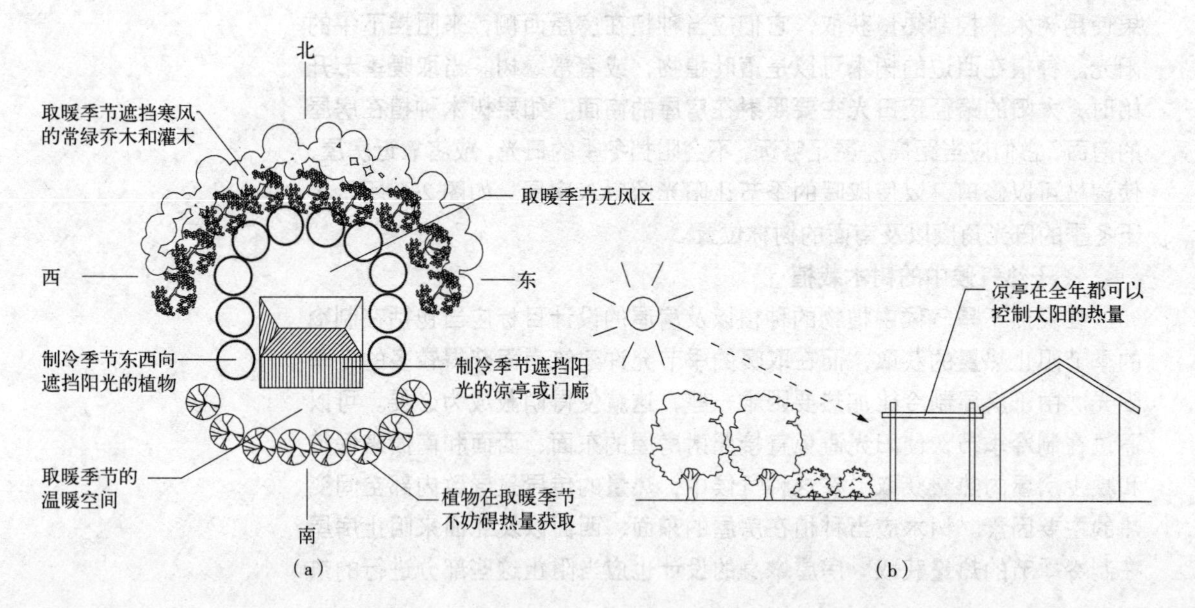

图 2-10　炎热干旱气候中阳光控制及热量获取的种植布局
（a）平面布局；
（b）剖面局部

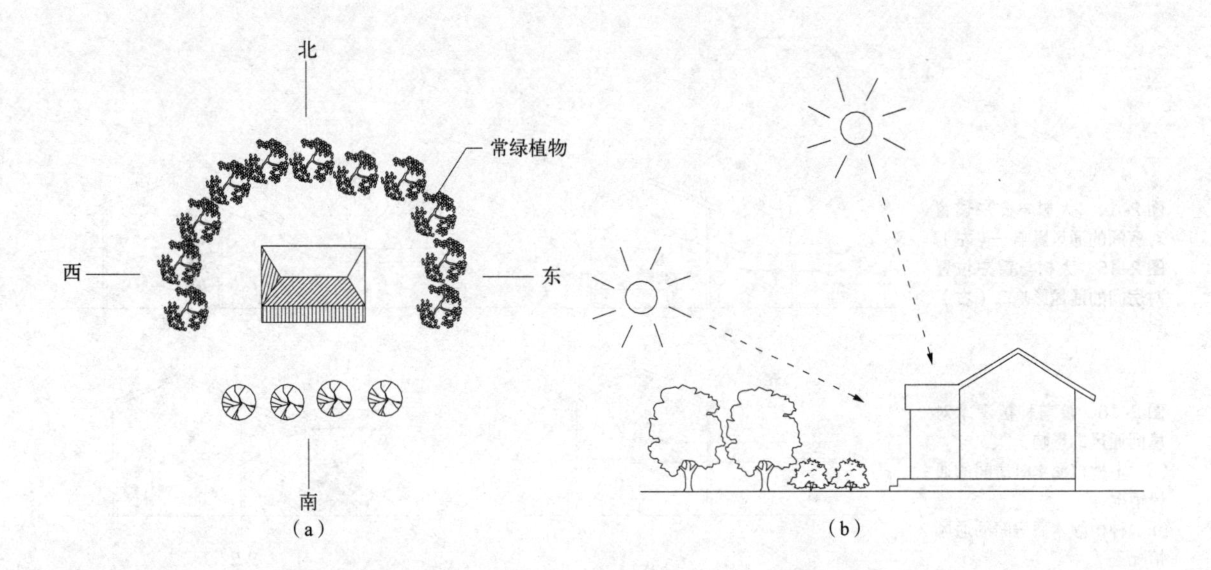

图 2–11　湿热气候中阳光控制及热量获取的种植布局
（a）平面布局；
（b）剖面局部

超过周围环境温度的程度。这种地带的冬季短暂而温和，夏季漫长而炎热。基本上来说它是一种炎热的气候地带，是制冷的能源消耗账单占每年供暖和制冷总成本之和 2/3 的气候地带，在这个气候地带，人们更需要荫蔽。如图 2–11 所示，树木应当种植在房屋的东面、西面以及北面来阻止在制冷季节获取热量。房屋的南面应当通过屋顶悬挑、遮阳棚，或者乔木来加以防护，这些东西都可以防止房屋在制冷季节被阳光照射过热，而在供暖季节不阻碍房屋获取较多的热量。由于太阳热量进入房屋主要是通过穿透窗户传导，如果阳光不会照射到建筑物，就不会有大量的热量直接或间接传导进入房屋。房屋的南部应当栽种树木，栽种时要使树枝和树干不会阻挡冬季的低角度阳光。落叶树树枝的结构会阻挡冬季大约 50%~80% 的阳光照射。在东部和西部种植可以栽种常绿或者落叶树。

6. 树木布局与通风

房间周围树木的布置位置往往可能在一定程度引导风的吹向，如图 2–12 所示行列树的布置方式就有利于建筑物的自然通风。但是，如果在房屋的三面都围以树木时（图 2–13），则房屋的通风效果便会受到很大影响。

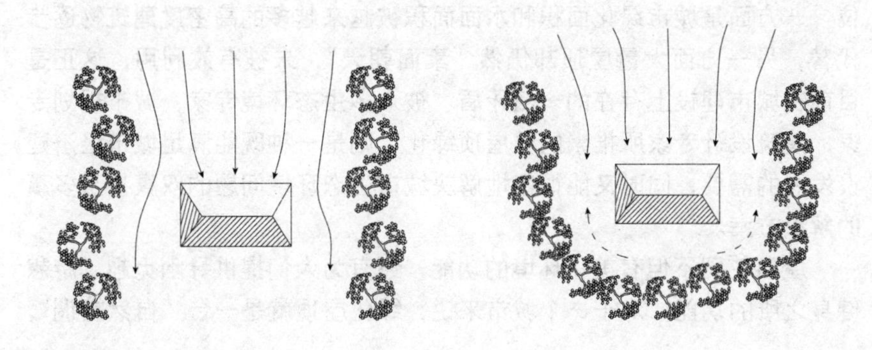

图 2–12　房屋两侧布置行列树的通风情况（左）
图 2–13　房屋三面布置行列树的气流（右）

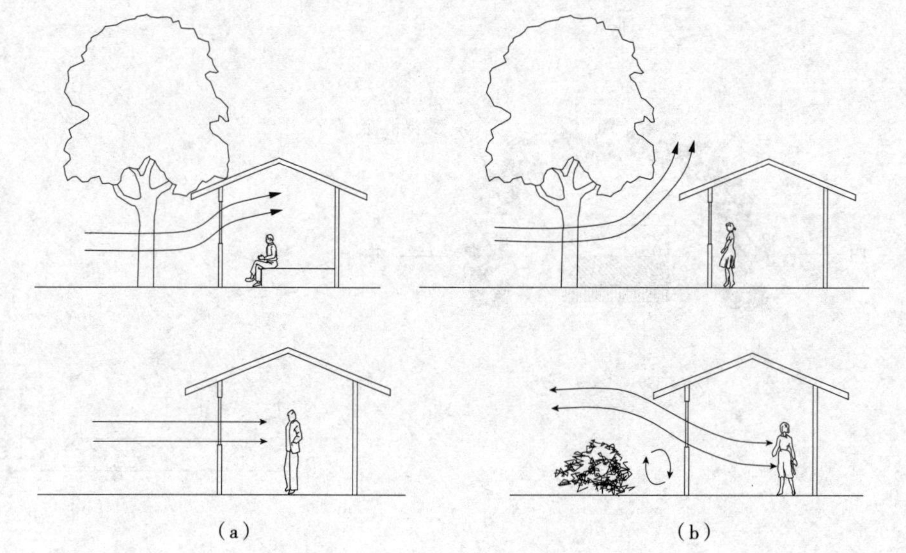

图 2–14　大树与窗户位置对房间的通风影响一（左）
图 2–15　大树与窗户位置对房间的通风影响二（右）

图 2–16　窗前种植灌木对房间通风的影响
（a）未种植灌木时房间的通风情况；
（b）种植灌木后房间的通风情况

当在沿房屋的长向迎风一侧种植树木时，如果树木在房屋的两端向外延伸，则可加强房间内的通风效果。当在沿房屋长向的窗前种植树木时，如果树丛把窗的檐口挡住，则往往将使吹进房内的风引向屋顶（图 2–14）。但如果树丛离开外墙尚有一定距离时，则吹来的风有可能大部分或全部越过窗户而从屋顶穿过房子（图 2–15）。当在迎风一侧的窗前种植一排低于窗台的灌木时，则当灌木与窗的间距在 4.5~6m 之间时，往往可使吹进窗去的风的角度向下倾斜，从而有利于提升房间的通风效果（图 2–16）。

2.3.4　建筑体绿化

1. 屋顶绿化

1）环境效益

随着中国大规模城市化进程，城市规模不断扩大，城市人口不断增加，建筑高度越来越高，建筑密度越来越高，形成大量高密度的“钢筋水泥森林”，而起着调节城市生态环境的绿化和水面则不断被蚕食，其结果导致城市生态环境的恶化，出现了“热岛效应”“温室效应”和大气环境和水环境被严重污染等诸多环境问题。被称为建筑的第五立面的屋顶，却仍然是都市中尚待开垦的“处女地”，处于一种被忽略、被遗忘的地位：一方面是城市绿化面积和水面面积被越来越多的高密度建筑物逐步代替，另一方面大量屋顶却仍然“素面朝天”，未被有效利用，这正是目前在城市建设上存在的一组矛盾。被众多生态环境专家、城市规划专家、建筑设计专家所推崇的“屋顶绿化”则是一种既能满足城市经济建设发展的需要，同时又能很好地解决城市生态环境问题的双赢甚至多赢的解决方案。

屋顶花园不但有美化环境的功能，还有为人们提供寻幽觅趣、游憩健身之所的功能。对于一个城市来说，绿化屋顶就是一台“自然空调”，它可以保证特定范围内居住环境的生态平衡与良好的生活意境。实验证明，绿化屋顶在夏季可降温，在冬季可保暖。始终处于保持在 20℃左右的舒适环境，对居住者身体健康大有裨益。据测试，只要市中心建筑物的植被覆盖率提高 10%，就能在夏季最炎热的时候，将白天的温度降低 2~3℃并能够减少污染。屋顶花园还是建筑构造层的“护花使者”。一般经过绿化的屋顶，不但可应对夏、冬两季的极端温度，还可保护建筑物本身的基本构件，防止建筑物产生裂纹，延长使用寿命。同时，屋顶花园还具有储存降水的功用，对减轻城市排水系统压力，减少污水处理费用都能起到良好的缓解作用。回归自然有效的生态面积，规划完善的良性生态循环，屋顶花园不但为鸟类、蜜蜂、蝴蝶找到全新的生存空间，而且也为濒危植物栽种，减少人为干涉提供了自由生长的家园。

2）技术措施

在进行屋顶绿化时应根据屋顶绿化条件的特殊性，针对其具体情况采取如下一些相应的技术措施：

（1）首先要解决积水和渗漏水问题。防水排水是屋顶绿化的关键，故在设计时应按屋面结构设计多道防水设施，做好防排水构造的系统化处理（图 2–17）。

各种植物的根系均具有很强的穿刺能力，为防止屋面渗漏，应先在屋面铺设 1~2 道耐水、耐腐蚀、耐霉烂的卷材（如沥青防水卷材、合成高分子防水材料等）或涂料（如聚氨酯防水材料）作柔性防水层，其上再铺一道具有足够耐根系穿透功能的聚乙烯土工膜、聚氯乙烯卷材、聚烯烃卷材等作为耐根系穿刺防水层。防水层施工完成之后，应进行 24h 蓄水检验，经检验无渗漏后，在其上再铺设排水层。排水层可用塑料排水板、橡胶排水板、PVC 排水管、陶粒、绿保石（粒径 3~6cm 或粒径为 2~4cm 的厚度为 8cm 以上的卵石层）。在排水层上放置隔离层，其目的是将种植层中因下雨或浇水后多余的水及时通过过滤后排出去，以防植物烂根，同时也可将种植层介质保留下来以免流失。隔离层可采用每平方米不低于 250g 的聚酯纤维土工布或无纺布。最后，才在隔离层上铺置种植层。在屋面四周应当砌筑挡墙，挡墙下部留置泄水孔。泄水口应与落水口连通，形成双层防水和排水系统，以便及时排除屋面积水。

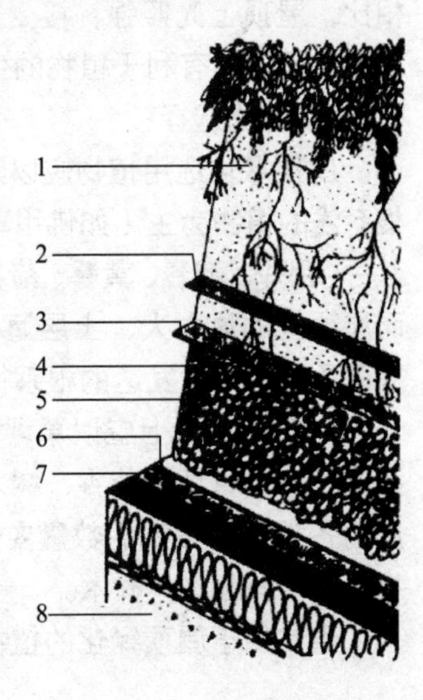

图 2–17 屋顶花园构造
1—人造土层；2—根床网；3—过滤层；4—滤水层；5—保护层；6—防水层；7—找平层；8—屋面层

（2）合理选择种植土壤。种植层的土壤必须具有重度小、疏松透气、保水保肥、适宜植物生长和清洁环保等性能。显然一般土壤很难达到这些要求，因此屋顶绿化一般采用各类介质来配置人工土壤。

栽培介质的重量不仅影响种植层厚度

与植物材料的选择，而且直接关系到建筑物的安全。如果使用容重小的栽培介质，种植层可以设计厚些，选择的植物也可相应广些。从安全方面讲，栽培介质的重度不仅要了解材料的干重度，更要了解测定材料吸足水后的湿重度，以便作为考虑屋面设计荷载的依据。为了兼顾种植土层既有较大的持水量，又有较好的排水透气性，除了要注意材料本身的吸水性能外，还要考虑材料粒径的大小。一般大于 2mm 以上的粒子应占总量的 70% 以上，小于 0.5mm 的粒子不能超过 5%，做到大小粒径介质的合理搭配。

目前一般选用泥炭、腐叶土、发酵过的醋渣、绿保石（粒径 0.5~2cm）、蛭石、珍珠岩、聚苯乙烯珠粒等材料，按一定的比例配制而成。其中泥炭、腐叶土、醋渣为植物生长提供有机质、腐殖酸和缓效肥；绿保石、蛭石、珍珠岩、聚苯乙烯珠粒可以减少种植介质的堆积密度，有利于保水、透气，预防植物烂根，促进植物生长；还能补充植物生长所需的铁、镁、钾等元素，也是种植介质中 pH 值的缓冲剂和调节剂。

（3）屋顶绿化的形式应考虑房屋结构，把安全放在第一位。设计屋顶绿化时必须事前了解房屋结构，以平台允许承载重量（按每平方米计）为依据。必须做到：

平台允许承载重量 > 一定厚度种植层最大湿重 + 一定厚度的排水物质重量 + 植物重量 + 其他物质重量（建筑小品等）根据平台屋顶承重能力，设计不同功能的屋顶绿化形式。

屋顶绿化应以绿色植物为主体，尽量少用建筑小品，后者选用材料也应选用轻型材质（如 GRC 塑石假山、PC 仿木制品等）。树槽、花坛等重物应设置在承重墙或承重柱上。

（4）植物的生长习性都要适合屋顶环境。屋顶花园的造园优势是基于屋顶花园高于周围地面而形成的。高于地面几米甚至几十米的屋顶，气流通畅清新，污染减少，空气浊度比地面低；与城市中靠近地面状态相比，屋顶上光照强，接受太阳辐射较多，为植物进行光合作用创造了良好的环境，有利于植物的生长。

3）植物选择

屋顶绿化选用植物应以阳性喜光、耐寒、抗旱、抗风力强、植株矮、根系浅的植物为主（如佛甲草、葡萄、木香、合欢、紫薇、红叶李、夹竹桃、丝兰、月季、迎春、黄馨、菊花、半支莲等）；高大的乔木根系深、树冠大，而屋顶上的风力大、土层薄，容易被风吹倒。如若加厚土层，则会增加屋面承重。乔木发达的根系往往还会深扎防水层而造成纹渗漏。

在植物类型上应以草坪、花卉为主，可以穿插点缀一些花灌木、小乔木。各类草坪、花卉、树木所占比例应在 70% 以上。平台屋顶绿化使用的各类植物类型的数量变化一般应按如下顺序：草坪、花卉和地被植物 > 灌木 > 藤本 > 乔木。

通常用于屋顶绿化的植物主要有以下几类：

（1）草本花卉，如天竺葵、球根秋海棠、风信子、郁金香、金盏菊、石竹、一串红、旱金莲、凤仙花、鸡冠花、大丽花、金鱼草、雏菊、羽衣甘蓝、翠菊、千日红、含羞草、紫茉莉、虞美人、美人蕉、萱草、鸢尾、芍药、葱兰等。

（2）草坪与地被植物，如天鹅绒草、酢浆草、虎耳草等。

（3）灌木和小乔木，如红枫、小檗、南天竹、紫薇、木槿、贴梗海棠、蜡梅、月季、玫瑰、山茶、桂花、牡丹、结香、八角金盘、金钟花、栀子、金丝桃、八仙花、迎春花、棣棠、石榴、六月雪、荚迷等。

（4）藤本植物，如洋常春藤、茑萝、牵牛花、紫藤、木香、凌霄、蔓蔷薇、金银花、常绿油麻藤等。

（5）果树和蔬菜，如矮化苹果、金橘、葡萄、猕猴桃、草莓、黄瓜、丝瓜、扁豆、番茄、青椒、香葱等。

屋顶绿化是提高城市绿化率的有效途径之一。做好屋顶绿化关键在于屋面防水及排水系统在设计与施工中各环节的质量控制，只有高度重视并在技术上保障屋顶绿化的防水、排水工程的质量，才能有效地确保屋顶绿化的顺利进行与实施。

2. 墙面绿化

1）环境效益

墙面绿化是泛指用攀缘植物装饰建筑物外墙和各种围墙的一种立体绿化形式。对建筑外墙进行垂直绿化，对美化立面、增加绿地面积和形成良好的生态环境有重大意义。此种垂直绿化主要应用在东西墙面，是防止"晨晒"和"西晒"的一种有效方法。它能够更有效地利用植物的遮阳和蒸腾作用，缓和阳光对建筑的直射，间接地对室内空间降温隔热起到降低房间热负荷的作用，并且降低墙体对周边环境的热辐射。

墙面绿化还可以按照人们的意图，为建筑物的立面进行遮挡和美化，同时可以减低墙面对噪声的反射，吸附灰尘，减少尘埃进入室内。如应用爬山虎、地锦等有吸附能力的植物不需任何支架，就可以绿化6层楼高的墙面。小区内采用垂直绿化，不仅可以成为城市小区的重要景观，而且具有良好的生态效应。

2）设施形式的确定

墙面绿化设施形式应结合建筑物的用途、结构特点、造型、色彩等设计，同时还要考虑地区特点和小气候条件。常用绿化设施有以下三种形式：

（1）墙顶种植槽

墙顶种植槽是指墙顶部设置种植槽，即把种植物槽砌筑在顶墙上。这种形式的种植槽一般较窄，浇水施肥不方便，适用于围墙。

（2）墙面花斗

墙面花斗是指设置在建筑物或围墙的墙身立面的种植池。它一般是由人在建筑施工时预先埋入的。在设计时最好能预先埋设供肥水装置，或在楼层内留有花斗灌肥水口，底部设置排水孔。花斗的形式、尺寸可视墙面的立面形式、栽植的植物种类等因素来确定。

（3）墙基种植槽

墙基种植槽是指在建筑物或围墙的基部利用边角土地砌筑的种植槽。有时候也可以把种植槽和建筑物或围墙作为整体来设计，这样效果更好。墙基种植槽的设计可视具体条件而定，一般种植槽应尽量做在土壤层之上，如有人行道板或水泥路面时，应当使种植槽的深度大于45mm。过低、过窄的种植槽不仅存土量少，且易引起植物脱水，不利于植物生长。

另外，在砌筑种植槽时，不妨每10~20m留有伸缩和沉降缝。这样既可避免由于种植槽热胀冷缩而产生裂缝，还可避免因基础的沉降而造成种植槽的破损。种植槽立面的设计应有高低错落，因单一的条状设计在施工中易造成种植槽的弯曲，而且高低错落的设计还可以防止行人在种植槽上行走，从而尽量避免破坏。在种植槽边缘设置小尺度的栏杆，也可以起到保护花草、树木及种植槽的作用，但栏杆的图案应简洁，色彩要与种植槽及植物色彩相协调，不能喧宾夺主。

3）植物选择

对于墙面绿化植物的选择，必须考虑不同习性的攀缘植物对环境条件的不同需要，并根据攀缘植物的观赏效果和功能要求进行设计。

（1）应根据不同种类攀缘植物本身特有的习性加以选择，以下是这方面的经验做法，比如：

①缠绕类：适用于栏杆、棚架等，如紫藤、金银花、菜豆、牵牛等。

②攀缘类：适用于篱墙、棚架和垂挂等，如葡萄、丝瓜、葫芦等。

③钩刺类：适用于栏杆、篱墙和棚架等，如蔷薇、爬蔓月季、木香等。

④攀附类：适用于墙面等，如爬山虎、扶芳藤、常春藤等。

（2）应根据种植地的朝向选择攀缘植物。东南向的墙面或构筑物前应种植以喜阳的攀缘植物为主；北向墙面或构筑物前，应栽植耐阴或半耐阴的攀缘植物；在高大建筑物北面或高大乔木下面等，遮荫程度较大的地方种植攀缘植物，也应在耐阴种类中选择。

（3）应根据墙面或构筑物的高度来选择攀缘植物。

①高度在2m以上可种植：爬蔓月季、扶芳藤、铁线莲、常春藤、牵牛、茑萝、菜豆、猕猴桃等。

②高度在5m左右可种植：葡萄、葫芦、紫藤、丝瓜、瓜篓、金银花、木香等。

③高度在5m以上可种植：中国地锦、美国地锦、美国凌霄、山葡萄等。

（4）应尽量采用地栽形式，并以种植带宽度50~100cm，土层厚50cm，根系距墙15cm，株距50~100cm为宜。容器（种植槽或盆）栽植时，高度应为60cm，宽度为50cm，株距为2m。容器底部应有排水孔。

除此之外，设计师还在不断探索新型的墙面绿化形式。例如，重庆大学周铁军教授等人设计的重庆天奇花园建筑，其西侧墙上的绿化，没有采用直接在墙上种植攀缘植物的做法，而是距墙 30cm 处做一个构架，植物垂吊在构架上，这样，在构架与墙体间的空气层，可加强西侧墙的散热，避免了直接在墙上种植攀缘植物而减弱墙体自身散热的弊病。

3. 窗台、阳台绿化

较之作为“第五立面”的屋顶，阳台、窗台面积虽小，在人们的日常生活中却充当更为重要的角色，使用频率非常高，和人们也更为接近。若能用植物装点阳台、窗台，借助于阳台、窗台的狭小空间创造“迷你花园”，人们足不出户即可欣赏翠绿的植物、艳丽的花朵、金黄的果实，就好似把花园搬进了家中，又好像在阳台、窗前安装了空气清新器和消声除尘器，对缓解工作和学习带来的压力、安定情绪、减少疾病等有很大作用，对人们的身心健康是极为有益的。

阳台、窗台绿化对美化环境起很大的作用，但是阳台、窗台一般都位于室外，空间有限，而且处于砖石或混凝土的墙壁、板块等硬质材料之间。夏秋季节，阳台具有光照强烈，建筑材料吸收辐射热多以及蒸发量大等特点。冬季则风大，寒冷。除此之外，种植箱（槽）或花盆内的土壤还具有相对较浅及脱离地面等特点。因此，阳台、窗台绿化的植物应选择抗旱、抗风、耐寒、水平根系发达的浅根性植物，并且要求生长健壮，植株较小。阳台、窗台绿化的植物以常绿花灌木或者草本植物为佳，也常用攀缘或蔓生植物，一般可进行如下选择：

（1）一二年生草本植物

这类植物包括：紫葱、翠菊、金鱼草、福禄考、金盏菊、凤仙花、牵牛、半支莲、香豌豆、百日草、千日红、三色堇、小白菊、剪秋萝等。还有落葵、扁豆、丝瓜，既可美化环境，又可供食用。

（2）多年生宿根花卉

这类植物包括：秋水仙、铃兰、鸢尾、雏菊、旱金莲、菊花、彩叶草、含羞草、芍药、文竹、万年青、一叶兰、吊兰、君子兰、瓜叶菊、美人蕉、天竺葵、美女樱等。

（3）木本植物

这类植物包括：叶子花、黄蝉、五色梅、槟榔、苏铁、龟背竹、棕竹、迎春、扶桑、橡皮树、南天竹、栀子、含笑、杜鹃、茶花、石榴、月季、地锦、凌霄、常春藤和葡萄等。

阳台、窗台的朝向与光照条件对植物的选择至关重要。朝东或朝南的阳台和窗台，光照充足，通风较好，对植物的生长较为理想，植物的选择余地较大，观叶、观花、观果均可，适宜选用的有五针松、罗汉松、迎春、月季、茶花、含笑、君子兰、杜鹃、金橘、石榴、兰、葡萄和茉莉等。其他朝向的阳台、窗台光照条件较差，用植物布置需扬长避短，因地制宜。如西向的阳台、窗台可用活动花屏或于种植槽内栽植攀缘植

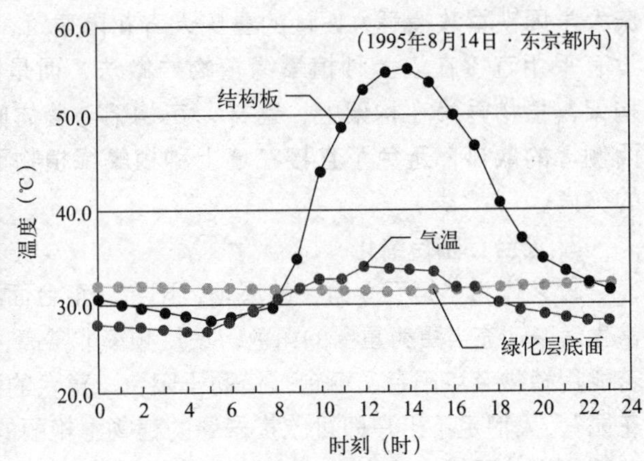

图 2-18　阿库劳斯大厦的阶梯花园（左）
图 2-19　屋顶绿化与非绿化部分温度比较（右）

物，形成屏障，以遮挡夏季西晒；朝北的阳台则可选用一些耐阴的植物，如苏铁、文竹、南天竹、槟榔、棕竹、龟背竹、橡皮树以及常春藤、蕨类植物等。

另外，室内绿化通过改善室内微环境、创造良好艺术效果等功效，可很好地发挥出其增加居住环境舒适性的作用。

建筑体绿化能取得良好的节能效果。如图 2-18 所示为日本福冈市阿库劳斯大厦的阶梯花园。1995 年竣工的阿库劳斯是一座造型奇特的高层建筑，远远看上去形似金字塔，大厦其 14 层的南侧外墙均设计成了阶梯状收进。一层层平台上填入无机质人工轻质土壤，种了近百种约 3.5 万株植物，构成了一座空中阶梯花园。从图 2-19 中可以看出，盛夏白天，阿库劳斯大厦绿化部分的表面温度与水泥外露部分相比最多可降低 20℃。且由于植物和土壤具有隔热效果，热量几乎传不到屋顶下面的房间。如图 2-20 所示为阶梯花园和阶梯花园下面办公室温度随着时间早晚的变化。可见有了阶梯花园，办公室内部温度受外面温度变化的影响很小。

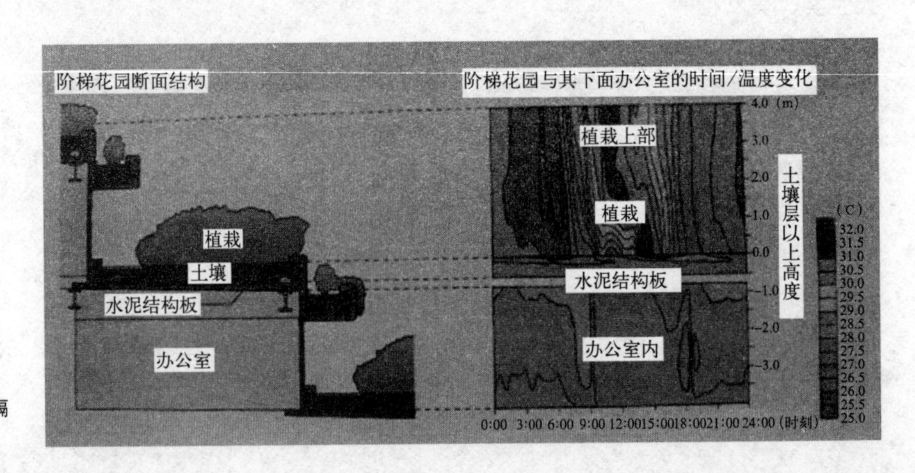

图 2-20　植被与土壤的隔热效果

2.4 节地及公共设施集约化利用

在地球表面上，可为人类使用的土地很有限。节约土地，刻不容缓。

2.4.1 我国土地使用制度及利用现状

土地是城市赖以生存的最重要的资源之一。城市土地利用问题，一直是城市规划领域理论和实践的重要问题。我国对城市土地利用方式的认识，从1954年开始无偿使用土地到20世纪90年代全面认识土地在城市开发中的基础地位，经历了一个漫长的曲折过程。原有土地使用制度阻碍了城市建设资金的良性循环，造成了土地的巨大浪费。到20世纪80年代初，随着国家经济体制改革和市场开放战略的实施，土地的价值逐渐得到认识，并在1980年冬全国城市规划工作会议上，第一次由规划工作者提出要实现土地有偿使用（即允许土地使用权进入市场）的建议。1989年修改的相关法律，允许土地所有权有偿转让。土地有偿有期限使用制度、是指在土地国有制条件下，当土地所有权与使用权发生分离时，土地使用者为获得一定时期土地使用权必须向土地所有者支付一定费用的一种土地使用制度。实行这一土地使用制度，有利于强化国家对土地的管理，有利于合理利用城市土地，实现城市土地的优化配置；有利于形成城市维护、建设资金的良性循环。

我国大规模的建筑开发已经对城市结构和城市形态产生了巨大的影响。截止至2017年，我国建成区大于200km^{2}的城市就达到了53个，而其中北京市更是以1 446km^{2}名列第一，较1949年扩大了13.3倍。城市的快速扩张所带来的土地流转、农村劳动力减少等一系列问题，已经开始威胁到了我国粮食安全。另一方面，城市“摊大饼”的模式扩张过程中新建的各种新城、新区、开发区，在土地使用效率上较为底下，各种“空城”“鬼城”的产生，对我国有限的土地资源造成了极大的浪费。这种把城市发展、GDP提升建立在牺牲国家有限耕地资源的发展观与可持续发展观背道而驰。

2.4.2 节地途径

城市的发展与我国土地资源的总体供求矛盾越来越尖锐。土地危机的解决方法主要是：应控制城市用地增量，提高现有各项城市功能用地的集约度。协调城市发展与土地资源、环境的关系，强化高效利用土地的观念，以逐步达到城市土地的持续发展。村镇建设应合理用地、节约用地。各项建筑相对集中，允许利用原有的老庄基地做建设用地。新建、扩建工程及住宅应当尽量不占用耕地和林地，保护生态环境、加强绿化和村镇环境卫生建设。

珍惜和合理利用每寸土地，是我国的一项基本国策。国务院有关文件指出，各级人民政府、地区行政公署，要全面规划，切实保护，合理开发和利用土地资源，国家建设和乡（镇）村建设用地，必须全面规划、合理布局、节约用地。尽量利用荒地、劣地、坡地、不占或少占耕地。

节地，从建筑的角度上讲，是建房活动中最大限度少占地表面积，并使绿化面积少损失、不损失。节约建筑用地，并不是不用地，不搞建设项目，而是要提高土地利用率。在城市中，节地的途径主要是：①适当建造多层、高层建筑，以提高建筑容积率，同时降低建筑密度；②利用地下空间，增加城市容量，改善城市环境；③城市居住区，提高住宅用地的集约度，为今后的持续发展留有余地，增加绿地面积，改善住区的生态环境，充分利用周边的配套公共建筑设施，合理规划用地；④在城镇、乡村建设中，提倡因地制宜，因形就势，多利用零散地、坡地建房，充分利用地方材料，保护自然环境，使建筑与自然环境互生共融，增加绿化面积。⑤开发节地建筑材料。如利用工业废渣生产的新型墙体材料，既廉价又节能、节地，是今后绿色建筑材料的发展方向。

2.4.3 旧区改造

1. 旧建筑的利用

近年来，房地产投资规模高速增长，但同时也存在大量拆除旧建筑的状况，这种“大拆大建”是我国建筑市场的独特风景。一座设计使用年限为 50 年的建筑，如果仅使用二三十年便被拆除，无疑是一种资源的巨大浪费，也违背了绿色建筑的基本理念。

在欧洲，住宅平均使用年限在 80 年以上，其中法国建筑平均寿命达到 102 年，而在我国，甚至有建筑使用二三十年甚至更短时间就被拆掉。许多处于正常设计使用年限内的建筑被强行拆除，使建筑使用寿命大大缩短。建筑短命现象造成巨大资源浪费和环境污染。

据有关资料统计，2002~2003 年，我国城镇共拆了 2.81 亿 m^2 建筑，达同期商品房竣工面积的 40% 左右。造成建筑不到使用年限就被提前拆除的原因是多种多样的，影响建筑寿命主要有三方面的原因：一方面是由于城市规划的改变，使得用地性质发生改变，如原来的工业区变更为商业区或居住区，遗留的产业建筑被大规模拆除；特别是受利益驱动，为扩大容积率、增加建筑面积，导致大批处于合理使用期内的建筑遭遇拆除厄运。第二方面是由于原有建筑的品质或功能不能适应不断变化的新的要求，如我国二十世纪七八十年代兴建的大批住宅，随着居民生活水平的提高，人们不再满足于小厅小厨房小卫生间的格局，因而遭到人们观念上的遗弃。第三方面是质量的问题，如按照现行标准和规范的要求，旧建筑在抗震、防火、节能等方面存在不满足现有规范的问题，或由于设计、施工和使用不当出现质量问题。

对于由于城市规划的改变，使得用地性质发生改变的区域，面临旧建筑拆除时，不能仅凭长官意志做出决定，规划的改变首先应对地块内的原有建筑的处置进行充分的论证，不能简单地“一拆了事”。不到建筑使用寿命的应考虑通过综合改造达到延用；达到建筑使用寿命的应通过检测、评估，进行建筑改造或再利用的可行性研究，通过经济、技术、环境与社会效益的综合评估，决定旧建筑的命运。

对于原有建筑适用性能不能满足新的要求，建筑的改造更具有挑战性。我国建筑的设计寿命通常在50~70年，长寿命与不断变化的需求是一对矛盾，但不是不可解决的。首先在新建筑设计时，应充分考虑到建筑全寿命周期内的可改造性，建筑结构体系的选择。平面布局、空间利用、荷载强度、设备和材料的选用等等，这些都要为将来留有改造的余地。适用性能的增强有助于延长建筑的寿命。对旧建筑，也要综合考虑改造的可行性，既要考虑技术的可行性也要考虑经济的可行性。如我国20世纪80年代建的住宅，在主体结构不动的情况下，可以通过单元平面布局的调整来满足新的要求，原1梯3户的住宅改成1梯2户，面积和设备设施得到增加和改善，设计更为舒适和合理，住宅的品质也就有了提升，花钱改善比推倒重建省得多。

对于存在质量问题的建筑，也不是简单地“一拆了之”，如按照新标准和规范的要求，旧建筑在抗震、防火、节能等方面存在不满足现有规范的问题，可以进行专项改造或综合改造，当然这么做的前提是通过经济技术评估，在可行的情况下。对于存在重大安全隐患，通过改造无法解决，或经济技术评估不可行的情况下，才可以下拆除的结论。即使在拆除的情况下，也应考虑拆除的建筑废弃物的再利用问题。

充分利用尚可使用的旧建筑，既是节地的重要措施之一，也是防止大拆乱建的控制条件。“尚可使用的旧建筑”系指建筑质量能保证使用安全的旧建筑，或通过少量改造加固后能保证使用安全的旧建筑。对旧建筑的利用，可根据规划要求保留或改变其原有使用性质，并纳入规划建设项目。

2. 废旧建材的利用

对于一些到达及超过使用年限，或由于其他原因必须拆除的建筑，也要考虑废旧建材的再利用问题。主要有两方面内容：

1）碴土桩处理地基，消除垃圾，节约工程造价。随着科学技术的发展，地基处理技术也不断发展和完善，从1991年在北京开始推广应用的“孔内深层夯扩挤密桩”的技术（简称DDC），现已在全国各地推广应用。DDC技术在处理黄土及软弱土地基中，使用建筑垃圾（如旧城改造拆除的原房民的砖瓦、灰块、土、不含各种有机物的垃圾等）作为夯填料，既节约了工程造价，又消除了垃圾，收到良好的经济效益和社会效益。

2）废旧建筑拆除的碎砖、瓦块，用作地基处理垫层。目前，城市拆旧建新的项目很多，多数拆除的旧建筑有可再利用的砖、瓦。但对于破损的砖瓦，以及碎砖瓦块，常常需要建设单位花钱拉到郊外去倾倒。而利用碎砖、瓦块经过碾压作地基处理垫层的骨料，不仅消除了建筑垃圾，节约倒垃圾的费用，还可以节约建设投资。

2.4.4 公共设施集约化利用

住区公共服务设施按规划配建，合理采用综合建筑并与周边地区共享。公共服务设施的配置应满足居民需求，与周边相关城市设施协调互补，有条件时应考虑将相关项目合理集中设置。

根据《城市居住区规划设计规范》GB 50180—2018 相关规定，居住区（15/10min 生活圈）的配套公共管理和公共服务设施应包括：小学、初中、体育馆（场）或全民健身中心、大 / 中型多功能运动场地、卫生服务中心（社区医院）、门诊部、养老院、老年养护院、文化活动中心、社区服务中心、街道办事处、司法所、派出所及其他等多项设施。住区配套公共服务设施，是满足居民基本的物质与精神生活所需的设施，也是保证居民居住生活品质的不可缺少的重要组成部分。为此，本标准提出相应要求，其主要的意义在于：

1. 配套公共服务设施相关项目建综合楼集中设置，既可节约土地，也能为居民提供选择和使用的便利，并提高设施的使用率。

2. 中学、门诊所、商业设施和会所等配套公共设施，可打破住区范围，与周边地区共同使用。这样既节约用地，又方便使用，还节省投资。

第3章

室内环境

良好的室内环境有助于身体健康，使心情愉快、工作高效；相反，恶劣的室内环境则有害于身心健康，同时影响工作效率。室内环境，包括室内的声、光、热环境和空气品质几个方面，设计时的具体要求可以参照国家和地方的相关标准。

3.1 室内声环境

3.1.1 声音的性质与度量

从物理学的观点来讲，声音是一种机械波，是机械振动在弹性媒质中的传播。

声波通过空气或其他弹性介质传播时，介质质点只是在其平衡位置附近来回振动。质点每往复一次所需要的时间称为**周期**，记为 T，单位为秒（s）。一秒钟内媒质质点振动的次数称为频率，记为 f，单位为赫兹（Hz）。频率和周期互为倒数。即：

$$f = 1/T \tag{3-1}$$

两相邻波对应相同点之间的距离称为**波长**（图 3–1），记为 λ，单位为米（m）。

声波在媒质中传播的速度称为**声速**，记为 c，单位为米 / 秒（m/s）。波长、频率和声速之间的关系为：

$$\lambda = c/f = cT \tag{3-2}$$

声速是和传播介质有关的函数，因此在不同介质中声速是不相同的。下面为声音在几种常见介质中的速度：

空气：340m/s，

钢：5 000m/s，

松木：3 320m/s，

水：1 450m/s，

软木：500m/s。

声源在单位时间内向外辐射的声能称为**声功率**。声源的声功率指在全部可听范围所辐射的功率，或指在某个有限频率范围所辐射的功率（通常称为频带声功率）。

在建筑声学中，声源辐射波的声功率大都可以认为不因环境条件的不同而改变，并把它看成是属于声源本身的一种特性。

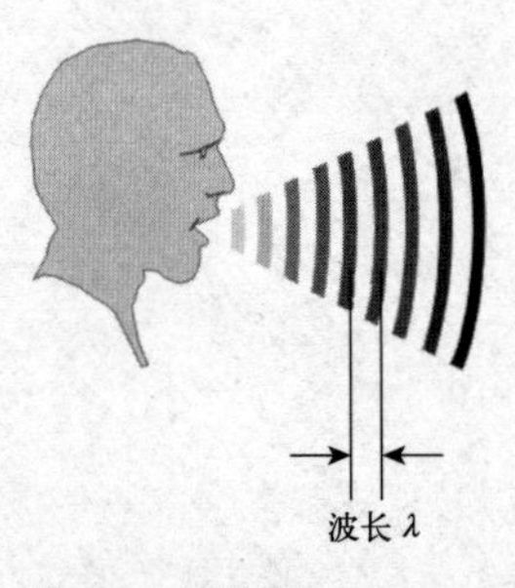

图 3–1　波长示意

声波的大小或强弱也可用**声强**来表示。声强为单位时间内通过垂直于传播方向单位面积内的平均声能量，故声强具有方向性，是一个矢量。如果所考虑的面积与传播方向平行，则通过此面积的声强就为“零”。

声波在传播过程中，媒质中各处存在稀疏和稠密的交替变化，因而各处的压强也相应地产生变化。没有声波时，媒质中有静压强，有声波传播时，压强随声波频率产生周期性的变化；其变化部分，即有声波时的压强与静压强之差称**声压**。

如果以人耳能感受到声音的强弱直接用声压、声强或声功率来表示，则其计量范围会过宽，使用中会很不方便；再则声音强弱只具有相对意义，人的听觉系统对声音强弱的响应接近于对数关系，所以在工程实践中，通过将声音与选定的某种基准声音比较，并取二者声压、声强或声功率相对比值的常用对数，用于计算该声音强弱的级别，分别称为其**声压级**、**声强级**或**声功率级**。这种“级”的对数标度方法也称为分贝标度，记为dB。分贝标度大体适合于人类对声音响度变化的感觉，用它作为单位来度量声音十分方便。

人耳在倾听一个声音的时候，如果存在另外一个声音，就会影响人耳对声音的听闻效果，为了保持听闻效果不变，就必须提高所听声音的声压级，这种由于另一个声音的存在而使人耳听觉灵敏度下降的现象，称为**掩蔽效应**。听阈提高的声压级数量称为**掩蔽量**，提高后的闻阈则称为**掩蔽阈**。因此，在噪声环境下，一个声音要能被听到，其声压级必须大于掩蔽阈。在高噪声作用下，人耳听觉困难，从而被迫提高所听声音的声压级，导致形成不舒适的声环境。

人耳可以接受的声压级变化范围很大。例如，人耳对中频（1 000Hz）的闻阈为0dB，痛阈为120dB（图3–2）；在高声级作用下，人耳就会感到不舒服；130dB左右会引起耳内发痒；达到140dB时，耳内会感觉疼痛。声压级继续升高，就引起耳内出血，甚至使听觉器官永久性损害。人耳在高声级环境中保持一段时间，会导致闻阈提高的现象发生，即听力有所下降。如果这种情况持续时间不长，回到安静的环境中后听力会逐渐恢复。这种暂时性的闻阈提高的现象，称为**听觉疲劳**。如果闻阈的提高是不可恢复的，则称为**听力损失**。当人耳暴露于极强的噪声中，还会造成内耳器官组织的损害，导致一定程度永久性听力损失，严重的甚至出现耳聋，这称为声损伤。人如果长期生活在噪声环境下，还会导致随年龄增加听力逐渐衰退的现象发生。

暂时性闻阈提高值随声压级提高和暴露时间增加而增大。为避免出现闻阈提高现象，人

图3–2　听阈、疼痛阈、烦恼阈

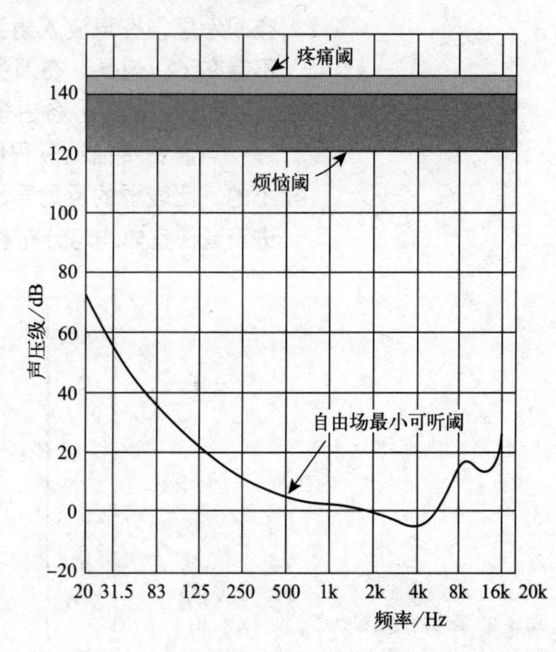

耳暴露的噪声环境其声压级不宜过大。一般情况下在 250~500Hz 倍频带时，噪声级应小于 75dB；在 1 000~4 000Hz 时，噪声级应小于 70dB。国际标准化组织建议以 85~90dB（A）的等效声压级作为不致产生永久性听力损失的噪声级上限。如果长期处于超过 90dB（A）的强噪声环境中，听觉疲劳难以消除，就可能造成永久性听力损失。

3.1.2 声音的传播

声波在传播的过程中，遇到介质密度变化时，就会产生声波的反射。反射的程度取决于介质密度改变的情况。在室内，房间界面对在室内空气中传播的声波其反射情况取决于其表面的性质。

声波在空气中传播时，由于振动的空气质点之间的摩擦而使一小部分声能转化成热能，称为空气对声能的吸收。这种能量的损失随声波的频率不同而不同，当研究声音随距离衰减时，如果传播的距离较远，就必须考虑这种附加损失。在室内空间中，空气对室内界面来回反射的声波的吸收（尤其对高频声）作用也较为明显。

声波透射到建筑材料或部件时引起的声吸收，取决于材料的有关特征及其表面状况、构造等。材料的吸声效率是用他对某一频率的吸声系数来衡量的。而材料的**吸声系数**是用被吸收的声能（即没有被表面反射的部分）与入射声能之比（a）来表示。如果声音被全部吸收，则 $a = 1$；部分被吸收，则 $a < 1$（我们可以从专业书籍中查找到常用建筑材料和特殊吸声构造的吸声系数值）。材料的吸声量与表面面积成正比。

声波入射到建筑材料或建筑部件时，除了被反射、吸收的能量外，还有一部分声能透过建筑部件传播到另一侧空间去。从入射声波所在的空间考虑，在声波入射到界面后，除了反射波外，其余部分的声能已经不存在了，但是，在消失的能量中，包括了被吸收的部分和透过的部分，吸收和透过的部分各占多少比例则因材料的有关特征而异（图 3-3）。

声波在传播的过程中，如果遇到一些凸形的界面就会被分解成许多小的、比较弱的反射声波，这种现象称为**扩散**。声波的适当扩散可以促进声音在室内均匀分布和避免一些声学缺陷的出现。

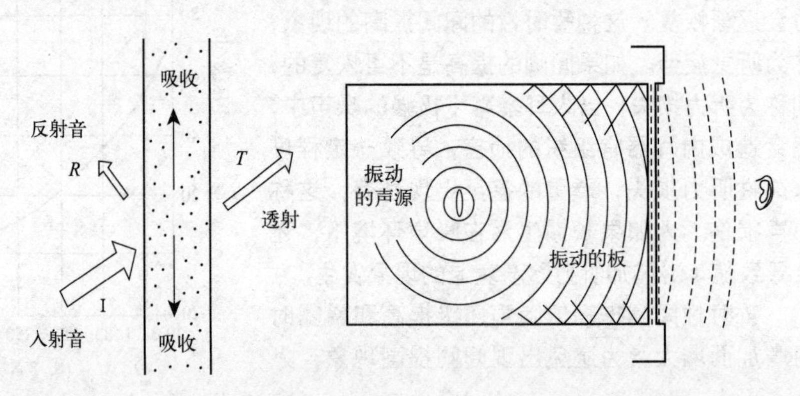

图 3-3　声音的透射和吸收

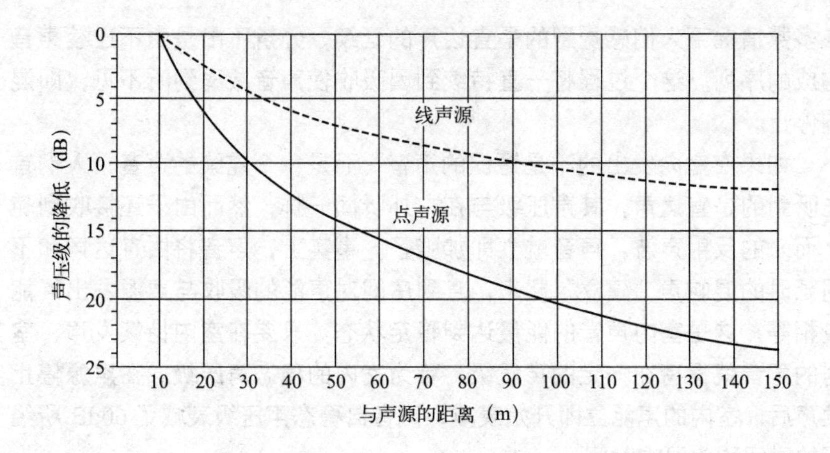

图 3–4　在自由声场中，声压级随距离的衰减

人们可以感觉到，离噪声源越远，噪声越小，反之亦然。这是因为噪声在传播过程中会衰减（图 3–4）。声源在辐射噪声时，声波向四面八方传播，波阵面随距离增加而增大，声能分散，因而声强（或声压）将随传播距离的增加而衰减。这种由于波阵面扩展，而引起声强（或声压）减弱的现象称为**扩散衰减**。声波在空气中传播，由于空气中相邻质点的运动速度不同而产生黏滞力，使声能转变为热能。声波传播时，空气产生压缩和膨胀的变化，相应地出现温度的升高和降低。温度梯度的变化出现，将以热传导方式发生热交换，声能转变为热能。一定状态下，分子的平动能、转动能和振动能处于一种平衡状态；当有声扰动时，这三种能发生变化，打破原来的平衡，建立新的平衡，而这需要一定时间。这三种因素是导致声音衰减的主要原因。当声波在传播途径中遇到障碍和建筑物时，会使噪声降低。树木和草坪对传播的声波有一定衰减作用，树干对高频的声波则起散射作用。

混响是围蔽空间里面的声学现象。人们所熟知的在室内声源停止发声后，可以听到声音的延续就是**混响**。

在一个围蔽空间里面发出一个短促的声音后，听者首先听到的是来自声源的直达声，随后来自侧墙、顶棚等部位经过一次和多次反射的声音，这些反射声经历的路程相对较长，强度也有所减弱（图 3–5）。因此人们在室内听到的是直达声及其紧随其后的、时差很短的反射声系列，

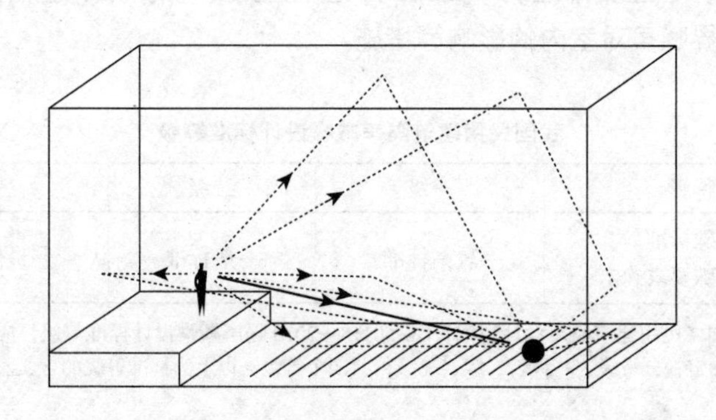

图 3–5　声波在围蔽空间里的反射
（图中表示了直达声和前次反射声的声线）

在多数情况下人们感觉到的是直达声的延续，分辨不出是由不连续声音构成的序列。这个过程将一直持续到因吸收使声音减弱到听不见，即混响停止。

如果在室内发出的不是短促的声音，而是一个连续的声音，人们首先听到的是直达声，其声压级与在户外听闻一样；然而由于还接收到随之而来的反射声波，声音就立即加强了。事实上，声音将由直达声和不同延时的混响声“建立”起来，直到房间对声能的吸收与声源发出的能量相等，这是室内声音的能量达到稳定状态。只要在室内持续发声，室内的声音就保持在一定的声压级，称为室内的**稳态声压级**。在声源停止发声后，室内的声能立即开始衰减，声音自稳态声压级衰减了 60dB 所经历的时间称为**混响时间**。

3.1.3 声环境品质

理想的声学环境是需要的声音（如讲话、音乐等）能够高保真，而不需要的声音（即噪声）不干扰人的正常工作、学习和生活。研究声音质量（即音质）问题的建筑声学是现代声学最早发展的领域，而研究减少噪声干扰的振动和噪声控制则是在 20 世纪 50 年代以后，由于工业、交通的发展而建立起来的新领域。随着城市化进程的加快，噪声已成为现代化生活中不可避免的副产品，其影响面非常广，几乎没有一个城市居民不受噪声的干扰和危害，所以建筑声环境质量保障的主要措施是针对振动和噪声的控制。噪声控制的基本目的是创造一个良好的声学环境。因此，建筑物内部或周围所有声音的强度和特性都应与空间的要求相一致。

无噪声干扰且音质良好的声环境是舒适并有利于人身心健康的。房间的音质问题主要是针对大空间而言。但对人体健康来说，噪声的危害极大，因此，解决噪声问题应该是营造健康舒适的声环境的关键。我们除了对需要听的声音，要求听得清楚、听得好之外，对于不需要听的声音，特别是噪声，则希望尽可能地降低，以减少其干扰。

在住宅建筑和公共建筑中的办公建筑、商场建筑和旅馆建筑中，要营造良好的声环境主要依据我国有关规范（表 3-1），采取有效的隔声、减噪措施，合理安排建筑平面布局和空间功能，减少相邻空间的噪声干扰以及外界噪声对室内的影响等措施。

我国民用建筑隔声减噪设计标准等级 表 3-1

特级	一级	二级	三级
特殊标准 （根据特殊要求确定）	较高标准	一般标准	最低限

注：我国《民用建筑隔声设计规范》GB 50118—2010 隔声减噪设计标准等级，应按建筑物实际使用要求确定，分特级、一级、二级、三级，共四个等级，以上为标准等级的含义。

3.1.4　噪声控制

1. 城市区域的环境噪声标准

良好声环境的首要因素是对人耳听力无伤害，但在规模日益扩大的城市区域内，噪声源的数量和强度都在急剧增加，使市区内的声环境恶化，不仅使人们失去了安静的户外活动空间，也给创造健康舒适的室内声环境带来极大的困难。我国《声环境质量标准》GB 3096—2008 对不同类别的区域的环境噪声标准做了相应的规定，良好的外部环境是我们绿色室内声环境的基础（表 3–2）。

环境噪声限值　单位：dB（A）　　表 3–2

声环境功能区类别		时段	
		昼间	夜间
0 类		50	40
1 类		55	45
2 类		60	50
3 类		65	55
4 类	4a 类	70	55
	4b 类	70	60

表中，0 类标准适用于疗养区、高级别墅区和高级宾馆区等特别需要安静的区域，位于城郊和乡村的这一类区域分别按照严于 0 类标准 5dB 执行；1 类标准适用于以居住、文教机关为主的区域，乡村居住环境可参照该类标准执行；2 类标准适用于居住、商业、工业混杂区；3 类标准适用于工业区；4a 类标准适用于城市中的道路交通干线两侧区域，穿越城区的内河航道两侧区域，穿越城区的铁路主、次干线两侧区域的背景噪声限值也参照该类标准执行。4b 类标准适用于 2011 年 1 月 1 日起环境影响评价文件通过审批的新建铁路（含新开廊道的增建铁路）干线建设项目两侧区域；此外，该标准还规定夜间突发的噪声，其最大值不准超过标准值的 15dB。

所列的标准值为户外允许噪声级。测点选在建筑物的外侧，离开建筑物的距离不小于 1m，传声器离地面不小于 1.2m 处。

2. 室内环境噪声标准

我国《民用建筑隔声设计规范》GB 50118—2010 规定了在住宅、学校、医院及旅馆建筑的室内允许噪声级和隔声标准。表 3–3（a）为室内允许噪声级，在执行中还要考虑因昼夜时间噪声特性的不同和需作的修正。表 3–3（b）为空气声隔声标准。表 3–3（c）为楼板撞击声隔声标准。这些标准都是建筑规范中的“低限”标准，绿色建筑应不小于这些标准，但是也不是标准越严、越高就越好，而是应有“度”，因为绿色建筑更应是节约、与环境和谐共生的建筑。

室内允许噪声级（L_A：dB）　　表 3–3（a）

允许值	适用场所
≤ 25	一、二级听力测试室
≤ 30	三级听力测试室
≤ 35	特级旅馆客房
≤ 40	一级住宅的卧室、书房，有特殊安静要求的教学用房，一级医院病房，一级旅馆客房，特级旅馆会议室及多用途大厅
≤ 45	一级住宅起居室，二级住宅卧室、书房，一、二级医院手术室及二级医院病房，特级旅馆办公室，一级旅馆会议室、多用途大厅，二级旅馆客房
≤ 50	二级住宅起居室，三级住宅卧室、书房及起居室，学校的一般教室，三级医院的手术室和病房，特级旅馆餐厅、宴会厅，一级旅馆办公室，二级旅馆多用途大厅，二、三级旅馆会议室
≤ 55	学校无特殊要求的房间，一、二级医院的门诊室，一级旅馆餐厅、宴会厅，二级旅馆办公室，三级旅馆客房及办公室
≤ 60	三级医院门诊室，二级旅馆餐厅、宴会厅

空气声隔声标准（R_W：dB）　　表 3–3（b）

允许值	适用场所
≥ 20	旅馆客房外墙及窗（低限标准）
≥ 25	旅馆客房外墙及窗（一般标准）
≥ 30	旅馆客房与走廊间隔墙及门（低限标准）
≥ 35	病房与病房间隔墙（低限标准），旅馆客房与走廊间隔墙及门（一般标准）
≥ 40	住宅的分户墙及楼板（低限标准），一般教师之间的隔墙及楼板（低限标准），病房与病房间隔墙（一般标准），手术室与病房间隔墙（低限标准），旅馆客房与走廊间隔墙及门（较高标准和特级标准），旅馆客房的外墙及窗（特级标准），旅馆客房之间的隔墙（一般标准和低限标准）
≥ 45	住宅的分户墙及楼板（一般标准），一般教室与各种噪声的活动室内的隔墙与楼板，病房与病房间的隔墙（较高标准），手术室与病房间隔墙（一般标准），病房与产生噪声的房间的隔墙（低限标准），旅馆客房之间的隔墙（较高标准）
≥ 50	住宅分户墙及楼板（较高标准），学校有特殊安静要求的房间与一般教室的隔墙与楼板（较高标准），病房与产生噪声房间的隔墙（一般标准和较高标准），手术室与病房间隔墙（较高标准）,听力测听室围护结构,旅馆客房之间的隔墙（特殊标准）

楼板撞击声隔声标准（$L_{pnT,w}$：dB）　　表 3–3（c）

允许值	适用场所
≤ 55	旅馆客房层间楼板（特级标准），旅馆客房与各种有振动房间之间的楼板（较高标准和特级标准）
≤ 65	住宅分户层间楼板（较高标准），学校有特殊安静要求的房间与一般教师之间的楼板（较高标准），病房与病房之间楼板（较高标准），听力测听室上部楼板，旅馆客房层间楼板（较高标准），旅馆客房与各种有振动房间之间的楼板（低限标准和一般标准）

续表

允许值	适用场所
≤ 75	住宅分户层间楼板（低限标准和一般标准），一般教室与教室之间楼板（低限标准），病房与病房之间楼板（低限标准和一般标准），病房与手术室之间楼板（低限标准和一般标准），旅馆客房层间楼板（低限标准和一般标准）

对于我国居民比较关注的撞击声，国内曾调查过住户对住宅楼板的不同撞击声隔声性能的听闻感觉和满意程度，进而得出楼板计权撞击声压级与主观评价的关系如表 3-4 所示。

规范规定，居住建筑楼板的计权标准化撞击声声压级不大于 70dB。对照上表可知，70dB 这个数值约 90% 的住户认为是可以接受的，但认为满意的住户比例还是很小。

计权撞击压级不大于 70dB 只是对绿色建筑住宅楼板的基本要求，并未达到很好的程度，若经济条件允许，应采取措施使住宅楼板的撞击声隔声性能更好一些，例如，120mm 厚钢筋混凝土楼板的计权撞击声压级为 83dB，在其上铺有弹性垫层的木地板或地毯，其计权撞击声压级可降为 60dB 左右；如果铺较厚的地毯，计权撞击声压级可降得更低，其撞击声隔声性能会更好，但是，当在钢筋混凝土楼板上直接做硬质材料面层（水泥、砂浆、地砖、石材）的情况下，若要求其撞击声隔声性能也达到标准要求，就需要在钢筋混凝土楼板上做浮板隔声构造。

为使建筑室内的噪声水平不超过允许噪声级，除了必须提高建筑围护结构的隔声性能外，合理的建筑布局也是非常重要的，对建筑的隔声降噪而言，前者起到“阻止”的作用，后者则发挥“避开”的作用。

对于影剧院，我国在《剧院、电影院和多用途厅堂建筑声学设计规范》GB/T 50356—2008 中，提出了观众厅和舞台内无人占用时，在通风、空调设备和放映设备等正常运转条件下，不宜超过的噪声限值，这在绿色建筑中也是应起码遵守的（表 3-5）。

楼板计权撞击声压级与主观评价的关系 表 3-4

住宅楼板的计权撞击声压级（dB）	楼板上撞击声源情况与楼板下房间内的听闻感觉［背景噪声 30~50dB（A）］	住户反应（%）		
		满意	还可以	不满意
＞85	脚步声、扫地、蹬缝纫机等都能引起较大反应；拖动桌椅、孩子跑跳则难以忍受	—	—	＞90
75~85	脚步声能听到，但影响不大；拖桌椅、孩子跑跳感觉强烈；敲打则难以忍受	50		50
65~75	脚步声白天感觉不到，晚上能听到、但较弱。拖桌椅、孩子跑跳能听到，但除睡眠外一般无影响	10	80	10
＜65	除敲打外，一般声音听不到；椅子跌倒、孩子跑跳能听到，但声音较弱	65	35	—

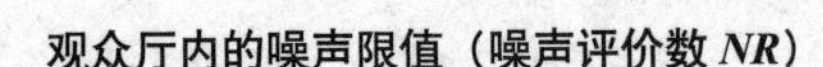

观众厅内的噪声限值（噪声评价数 *NR*）　　表 3–5

NR 数	适用场所及条件
20	歌剧院及话剧院自然声的合适标准
25	歌剧院及话剧院自然声的最低标准，歌剧院及话剧院采用扩声系统的合适标准，多用途厅堂自然声的合适标准
30	歌剧院及话剧院采用扩声系统的最低标准，多用途厅堂自然声的最低标准，立体声电影院及多用途厅堂采用扩声系统的合适标准
35	普通电影院的合适标准，立体声电影院及多用途厅堂采用扩声系统的最低标准
40	普通电影院的最低标准

3. 环境噪声的控制

室内背景噪声水平是影响室内环境质量的重要因素之一。尽管室内噪声通常与室内空气质量和热舒适度相比对人体的影响不那么显著，但其危害是多方面的：包括引起耳部不适、降低工作效率、损害心血管、引起神经系统紊乱，甚至影响视力等。

例如国内外声学专家通过调查研究后提出，人睡眠时的安静程度，理想状态是 A 声级 30dB 以下，若达不到理想状态，最差 A 声级也不能大于 60dB。

国内曾对住宅室内噪声级及住户反应之间的对应关系做过调查。从北京的调查资料看，当白天住宅室内噪声在 45dB（A）以下时，有 95% 以上的住户觉得比较安静，而从华南、华东、西南等地的调查资料分析，则室内允许噪声级的数值还可略高于北京地区。

根据以上这些调查、研究，为使住户有安静、舒适的居住环境，《民用建筑隔声设计规范》GB 50118—2010 将居住建筑卧室、起居室的允许噪声级确定为：在关窗状态下白天 45dB（A），夜间 37/45 dB（A）。显然，上述允许噪声级的数值并非安静程度的理想状态，若技术和经济条件允许，还应从各方面采取措施，使住宅的室内噪声级接近理想状态的要求，尽可能为住户提供舒适的居住环境，规范所提出的居住建筑卧室、起居室的允许噪声级相当于规范中较高的水平。

影响室内噪声的因素包括室内噪声源和室外环境影响。室内噪声主要来自于室内电器，而室外环境对室内噪声的影响时间更长、影响程度更大，主要是交通噪声、建筑施工噪声、商业噪声、工业噪声、邻居噪声等。

室内允许噪声级就是规定的一组限值，室内的噪声不超过这组规定的限值时，人们就能有一个相对安静、舒适的室内环境。我们也要注意室内允许噪声级并非客观上的一个绝对标准，根据建筑用途不同、技术经济的可行性来认定的。例如，人们睡眠时需要的安静程度肯定会高于购物时，因此居住建筑的室内允许噪声级要低于商场的室内允许噪声级。另外，我们还是要本着节约的原则，充分考虑绿色建筑中室内允许噪声级的“度”的问题。

噪声的传播控制　噪声自声源发出后，经中间环境的传播、扩散到达接受者，因此解决噪声污染问题就必须依次从噪声源、传播途径和接受者三方面分别采取在经济、技术和要求上合理的措施。一般噪声控制的措施可以从噪声（振动）源、传播途径和接受者三个环节上实施。

从声源控制噪声是最根本的措施，但是使用者一般都难以对噪声源进行根本的改造，在声源处即使只是局部地减弱了辐射强度，也可使在中间传播途径以及接收处的噪声控制工作大大简化。

如果由于技术上或经济上的原因，无法有效降低声源的噪声时，就必须在噪声的传播途径上采取适当措施。首先，在总图设计中应按照“闹静分开”的原则，对强噪声源的位置进行合理布置；其次，改变噪声传播的方向或途径也是一种很重要的控制措施。另外，充分利用天然地形如山冈、土坡和已有建筑物的声屏障作用和绿化带的吸声降噪作用，也可以达到可观的降噪效果。控制噪声的最后一环是在接收点进行防护。假如在声源及其声波传播途径上采取的噪声控制措施得不到有效的实现，或只有少数人在吵闹的环境中工作时，个人防护则是一种经济有效的方法。常用的防护用具有耳塞、耳罩、头盔三种形式。当然，这些个人防护措施也还存在一些问题，比如耳塞长期佩带，耳道中会出水（汗）或产生其他生理反应；耳罩不易和头部紧贴而影响到隔声效果；而头盔因为比较笨重，所以只在特殊情况下采用。

掩蔽噪声　必须要指出的是，噪声控制并不等于噪声降低。在多数情况下，噪声控制是要降低噪声的声压级，但有时却是增加噪声。通常可以利用电子设备产生的背景噪声来掩蔽令人讨厌的噪声，来解决噪声控制的问题，这种人工噪声通常被比喻为“声学香料”或“声学除臭剂”，它可以有效地抑制突然干扰人们宁静气氛的声音。通风系统、均匀的交通流量或办公楼内正常活动所产生的噪声，都可以成为人工掩蔽噪声（图 3–6）。

在有的办公室内，利用通风系统产生的相对较高而又使人易于接受的背景噪声，对掩蔽打字机、电话、办公用机器或响亮的谈话声等不希望听到的办公噪声会起到很好的，同时有助于创造一种适宜的宁静环境。

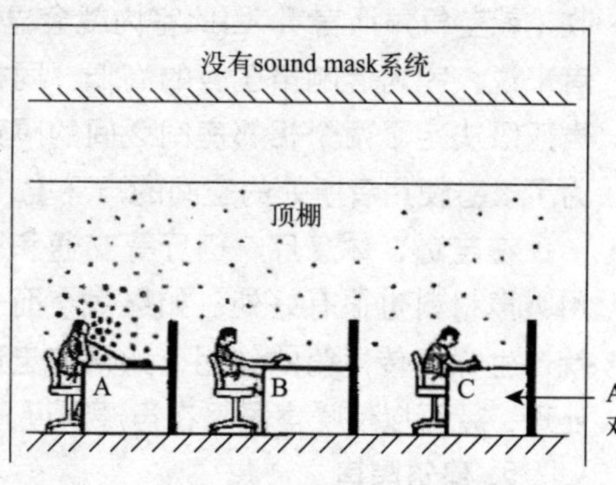

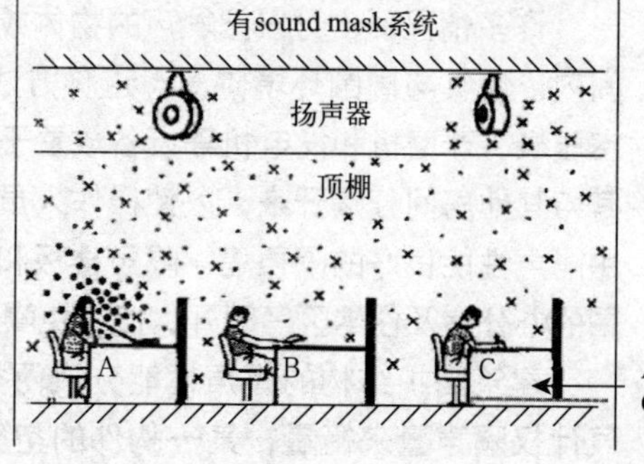

图 3–6　环境噪声的功效

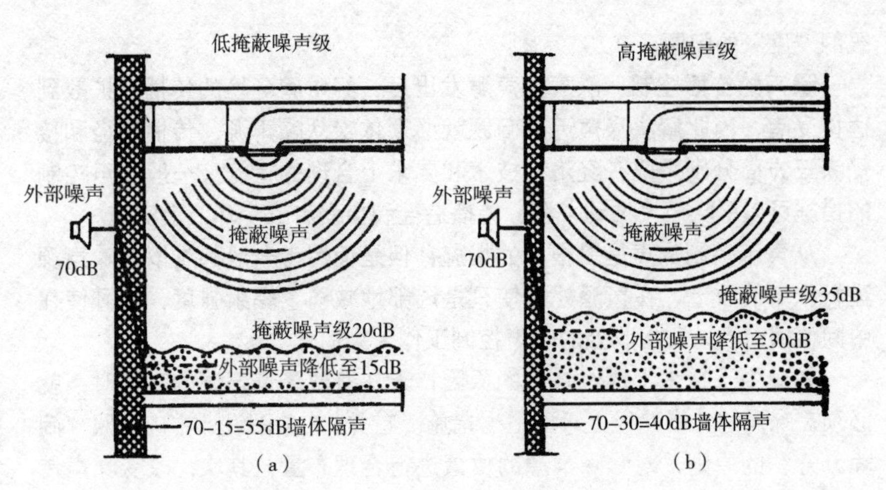

图 3-7　在允许范围内提高室内背景噪声，可减少降低外部噪声的费用

在分组教学的教室里几个学习小组发出的声音，向各个方向扩散，因而在一定程度上彼此互相干扰抵消，也可以成为一种特别的掩蔽噪声。如果有条件，还可以适当地增加分布均匀的背景音乐，使其成为更有效的掩蔽噪声（图 3-7）。

4. 室内吸声减噪

由于总体布局和其他原因，而利用上述环境噪声控制的措施无法实现时，可以在建筑物内装置吸声材料以改善室内的听闻条件从而减少噪声的干扰。在室内产生的噪声可以达到一定的声压级，这个声压级与室内的吸声条件有很大的关系。如果室内的界面有足够的吸声材料，则混响声的声压级就可以得到显著的减弱，而且任何暂态噪声也就很快被吸收（就空气声而言），因此室内就会显得比较安静。对于相邻房间的使用者来说，室内混响声压级的高低，同样有重要的影响。因为声源的混响声压级决定了两个相邻房间之间的隔声要求，所以降低室内混响噪声既为了改善使用者所处的空间的声环境，也是为了降低传到临室区的噪声。

在走道、休息厅、门厅等交通和联系的空间，结合建筑装修适当使用吸声材料也很有好处。如果对窄而长的走道不做吸声处理，这种走道就产生噪声传声筒的作用；如果在走道的顶棚及侧墙的墙裙以上做吸声处理，就可以使噪声局限在声源附近，从而阻碍走道的混响声声压级。

5. 建筑隔声

许多情况下，可以把发声的物体或需要安静的场所封闭在一个小的空间内，使其与周围环境隔离，这种方法称为隔声。例如，可以把鼓风机、空压机、球磨机和发电机等设备放置于隔声良好的控制室或操作室内，使其与其他房间分隔开来，以使操作人员免受噪声的危害。此外，还可以采用隔声性能良好的隔声墙、隔声楼板和隔声门、窗等，使高噪声车间与周围的办公室及住宅区等隔开，以避免噪声对人们正常生活与休息的干扰。

建筑围护结构的隔声性能分成两类，一类是空气声隔声性能，用空气计权隔声量来衡量，某一构件的空气计权隔声量越大，该构件的空气

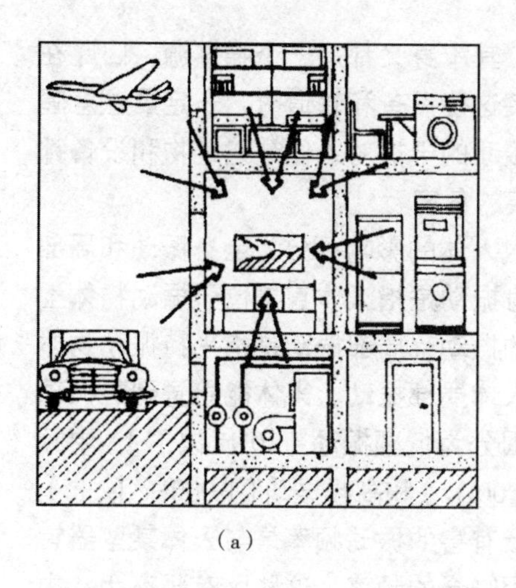

(a)

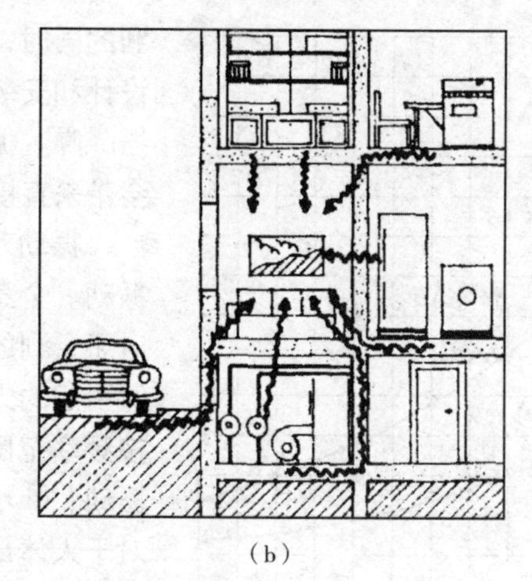

(b)

图 3-8 空气隔声和撞击声隔声示意图
(a)空气声：经空气和围护结构传播；
(b)固体声：振动噪声

隔声性能就越好；另一类是抗撞击性能，用计权标准化撞击声声压级来衡量，某一构件的计权标准撞击声声压级值小，该构件的抗撞击声性能就越好。图 3-8（a、b）为空气隔声和撞击声隔声示意图。

阻隔外界噪声传入室内，要依靠提高外墙和外窗的空气声隔性能，由于我国建筑基本上都是混凝土之类的重质结构，重质外墙的空气声计权隔声量一般都比较大，所以外窗的空气声隔声性能是设计中关注的焦点，尤其是沿街的外窗。以住宅为例，规范提出沿街的外窗的空气声计权隔声量不小于 30dB，而单层玻璃的窗户很难满足这样的要求。

在一栋建筑内上下左右单元邻居间的声音干扰，除空气声传播的噪声外，还有撞击引起的噪声，最典型的撞击声噪声就是上层邻居走动所引起的楼板撞击声，在规范中，对建筑的分户墙、走廊和房间之间的隔墙等提出了最小的空气计权隔声量要求，而且还提出了最大计权标准化撞击声声压级的要求，一般情况下，在建筑中（尤其是在居住建筑中）谈及室内声环境，最受人诟病的常常是楼板的抗撞击声性能差。

在噪声控制设计中，针对车间内某些独立的强声源（如风机、空压机、柴油机、电动机和变压器等动力设备，以及制钉机、抛光机和球磨机等机械加工设备），当其难以从声源本身降噪，而生产操作又允许将声源全部或局部封闭起来，隔声罩便是经常采用的一种手段。

在建筑声学设计中，建筑师可以根据现有的或预计会出现的外界噪声声压级，建筑物内部噪声源的情况，以及室内允许噪声级，设计人员即可确定围护结构所需的隔声能力，并据以选择适合的建筑隔声构造，从而得到预期的隔声效果。

在实际中，我们通常把噪声对于语言通信的干扰作为对于建筑隔声的重要性的理解（图 3-9）。

6. 建筑隔振与消声

现代建筑的内部和周边常常配置了许多机械设备，例如电梯、水泵、风机、冷却水塔等，这些设备以及附属的管道在为建筑的使用者带来便

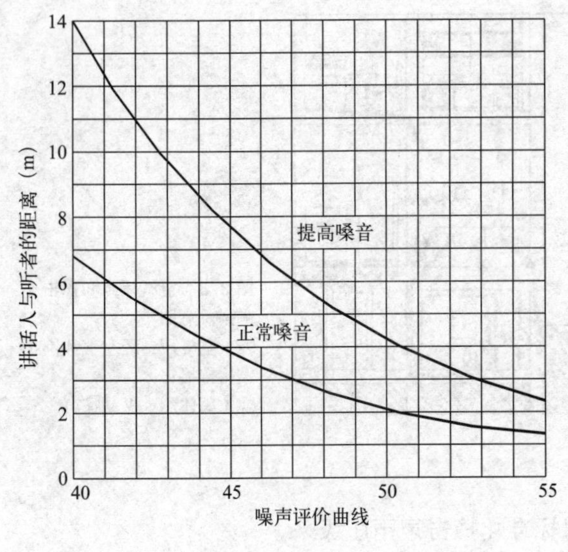

图 3–9　噪声对语言通信的干扰

利的同时，其本身又都是一个噪声源，因此在设计和安装这些设备和管道时，一定要注意隔振降噪。振动的干扰对人体、建筑物和设备都会带来直接的危害。

振动对人体的影响可分为全身振动和局部振动。全身振动是指人体直接位于振动物体上时所受到的振动；局部振动是指手持振动物体时引起的人体局部振动。人体能感觉到的振动按频率范围分为低频振动（30Hz 以下）、中频振动（30~100Hz）和高频振动（1 000Hz 以上）。对于人体最有害的振动频率是与人体某些器官固有频率相吻合的频率，这些固有频率为：内脏器官在 8Hz 附近；头部在 25Hz 附近；神经中枢在 250Hz 附近。

对于振动的控制，除了对振动源进行改进、减弱振动强度外，还可以在振动传播途径上采取隔离措施，用阻尼材料消耗振动的能量并减弱振动向空间的辐射。

3.2　室内光环境

3.2.1　光的性质和度量

辐射体以电磁辐射的形式向四面八方辐射能量。在单位时间内辐射体辐射的能量被称为**辐射功率**或**辐射能量**。由于人眼对不同波长的电磁波具有不同的敏感度，就不能直接用光源的辐射功率或辐射通量来衡量，必须采用以人眼对光的感觉量为基准的单位，即**光通量**来衡量。相应的辐射通量中能被人眼感觉为光的波长为 380~780nm。因此光通量是表征光源发光能力的基本量，单位为流明（lm）。

在建筑光学中，常用光通量表示一光源发出光能的多少，它是光源的一个基本参数。例如 100W 普通白炽灯发出 1 250lm 的光通量，40W 的日光色荧光灯约发出 2 200lm 的光通量。

光通量是表述光源向四周空间发射出的光能总量，而不同光源发出的光通量在空间的分布是不同的。例如悬吊在桌面上空的一盏 100W 白炽灯，发出 1 250lm 的光通量。但是采用灯罩与否，其透射到桌面的光通量就不一样。加了灯罩后，灯罩将往上的光向下反射，使向下的光通量增加，因此我们就感到桌面上亮一些。这个例子说明只知道光源发出光通量总量还不够，还需要了解表征它在空间的光通量分布状况，就是光通量的空间分布密度，这个也称作**发光强度**。

对于被照面而言，常用落在其单位面积上的光通量的数值表示它被照射的强度，这就是通常所说的**照度**，它表示被照面上的光通量密度。

照度可以直接相加，几个光源同时照射被照面时，其照度为单个光源分别存在时形成的照度的代数和（图 3-10）。

图 3-10 照度的可叠加性

亮度是发光体在视线方向上单位投影面积发出的发光强度，是表征某一正在发射光线的表面明亮程度的物理量（图 3-11）。

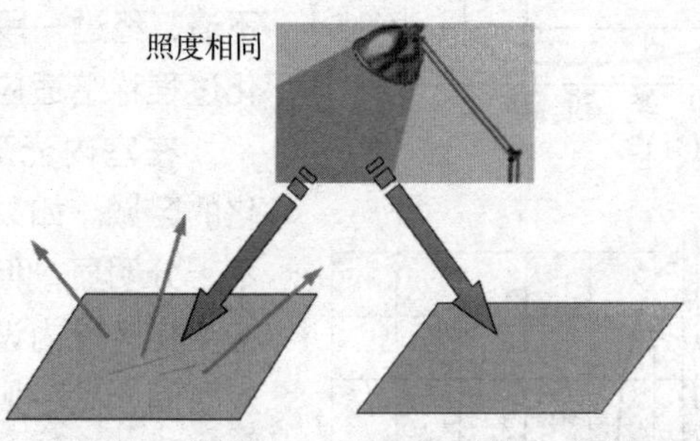

图 3-11 被照物体表面材料对亮度的影响

为形成良好的视觉环境，要求各个表面之间有一定的亮度对比，但若视野内不同表面间的亮度对比过大，也会使人眼短时内疲劳。为了达到环境亮度的平衡，必须同时考虑照度和反光系数。表面照度高时，应采用低反光系数的材料；反之，若表面照度较低时，可采用高反光系数的材料。

3.2.2 视觉与光环境

1. 眼睛的生理特点

我们研究的光，是能够引起人视觉感觉的那一部分电磁辐射，其波长范围为 380~780nm（nm—纳米，长度单位，$1nm=10^{-9}m$）。波长大于 780nm 的红外线、无线电波等，以及小于 380nm 的紫外线、X 射线等，人眼都感觉不到。由此可见，光是客观存在的一种能量，与人的主观感觉密切相关。为了将光度量和人的主观感觉联系起来，首先需要对人眼的生理构造有所了解。

视网膜是眼睛的视觉感受部分，类似照相机中的胶卷。视网膜上布满了锥状细胞和杆状细胞两种感光细胞，光线射到他们上面就会产生神经冲动，传输到视神经，再传到大脑，产生视觉感觉。

感光细胞位于视网膜最外层，接受光刺激，并转换成神经冲动。但是他们在视网膜上的分布是不均匀的：锥状细胞主要集中在视网膜的中央位置，这个地方是称为“黄斑”的黄色区域。在这里，锥状细胞密度达到最大；在这个区域以外，锥状细胞的密度急剧下降。与此相反，在中央窝外，杆状细胞的密度迅速增加，在离中央窝 20° 附近密度达到最大，然后又逐渐减少。

这两种感光细胞有各自的功能特征：锥状细胞在明环境下对色觉和视觉敏锐度具有决定作用，能分辨出物体的细部和颜色，并对环境的明暗变化做出迅速的反应，以适应新的环境。而杆状细胞在黑暗环境中对明暗感觉起决定作用，它虽能看到物体，但不能分辨其细部和颜色，对明暗变化的反应缓慢。

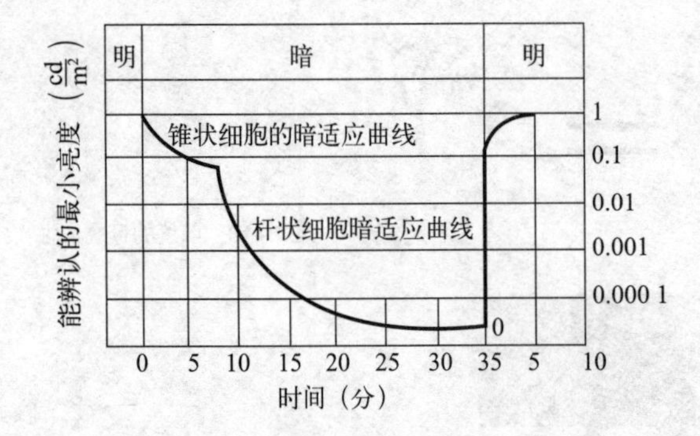

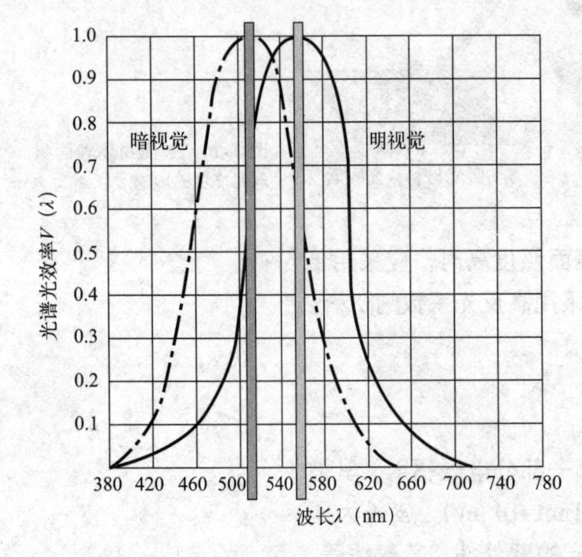

图 3-12　感光细胞的适应过程（上）
图 3-13　单色光谱光视效率（下）

当外界光环境的亮度发生改变时，人眼需要调节入射光能量，改变视网膜的感光量。这种视网膜感光度的变化过程称为适应过程。当人从明亮环境进入暗环境或相反时，由于锥状细胞和杆状细胞的转换，会感到从原来看得清到突然看不清，经过一段时间后又逐渐看得清了。这个变化过程称暗适应过程或明适应过程（图 3-12）。

在室内光环境中，可能会遇到许多明暗变化的区域。如果亮度变化不大，人眼的适应过程不十分明显，但当环境亮度变化过大时，应考虑在变化区段内设置过渡空间，使人眼有足够的适应时间，以免视觉反复明暗适应，造成视觉疲劳、身体不适的情况。

2. 眼睛的视觉特点

由于感光细胞自身特征的影响，使眼睛具有以下视觉特点：

在明视觉时，人眼对于 380~780nm 范围内的电磁波能引起不同的颜色感觉。不同的颜色感觉的波长范围和中心波长见表 3-6。

人眼在观看同样功率的可见光时，对于不同波长的光感觉到的明亮程度是不一样的。为便于理解，人眼的这种特征常用光谱光视效率（V_λ）来表示。它表示波长 λ_m 和 λ 的单色辐射，在特定光度条件下，获得相同视看感受，该两个单色辐射通量之比（图 3-13）。

根据感光细胞在视网膜上的分布，以及眼眉、脸颊的影响，人眼的视野范围有一定的局限性。例如双眼不动的时候，视野范围为：水平面 180°，垂直面 130°，上方 60°，下方 70°。如图 3-14 所示中，中间白色区域为双眼共同视看范围，斜线区域为单眼所能看到的最大区域，其他部分为被遮挡区域。黄斑区所对应的角度约为 2°，这里具有最高的视觉敏锐度，具有最好的分辨能力，为“中心视场”。从中心视场往外直到 30° 范围内是视觉最清楚的区域，这里是观看物体的最佳位置。通常站在离展品高度 1.5~2 倍的距离观看展品，就是使展品处于上述视觉清楚区域内。

光谱颜色中心波长及范围　　表 3-6

颜色感觉	中心波长（nm）	范围（nm）	颜色感觉	中心波长（nm）	范围（nm）
红	700	640~750	绿	510	480~550
橙	620	600~640	蓝	470	450~480
黄	580	550~600	紫	420	400~450

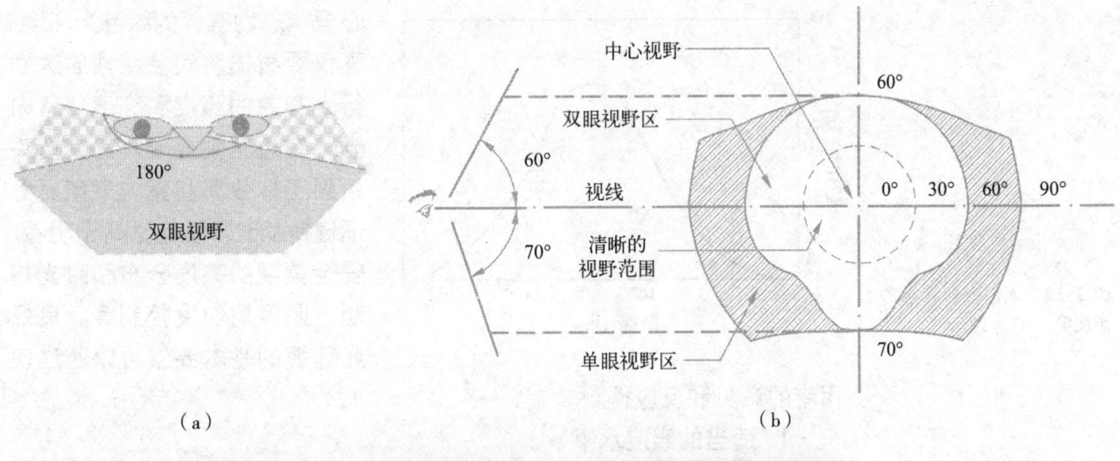

图 3-14　视野范围
（a）水平方向单眼视野 180°；
（b）人眼视野范围

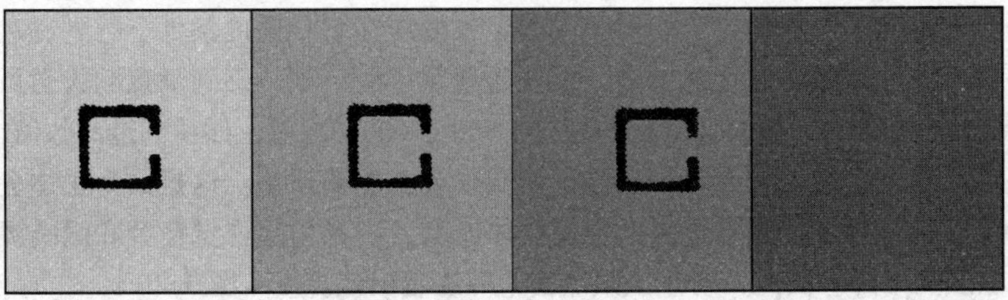

图 3-15　亮度对比对人眼看物体的清晰程度的影响

由于锥状细胞和杆状细胞分别在明、暗环境中起主要作用，故形成明、暗视觉。明视觉是指在明亮环境中，主要由锥状细胞起作用的视觉。此时人眼能够辨认物体的细节，具有颜色感觉，而且对外界亮度变化的适应能力强。暗视觉是指在黑暗环境中主要由杆状细胞起作用的视觉。暗视觉只有明暗感觉而无颜色感觉，也无法分辨物体的细节。

观看对象和其背景之间的亮度差值被称为对比感受性。差异越大，视度越大（图 3-15）。

物件尺寸和眼睛至物件的距离都影响人们观看物体的视度。对大而近的物件看得清楚，反之则视度下降（图 3-16）。

3.2.3　室内光环境品质

视觉是人体各种感觉中最重要的一种，大约有 87% 的外界信息是人依靠眼睛获得的，并且 75%~90% 的人体活动也是由视觉引起的。良好的光环境是保证视觉功能舒适、有效的基础，那么什么是良好光环境？

人们可以不必通过意识的作用强行将注意力集中到所要看的地方，就能不费力气而清楚地看到所有搜索的信息；获得的信息与实际情况相符合；背景中也没有视觉“噪声”干扰注意力。对人体生理健康和

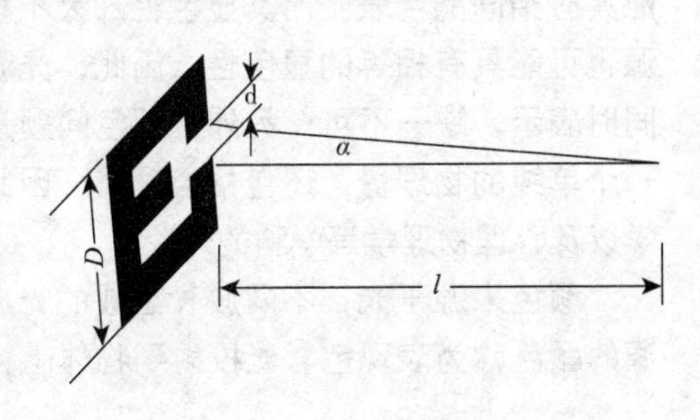

图 3-16　距离对视度的影响

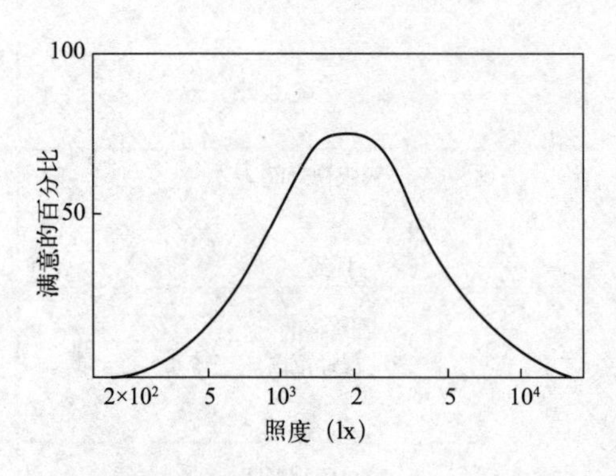

图 3–17　人们感到满意的照度值

心理状态均有益的绿色光环境，不仅要根据房间使用性质达到行之有效的照度和亮度，室内光分布也至关重要，它直接关系到工作效率和室内气氛。舒适健康的光环境包括易于观看、安全美观的亮度分布和眩光控制、照度均匀度控制等。良好光环境的基本要素可以通过使用者的意见和反应得到。

1. 适当的照度水平

研究人员曾对办公室和车间等工作场所在各种照度条件下感到满意的人数百分比做过大量调查，发现随着照度的增加，感到满意的人数百分比也在增加，最大百分比约处在 1 500~3 000lx 之间；照度超过此数值，对照度满意的人反而减少，这说明照度或亮度要适量。这是因为物体亮度取决于照度，照度过大，会使物体过亮，容易引起视觉疲劳和眼睛灵敏度的下降。因此，对于人眼而言，存在着最佳亮度（图 3–17）。

2. 合理的照度分布

人眼的视野很宽。在工作房间里，除了视觉对象外，工作面、顶棚、墙、窗户和灯具等都会进入视野，这些物体的照度分布对比构成人眼周围视野的适应亮度。若照度不均匀，视场中各点照度相差悬殊时，瞳孔就经常改变大小以适应环境，引起视觉疲劳。影响工作效率和休息娱乐的舒适性，以及人体健康。

原则上，任何照明装置都不会在参考面上获得绝对均匀的照度值。考虑到人眼的明暗视觉适应过程，参考面上的照度应该尽可能均匀，否则很容易引起视觉疲劳。为避免明暗适应过程造成的视觉疲劳，一般要求空间照度的最大值、最小值与平均值的差值不超过平均照度的 1/6，最低照度与平均值之比不低于 0.7。上述要求可通过灯具的布置加以解决。

3. 光源的色表与色温

光源的颜色质量常用两个性质不同的术语来表征，即光源的表观颜色（色表）和显色性，后者是指灯光对其所照射的物体颜色的影响作用。光源色表和显色性都取决于光源的光谱组成，但不同光谱组成的光源可能具有相同的色表，而其显色性却大不相同。同样，色表完全不同的光源也可能具有相等的显色性。因此，光源的颜色质量必须用这两个术语同时表示，缺一不可。另外，颜色问题是较为复杂的问题，颜色量不是一个单纯的物理量，还包括心理量。因此颜色问题涉及物理光学、生理学以及心理物理学等学科的理论。

颜色来源于光，不同波长组成的光反映出不同颜色。直接看到的光源的颜色称为表现色。光投射到物体上，物体对光源的光谱辐射有选择

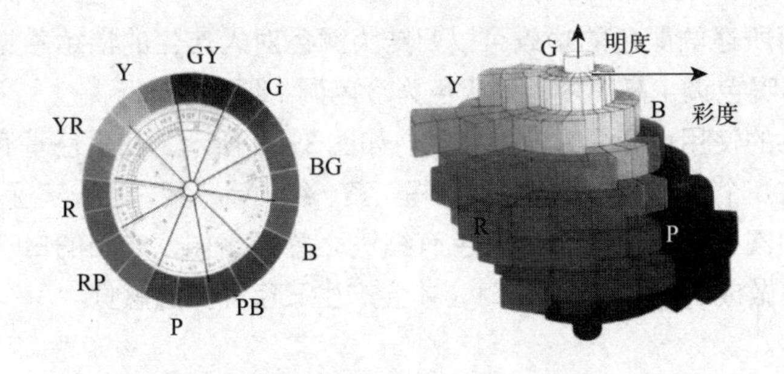

图 3-18　孟赛尔表色系

的反射或透射对人体所产生的颜色感觉称为物体色，物体色由物体表面的光谱反射率或透射率或光源的光谱组成共同决定。颜色可以按照孟赛尔表色系进行度量（图 3-18）。

如图 3-18 所示，相邻色调间逐步过渡，而相同黄色 Y 也有偏红黄 YR 和偏绿黄 GY 之分。每种色调分为 10 个等级，主色调和中间色调的等级均为 5。例如 10Y 表示黄与黄绿的中间色，即淡黄绿色。

颜色是正常人重要的感受。在工作和学习环境中，需要颜色不仅是因为它的魅力和美丽，还为个人提供正常情绪上的排遣。例如，一个灰色或浅黄色的环境几乎没有外观感染力，它趋向于导致人们主观上的不安、内在的紧张和乏味；另一方面，颜色也可使人放松、激动和愉快，因为人大部分心理上的烦恼都可以归于内心的精神活动，好的颜色刺激可给人的感官以一种振奋的作用，从而从恐怖和忧虑中解脱出来。

颜色也会令人产生红热蓝冷的温度感觉。有实验表明，当手伸到同样温度的热水中时，多数受试者会说染成红色的热水要比染成蓝色的热水温度高。在车间操作的工人，在青蓝色的场所工作 13℃时就感到冷，在橙红色的场所中，10℃时还感觉不到冷，主观温差效果最多可达 3~4℃。而色彩的明度对轻重感的影响比色相要大：明度高于 7 的颜色显轻，低于 4 的颜色显重。其原因一是波长对眼睛的影响，二是颜色联想，三是颜色偏好引起的情绪反映。例如：同样重量的包装袋，若采用黑色，搬运工人说又重又累；但采用淡绿色，工作一天后，搬运工并不感觉十分累。

歌德把颜色分为积极色（或主动色）与消极色（或被动色）。主动色能够产生积极的有生命力的和努力进取的态度，而被动色易表现出不安的温柔的和向往的情绪。例如黄、红等暖色、明快的色调加上高亮度的照明，对人有一种离心作用，即把人的组织器官引向环境，将人的注意力吸引到外部，增加人的激活作用、敏捷性和外向性。这种环境有助于肌肉的运动和机能的发挥，适合于从事手工操作和进行娱乐活动的场所。灰、蓝、绿等冷色调加上低亮度的照明对人有一种向心作用，即把热闹从环境引向本人的内心世界，使人精神不易涣散，能更好地把注意力集中到难度大的视觉任务和脑力劳动上，增进人的内向性。这种环境适合需要久坐、对眼睛和脑力工作要求高的场所，如办公室、研究室和精细的装配车间等。

上面所述的颜色的功效可以归结为颜色对人产生的情绪感觉。其中积极色为暖色调 + 高亮度；消极色为冷色调 + 低亮度。

颜色的使用也会令人产生错觉。如图 3-19 所示，在黑色基底上贴大小相同的 6 个实心圆，分别是红、橙、黄、绿、青、紫六色，实际看起来，前三色的圆有跳出之感，后三色有缩进之感。比如，法国的白、红、蓝三色国旗做成 30 ： 33 ： 37 时，才会产生三色等宽的感觉。

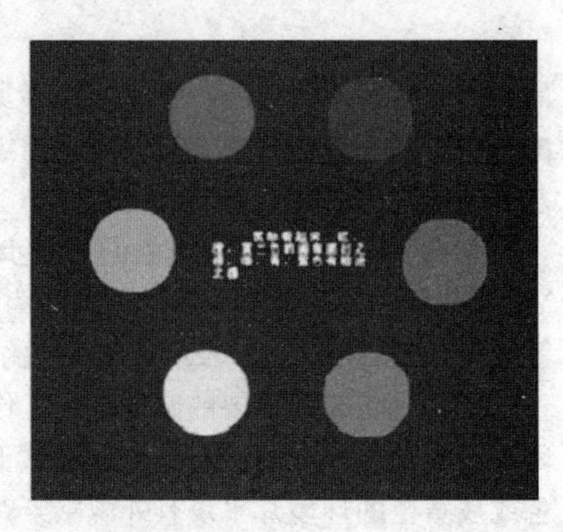

图 3-19　大小轻重感觉：高明度者大而轻，低明度小而重

不同光源的相关色温不同，它给人不同的冷暖感觉。光源的相关色温是指光源所发出的光色与某一温度下的绝对黑体所发出光色相近，我们就把绝对黑体的绝对温度定位为该光源的相关色温。当光源的色温大于 5300K 时，人们就会产生冷的感觉，而当光源的相关色温小于 3300K 时，人们就会产生暖和的感觉。

光源的相关色温和主观感觉效果见表 3-7。冷色一般用于高照度水平、热加工车间等；暖色上午一般用于车间局部照明、工厂辅助生活设施等；中间色适用于其余各类车间（见表 3-7）。

常见光源的色温，例如：蜡烛为 2 000K；白炽灯为 3 000K；荧光灯为 5 000K。色温越高，舒适照度越高。

光源的色表类别与用途　　表 3-7

色表类别	色表	相关色温（K）	用途
1	暖	＜ 3 300	客房、卧室、病房、酒吧
2	中间	3 300~5 300	办公室、教室、商场、诊室、车间
3	冷	＞ 5 300	高照度空间、热加工车间

4. 照明数量

我们观看物体的清晰程度与物体的尺寸，识别物体与背景的亮度对比，识别物体本身的亮度等因素有关。照明设计标准就是根据需要识别物体尺寸的大小、物件与背景亮度的对比以及国民经济发展的水平而规

工作场所作业面上的照度标准值　　表 3–8

采光等级	视觉作业分类		侧面采光		顶部采光	
	作业精确度	识别对象的最小尺寸 d（mm）	室内天然光临界照度（lx）	采光系数最低值 C_{min}（%）	室内天然光临界照度（lx）	采光系数最低值 C_{min}（%）
Ⅰ	特别精细	$d \leqslant 0.15$	250	5	350	7
Ⅱ	很精细	$0.15 < d \leqslant 0.3$	150	3	225	4.5
Ⅲ	精　细	$0.3 < d \leqslant 1.0$	100	2	150	3
Ⅳ	一　般	$1.0 < d \leqslant 5.0$	50	1	75	1.5
Ⅴ	粗　糙	$d > 5.0$	25	0.5	35	0.7

定了必要的物体的亮度。国家规定了“工作场所作业面上的照度标准值”来作为我们的设计标准见表 3–8。

5. 眩光

眩光就是视野中，由于不适宜的亮度分布，或在空间或时间上存在着极端的亮度对比，以致引起不舒适和降低物体可见度的视觉条件。这种不舒适还包括厌烦或视觉疲劳等。它是评价光环境舒适性的一个重要指标。

眩光对视觉的危害性根据其强度可分为失能眩光和不舒适眩光。前者会对人眼形成过大的刺激量，导致视度下降，甚至暂时丧失视力；后者虽并不明显地降低视度，但会使人感到不舒服，影响注意力的集中，长时间会致使人眼疲劳。例如日常在办公桌表面的玻璃板里出现灯具的明亮反射形象就属这种情况。这是常见但是又容易被人们忽视的一种眩光。因此，在光环境设计中，眩光是应该加以限制的。

不恰当的自然采光口，不合理的光亮度，不恰当的强光方向，都会在室内造成眩光现象。可能产生眩光的地方还包括：玻璃办公桌面、局部照明的展板、不恰当的工作面照明。

眩光的控制

眩光的限制首先可以通过控制发光体角度与眩光关系来控制直接眩光（图 3–20）。

还可以通过选择表面亮度低的光源或灯具加以控制。在室内装修时，亦可调节室内光环境的亮度比来达到减弱眩光的目的。如设法增加室内各表面的亮度，或减少光源及灯具与其周围环境的亮度对比，以取得合适的亮度比。为达到此目的，通常要求选择适当的墙面、顶棚、地面材料的颜色和反光系数，如墙面采用白色或浅色的粉刷、壁纸或石膏纸等，通过光的多次反射限制环境亮度与灯具之间的亮度比，顶棚和墙的反光系

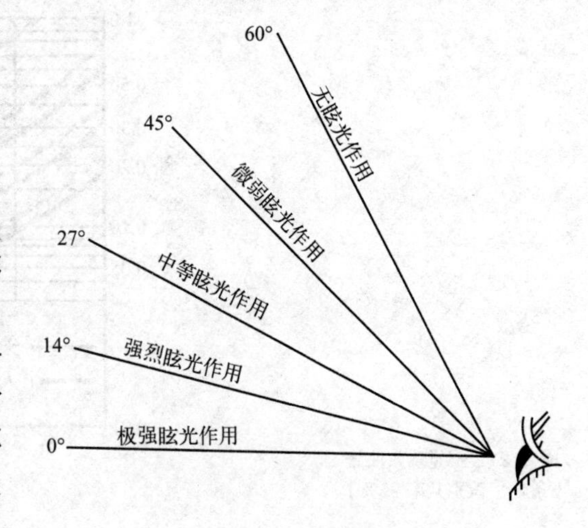

图 3–20　发光体角度与眩光关系

数一般控制在 0.7~0.8 和 0.3~0.5 之间。

室内饰面的反光性能对眩光的产生和控制也有很大的影响。定向反射材料出现的镜面反射，易产生反射眩光，因此，各种装修或家具表面不宜采用有光泽的材料或涂料，同时调整有玻璃的家具物品与光源的相对位置，控制它们的反射光，以免落入人眼形成反射眩光。

6. 光的方向性

在光的照射下，室内空间结构特征、人和物都能清晰而自然地显示出来，这样的光环境给人生动的感受。一般来说，照明光线的方向性不能太强，否则会出现生硬的阴影，令人心情不愉；但光线也不能过分漫射，以致被照物体没有立体感，平淡无奇。

3.2.4 天然采光

通常认为，建筑室内光环境采光设计应当从两方面进行评价，即是否节能和是否改善了建筑内部环境的质量。首先，良好光环境可利用天然光和人工光创造，但单纯依靠人工光源（通常多为电光源）需要耗费大量常规能源，间接造成环境污染，不利于生态环境的可持续发展；而自然采光则是对自然能源的利用，是实现可持续建筑的路径之一。其次，窗户在完成自然采光的同时，还可以满足室内人员的室内外视觉沟通的心理需求。而且无窗建筑虽易于达到房间内的洁净标准，并且可以节约空调能耗，但不能为工作人员提供愉快而舒适的工作环境，无法满足人对日光、景观以及与外界环境接触的需要。所以，室内光环境设计要优先考虑天然采光。

1. 天然光与人工光的视看效果

电光源的诞生和使用仅一百余年，而在人类生产、生活与进化过程中，天然光是长期依赖的唯一光源。人眼已习惯于在天然光下看物体。如图 3-21 所示为辨别概率在 95% 时的视觉功效曲线。由图中曲线可知，人眼在天然光下比在人工光下有更高的灵敏度，尤其在低照度下或看小物体

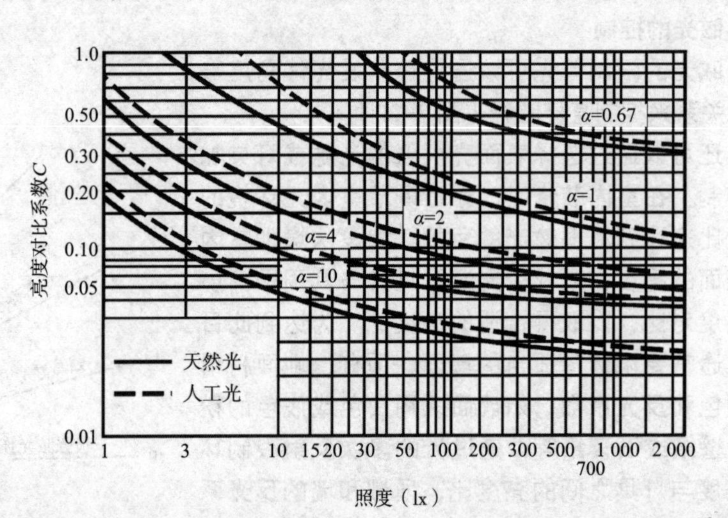

图 3-21　视觉功效曲线
（条件：识别几率 95%）

时，这种视觉区别更加显著。这一结果同样表明天然光的视觉效果优于人工光。这些研究结果不仅说明了人眼对天然光比较习惯和适应，也说明天然光的光质好，形成的照明质量高，是我们应优先选用的照明方式。

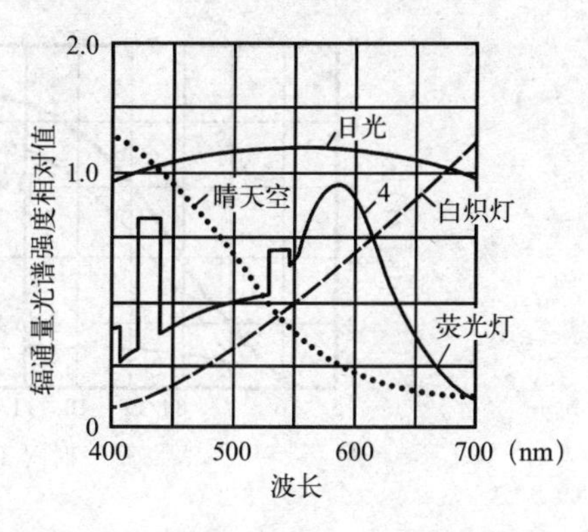

图 3-22　不同光源的光谱强度相对值

2．天然光源的特点

太阳光是绿色、巨大、清洁的光源，具有光效高、视觉效果好、不易导致视觉疲劳的特点（图 3-22），并且健康、连续的单峰值光谱可满足人的心理和生理需要。但是，我们设计使用中会遇到天然光源使用难度大，受光气候条件和建筑设计制约的矛盾，另外采光设计与建筑遮阳也有很难解决的矛盾。

3．光气候分区

我国大部分地区处于温带，天然光充足，为利用天然光提供了有利条件，在白天的大部分时间内都有充分的天然光资源可以利用。这对照明节能也具有非常重要的意义。从日照率来看，由北、西北往东南方向逐渐减少，而以四川盆地地区一带最低。从云量来看，大致是从北向南逐渐增多，新疆南部地区最少，华北、东北地区少，长江中下游地区较多，华南地区最多，四川盆地地区特多。从云状来看，南方以低云为主，向北逐渐以高、中云为主。这些均说明，南方以天空扩散光为主，照度较大。北方以太阳直射光为主，南北方室外平均照度差异较大。若在采光设计中采用同一标准值，显然是不合理的。为此，在采光设计标准中将全国划分为五个光气候区，实际应用中分别取相应的采光设计标准。可以用图中的采光系数乘以各光气候分区的光气候系数 K，即可得各分区的采光系数。

我国科学家通过长时间的观测和整理，得出了中国光气候分区与光气候系数图参见《建筑采光设计标准》GB 50033—2001。从该图中可以看出我国各地光气候的分布趋势：全年平均总照度最低值在四川盆地，这是因为这一地区全年日照率最低、云量多，多由低云所致。

晴天是指天空无云或者少云的情况，假如以云量来表示，晴天的云量为 0~3 级，这时地面照度是由太阳直射光和天空扩散光两部分组成。这两部分的照度值是随着太阳在天空的位置的升高而增大，只是扩散光在太阳高度角较小时变化快，到太阳高度角较大时变化趋小（图 3-23）。

4．建筑天然采光标准和方式

日照对人的生理和心理健康都非常重要的，但是住宅的日照又受地理位置、朝向、外部遮挡等许多外部条件的限制，很难达到理想的状态的。尤其是在冬季，太阳的高度角比较小，楼与楼之间的相互遮挡更加严重。

设计绿色住宅、绿色公共建筑时，应注意楼的朝向、楼与楼之间的

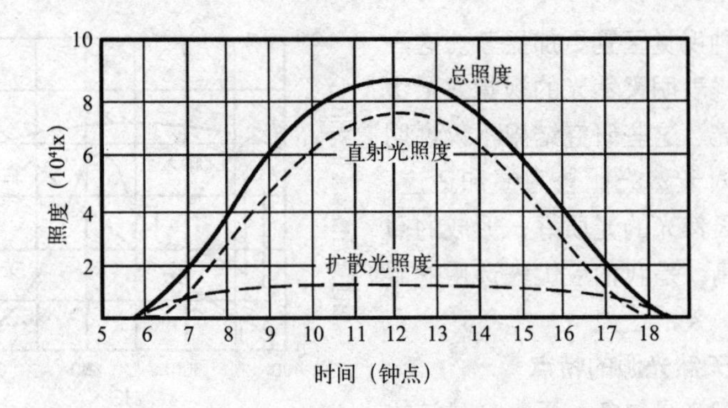

图 3-23　晴天室外照度变化

距离和相对位置、楼内平面的布置，通过精心的计算调整，例如居住空间能够获得充足的日照、每套住宅至少有 1 个居住空间满足日照标准的要求。当有 4 个及 4 个以上居住空间时，至少有 2 个居住空间可以满足日照标准的要求。在旅馆、医院等公共建筑中，也要保持良好的日照条件。

为了改善地上空间的自然采光效果，除可以在建筑设计手法上采取反光板、棱镜玻璃窗等简单措施，还可以采用导光管、光纤等先进的自然采光技术将室外的自然光引入室内的进深处，改善室内照明质量和自然光利用效果。

地下空间的自然采光不仅有利于照明节能，而且充足的自然光还有利于改善地下空间卫生环境。由于地下空间的封闭性，自然采光可以增加室内外的自然信息交流，减少人们的压抑心理等；同时，自然采光也可以作为日间地下空间应急照明的可靠光源。地下空间的自然采光方法很多，可以是简单的天窗、采光通道等，也可以是棱镜玻璃窗、导光管等技术成熟、容易维护的措施。

建筑能否获取足够的天然采光，除了取决于窗口外部有无遮挡、窗玻璃的透光率之外，最关键的因素还是窗地面积比的大小。在其他条件不变的前提下，窗地面积比越大，自然采光越充足。因此，国家标准《建筑采光设计标准》GB 50033—2013 规定用采光系数来评价室内天然采光的水平。采光系数就是室内某一位置在没有人工照明的照度值与室外的照度值之比。该标准中明确规定了居住建筑和公共建筑各类房间的采光系数最低值，绿色建筑房间的采光系数则必须超过这些规定的最低值。

采光系数需要通过直接测量或复杂计算才能得到，设计绿色建筑时提倡使用建筑日照软件进行采光模拟计算，确定各个空间的采光系数。

窗地面积比确定之后，窗玻璃的可见光透射比对房间的采光影响非常直接。为达到良好的采光效果，建筑的外窗和幕墙应尽量避免使用有色玻璃，尤其要避免使用深颜色的玻璃。虽然有色玻璃可能给建筑的外观添了彩，但对室内的天然采光不利，居住建筑的外窗使用深颜色的玻璃甚至可能给年长的居住者带来视觉偏差。

窗户除了有自然通风和自然采光的功能外，还从视觉上起到沟通室内外的作用，良好的视野有助于居住者心情舒畅。现代城市中的住宅大都是成排成片建造，住宅之间的距离一般不会很大，不利于保护居住者的私密性。因此，绿色建筑应该精心设计，尽量避免前后左右不同住户之间的居住空间的视线干扰，这也是我们在考虑建筑的窗地比的时候应该同时考虑的问题。

5. 不同的采光形式及其对室内光环境的影响

为了获得天然光，通常在建筑外围护结构上（如墙和屋顶等处）设计各种形式的洞口，并在其外装上透明材料，如玻璃或有机玻璃等。这些透明的孔洞统称为采光口。可按采光口所处的位置将它们分为侧窗和天窗两类。最常见的采光口形式是侧窗，它可以用于任何有外墙的建筑物，但由于它的照射范围有限，故一般只用于进深不大的房间采光。这种以侧窗进行采光的形式称为侧窗采光。任何具有屋顶的室内空间均可使用天窗采光。由于天窗位于屋顶上，在开窗形式、面积、位置等方面受到的限制较少。同时采用前述两类采光方式时，称为混合采光。

1）侧窗采光：侧窗可以开在墙的两侧墙上，透过侧窗的光线具有强烈的方向性，有利于形成阴影，对观看立体物件特别适宜并可以直接看到外界景物，视野开阔，满足了建筑通透感的要求，故得到了普遍的使用。侧窗窗台的高度通常为 1m 左右。有时，为获得更多的可用墙面或提高房间深处的照度以及其他需要，可能会将窗台的高度提高到 2m 以上靠近天棚处，这种窗口称为高侧窗。在高大车间、厂房和展览馆建筑中，高侧窗是一种常见的采光口形式。

2）天窗采光：在房屋屋顶设置的采光口称天窗。利用天窗采光的方式称天窗采光或顶部采光，一般用于大型工业厂房和大厅房间。这些房间面积大，侧窗采光不能满足视觉要求，故需用顶部采光来补充。天窗与侧窗相比，具有以下特点：采光效率较高，约为侧窗的 8 倍；具有较好的照度均匀性；一般很少受到室外遮挡。按使用要求的不同，天窗又可分为多种形式，如矩形天窗、锯齿形天窗、平天窗、横向天窗和井式天窗。

3.2.5 人工照明

天然光具有很多优点，但它的应用受到时间和地点的限制。建筑物内不仅在夜间必须采用人工照明，在某些场合，白天也需要人工照明。人工照明的目的是根据人的生理、心理和社会的需求，创造一个人为的光环境。人工照明主要可分为工作照明（或功能性照明）和装饰照明（或艺术性照明）。前者主要着眼于满足人们生理上、生活上和工作上的实际需要，具有实用性目的；后者则主要满足人们心理、精神上和社会上的观赏需要，具有艺术性的目的。在考虑人工照明时，既要确定光源、灯具、安装功率和解决照明质量等问题，还需要同时考虑相应的供电线路和设备。

在照明设计中，照明方式的选择对光质量、照明经济性和建筑艺术风格都有重要影响。合理的照明方式应当既符合建筑的使用要求，又与建筑结构形式相协调。正常使用的照明系统，按其灯具的布置方式可分为四种照明方式。在工作场所内不考虑特殊的局部需要，以照亮整个工作面为目的的照明方式称为**一般照明方式**。同一房间内由于使用功能不同，各功能区所需要的照度值不相同。采光设计时先对房间按功能进行分区，再对每一分区做一般照明，这种照明方式称为**分区一般照明**。分区一般照明不仅满足了各区域的功能需求，还达到了节能的目的。为了实现某一指定点的高照度要求，在较小范围或有限空间内，采用距离视觉对象近的灯具来满足该点照明要求的照明方式称为**局部照明**。工作面上的照度由一般照明和局部照明合成的照明方式称为**混合照明**。

人工光源按其发光机理可分为热辐射光源和气体放电光源。前者靠通电加热钨丝，使其处于炽热状态而发光；后者靠放电产生的气体离子发光。下面介绍几种常用光源的构造和发光原理。

为了指导建筑内人工照明，我国专门针对建筑照明设计制订了国家标准《建筑照明设计标准》GB 50034—2013。在该标准中，对居住建筑和各类公共建筑作出了最低要求。国家标准《建筑照明设计标准》GB 50034—2013 中对各类功能空间的照度、眩光值以及显色指数等重要指标都提出了明确的要求。绿色建筑的室内照明必须满足这些要求。

3.3 室内热湿环境

3.3.1 热湿环境相关物理量

室内热湿环境是指影响人体冷热感觉的室内环境因素，主要包括室内空气温度和湿度，室内空气流动速度以及室内屋顶墙壁表面的平均辐射温度等。

一般来说，空气温度和湿度以及流动速度最容易被人体所感知，因此对人体热舒适感产生的影响也最为显著。但室内屋顶、墙壁等内表面温度会对人体形成环境辐射，对人体的热舒适感也会产生影响。

以下是有关室内热湿环境的几个基本概念：

1. 室内空气温度

室内空气温度对人体热舒适影响较大。根据我国国情，推荐室内空气温度为：夏季，26~28℃，高级建筑及人员停留时间较长的建筑可取低值，一般建筑及停留时间较短的应取高值；冬季，18~22℃，高级建筑及停留较长的建筑可取高值，一般及短暂停留的建筑取低值。

2. 室内空气相对湿度

空气中所含水蒸气的压力称为**水蒸气分压力** P。在一定温度下，空气中所含水蒸气的量有一个最大限度，称为**饱和蒸气压** P_s。多余的水蒸气会从湿空气中凝结出来，即出现**结露现象**。

所谓相对湿度，就是空气中水蒸气的分压力 P 与同温同压的饱和蒸

气压 P_s 的比值。由此可知,相对湿度表示的是空气接近饱和的程度。值小,说明空气的饱和程度低,感觉干燥;值大,表示空气湿润。相对湿度的大小还关系到人体的蒸发散热量,在 60%~70% 是人体感觉较舒适的相对湿度。

3. 空气平均流速

室内空气流动的速度是影响人体对流散热和水分蒸发散热的主要因素之一。气流速度大时,人体的对流蒸发散热增强,亦即加剧了空气对人体的冷却作用。我国室内平均风速的计算值为:夏季,0.2~0.5m/s;冬季,0.15~0.3m/s。

4. 室内平均辐射温度

房间平均辐射温度 t_R 近似地等于室内各表面温度的平均值,它决定人体辐射散热的强度,是人与周围环境进行热交换的结果(图 3-24)。我国《民用建筑热工设计规范》GB 50176—2016 对结构内表面温度的要求是:冬季,保证内表面最低温度不低于室内空气的露点温度,即保证内表面不结露;夏季,要保证内表面最高温度不高于室外空气计算温度的最高值。

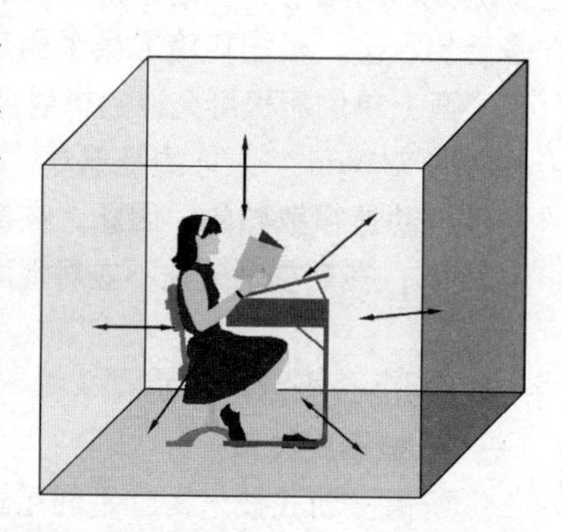

图 3-24 人与周围环境热交换示意

3.3.2 热舒适

“热舒适”是指人体对热湿环境诸因素的主观综合反应。人体对冷和热是非常敏感的,当人长时间处于过冷或过热湿环境中,很容易引起疾病,影响健康。创造一个满足人体热舒适要求的室内环境,有助于人的身心健康,提高学习工作效率。

关于在各种生产条件下热湿环境对人体的影响,国内外许多研究表明,热舒适明显地影响着劳动效率。环境卫生学的观测数据,在一天之中温度的变化对人体的健康是有益的,它与新陈代谢强度的关系和人体活动特征有关(图 3-25)。建议居室内空气温度按 24 小时周期变化,且在夜间降低 2~3℃。冬季的办公室内温度从早晨保持 19℃,到中午升到 21℃,午后降低到 18℃是适宜的。因此对大量性建筑来讲,按舒适要求来规定室内气候标准是不恰

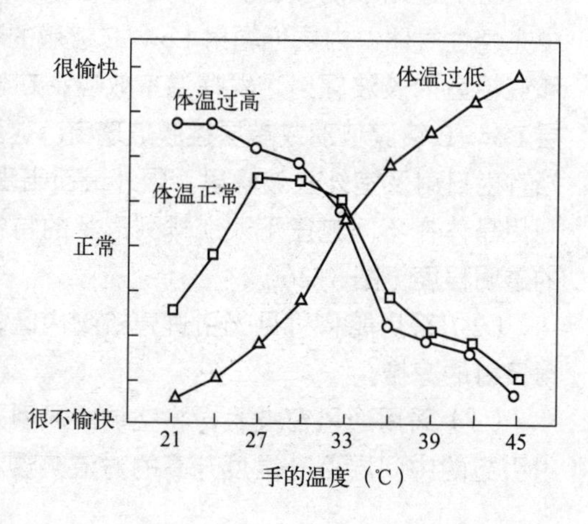

图 3-25 热舒适与热中性的背离

当的，因为从生理上说，人们长期处于稳定的室内气候下，会降低人体对气候变化的适应能力，不利于人体健康；另外，从经济角度来讲也是不现实的。例如一些发达国家在办公室、住宅、旅馆、医院等民用建筑中，广泛采用高气密性的空调房间，虽然室内气候达到绝对舒适的标准，但却出现所谓“空调症”等问题，而且在耗费大量能源的同时，引起了氟利昂对大气臭氧层破坏等一系列环境问题。

另外，绿色建筑的室内热湿环境除了保证人体的总体热平衡外，身体个别部位所处的条件对人体健康和舒适感往往有着非常重要的影响。

例如：对热感觉有着特别重要影响的是处于热条件下的头部和足部。头部对辐射过热是最为敏感的，其表面的辐射热平衡应为散热而不是受热状态。根据环境卫生学的研究可以判断，在舒适的热状况下，头部表面上单位面积可允许的辐射热平衡大致为由受热时的 11.6W/m^2 至受冷时的 73W/m^2。人体的足部对地板表面的过冷和过热以及沿着地板的冷空气流动是很敏感的，因此，在冬季，地板温度不应比室内空气温度低 2~2.5℃，在夏季则建议不应对地面进行冷却。

3.3.3　热湿环境调节

1. 被动式技术

所谓被动式技术，就是利用建筑自身和天然能源来保障室内环境品质。用被动式措施调节室内热湿环境，主要是太阳辐射和自然通风。基本思路是使日光、热、空气仅在有益时进入建筑，其目的是控制这些能量、质量适时、有效地加以利用，以及合理地储存和分配热空气和冷空气，以备环境调控的需要。

1）控制太阳辐射

适量的阳光可以利用昼光照明节约照明能耗、调节心情、杀灭有害细菌等；但夏季强烈的阳光透过窗户玻璃照到室内会引起居住者的不舒适感，同时还会大幅增大空调负荷。可以采用下面所述的选用节能玻璃、设置遮阳板等措施，有效地解决这些问题。

（1）选用节能玻璃窗。例如，在采暖为主的地区，可选用双层玻璃中充惰性气体、内层低辐射 Low-E 镀膜的玻璃窗。能有效地透过可见光和遮挡室内长波辐射，发挥温室效应；在供冷为主的地区，则可选用外层 Low-E 镀膜玻璃或单层镀膜玻璃窗。这种窗能有效地透过可见光和遮挡直射日射及室外长波辐射。国外最新出现一种利用液晶技术的智能窗，利用晶体在不同电压下改变排列形状的特性，根据室外日射强度改变窗的透明程度（图 3-26）。

（2）采用能将可见光引进建筑物内区，而同时又能遮挡对周边区直射日射的遮檐。

（3）采用通风窗技术，将空调回风引入双层窗夹层空间，带走由日射引起的中间层百叶温度升高的对流热量。中间层百叶在光电控制下自

（a）

（b）

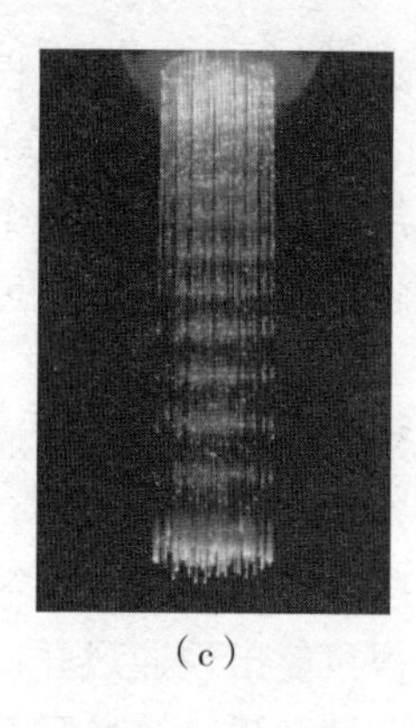
（c）

（d）

图 3–26　控制太阳辐射的措施
（a）多层节能窗；
（b）通风窗；
（c）光导纤维照明；
（d）外遮阳板

动改变角度，遮挡直射阳光，透过散射可见光。

（4）利用建筑物中庭，将昼光引入建筑物内区。

（5）利用光导纤维将光能引入内区，而将热能屏弃在室外。

（6）最简单易行而又有效的方法是设建筑外遮阳板，也可将外遮阳板与太阳能电池（即光伏电池）相结合，不但降低空调负荷，而且还能为室内照明提供补充能源。上述措施都能很好地控制太阳辐射，解决昼光照明与空调负荷之间的矛盾。

2）自然通风

自然通风也有其两重性，其优点很多，是当今生态建筑中广泛采用的一项技术措施，在绿色建筑技术中占有重要地位。自然通风具有如下一些应用特点。

在室外气象条件良好时，加强自然通风可以提高室内人员的热舒适感，而且有助于健康。事实上，即使在炎热的夏季，也常常存在凉爽的时间段，在凉爽的时间段加强自然通风不仅可以提高热舒适，而且还有助于缩短房间空调设备的运行时间，降低空调能耗。

另外，现代住宅建筑室内的装修材料和家具常常会散发出一些不利于健康的气味和物质，彻底根除这种现象常常不太容易，而加强自然通风则有助于冲淡不良气味和控制有害物质浓度，保证居住者的健康。

对居住建筑而言，能否获取足够的自然通风，与通风开口面积的大小密切相关。一般情况下，当通风口面积与地板最小面积之比不小于1/20时，房间可以获得比较好的自然通风。在我国南方的夏热冬暖地区和中部的夏热冬冷地区，人们更习惯自然通风，因此这两个地区居住建筑的通风开口面积与地板最小面积之比则应该更大一些。

事实上，房间能否获得良好的自然通风，除了通风开口面积与地板面积比之外，还与开口之间的相对位置以及相对开口之间是否有障碍物等因素密切相关。显然，开在同一面外墙上的两个窗的自然通风效果不如开在相对的两面外墙上的同样大小的窗。相对开着的窗之间如果没有隔墙或其他遮挡，很容易形成“穿堂风”。但是建筑的平面布置灵活多变，很少有规律可循，对自然通风的影响也非常复杂，无法提出简单的要求。

只能在实际设计和建造的过程中，注意具体的开口朝向，多个开口间的相对位置以及空气在它们之间流动的顺畅程度。

当前房地产市场上有一个不利于节能和自然通风的倾向：许多住宅建筑窗户越开越大，但窗户可开启部分却越来越小。这是一个应该注意的问题。

公共建筑同样需要自然通风，但是与居住建筑相比，公共建筑的自然通风更难组织，而且也不能规定通风开口面积与地板最小面积之比。例如，有些公共建筑的进深很大，如果规定通风开口面积与地板最小面积之比，很可能出现通风开口面积大于墙面面积的情况，这显然是行不通的，在设计和建造公共建筑时，应根据公共建筑的具体情况，尽量考虑加强自然通风的各种可行措施，例如，现在许多高档办公建筑，玻璃幕墙面积越来越大，但幕墙的开口面积越来越小，应该改为加大幕墙上的可开启面积。当室外气象条件许可时，尽量加强自然通风，必要时还可以辅以机械通风。

在建筑的实际使用通风开口面积，开口之间的相对位置以及它们之间的连通情况外，必要时应用软件对室内的自然通风效果进行模拟，并根据模拟的结果对设计进行调整：

①当室外空气焓值低于室内空气焓值时，自然通风可以在不消耗能源的情况下降低室内空气温度，带走潮湿气体，从而达到人体热舒适。即使当室外空气温湿度超过舒适区，需消耗能源进行降温降湿处理，也可以利用自然通风输送处理后的新风，而省去风机能耗且无噪声。在间歇空调建筑中，夜间自然通风可以将围护结构和室内家具的贮存热量排出室外，从而降低第二天空调的启动负荷。

②无论哪个季节，自然通风都可以为室内提供新鲜空气，改善室内空气品质。

③自然通风可以满足人们亲近自然的心理。在外窗能够开启的空调建筑里，自然通风能提高人们对室内环境品质的主观评价满意率。

由此可见，自然通风有利于减少能耗，降低污染，改善建筑物空气环境品质，完全符合可持续发展的思想。但是，自然通风远不是开窗那么简单。尤其是在建筑密集的大城市中，利用自然通风要很好地分析其不利条件：

①城市里自然通风的净化作用减弱。城市地表是一个凹凸不平的人工地物组合体，从郊外吹来的清洁空气受到地物阻力，降低了吹刷作用。由于城市热岛效应的存在，市中心的空气温度比较高，形成低压并出现上升气流，使郊区工厂排放的污染物会聚集到城市中心，反而可能加重城区的污染。在我国各地的城市中，室外空气污染都比较严重，有近 2/3 的城市还没有达到国家二级大气质量标准。我国以煤为主的能源结构，大部分汽车还没有达到欧洲 2 号排放标准以及存在大量的建筑工地等。这些因素使得自然通风会将室内所没有的室外污

染物（如可吸入颗粒物、一氧化碳、二氧化硫等）引进室内。

②我国的气候特点决定了多数地区自然通风的可利用程度较低。研究表明，在北京利用自然通风能够达到室内舒适标准的时间为1 750h（占全年的 20%），如果自然通风风速提高到 2m/s，则舒适时间可以增加 2 427h（占全年的 27.7%）；而在上海，自然通风的舒适时间只有 1 381h（占全年的 15.8%）。如果风速提高，舒适时间增加到 2 175h（占全年的 24.8%）。因此，在中国的大多数城市，指望像欧洲那样靠自然通风来提供室内舒适环境是不现实的。

除此以外，在我国夏热冬冷地区有一个梅雨季节，这时的气温在30℃左右，但相对湿度则在 80% 以上。这段时期利用自然通风，会将高湿度空气引入室内，反而有利于细菌和真菌的繁殖。按照美国 ASHRAE 的通风标准，如果建筑物室内连续 24h 以上维持 70% 以上的相对湿度，则这样的建筑就应被视为“病态建筑”。

根据上述分析，对自然通风的利用应该因时、因地制宜，要权衡得失，趋利避害，而不能简单行事。在实施自然通风时应采取以下步骤：

①了解建筑物所在地的气候特点、主导风向和环境状况。有必要对建筑物或小区进行风环境研究，借助计算流体力学软件，设计合理的建筑物形状及其平面布局。

②根据建筑物功能以及通风的目的（比如，通风是用来降温还是用来稀释污染物），确定所需要的通风量。根据这一通风量，决定建筑物的开口面积以及建筑物内的气流通道。

③设计合理的气流通道，确定入口形式（窗和门的尺寸以及开启关闭方式）、内部流道形式（中庭、走廊或室内开放空间）、排风口形式（中庭顶窗开闭方式、气楼开口面积、排风烟囱形式和尺寸等）。

④必要时可以考虑采用自然通风结合机械通风的混合通风方式，考虑设置自然通风通道的自动控制和调节装置等设施。

3）控制外墙内表面温度

室内屋顶、墙壁等内表面温度会对人体形成环境辐射，对人体的热舒适感也产生影响，一般情况下，人体对内表面环境辐射不很敏感，但是一些特定条件下，内表面环境热辐射也会给人带来明显的不舒适感觉，例如，夏季顶层房间的居住者常常会有一种“烘烤”感，原因就是屋顶的隔热性能太差，导致内表面温度过高，对人体形成强烈的辐射。类似的情况，有时也会出现在下午的西墙内表面。

《民用建筑热工设计规范》GB 50176—2016 对建筑围护结构的热工设计提出了很多基本的要求，其中规定有自然通风条件下屋顶和东、西外墙内表面的温度不能过高，其目的就是要控制屋顶和外墙内表面的温度对人体形成的热辐射强度。控制屋顶和墙壁内表面的温度不仅可以改善室内的舒适性，而且可以使室内少开空调多通风，降低空调能耗。该规范也规定了在自然通风条件下计算屋顶和东、西外墙内表面温度的方法。作为绿色建筑，屋顶和东、西外墙表面温度不能过高是必须满足的一个要求。

外墙内表面温度不合理除了带来上述问题外，还会导致室内表面出现结露的问题，这会给室内环境带来负面的影响，给居住者和使用者的生活工作带来不便，如果长时间结露则还会滋生霉菌，对居住者和使用者的健康造成有害的影响。为了避免建筑屋面、外墙的内表面出现结露现象，设计时应注意核查内表面可能出现的最低温度是否高于露点温度，同时尽量避免通风死角。在空气非常潮湿的情况下短时间的结露非常难以避免，另一方面空气非常潮湿的状态不会维持很长的时间，短时间的表面结露还不至于滋生霉菌，不至于给室内环境带来很严重的影响。因此规定是在“室内温、湿度设计条件下”不应出现结露。“室内温、湿度设计条件下”就是一般正常情况，不是像南方的梅雨季节那样非常潮湿的情况。

2. 主动式技术

所谓主动式环境控制技术就是依靠机械、电气等需要外加能源的设备调节室内环境。

1）供暖

供暖（亦称“采暖”）系统一般应由热源、散热设备和输热管道几个主要部分组成。供暖技术一般用于冬季寒冷地区，服务对象包括民用建筑和部分工业建筑。当建筑物室外温度低于室内温度时，房间通过围护结构及通风孔道会造成热量损失，供暖系统的职能则是将热源产生的具有较高温度的热媒经由输热管道送至用户，通过补偿这些热损失达到室内温度参数维持在要求的范围内。

供暖系统有多种分类方法。按系统紧凑程度分为局部供暖和集中供暖，按热媒种类分为热水采暖、蒸汽采暖和热风采暖，按介质驱动方式分为自然循环与机械循环，按输热配管数目分为单管制和双管制等。热源可以选用各种锅炉、热泵、热交换器或各种取暖器具。散热设备包括各种结构、材质的散热器（暖气片）、空调末端装置以及各种取暖器具。用能形式则包括耗电、燃煤、燃油、燃气或建筑废热与太阳能、地热能等可再生能源的利用。

2）机械通风

通风就是把室内被污染的空气直接或经净化后排至室外，把新鲜空气补充进来，从而保持室内的空气环境符合卫生标准和满足生产工艺的需要。通风系统一般应由风机、进排风或送风装置、风道以及空气净化设备这几个主要部分所组成。建筑通风不仅是改善室内空气环境的一种手段，而且也是保证产品质量、促进生产发展和防止大气污染的重要措施之一。当其用于民用建筑或一些轻度污染的工业厂房时，一般采取一些简单的措施，如通过门窗孔口换气，利用穿堂风降温，使用机械提高空气的流速等。这些情况下，无论对进风或排风都不进行处理。通风系统通常只需将室外新鲜空气导入室内或将室内污浊空气排向室外，从而借助通风换气保持室内空气环境的清洁、卫生，并在一定程度上改善其温度、湿度和气流速度等环境参数。而对于散发大量热湿及粉尘、蒸汽等其他有害物质的工业厂房，不处理空气则会危害工人的健康，破坏车间的空气环境乃至损坏设备和建筑结构，影响生产的正常进行；同时工业粉尘和有害气体排入大气会导致大气污染。这时，通风的任务主要针对工业污染物采取屏蔽、过滤、排除等有效的防护措施，同时尽可能将它们回收利用。

通风系统一般可按其作用范围分为局部通风和全面通风。按工作动力分为自然通风和机械通风，按介质传输方向分为送（进）风和排风；还可按其功能、性质分为一般（换气）通风、工业通风，事故通风、消防通风和人防通风等。局部通风的作用范围仅限于个别地点或局部区域。其作用是将有害物在产生的地点就地排除，以防止其扩散。全面通风则是对整个房间进行换气，以改变温度、湿度和稀释有害物质的浓度，使作业地带的空气环境符合卫生标准的要求。自然通风借助于自然压力（风压或热压）促使空气流动，其优点是不需要动力设备，经济且使用管理比较简单。缺点是除管道式自然通风用于进风或热风采暖时，可对空气进行加热处理外，其余情况由于作用压力较小，因而对进风和排风都不能进行任何处理。同时，由于风压、热压均受自然条件的约束，换气量难以得到有效控制，通风效果不够稳定。

机械通风则依靠风机产生的压力强制空气流动，其作用压力的大小可以根据需要来确定，可自由组织室内空气流动，调控性、稳定性好，可以根据需要对进风或排风进行各种处理。缺点是风机运转时耗电，风机和风道等设备要占用一定的建筑面积和空间，因而工程设备费和维护费较大，安装和管理都较复杂。事故通风指在拟定通风方案时，对于可能突然产生大量有害气体的房间，除应根据卫生和生产要求设置一般的通风系统外，还要另设专用的全面机械排风系统，以便在发生上述情况时能迅速降低有害气体的浓度。另外，某些严重污染的工业厂房和特种（如人防）工程应用中，通风系统可能需要配备一些专用设备与构件，对空气介质的处理也有较严格或特殊的要求。

3）空气调节

空气调节与供暖、通风一样承担保障建筑环境的职能，但它对室内空气环境品质的调控更为全面，层次更高。对于在室内空气环境品质而言，空气温度、湿度、气流速度和洁净度（俗称“四度”）通常被视为空调的基本要求。空调技术主要用于满足建筑物内有关工艺过程的要求或满足人体舒适的需要，往往会对空气环境提出某些特殊要求。空调系统的基本组成包括空气处理设备、冷热介质输配系统（包括风机、水泵、风道、风口与水管等）和空调末端装置。完整的空调系统还应包括冷热源、自动控制系统以及空调房间。空调的过程是在分析特定建筑空间环境质量

影响因素的基础上，采用各种设备对空调介质按需进行加热、加湿、冷却、去湿、过滤和消声等处理，使之具有适宜的参数与品质，再借助介质传输系统和末端装置向受控环境空间进行能量、质量的传递与交换，从而实现对该空间空气温湿度及其他环境参数加以控制，以满足人们生活、工作、生产与科学实验等活动对环境品质的特定需求。

空调系统形式多样，其分类更显复杂。比如，可按系统紧凑程度分为集中式、半集中式和分散式。按介质类型分全空气、空气—水、全水及冷剂方式。按处理空气来源则分为直流式、混合式和封闭循环式。按介质输配特征可分定流量和变流量方式，或低速与高速方式，或单管制、双管制与多管制等。空调设备品种繁多，按照不同用户的使用需求可采用组合式、整体装配式或各种小型末端空调器，也可采用自带冷热源的各种组合式、分体式或整体式空调机。空调冷热源既可是人工的，也可是天然的。冷热源设备包括各种类型的制冷机、冷（热）水机组或热交换设备。

能源消费以电能为主，并尽可能采用与燃油、燃气等化学能及建筑废热和太阳能、地热能等自然能利用相结合的复合用能形式。

在空气调节技术应用中，对于大多数空调房间，主要控制空气的温度和相对湿度，相关要求分别用“空调基数”（要求保持的室内温度和相对湿度的基准值）和“允许波动范围”（允许工作区内控制点的实际参数偏离基准参数的差值）表示。许多场合则可能进一步涉及必要的气压、成分、气味或安静度之类的环境参数来进行控制。按照传统观念，人们习惯于将旨在确保人体舒适、健康和高效工作的空气调节称为“舒适性空调”，它涉及与人类活动密切相关的几乎所有建筑领域；另一类空气调节则以满足某些生产工艺、操作过程或产品储存对空气环境的特定要求为目的，称之为“工艺性空调”。工艺性空调的情况是千差万别的，根据不同的使用对象，对某些空气环境参数的调控要求可能远比舒适性空调严格得多。比如，一些精密机械加工、精密仪器制造及电子元器件生产等环境，尤其是众多生产、科研部门使用的计量室、检验室与控制室这类场所。空调要求除对室内空气温度湿度给出必要的基准参数外，还对这些参数规定了严格的波动范围，这类空调称为“恒温恒湿”。又如，微电子工业中大规模集成电路的生产过程随着芯片集成度提高而不断提高，即使粒径只有 0.1μm 左右的微尘也可能在极其精密的电路元件间形成短路或断路使产品报废。所以，空调的任务则更着力解决空气中悬浮微粒粒径大小与浓度的控制，这就是所谓“工业洁净”。在医院烧伤病房和某些手术治疗过程以及药品、食品生产过程中，对室内空气洁净度的控制则更体现在对微生物粒子的严格限制，这种空调就是人们常说的“生物洁净”。还有以除湿为主的空调（用于地下建筑及洞库）以及用于模拟高温、高湿、低温、低湿和高空空间环境等的“人工气候室”。

总而言之，随着人民生产、生活水平的提高，现代化建筑物总会要求设置完善的设备系统以提供一个健康、舒适的生活工作环境。供暖、通风与空气调节作为绿色建筑环境保障技术的重要组成部分，可为人们提供一种无污染、无公害、可持续、有助于使用者舒适、健康的室内环境。它正日益广泛地应用到国民经济与国民生活的各个领域，担负着促进现代工业、农业、国防和科技的发展以及人民物质文化生活水平提高的重要使命。

3.4 室内空气品质

3.4.1 室内空气污染

人一生大部分时间是在室内度过的，室内空气品质的好坏是影响人们生理及心理健康的重要因素。任何人都无法在一个有害物质浓度很高的房间内长期生活、工作而同时保持健康，如表 3-9 所示表述了通过调查得出的主要室内空气品质问题。

室内空气品质问题　　表 3–9

	NIOSH 的调查[1]		WHC 的调查[2]	
问题种类	数量	（%）	数量	（%）
新风量不足	252	52	710	52
内部污染物	77	16	165	12
外部污染物	48	10	125	9
建筑材料	20	4	27	2
微生物污染	26	5	6	0.4
无 IAQ 问题	61	12	329	24

注：① NIOSH（美国国立劳动安全卫生研究所）1987 年发表的对 484 所办公建筑物的调查结果；
② WHC（加拿大卫生和福利机构）1990 年发表的对 1362 所办公建筑物的调查结果。

国内外在建筑环境及预防医学等领域，对室内空气环境方面的研究一直是个热点。在国外，室内空气污染问题早在 20 世纪 70 年代就引起了广泛关注，世界范围的能源危机使得节能效果好的高气密性建筑得到推广，但由此带来的负面影响却是，人们发现封闭结构的建筑室内空气质量差。易使人出现“病态建筑综合征”，其症状包括头疼，眼、鼻、喉部疼痒，咳嗽，免疫力下降等。美国国家环保局甚至将空气品质问题列为当今五大环境健康威胁之一。因此，在充分了解建筑室内环境现状及其对人体健康影响的基础上，探讨相关措施以改善室内空气品质，维持良好的建筑空气环境，是绿色建筑的基本要求，也是绿色室内空气品质要研究的问题。

目前，我国很多建筑物内的空气环境不尽如人意，究其污染物的来源主要有有以下几个方面（图 3–27，表 3–10）。

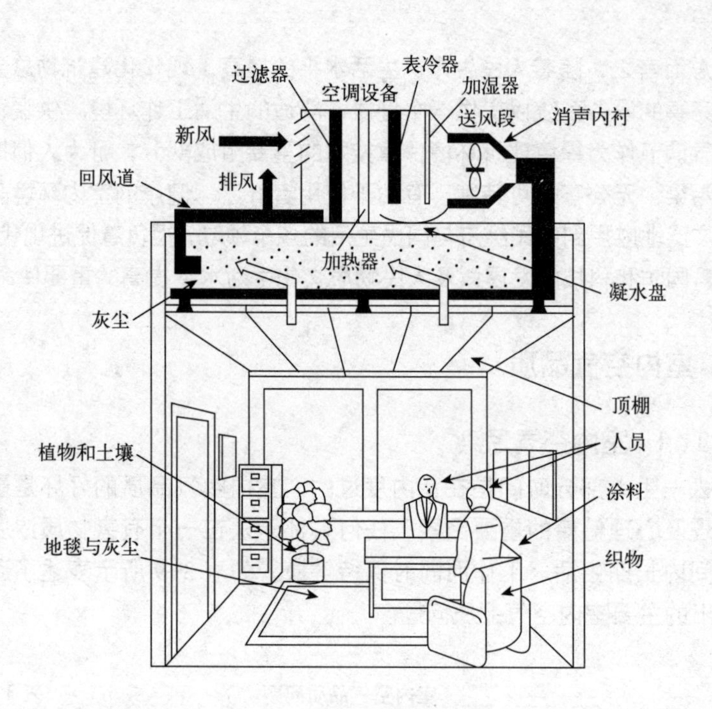

图 3-27　室内主要污染源图示

室内空气污染物与主要来源　　表 3-10

项目	空调系统	室内装饰材料	人体	吸烟	厨房浴厕	室外空气
尘埃粒子	√	√	√	√		√
琉氧化物					√	√
氮氧化物						√
一氧化碳			√		√	√
二氧化碳			√			
甲醛		√				
苯类		√				
细菌	√		√		√	√
霉菌	√		√		√	
异味	√		√	√	√	
香烟烟雾				√		
焦油				√		

1）建筑装饰装修材料及家具的污染

建筑装修材料及家具是目前住宅空气的主要污染源。据测试，现代居室内具有挥发性的有机物（VOC）达 5 000 多种，其中危害人体健康的就有 20 多种，如甲醛、苯及苯系物、氡等。现代家庭装修使用大量合成材料如人造板等，几乎所有的人造板材如大芯板、榉木板、水曲柳等各种贴面板、密度板均含甲醛，甚至包括复合地板也含有甲醛。据日本某大学的研究表明，人造板材中的甲醛释放期为 3~15 年，而在夏季，甲醛释放量要高出平时 20%~30%。另据山东省卫生防疫站的对照试验结果表明，装修房间的甲醛浓度明显高于普通房间，新迁入装修房间的人员均出现不同程度的流泪、头疼、头晕、咳嗽等不良症状。甲醛对人体的眼、鼻、支气管具有强烈的刺激作用，是一种可疑致癌物；游离甲醛能使胎儿致畸。由此看来，用板材将墙体包裹起来，家庭厨房大量使用密度板等实属一种误区。苯在家具油漆中大量使用，涂料、胶粘剂等也含有苯。它对人体造血机能危害极大，并诱发再生障碍性贫血和白血病。苯是一种致畸物质，同时已被世界卫生组织定为强致癌物质。另外，质量低劣的建筑砌块，装修用的大理石、花岗石等天然石材和瓷砖、砂石等建筑材料中放射性物质含量往往超标，对人体产生体外辐射，使人体免疫系统受到损害，并诱发类似白血病的慢性放射病。此外，刷墙用的彩色涂料中含有铅和铬，塑料墙纸也使学龄前儿童易于患上呼吸道方面的疾病。迄今我国住宅建筑的格局仍是小开间、低净空，有些住宅室内净高仅为 2.55m。尽管如此，许多家庭在居室装修时，往往还会加设吊顶，这使本来层高偏低的住宅净空高度过低。心理学家认为，居室吊顶过低，加上摆满家具造成室内拥塞、空间狭小，这会给人以压抑感和烦闷感。

2）建筑施工过程带来的污染

在我国北方地区冬期施工时，施工单位为了加快混凝土的凝固速度和防冻，往往在混凝土中加入高碱混凝土膨胀剂和含尿素的混凝土防冻剂等外加剂。建筑物投入使用后，随着环境因素的变化，特别是夏季气温的升高，氨会从墙体中缓慢释放出来，造成室内空气中氨浓度严重超标，并且氨的释放过程需要持续多少年目前尚难确定。氨对人的皮肤有刺激作用。人在短期内吸入大量氨气后可出现流泪、咽痛、声音嘶哑、咳嗽、胸闷、呼吸困难等症状，严重者可发生肺气肿、呼吸窘迫综合征等。

3）人的活动带来的空气污染

据中国环境科学学会的检测表明，办公室上午的空气优于室外，下午各项污染指标高于室外空气。人停留时间越长，室内的空气污染越严重，室内空气污染指标常达室外的 5~10 倍。住宅是人员活动最为集中的建筑，人在住宅内通过呼吸、皮肤、汗腺排出自身新陈代谢的产物如二氧化碳、病菌及多种化学物。另外，家用清洁剂、除臭剂的使用会产生大量挥发性有机化学污染物；吸烟烟雾中含有上千种化学物质；家用空调器开启时，门窗紧闭，室内空气污染物浓度加大而得不到稀释。据国内五个城市的调查，空调房间负离子浓度平均为 229.2 个 /cm^3，而普通房间的负离子浓度平均为 332 个 /cm^3；清洁地区室外空气中负离子浓度则可高出 3~5 倍。

应该说，上述许多有害物质、污染物质在室内空气中的浓度通常是很低的，但室内条件对于室外而言，污染物的含量更容易积累，不容易散发。因此，它们依然会对人体健康造成危害。特别是室内通风条件不好时，这些有害污染物质逐渐积累形成一种积聚效应，使有些人出现不同程度的头疼、呼吸道感染、恶心、过敏、皮炎等诸多症状。世界卫生组织（WHO）将上述症候群统称为“致病性建筑物综合征”。此外，还有“建筑物关联症”（如军团病）、“多元化学物质过敏症”等各种形式的空调病，也都是和室内空气质量的下降密切相关的。尤其是2003年SARS病毒的流行，使得人们对于室内空气品质更为重视。

3.4.2 污染物及其对健康的影响

会对人体产生影响的各类污染物包括：气体污染物、二氧化碳、氡、氨、挥发性有机化合物VOC、气味、分子污染、悬浮颗粒物—可吸入颗粒物、微生物（病毒、细菌、尘螨）、其他（油烟、烟草烟雾、臭氧等）。下面分别就各种污染源分别予以叙述：

1. 二氧化碳（CO_2）

二氧化碳（CO_2）是关于室内空气污染常用的一种指标。其主要来源有：

人体代谢：人体呼出的空气中约占4%，且与人体代谢率有关，例如儿童为成年人的50%；有机物燃烧过程：炊事、抽烟。

在室外空气中二氧化碳的浓度为0.03%~0.04%。目前居住建筑的控制标准为高级客房0.07%，普通居住空间0.1%，过渡空间0.2%。

二氧化碳在一般浓度下，无毒，无臭。但是当它的含量超过一定的值时，会对人体产生重要影响（表3-11）。

二氧化碳作为空气污染的指标浓度及其意义（日本） 表3-11

浓度	意义
0.071%	连续在室的可容许值
0.1%	一般场合的可容许值
0.15%	通风换气计算用的上限值
0.2%~0.5%	不良状态
0.5%以上	非常不良状
4%~5%	呼吸中枢神经受刺激，呼吸急促加深连续呼吸10分钟，则发生强烈的呼吸困难，头疼
18%以上	致命的

2. 氨

氨是一种无色、有强烈刺激性气味、碱性的物质，可感觉最低浓度为$5.3\times10^3mg/m^3$。它的来源有：冬期施工过程中在混凝土中添加氨水作为防冻剂（释放期较长，危害大）；装饰材料中的添加剂和增白剂（释放期较短，危害较小）。

主要的危害为：浓度超过$0.5\text{~}1.0mg/m^3$时，对人的口、鼻黏膜及上呼吸道有很强的刺激作用，造成流泪、咳嗽、呼吸困难；严重可引发呼吸窘迫综合征；通过三叉神经末梢反射作用引起心脏停搏和呼吸停止；

通过肺泡进入血液，破坏运氧功能。

按照其危害程度，主要的防止污染措施为禁止使用氨作防冻剂。

3．氡

氡是一种无色、无味、自然界唯一的天然放射性惰性气体，由镭蜕变产生。在放射疗法中可用作辐射源，在科研中可用于制造中子。它的来源有：地基土壤；花岗石、水泥、石膏、部分天然石材；天然气。

主要的危害为：物理性危害，易扩散，溶于水和脂肪。极易进入人体呼吸系统造成放射性损伤；肺癌的第二大诱因，潜伏期15年以上。

国家相关部门于1993年发布的《天然石材产品放射性防护分类控制标准》JC 518—93：A类可在居室内使用，C类只能在外表面使用；表面涂层可阻挡氡的逸出；加大通风换气次数，降低室内氡气浓度。

4．VOC（Volatile Organic Compounds）

常见种类：数十种到上百种，主要由脂肪族碳水化合物，芳香族碳水化合物组成。例如酒精类、甲醛、甲苯、四氯化碳等，主要对人体的呼吸器官和神经器官有影响。

它们的特点是：单独浓度不高，但多种微量VOC的共同作用不可忽视；长期低剂量释放，对人体危害大；引起头痛、恶心等症状。

来源为各种漆、涂料、胶粘剂、阻燃剂、防水剂、防腐剂、防虫剂、室内建材、家具。

1）甲醛

甲醛是其中危害最大的一种，其特点为无色，有强烈刺激性的气味，甲醛的水溶液为福尔马林。大气中平均浓度0.005~0.01mg/m^3，低于0.03mg/m^3，而新装修的宾馆可达0.85mg/m^3，甲醛控制标准浓度为0.12mg/m^3。

甲醛主要来源为：工业废气、汽车尾气、光化学烟雾建筑材料：地毯、人造板、泡沫树脂保温板；装修材料：胶粘剂、涂料；日化产品：清洁剂、消毒剂、液化石油气。

2）甲醛的危害

当浓度0.1mg/m^{3}时有异味影响；0.6mg/m^{3}以上刺激黏膜（眼、呼吸道等），产生变态反应（眼红、流泪、咽干等）、恶心、胸闷等；6.5mg/m^{3}以上引起肺炎、肺水肿，甚至导致死亡；有致畸、致癌作用；对神经系统、免疫系统、肝脏都有危害。

3）甲醛的释放特性

释放期长：3~15年，且高温、高湿条件下甲醛散发力度加大。

5．气味——分子污染

气味污染会影响空气的新鲜度，如果属于低浓度污染，不应超过权威机构的上限值。这种分子的重量为1μm微粒的1/1 010倍，扩散速度极快，难以控制，因此源控制为最重要控制手段。主要来源为：厨房、卫生间；人体生物污染；烟草烟雾；低浓度VOC和其他有气味的污染物。

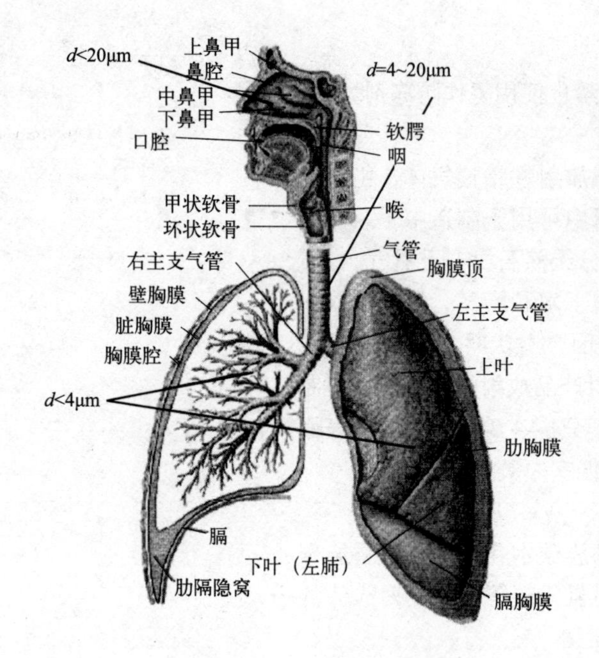

图 3-28　不同粒径的颗粒物对人体不同部位的影响示意图

6. 悬浮颗粒物

包括烟气、大气尘埃、纤维性粒子及花粉等。直径为 10~100μm 的微粒总称作悬浮颗粒物。直径小于 10μm 的微粒称为可吸入颗粒物，可吸入并沉积在呼吸道中，造成矽肺和肺癌；直径小于 2.5μm 的微粒称为细微粒，会进入肺泡。

如按质量统计悬浮颗粒物粒径分布，大气尘中直径小于 10μm 的微粒 72%。工业过程产尘，直径小于 10μm 的微粒占 30%。室内可吸入颗粒物以细微粒为主，几乎都是直径小于 10μm 的微粒。

不同粒径的颗粒物会对人体不同的部位产生影响（图 3-28）。

悬浮颗粒物来源

室外来源：花粉、交通；生产过程；大气污染。室内来源：人员活动、抽烟，石棉建材；SVOC 颗粒等。悬浮颗粒物还有成为病毒、细菌的传播附着物的附加危害。

7. 微生物

对人体产生危害的室内微生物为病毒和细菌。它们附于悬浮颗粒物上传播，是传染病的来源（图 3-29）。

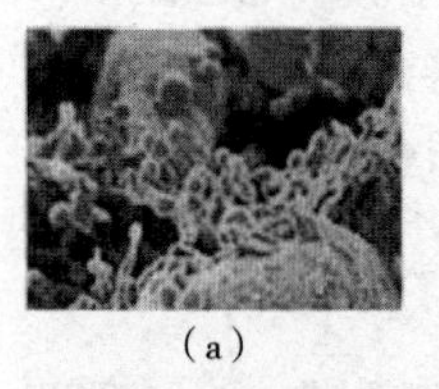
（a）

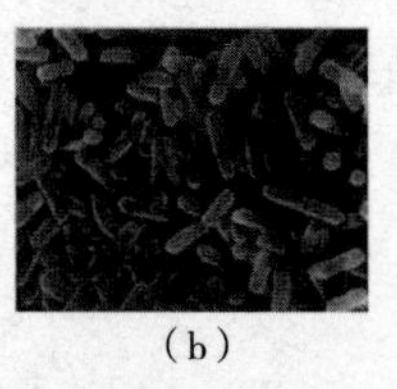
（b）

（c）

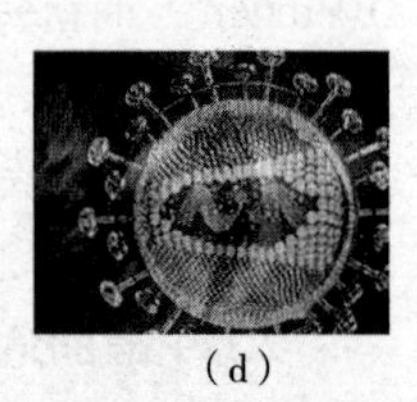
（d）

图 3-29　不同种类微生物
（a）霉菌；
（b）军团菌；
（c）真菌；
（d）SARS 冠状病毒

霉菌：滋生于潮湿阴暗的土壤、水体、空调设备中。

例如 1976 年在美国费城的宾夕法尼亚美军军团会议的参加者中发生的军团病是典型的例子。死亡率高达 15%~20%。

军团病是一种大叶性肺炎，而军团肺原菌是一种普遍存在的嗜水性需氧细菌，可通过风道、给水系统进入室内空气。

微生物在居室中最多的要数尘螨（图 3-30），它的适宜环境为 20~30℃，湿度 75%~85%，空气不流通场所。可引起哮喘、过敏性鼻炎、过敏性皮炎。常见滋生地为纯毛地毯、床垫等。控制方法为通风换气、保持清洁。

8. 烟草烟雾——最常见的室内空气污染物

我们从各类有关烟草的危害的宣传中，已经非常清楚的了解了关于

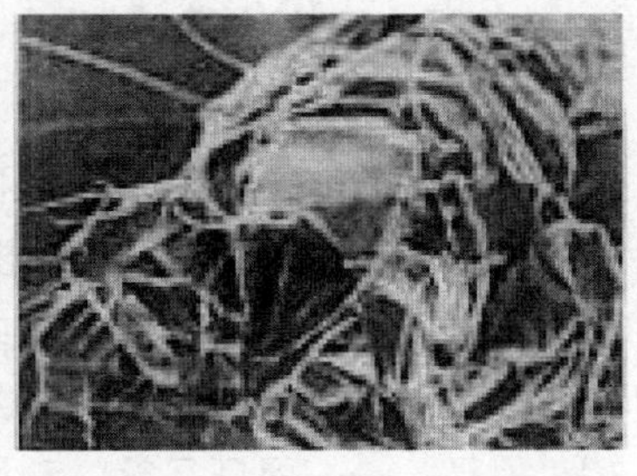

图 3-30 地毯及尘螨

烟草烟雾的危害，这里不再赘述。仅将每支香烟烟气中的各种成分提供给大家（表 3-12）。

香烟烟气的典型组成成分（mg/ 支） 表 3-12

成分	主流烟气	二次烟气
燃过的烟草	350	400
全部颗粒	20	45
尼古丁	1	1.7
一氧化碳	20	80
二氧化碳	60	80
氧化氮	0.01	0.08
丙烯醛	0.08	—
产生烟气时间	20s	550s

9. 臭氧

臭氧（O_3）：一种刺激性气体，主要来自室外的光化学烟雾。室内的电视机、复印机、激光印刷机、负离子发生器等在使用过程中也都能产生臭氧（图 3-31）。

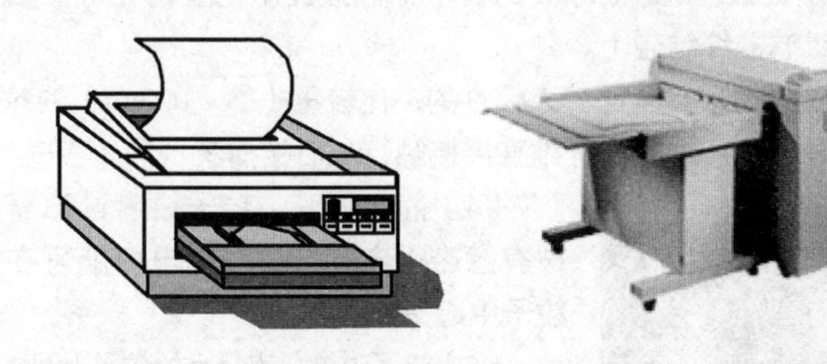

图 3-31 常见臭氧来源

臭氧可氧化空化合物而还原，可杀菌；可被橡胶、塑料等吸附。臭氧对眼睛、黏膜和肺组织都具有刺激作用，能破坏肺的表面活性物质，并能引起肺水肿、哮喘等。空气含量标准为 0.16mg/m³。

3.4.3　室内空气污染控制

1. 污染物的控制方法

1）“堵源”——建筑设计与施工特别是围护结构表层材料的选用中，采用 VOC 等有害气体释放量少的材料。

2）“节流”——切实保证空调或通风系统的正确设计、严格的运行管理和维护，使可能的污染源产污量降到最低程度。

3）“稀释”——保证足够的新风量或通风换气量，稀释和排除室内气态污染物。这也是改善室内空气品质的基本方法。

4）“清除”——采用各种物理或化学方法如过滤、吸附、吸收、氧化还原等将空气中的有害物清除或分解掉。

2. 空气净化方法和原理

①空气过滤；
② 吸附方法；
③紫外灯杀菌；
④静电吸附；
⑤纳米材料光催化；
⑥等离子放电催化；
⑦臭氧消毒灭菌；
⑧利用植物净化空气。

1）空气过滤去除悬浮颗粒物

过滤器主要功能为处理空气中的颗粒污染。对空气过滤去除悬浮颗粒物最常见的误解是：过滤器像筛子一样，只有当悬浮在空气中的颗粒粒径比滤网的孔径大时才能被过滤掉。其实，过滤器和筛子的工作原理大相径庭（图 3–32）。

空气过滤器原理和步骤：

（1）扩散：由于扩散作用，$d < 0.2\mu m$ 的粒子明显偏离其流线，与滤材相遇，被捕获。

（2）中途拦截：$d > 0.5\mu m$ 的粒子扩散效应不明显，但可能因为尺寸较大而和过滤器纤维碰上。

（3）惯性碰撞：具有比较大惯性的、比较重（$d > 0.5\mu m$）的粒子通常难以绕过过滤器纤维而和纤维直接接触，从而被捕获。

（4）静电捕获：粒子或者过滤器纤维被有意带上电荷，这样静电力就可在捕获粒子中起重要作用。

（5）筛子过滤：直径大的粒子（图 3–33）。

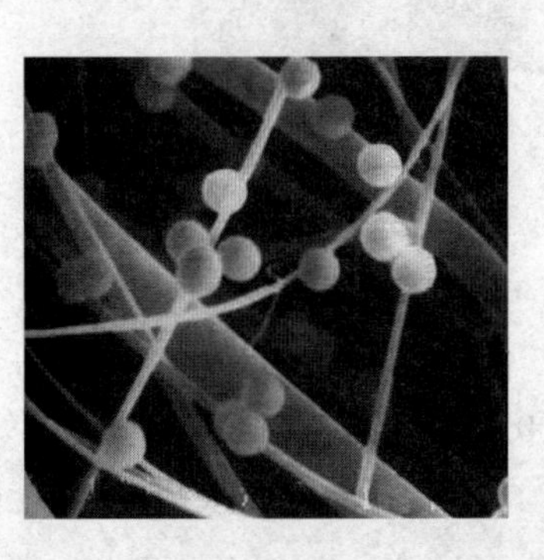

图 3–32　过滤器过滤照片

2）吸附

吸附是由于吸附质和吸附剂之间的吸附力而使吸附质聚集到吸附剂表面的一种现象，分为：

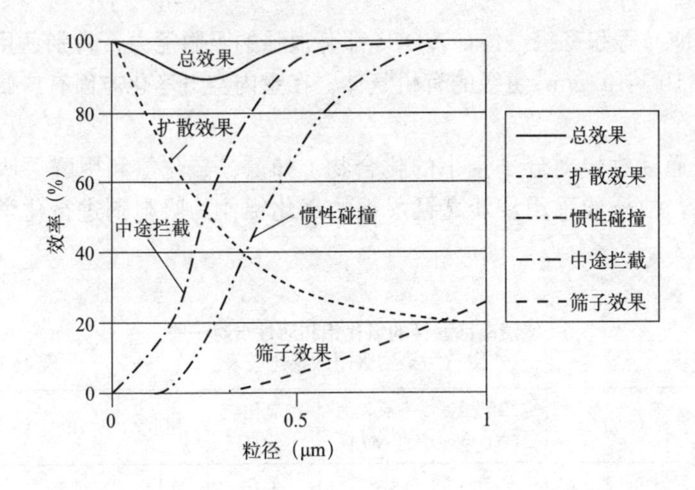

图 3–33 过滤器总效率和不同作用的效果和粒径的关系曲线

（1）物理吸附（常见）：

吸附质和吸附剂之间不发生化学反应；

对所吸附的气体选择性不强；

吸附过程快，参与吸附的各相之间瞬间达到平衡；

吸附过程为低放热反应过程，放热量比相应气体的液化潜热稍大；

吸附剂与吸附质间吸附力不强，在条件改变时可脱附；

对分子量小的化合物作用不明显。

（2）化学吸附：

空气中的污染物在吸附剂表面发生化学反应；

对分子量小的化合物作用显著；

吸附对于室内 VOCs 和其他污染物是一种比较有效而又简单的消除技术；

物理吸附中，目前比较常用的吸附剂是活性炭；

固体材料吸附能力的大小取决于固体的比表面积（即 1g 固体的表面积），比表面积越大，吸附能力越强（图 3-34）。

活性炭纤维——20 世纪 60 年代发展起来的一种活性炭新品种，含大量微孔，其体积占了总孔体积的 90% 左右，因此有较大的比表面积。与粒状活性炭相比，活性炭纤维吸附容量大，吸附或脱附速度快，再生容易，不易粉化，不会造成粉尘二次污染。对无机气体如二氧化硫、硫

图 3–34 化学吸附剂

化氢、NO_x 等和有机气体如 VOCs 都有很强的吸附能力，特别适用于吸附去除 10^{-9}~$10^{-6}g/m^3$ 量级的有机气体，在室内空气净化方面有广阔的应用前景。

普通活性炭对分子量小的化合物（如氨、硫化氢和甲醛）吸附效果较差，故一般采用浸渍高锰酸钾的氧化铝作为吸附剂进行化学吸附（表 3–13）。

浸渍高锰酸钾的氧化铝和活性炭对一些空气污染物吸附效果比较表　　表 3–13

吸附量（%）	二氧化氮（NO_2）	一氧化氮（NO）	二氧化硫（SO_2）	甲醛	HS	甲苯
浸渍高锰酸钾的氧化铝	1.56	2.85	8.07	4.12	11.1	1.27
活性炭	9.15	0.71	5.35	1.55	2.59	20.96

3）紫外灯杀菌

紫外辐照杀菌是常用的空气中杀菌方法，在医院已被广泛使用。紫外光谱分为 UVA（320~400nm）、UVB（280~320nm）和 UVC（100~280nm），波长短的 UVC 杀菌能力较强。185nm 以下的辐射会产生臭氧。

一般紫外灯安置在房间上部，不直接照射人，空气受热源加热向上运动缓慢进入紫外辐照区，受辐照后的空气再下降到房间的人员活动区，在这一过程中，细菌和病毒会不断被降低活性，直至灭杀。

紫外灯杀菌需要一定的作用时间，一般细菌在受到紫外灯发出的辐射数分钟后才死亡。

4）静电吸附

静电吸附利用高压电流电离空气而吸附空气中的有害气体（图 3–35）。

5）光催化降解

TiO_2 是一种 N 型半导体，有很强的氧化性和还原性。在光化学反应中，以 TiO_2 作催化剂，在太阳光尤其是紫外线的照射下，使得 TiO_2 固体表

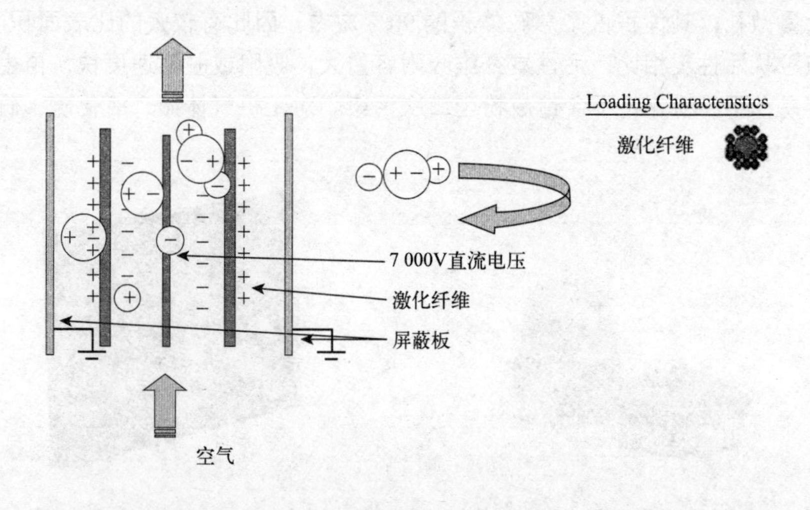

图 3–35　静电吸附（双级）

面生成空穴和电子，空穴使水分子（H_2O）氧化，电子使空气中的氧化（O_2）还原，在此过程中，生成 OH 基团。OH 基团的氧化能力很强，可使有机物被氧化、分解，最终分解为二氧化碳（CO_2）和水（H_2O）（图 3-36）。

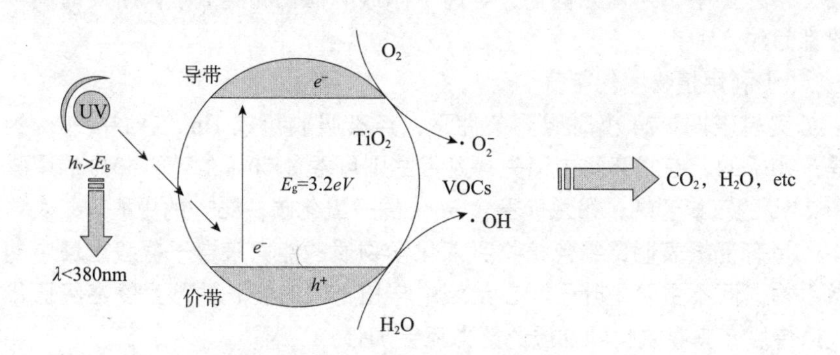

图 3-36　光催化降解过程示意图

6）等离子体放电催化

利用高能电子轰击反应器中的气体分子（NO_x、SO_x、O 和 H_2O 等）；经过激活、分解和电离等过程产生氧化能力很强的自由基（·OH 等）、原子氧（O）和臭氧（O_3）等，这些强氧化物质可迅速氧化掉氮化物（NO_x）和二氧化硫（SO_2），在水（H_2O）分子作用下生成硝酸（HNO_3）和硫酸（H_2SO_4）（图 3-37）。

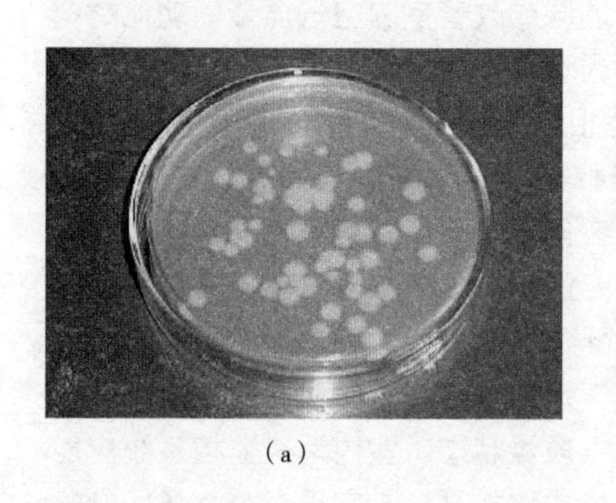
（a）

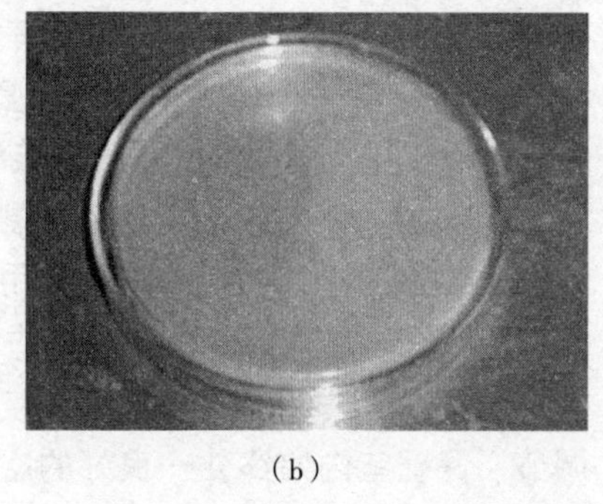
（b）

图 3-37　等离子体放电催化消除微生物污染
（a）稀释比为 1 ∶ 1 000 情况下未经放电处理的细菌生长迹象；
（b）稀释比为 1 ∶ 1 000 情况下经（8kV）放电处理的细菌生长迹象

光催化和等离子放电催化的优点

①广谱：可消除空气中的多种污染物如 VOCs、无机有害物以及微生物等；

②安全：催化剂无毒、无腐蚀，主要最终产物为二氧化碳、水等无害气体；

③稳定：无需再生，可连续工作；

④节能：反应所需能耗低。

7）臭氧杀菌消毒

臭氧，一种刺激性气体，是已知的最强的氧化剂之一，其强氧化性、高效的消毒作用使其在室内空气净化方面有着积极的贡献。

臭氧的主要应用在于灭菌消毒，它可即刻氧化细胞壁，直至穿透细胞壁与其体内的不饱和键化合而杀死细菌，这种强的灭菌能力来源于其高的还原电位。

紫外照射、纳米光催化、等离子体放电催化和臭氧杀菌所需时间一般都为数分钟。

8）利用植物净化空气

实验表明：24 小时照明条件下，芦荟吸收可以 1m^3 空气中 90% 的醛；90% 的苯在常青藤中消失；龙舌兰则可吞食 70% 的苯、50% 的甲醛和 24% 的三氯乙烯；吊兰能吞食 96% 的一氧化碳，86% 的甲醛。

也有证据表明，绿色植物吸入化学物质的能力来自于盆栽土壤中的微生物，而不主要是叶子。在土壤中与植物同时生长的微生物在经历代代遗传后，其吸收化学物质的能力还会加强。

可以作为室内空气污染物的指示物的植物：

①紫花苜蓿：在二氧化硫浓度超过 0.3mg/L 时，接触一段时间，就会出现受害的症状；

②贴梗海棠：在 0.5mg/L 的臭氧中暴露半小时就会有受害反应；

③香石竹、番茄：在浓度为 0.05~0.1mg/L 的乙烯下几个小时，花萼就会发生异常现象。

近来有采用具有改善室内空气质量的功能材料。在居住空间中的应用卧室、起居室（厅）使用蓄能、调湿或改善室内空气质量的功能材料有利于降低采暖空调能耗，改善室内环境。目前较为成熟的这类功能材料包括具有空气净化功能的纳米复相涂覆材料、产生负离子功能材料、稀土激活保健抗菌材料、湿度调节材料、温度调节材料等等。

为保护人体健康，预防和控制室内空气污染，可在主要功能房间设计和安装室内污染监控系统，利用专门环境传感器对室内主在位置的温度、二氧化碳、空气污染物浓度等进行数据采集和分析；也可同时检测进、排风设备的工作状态，并与室内空气污染监控系统并联，实现自动通风调节，保证室内始终处一良好的空气质量状态。室内污染监控系统应能够将所采集的有关信息传输到计算机或监控平台，实现对公共场所空气质量的采集、数据存储、实时报警、历史数据分析、统计、处理和调节控制等功能，保障场所具有良好的空气质量。

第4章 建筑节能设计与技术

4.1　建筑节能设计

4.1.1　建筑规划布局节能

建筑规划布局节能是建筑节能的一个重要方面，应从分析气候条件出发，将规划设计与节能技术和能源利用有效地结合，使采暖地区建筑在冬季最大限度地利用日照等自然能采暖，减少热损失；使炎热地区建筑夏季最大限度地减少得热和利用自然条件来防热。规划布局节能全面综合考虑建筑布局、建筑朝向、间距、平面组合、建筑体形等几个方面因素。

1. 建筑布局

建筑布局一般分为并列式、错列式、周边式、混合式、自由式等几种，如图 4-1 所示，它们都有各自的特点。

行列式是指建筑物成排成行地布置，这种方式能够争取最好的建筑朝向，使大多种居住房间得到良好的日照，并有利于通风，是目前我国城乡中广泛采用的布局方式。错列式可以避免“风影效应”，更有利于夏季通风降温，同时可以利用山墙空间争取日照。

周边式是指建筑沿街道周边布置，这种布置方式虽然可以围合出开阔的庭院空间供绿化休憩之用，但有相当多的居住房间因朝向和相互遮挡而日照不佳，对自然通风也不利。所以这种布置仅适于北方寒冷地区。

混合式是指行列式和部分周边式等形式的组合。这种方式可较好地

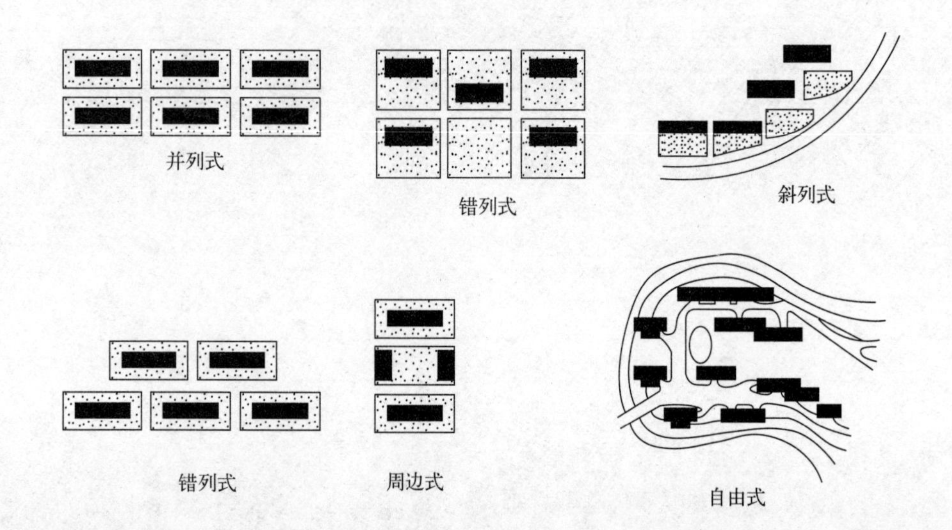

图 4-1　建筑组团形式

综合多种布局方式的优点，在某些场合是一种较好的建筑群布局方式。

自由式是指地形复杂时，体现地形特点的灵活合理的一种布置形式。这种布置方式可以充分利用地形，便于采用多种平面形式和高低错落的体块组合，有利于避免互相遮挡阳光，对日照及自然通风有利，是最常见的一种布置形式。

另外，规划布局中还要注意点式、条状住宅组合布置，其中的点式住宅应布置在好朝向，而条状住宅布置在其后，通过利用空隙争取日照。建筑布局时，同时还要尽可能结合当地的夏季或冬季主导风向，这样有利于夏季争取通过并利用建筑来通风降温或避免冬季冷风渗透等不利影响。

2. 建筑的朝向与间距

严寒及寒冷地区的建筑为了提高室内温度，节约供暖供热，保持环境卫生与人体健康，充分利用清洁、可再生的太阳能，选择朝向要考虑在冬季获得尽可能多的日照，一般应以南北向为主。另外还应争取使大部分墙面避开冬季主导风向，以便减少外墙表面散热量和冷风渗透量；建筑的间距不宜过小，以防建筑之间相互遮挡，影响日照效果。而炎热地区建筑应争取自然通风好的朝向，防止西晒，建筑的间距宜稍大一些，既有利于通风，又可通过绿化和水体防热降温。

3. 建筑平面及组合方式

建筑平面形式对保温和防热效果影响很大。在保证使用功能的前提下，建筑平面组合应充分体现当地气候特点，炎热地区建筑平面宜舒展开敞，以利于加大通风量；而建筑平面曲折过多，将大大增加了外墙表面积，对建筑保温十分不利，在采暖地区平面应集中布置，如几个单元组合形成的建筑可减少部分外墙面积，有利于节约采暖能耗。

4. 建筑立面造型与体形系数

面积相同的建筑，由于立面造型的需要，可能会处理成凸出凹进的体形，造成建筑四周外墙表面积增加，建筑传热耗热量也相应加大。如图 4-2 所示，各平面均由 16 个相同单元组成，与（a）图相比，（b）图、（c）图、（d）图中平面的周长依次增加了 12.5%、25%、50%。在这方面，建筑体形系数 S 能够全面地反映建筑的节能状况。

在满足建筑物所需体积 V 的前提下（已知建筑面积 A 和高度 H 时 $V=A \cdot H$，$A=V/H$），若想降低建筑的耗热量，就应使维护结构的外表面积 Fe 最小，使建筑单位体积所具有的外表面积，即建筑体形系数 $S=Fe/V$ 尽可能小。

我国《严寒和寒冷地区居住建筑节能设计标准》JGJ 26—2018 对我国采暖地区住宅的朝向和体形节能的具体要求是建筑物朝向宜采用南北向或接近南北向，主要房间宜避开冬季主导风向；建筑物体形系数宜控制在 0.30 及 0.30 以下；若体形系数大于 0.30，则屋顶和外墙应加强保温，其传热系数应符合节能标准的规定。

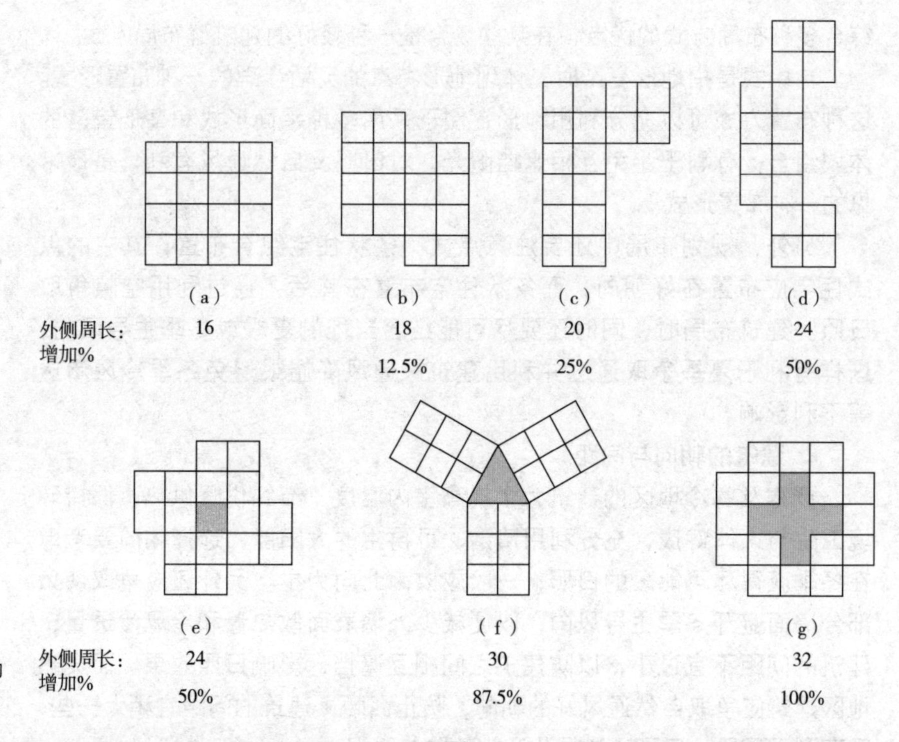

图 4-2　等面积不同平面的外墙面积比较

4.1.2　围护结构节能设计

建筑围护结构节能技术主要是指通过加大各部分围护结构的热阻，提高其保温隔热能力，在保证应有的室内环境气候的前提下，冬季减少采暖期间建筑内的热量的散失，节约采暖能耗；夏季有效防止各种室外热湿作用造成室内气温过高，节约空调能耗。这一领域的节能技术发展历史较长，相对成熟，应用十分广泛，节能潜力较大。建筑围护结构的节能，主要是体现在保温、隔热性能方面，各类建筑围护结构的保温性能必须满足相应的建筑节能标准要求。

根据所应用的不同部位等特点，建筑围护结构节能技术可以分为以下几方面。

1. 外墙保温节能技术

外墙可以采用的保温构造大致可分为以下几种类型：

1）单设保温层

单设保温层的做法是保温构造最普遍的方式，这种方案是用导热系数很小的材料作为保温层，与受力墙体结合而起加强保温的作用。由于不要求保温层承重，所以材料选择的灵活性比较大，不论是板块状、纤维状的材料，都可以使用。如图 4-3 所示为单设保温层的外墙构造图，这是在

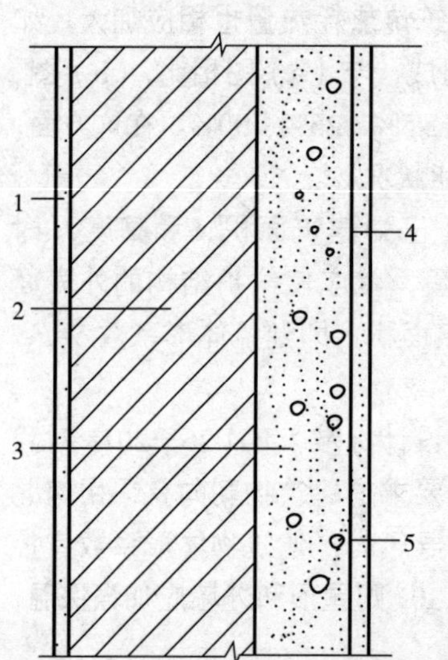

图 4-3　外墙单设保温层构造
1—外粉刷；2—砖砌体；3—保温层；4—隔气层；5—内粉刷

砖砌体内侧粘贴水泥珍珠岩板或加气混凝土板作保温层的做法。

2）封闭空气间层保温

根据建筑热工学原理可知，封闭的空气层有良好绝热作用。在建筑围护结构中设置空气间层可以明显提高建筑保温性能，而施工方便，成本比较低，普遍适用于新建工程和既有建筑改造工程，如图 4-4 所示为设置空气间层的墙体模型。空气间层的厚度，一般以 4~5cm 为宜。为提高空气间层的保温能力，间层表面应采用强反射材料，例如，铝箔就是一种具体方法。如果采用强反射遮热板来分隔成两个或多个空气层，其效果更好。为了使反射材料具有足够的耐久性，应当采取涂塑处理等保护措施。

3）保温与承重相结合

空心板、多孔砖、空心砌块（图 4-5）、轻质实心砌块等，既能承重，又能保温。只要材料导热系数比较小，机械强度满足承重要求，又有足够的耐久性，那么采用保温与承重相结合的方案，在构造上比较简单，施工亦较方便，这种构造适用于钢筋混凝土框架等结构类型的外围护墙。如图 4-6 所示为北京地区使用的双排孔混凝土空心砌块砌筑的保温与承重相结合的墙体。

图 4-4　设置空气间层的墙体（左）

图 4-5　陶粒混凝土空心砌块（右）

4）混合型构造

当单独采用某一种方式不能满足建筑保温要求，或为达到保温要求而造成技术经济上的不合理时，往往采用混合型保温构造。例如，既有实体保温层，又有空气层和承重层的外墙或屋顶结构，如图 4-7 所示。其特点是混合型的构造比较复杂，但绝热性能好，尤其在节能要求比较高或者恒温室等热工要求较高的房间，是经常采用的。

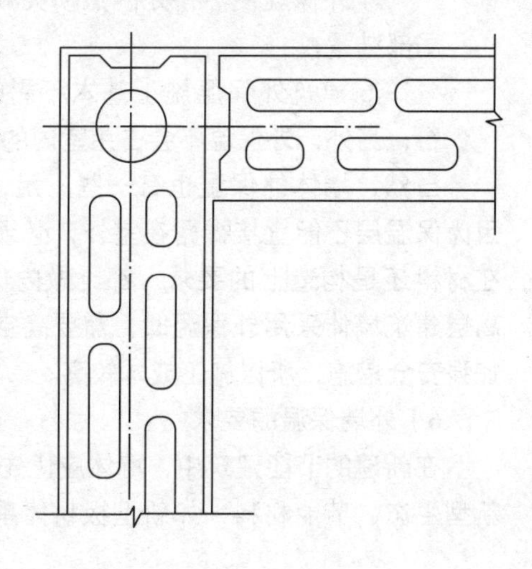

图 4-6　混凝土空心砌块砌筑墙体构造

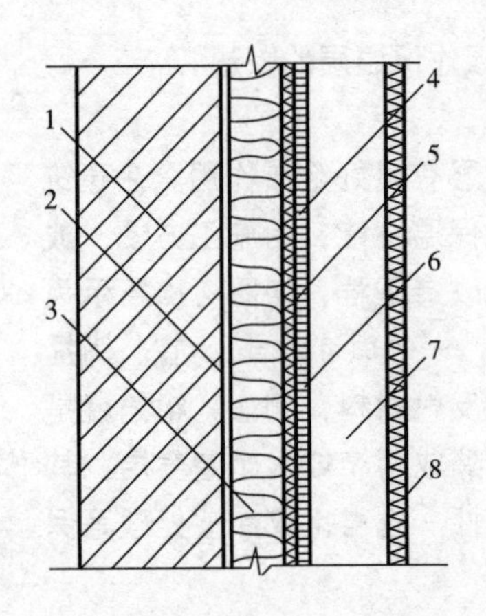

图 4–7　混合型保温层示例（左）
1—混凝土；
2—胶粘剂；
3—聚氨酯泡沫塑料；
4—木纤维板；
5—塑料膜；
6—铝箔纸板；
7—空气间层；
8—胶合板涂油漆
图 4–8　采用夹层保温的墙板（右）

当采用单设保温层的复合墙体时，保温层的位置，对结构及房间的使用质量，结构造价、施工，维持费用等各方面都有很大影响。保温层设在承重结构的室内一侧，叫作内保温；设在室外一侧，叫作外保温；有时保温层可设置在两层密实结构层的中间，叫夹芯保温，如图 4–8 所示。

5）外保温构造的特点

相比较而言，墙体采用外保温比内保温优点多一些，主要有以下几方面：

①外保温使墙或屋顶的主要部分受到保护，大大降低温度应力的起伏，提高结构的耐久性。如果将保温层放在外墙内侧，则外墙要常年经受冬夏季较大温差（可达 80~90℃）的反复作用；如将保温层放在承重层外侧则承重结构所受温差作用大幅度下降，温度变形明显减小；

②外保温对结构及房间的热稳定性有利；由于承重层材料的蓄热系数一般都远大于保温层，所以外保温对结构及房间的热稳定性有利；

③外保温有利于防止或减少保温层内部产生水蒸气凝结；外保温对防止或减少保温层内部产生水蒸气凝结，是十分有利的，但具体效果则要看环境气候、材料及防水层位置等实际条件；

④外保温使热桥处的热损失减少，并能防止热桥内导致的表面局部结露；

⑤建筑外保温施工基本不影响用户正常使用的情况下即可进行；另外，外保温不会占用室内的使用面积。

当然，墙体外保温也有一些不足，首先是在构造上比内保温复杂。因为保温层不能直接裸露在室外，必须有外保护层，而这种保护层不论在材料还是构造上的要求，都比做内保温时内饰面层的要求高。其次，高层建筑墙体采用外保温时，需要高空作业，施工难度比较大，还需要加强安全措施，所以施工成本较高。

6）外墙保温的要求

在新建的节能建筑中，墙体应优先采用密度小（自重轻）、热阻大的新型生态、节能材料，如新型板材体系、空心砌块等；对于原有墙体的节能改造，应在其外侧或内侧贴装高效保温材料，如聚苯乙烯泡沫塑料板等，以提高既有建筑的整体节能水平。另外，结合具体的外装修设计，尽可能充分利用各种玻璃幕墙、金属饰面、石材等装饰面层与维护结构之间的空隙形成密闭的空气间层，利用密闭的空气间层的热阻，以极其经济的方式提高墙体保温能力。在保温层的一侧，还可以利用粘贴铝箔等强反射材料的方法，配合上述措施从而提高节能效益。通过以上技术处理，应使外墙的总传热系数达到相应建筑节能标准中总传热系数限值的要求。表 4-1 所示为公共建筑节能标准中严寒地区 A 区外墙总传热系数限值。

公共建筑节能标准中严寒地区 A 区外墙总传热系数限值　　表 4-1

围护结构部位		体形系数≤ 0.3 传热系数 K [W/(m²·K)]	0.3 <体形系数≤ 0.4 传热系数 K [W/(m²·K)]
屋面		≤ 0.35	≤ 0.30
外墙（包括非透明幕墙）		≤ 0.45	≤ 0.40
底面接触室外空气的架空或外挑楼板		≤ 0.45	≤ 0.40
非采暖房间与采暖房间的隔墙或楼板		≤ 0.6	≤ 0.6
单一朝向外窗（包括透明幕墙）	窗墙面积比≤ 0.2	≤ 3.0	≤ 2.7
	0.2 <窗墙面积比≤ 0.3	≤ 2.8	≤ 2.5
	0.3 <窗墙面积比≤ 0.4	≤ 2.5	≤ 2.2
	0.4 <窗墙面积比≤ 0.5	≤ 2.0	≤ 1.7
	0.5 <窗墙面积比≤ 0.7	≤ 1.7	≤ 1.5
屋顶透明部分		≤ 2.5	

2. 屋面节能技术

屋面作为建筑围护结构，对建筑顶层房间的室内气候影响不亚于外墙。在按照建筑节能设计标准要求确保其保温隔热水平的同时，还应该选择新型防水材料，改进其保温和防水构造，全面改善屋面的整体性能。常采用的具体方式有以下几种：

1）加强保温层

这种方法是直接将屋面原有的保温层加厚，或者增加更高效的新型保温材料，使屋面的总传热系数达到相应的节能标准的要求。这是建筑保温节能工程经常采用的传统方法，优点是构造简单，施工方便。

2）改进防水层及其保护层

屋面防水层不但要及时地排除屋面的雨水，还应该有效防止保温层受潮失效。屋面渗漏问题是建筑工程的质量通病，多年来困扰着用户并影响到屋面保温效果。有效的防治措施是彻底拆除原有沥青油毡卷材防水层，在确保施工质量的前提下，改用优质新型柔性卷材，比如改性沥青卷材或三元乙丙橡胶卷材等。防水层上必须设置强反射材料保护层，如铝粉涂层或者铝箔。强反射材料保护层的作用不可忽视，它一方面可以防止太阳辐射造成的防水层破坏及其耐久性下降，防止保温层受潮，另一方面它还可以防止冬季建筑顶部房间向天空长波辐射而造成的热损失而节约采暖能耗。

3）采用坡屋面

建筑采用坡屋顶可以有效改善防水、保温等效果。由于坡屋面的排水坡度较大，不易积水，排水速度明显大于平屋面，这从根本上克服了平屋面渗漏的隐患；在坡屋顶与平屋面之间形成的空气间层可增加热阻，也可同时增设保温层来进一步提高屋面的总热阻，利用这种构造上的优势可以用较少的投入取得显著的效果，其保温、隔热性能明显优于单独增加屋面保温层的平屋面。

4）屋面的"平改坡"技术

屋面的"平改坡"是指将原来为平屋顶的既有建筑变为坡屋顶的改造，以此改善既有建筑屋面的防水、保温节能等问题。2000 年前后，我国北京、上海、广州等全国各大城市陆续开始在旧城改造中推行"平改坡"。1999 年北京市开始做试点，随后逐渐开始大面积推广。2005 年北京市建委"平改坡"办公室主管的"平改坡"一期工程将有 185 栋楼房实施改造，"平改坡"一期包括城区主要街道两侧和主要地区的北京市和区所属单位的楼房，将这些多层楼房的平顶屋面改为坡度不大于 32°的四坡屋顶。项目总投资为 1.6 亿元，均由市政府、各区政府及产权单位筹资，居民不用自己出钱。

2003 年 9 月中华人民共和国建设部（现住房和城乡建设部）批准颁发的国家建筑标准设计图集《平屋面改坡屋面建筑构造》03J203 整合了国内最新技术成果，归纳总结了平屋面改坡屋面的各种类型和方法，对各种屋面瓦、支撑结构、屋面檐口、老虎窗和屋面太阳能热水器安装构造都绘制了详细的节点构造详图，为既有建筑屋面"平改坡"带来了极大的便利，提供了可靠的技术支持，如图 4-9、图 4-10 所示为该图集中屋面"平改坡"的剖面示意图和块瓦屋面檐口的构造示意图。

近几年哈尔滨市的建筑屋面"平改坡"工程主要集中在道里和南岗区的繁华地带（图 4-11~ 图 4-16），经过改造的住宅屋面在保温、隔热、排水和建筑造型等方面的改善受到住户和有关方面的好评。据测定，哈尔滨市哈表小区住宅通过屋面"平改坡"和墙体节能改造使采暖期间室内气温平均提高 3~4℃。

既有建筑屋面改造还应该与其他改造要求统筹考虑，如果遇到楼房太阳能设施安装时应加强各工种之间的协调与配合，全面实现改造一体化。

3. 外门窗节能技术

一栋建筑物的外门、窗和地面在外围护结构总面积中占有相当的比例，一般在 30%~60% 之间。从对冬季人体热舒适的影响来说，由于外门、

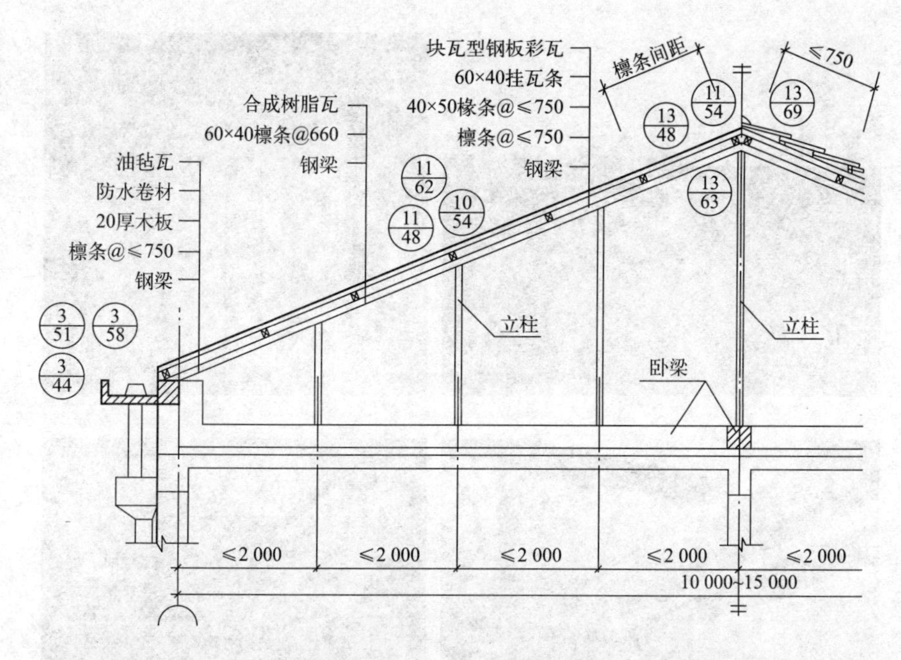

图 4-9　屋面“平改坡”剖面示意图

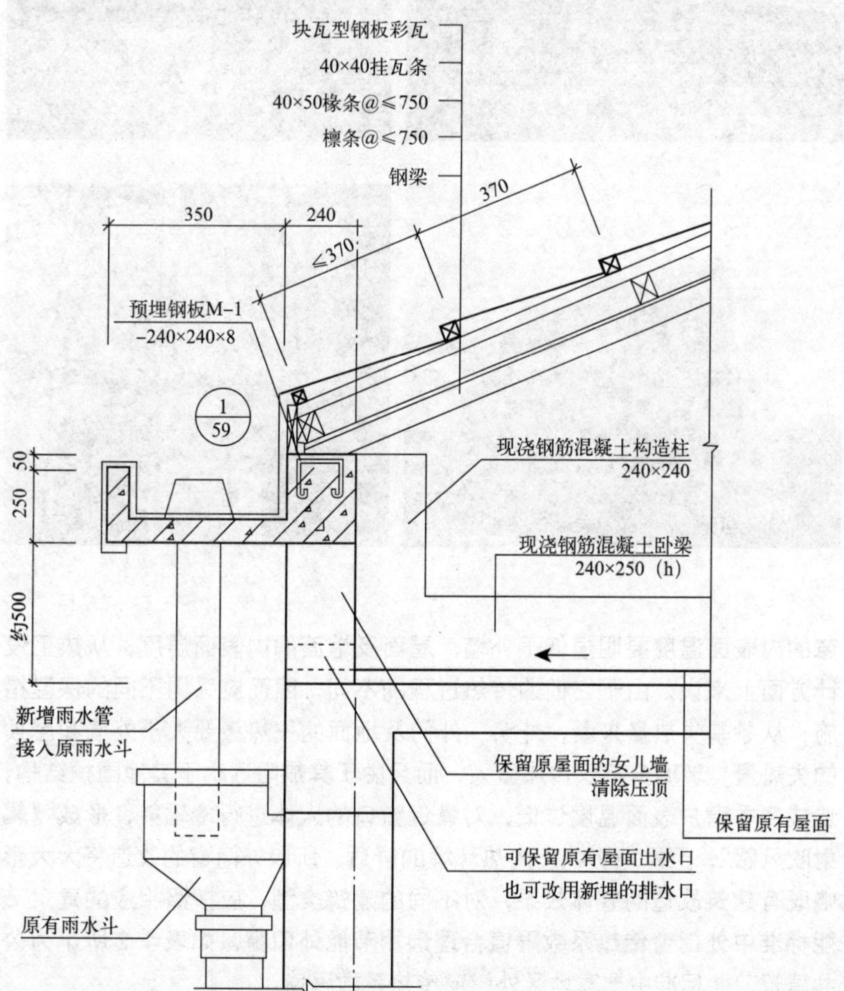

图 4-10　块瓦屋面檐口构造示意图

图 4-11　国民街 2 号住宅（左）
图 4-12　农科院 5 号住宅（右）

图 4-13　农科院 2 号住宅平改坡内部构造 1（左）
图 4-14　农科院 2 号住宅平改坡内部构造 2（右）

图 4-15　中法合作哈表小区住宅改造后坡屋面照片（左）
图 4-16　中法合作哈表小区住宅改造的墙体外保温施工（右）

窗的内表面温度要明显低于外墙、屋面及地面的内表面温度，从热工设计方面上来说，由于它们的传热过程的不同，因而应采用不同的保温措施；从冬季失热量来看，外窗、外门及地面的失热量要大于外墙和屋顶的失热量。玻璃窗不仅传热量大，而且由于其热阻远小于其他围护结构，造成冬季窗户表面温度过低，对靠近窗口的人体进行冷辐射，形成“辐射吹风感”，严重地影响室内热环境的舒适，所以外门窗的改造将大大影响既有建筑改造的整体效果，对不同的建筑类型，应按照相应的建筑节能标准中外门窗传热系数限值合理选用节能外门窗，如表 4-2 所示为公共建筑节能标准中严寒地区外门窗传热系数限值。

公共建筑节能标准中严寒地区外门窗传热系数限值　　　　表 4-2

单一朝向外窗（包括透明幕墙）		传热系数 K［W/（m^2·K）］	
		体形系数≤ 0.3	0.3 ＜体形系数≤ 0.4
严寒地区 A 区	窗墙面积比≤ 0.2	≤ 3.0	≤ 2.7
	0.2 ＜窗墙面积比≤ 0.3	≤ 2.8	≤ 2.5
	0.3 ＜窗墙面积比≤ 0.4	≤ 2.5	≤ 2.2
	0.4 ＜窗墙面积比≤ 0.5	≤ 2.0	≤ 1.7
	0.5 ＜窗墙面积比≤ 0.7	≤ 1.7	≤ 1.5
	屋顶透明部分	≤ 2.5	
严寒地区 B 区	窗墙面积比≤ 0.2	≤ 3.2	≤ 2.8
	0.2 ＜窗墙面积比≤ 0.3	≤ 2.9	≤ 2.5
	0.3 ＜窗墙面积比≤ 0.4	≤ 2.6	≤ 2.2
	0.4 ＜窗墙面积比≤ 0.5	≤ 2.1	≤ 1.8
	0.5 ＜窗墙面积比≤ 0.7	≤ 1.8	≤ 1.6
	屋顶透明部分	≤ 2.6	

外门是指包括住宅的户门（楼梯间不采暖时）、单元门（楼梯间采暖时）、阳台门下部以及公共建筑入口等与室外空气直接接触的各种门。通常门的热阻要比窗的热阻大，但是比外墙和屋顶的热阻小，所以外门也是建筑外围护结构保温的薄弱环节，如表 4-3 所示为几种常见门的传热阻和传热系数。

几种常见门的传热阻和传热系数　　　　表 4-3

序号	名称	传热阻［（m^2·K）/W］	传热系数［W/（m^2·K）］	备注
1	木夹板门	0.37	2.7	双面三夹板
2	金属阳台门	0.156	6.4	
3	铝合金玻璃门	0.164~0.156	6.1~6.4	3~7mm 厚玻璃
4	不锈钢玻璃门	0.161~0.150	6.2~6.5	5~11mm 厚玻璃
5	保温门	0.59	1.70	内夹 30mm 厚轻质保温材料
6	加强保温门	0.77	1.30	内夹 40mm 厚轻质保温材料

为了使外门满足节能标准要求，建筑设计时不但可以设置传热系数满足要求的单层节能门，有条件的情况下也可考虑设置双层外门，其节能、防寒效果更好。同时增设防寒门斗和防寒门帘等辅助措施来减少空气渗透耗热量，也可以显著提高外门的整体保温效果。

1）控制窗墙面积比

建筑外窗（包括阳台门上部）既有引进太阳辐射热的有利方面，又有冬季传热损失和冷风渗透损失都比较大的不利方面。就其总体效果而言，窗户仍是保温能力最低的构件。因此我国建筑热工设计规范和节能设计标准中，对开窗面积做了相应的规定。按照我国的建筑热工设计规范，控制窗户的面积的指标是窗墙面积比，即：

窗墙面积比 = 窗户洞口面积 / 外墙表面积（开间 × 层高）

如表 4–4 所示为《严寒和寒冷地区居住建筑节能设计标准》JGJ 26—2018 规定的不同朝向窗墙面积比限值。

窗墙面积比限值　　表 4–4

朝向	窗墙面积比	
	严寒地区（1 区）	寒冷地区（2 区）
北	0.25	0.30
东、西	0.30	0.35
南	0.45	0.50

2）提高气密性，减少冷风渗透

除少数建筑设置固定密闭窗外，一般窗户均有缝隙。由此形成的冷风渗透加剧了围护结构的热损失，影响室内热环境，应采取有效的密封措施。目前普遍采用密封胶条固定在门窗框和窗扇上，如图 4–17 所示，塑钢窗关闭时，窗框和窗扇将胶条压紧，密闭效果很好。此外，门窗框与四周墙体之间的缝隙也应该用保温砂浆或泡沫塑料等充填密封。

3）改善窗框保温性能

20 世纪 80 年代前建造的既有建筑绝大部分窗框是木制的，保温性能比较好。但由于种种原因，金属窗框越来越多。由于这些窗框传热系数很大，故其热损失在窗户总热损失中，所占比例不小，应采取保温措施。首先，将薄壁实腹型材改为空心型材，内部形成封闭空气层，提高其保温能力（图 4–18）。再者，开发推广塑料产品，目前已获得良好保温效果（图 4–19）。最后，不论用什么材料做窗框，都应将窗框与墙之间的缝隙，用保温砂浆、泡沫塑料等填充密封。

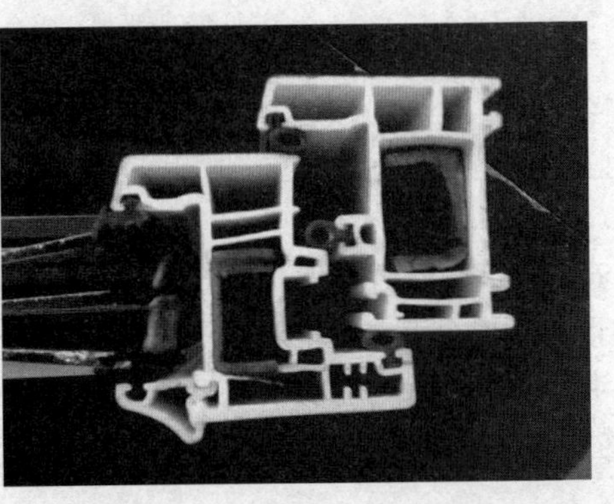

图 4–17　窗框和窗扇间的密封胶条示意

4）改善窗玻璃的保温能力

单层窗的热阻很小，因此，仅适用于较温暖地区。在采暖地区，应采用双层甚至三层窗。这不仅是室内正常气候条件所

图 4-18 铝合金窗框截面示意

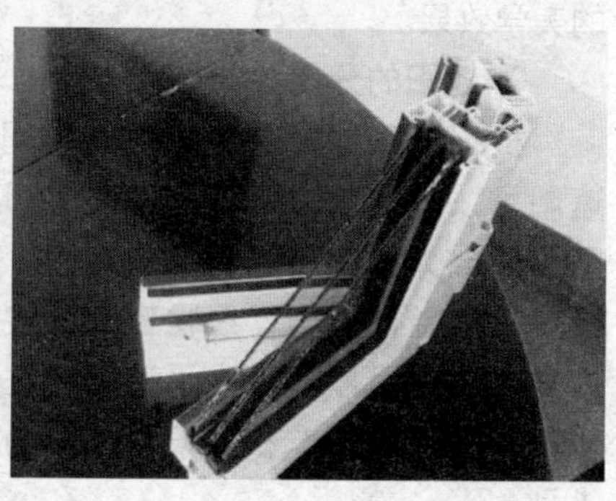

图 4-19 塑钢窗框截面示意

必需，也是节约能源的重要措施。双玻璃窗的空气间层厚度以 2~3cm 为最好，此时传热系数较小。当厚度小于 1cm 时，传热系数迅速变得很大；大于 3cm 时，则造价提高，而保温能力并不能提高很多。在有些建筑中，为提高窗的保温能力，也有用空心玻璃砖代替普通平板玻璃的。如图所示的三玻窗使其保温能力进一步提高。常见的窗户传热系数可参见《民用建筑热工设计规范》GB 50176—2016 中表 C.5.3-1。

4.1.3 建筑遮阳

在夏季，阳光透过建筑窗口照射房间，会造成室内过热和眩光现象。当室温较高同时又受到窗口阳光的直接照射，将会使人感到炎热难受，以致影响工作和学习的正常进行。对空调建筑，窗口阳光的直接照射也会大大增加空调负荷，造成空调能耗过高。直射阳光照射到工作面上，会造成眩光，刺激人的眼睛，妨碍正常的工作和学习。在某些房间，阳光中的紫外线往往使一些被照射的物品褪色、变质以致损坏。为了避免上述情况、节约能源，建筑设计通常应采取必要的遮阳措施。虽然遮阳对整座建筑的防热都有效果，但是窗户遮阳则更为重要，因而应用的更为广泛。多年来，遮阳这种传统高效的防热措施常常被人们忽略，但是近几年来，世界能源短缺和绿色生态理念重新赋予了建筑遮阳以新的活力。

1. 遮阳的主要功能

遮阳是防止过多直射阳光直接照射房间而设置的一种建筑构件。

遮阳是历史最悠久的简便高效的建筑防热措施，无论是从古典的建筑，还是现代建筑均可以看到对遮阳的广泛应用。许多遮阳既用于建筑的室内防热，同时也为室外活动提供了阴凉的空间。古代希腊和罗马建筑的柱廊和柱式门廊明显具有这种功能。我国古建筑屋顶巨大的挑檐也具有明显的遮阳作用。许多著名的建筑也表现出对遮阳重视，并且运用它创造了强烈的视觉效果。许多世界著名现代建筑师如勒·柯布西耶和赖特在其多数建筑设计中都运用了遮阳的手法。建筑遮阳既为人创造了温暖的舒适感，同时也能够为建筑勾勒出独特的线条，从而营造出一种强烈的美学效果。

2. 遮阳的分类

根据不同的分类方式。遮阳可以分为许多类型。依据所处位置，遮阳可以分为室内遮阳、室外遮阳和窗中间遮阳；依据可调节性，遮阳可以分为固定遮阳和活动遮阳；依据所用材料，遮阳可以分为混凝土遮阳、金属遮阳、织物遮阳、玻璃遮阳和植物遮阳等；依据其布置方式，遮阳可以分为水平遮阳、垂直遮阳、综合遮阳和挡板遮阳等；依据其构造和形态，遮阳可以分为实体遮阳、百叶遮阳和花格遮阳等类型。

有时，很多建筑并未设置上述比较典型的遮阳，但是建筑师经过某些构造处理也可实现建筑遮阳的功能。例如将窗户如果深深嵌入很厚的外墙墙体内，其效果即相当于设置了一个比较窄的遮阳。

3. 遮阳的防热、节能原理

日照总共由三部分构成：太阳直射、太阳漫射和太阳反射辐射。当不需要太阳辐射采暖时，在窗户上安装遮阳以遮挡直射阳光，同样也可以遮挡漫射光和反射光。因此，遮阳装置的类型、大小和位置取决于所受阳光直射、漫射和反射影响部位的尺度。反射光往往最好控制的，可以通过减少反射面来实现，最好的调节方法常常是利用植物。但是漫射光却是很难控制的，因此常用附加室内遮阳或是采用玻璃窗内遮阳的方法。而控制直射光的有效方式是室外遮阳。

遮阳与采光有时是互相影响甚至是互相矛盾的。不过，通常可以采取恰当的方式遮阳设计将太阳能引入室内，这样既可以提供高质量的采光，同时又减少了辐射到室内的热量。理想的遮阳装置应该能够在保持良好的视野和微风吹入窗内时，最大限度地阻挡太阳辐射。

4. 固定遮阳

如表 4-5 所示列出一些最为普通的固定遮阳装置，其中包括各种各样的横水平挑檐，垂直遮阳，或是前二者结合成的花格格栅。百叶板和垂直遮阳可以随阳光控制而转动角度。

因为夏季的太阳位置较高，所以南向窗户上的水平挑檐非常有效。即便是遮阳效果不明显，在东、东南、西南以及西向的窗户上最好也安装水平挑檐。

固定遮阳示例　　表 4–5

		装置名称	最佳朝向	说明
Ⅰ	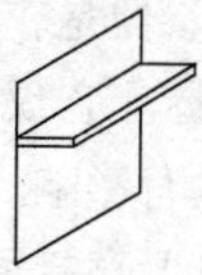	挑檐 水平板	南 东 西	阻挡热空气 可以承载风雪
Ⅱ		挑檐 水平平面中的 水平百叶	南 东 西	空气可自由流过 承载风或雪不多 尺度小 最好购买
Ⅲ		挑檐 竖直平面中的水平 百叶	南 东 西	减小挑檐长度 视线受限制 也可与小型百叶合用
Ⅳ	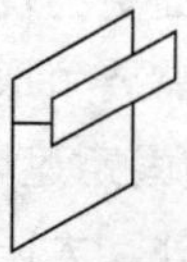	挑檐 竖直板	南 东 西	空气可自由流过 无雪载 视线受限制
Ⅴ		竖直 鳍板	东 西 北	视线受限制 只在炎热气候下 用于北立面
Ⅵ	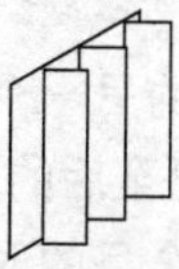	倾斜的竖直鳍板	东 西	向北倾斜 视线受很大 限制
Ⅶ	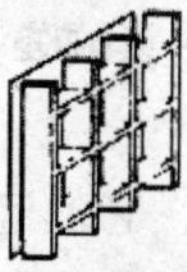	花格格栅	东 西	用于非常炎热气候 视线受很大限制 阻挡热空气
Ⅷ	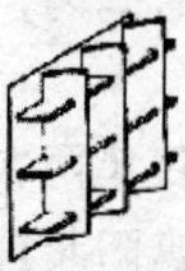	带倾斜鳍板的 花格格栅	东 西	向北倾斜 视线受很大限制 阻挡热空气 用于非常炎热气候

由于早晨和下午太阳的高度角较小，所以东向及西向窗户的遮阳有一定困难。最好的解决方法是尽可能地避免开设东向，尤其是西向的窗户。或者令东向和西向的窗开向南方或北方。再者，可以使用水平挑檐或垂直遮阳，但是必须是在行之有效的情况下，而且不会严重遮挡视线。即使是后面所述的活动遮阳装置，尽管效果不错，仍然会在一天的某些时段限制了视野。

为了使固定遮阳装置更为有效，水平和竖直构件应该结合使用，当这些水平和竖直构件紧密结合时，该系统被称为花格格栅系统。这种遮

阳装置最适合于炎热气候区建筑的东立面，西立面，以及极度炎热气候区建筑的东南和西北立面。

通常，建筑设计将视线问题放在窗户设计的首位。但是，窗户的遮阳往往会遮挡视线。因此，水平遮阳往往成为最佳选择。它仅仅对向上的视线有影响，而在获取水平视线及下方视线方面却没有影响。

在夏季，正午时分，因为天窗（水平玻璃窗系统）直接面对太阳，所以带来了遮阳的困难。因此获取光线和冬天屋顶阳光的最好解决方法是使用高侧窗。

固定式遮阳因为构造简单、造价低、维修少等特点比活动遮阳装置使用更为广泛。然而，固定遮阳装置的效果因不能调节而受到一定影响，在某些场合不如活动遮阳装置效率高。

5. 活动遮阳

活动遮阳比固定遮阳在应对天气和时间的变化方面更为优越。建筑一方面需要在高温时段遮阳，另一方面在气温极低时需要争取阳光，我们就需要遮阳能够根据条件变化做出相应调整。使用固定遮阳装置时，阳光照射到窗户上的时间是随着太阳位置而变的。另外，太阳高度角和室外空气温度的变化不是完全协调一致的。首先，每天的气象图是变化多端的，尤其是春季和秋季，某天可能很热而次日则可能很冷。固定遮阳在 4 月末时其宽度足以遮挡阳光，但却不能同时针对其寒冷的 4 月天气做相应的调整。

另外，在太阳高度角和温度两者之间不同步变化的另一个更重要的原因是由于地球体积巨大，地球在春季升温缓慢，直到夏至后的一两个月，夏季气温才达到最高点。冬天也同样，要滞后一至两个月的时间，地球的气温才会变冷。我国大部分地区 12 月 21 日，太阳的热影响降至最低点，而最冷的日子是在 1 月或 2 月。

欲获得充分的遮阳效果可以用一种固定遮阳装置，它的遮阳效应能够在高温期的始终持续发挥作用。但在低温期的部分时间内，窗户也处于遮阳状态下，而活动遮阳装置能够克服这个问题。

活动遮阳的控制方式可以非常简单或非常复杂。每年两次的遮阳调节方式是非常有效且便捷的。春季，温度逐步上升，遮阳装置以手动方式伸展打开。秋季高温期结束，遮阳装置被收回，使建筑完全暴露于阳光之下（图 4–20）。

在空调设备流行之前，遮阳篷是夏季有效的活动遮阳，曾经被广泛运用于许多建筑上，特别是在那些豪华的建筑上更为普遍，例如一些重要的旅馆建筑。在冬天，遮阳篷

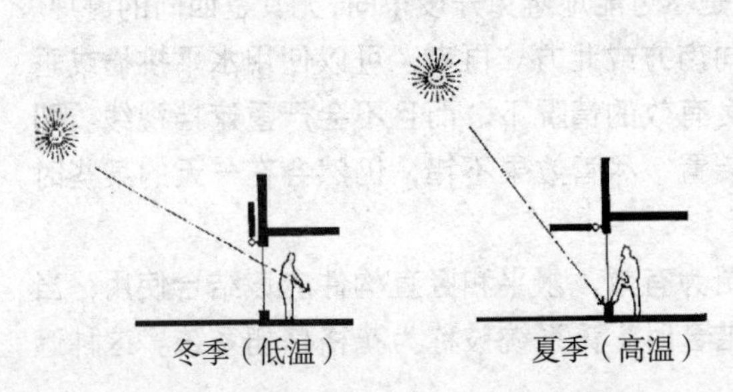

图 4–20　遮阳板遮阳

被收起，以便使更多的阳光进入室内。现代遮阳篷是非常有效的遮阳装置。它们具有耐久性、漂亮迷人，甚至可以方便地按每日甚至每小时的要求进行调节。这种按每日太阳的运动而调节的活动遮阳装置往往是自动的，而那些在一年间仅需要调节两次的遮阳装置通常是用手工操作的。如表 4-6 所示列出了多种类型的活动遮阳装置。

在诸多方法中，最佳的遮阳装置是落叶乔木，大多数乔木是与温度、季节协调一致地生长的，它们的树叶随气温的变化萌发生长和凋落。落叶乔木的另一优点是低费用、美观生态、克服眩光以及通过树叶的蒸发效应降低气温的能力。

利用树木遮阳的主要缺点是一些已落尽树叶的树木仍然产生一些遮挡（图 4-21），另外还有生长慢、高度有限和植物病害等缺点。

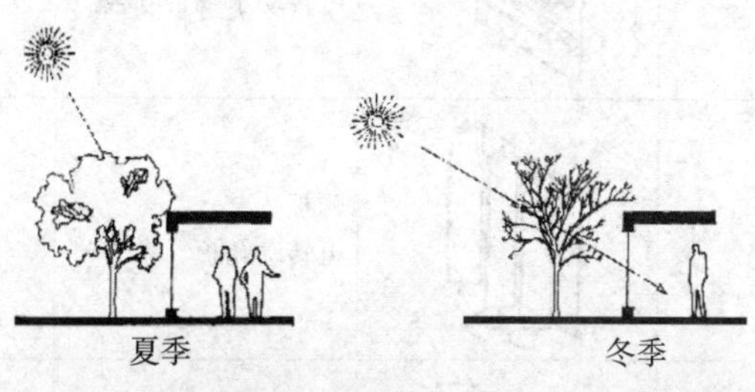

图 4-21　树木遮阳

生长在格架上的蔓藤植物则能够克服这些问题（图 4-22）。在炎热的季节，不仅使窗户，而且使墙体都掩蔽在阴影之中，是非常有益的。通常，建筑物的东面和西面是种植落叶乔木的最佳地方。另一种非常有效的活动遮阳装置是室外卷帘遮阳。这种遮阳装置特别适用于建筑中难以处理的东向及西向墙面，这些墙有半天不需要遮阳，而另外半天则需要充分的遮阳。

图 4-22　蔓藤植物遮阳

6. 水平挑檐

水平挑檐最适用于南向遮阳。因为它们可以在寒冷冬季使阳光从低空进入，而在夏日遮挡高空的阳光，同时保证了最大的视野。水平挑檐通常也是建筑东向、东南向、西南向和西向遮阳的最佳选择。

水平百叶板在某些方面比起实体挑檐更为优越。水平百叶板因为比较通透可以减小风雪带来的结构载荷。在夏天，水平百叶板可使下方窗口处聚集的热空气流通。当遮阳板的悬挑距离受到限制时，竖向布置的百叶板非常适用的。当建筑的外观需要以小尺度构件和丰富的花纹结构来表现时，百叶遮阳也非常有用。

由于单独的垂直遮阳不适合用于南立面，南窗遮阳设计首先要决定用固定式还是活动式水平挑檐。如果重点考虑遮阳而不需要日照供暖，则可以选用固定式挑檐；如果被动式供暖和遮阳同样重要（长高温期和

活动遮阳示例 表 4-6

		装置名称	最佳朝向	说明
Ⅸ		挑檐 遮阳篷	南 东 西	全年全日或暴风雨状况均可调节 阻挡热空气 视野良好 最好购买
Ⅹ		挑檐 可转动水平百叶板	南 东 西	阻挡一些视野和冬季阳光
Ⅺ		鳍板 可转动鳍板	东 西	比固定遮阳装置有效得多 比倾斜固定鳍板 较少限制视野
Ⅻ		花格格栅 可转动水平百叶板	东 西	很挡住视野，但比固定蛋形格栅情况好些 只用于非常炎热气候
XIII		落叶植物 树木 蔓藤	东、西 东南 西南	视野受限制，但树冠低矮树木很吸引人 空气降温
XIV		室外卷帘遮阳器	东、西 东南 西南	全开到全关很灵活 使用挡板时视野受限制

长低温期共存），则应选用活动式挑檐。下一步则是选择或设计一种特别合适的水平挑檐。参看上表所示的基本类型。遮阳装置的尺寸、角度和位置可以通过几种不同的方法来确定。运用物理模型是最为有效、灵活和获取第一手资料的方法。此外还有一种最为快捷和简便的图表法。

固定式水平挑檐在不需要日照采暖时最为适用，其关键是找出大部分高温期水平挑檐可以遮挡住南向窗户的悬挑长度。

在夏季，活动式南向挑檐的设计与固定式挑檐的设计是相同的。然而，在冬季要有效地利用日照采暖，挑檐必须收起以避免窗户被阴影遮挡。要使窗户在冬天完全暴露在阳光下，首先要确定挑檐在一年的什么时段被收起；然后确定挑檐被收起的幅度。

最简单的方法是在春季及秋季过渡期伸展或收回遮阳装置。通过冬天的太阳角确定为“充分日照线”，由于太阳在冬季的其他时间内低于这一界线，因此任何比这条界线短的挑檐都不会遮挡住所需要的阳光。

7. 玻璃遮阳

即使是最洁净且最薄的玻璃也不能百分之百地使入射的太阳辐射全部透过。未透过的辐射有一部分被吸收，另一部分被表面反射掉。其被吸收的量取决于玻璃的类型、添加剂以及玻璃的厚度。被反射的量则取决于玻璃表面的性质以及辐射的入射角。

图 4-23（a）表明从入射太阳辐射中所得到的总热量由透射和再辐射组成。对于透明玻璃，大约 90% 的入射太阳辐射作为热获得量被获取；图 4-23（b）表明因为使用了热吸收玻璃，大部分被吸收的太阳辐射又再辐射到室内，其获得的总热量是相当高的（80%）；图 4-23（c）表明在没有颜色干扰时，反射玻璃有效地阻挡了太阳辐射。反射玻璃适合于各种各样的反射率情况，图中所示为 50%。

玻璃还可以通过反射来阻挡太阳辐射。同时玻璃对于入射角在 0~45° 范围内的透射率几乎是常数，但入射角超过 70° 时，透入玻璃的太阳辐射的透射率即发生明显的衰减现象。建筑师可以根据这一现象制定出遮阳的布置。

将玻璃上增加一层反射膜，可以明显提高玻璃反射的太阳辐射量。覆盖有金属镀层的玻璃表面仍足以使太阳辐射透入。反射率取决于镀层的厚度，镜面无法与镀层相提并论，因为镀层已经厚到无法令任何光线透入。反射玻璃可以在保证视线的同时充分有效地阻挡太阳辐射（图 4-23c）。反射玻璃也非常适用于东向和西向的窗户。

反射玻璃在 20 世纪 70 年代逐步应用，由于种种原因它得到迅速普及。它在遮挡太阳辐射方面比吸热玻璃要好，而且不存在任何色彩干扰。可比较图 4-23（a~c）中的阳光透射率。反射玻璃也能像镜子那样将其他的建筑、云彩等映照出戏剧化的映像。

尽管有色玻璃和反射玻璃系统可以成为有效的遮阳装置，但是透过它们无法辨别来自太阳的光和来自景色的光。无论是不是需要，昼光均被滤掉。在阻挡了不需要的夏季阳光时，也同时阻挡了等量的人们需要

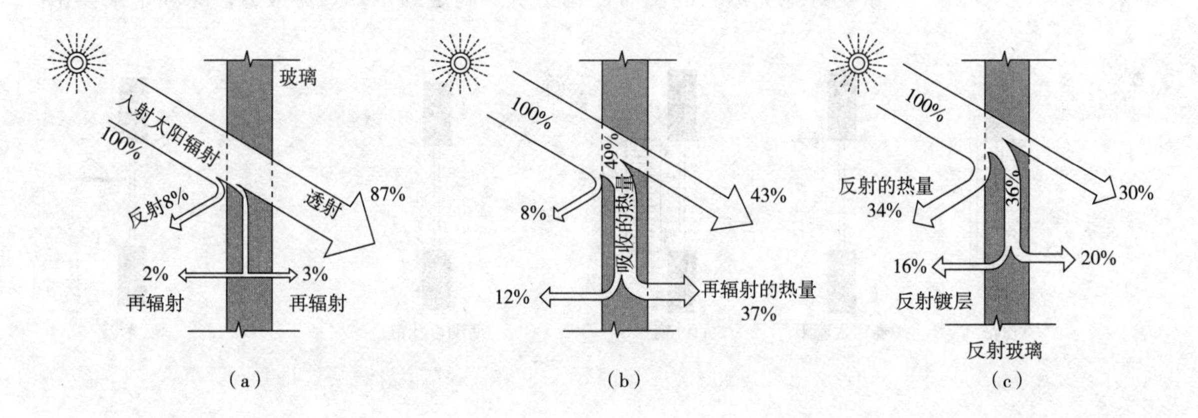

图 4-23　玻璃遮阳

的冬季阳光。因此，无论是有色玻璃还是反射玻璃都不适用于需要日照和天然采光的场所，也不适用于需要避免阳光，而又需要视线的情况。当期望玻璃能够完全遮阳时，就必须采用透射率很低的材料。但即使是在阳光最明媚的时间，通过这种玻璃看到的景象也是昏暗、模糊不清的。相比之下，外部的水平挑檐、垂直遮阳等，可以使窗户更明亮，常常是最佳的遮阳方式。当然，在特别潮湿的地区，为了阻挡漫射辐射同时控制眩光，有色玻璃和反射玻璃还是适合的，可以作为挡板式遮阳的补充。

在特定的环境中，要控制外部遮阳装置的效果，可以通过选择玻璃自身性能而实现。可以将加入了不透明灰浆的玻璃砖视为一种花格格栅遮阳系统。一种混入光刻金属条的新型玻璃可以按指令调节出任意预设的角度。

当需要采光而不需要日照采暖时，可以使太阳辐射的可见光部分透入，而同时阻挡住热辐射，这时特定的“光谱选择型”玻璃系统可以实现上述要求。低 e 值的光谱选择型玻璃比起其他玻璃材料，可以透过较冷的昼光。

8. 室内遮阳

从防热角度来看，外部遮阳装置是迄今最为有效的途径。但对于许多实际情况而言，室内遮阳，如窗帘、卷帘式遮阳、活动百叶帘和百叶窗等也是非常重要的（图 4-24a）。室内遮阳的优点是不涉及结构问题，常常比室外遮阳更经济，同时也很方便进行调节和移动，易于满足频繁变化的需要。除了能够遮阳以外，室内遮阳还具有保证私密性、控制眩光、隔热以及室内的美观的效果。

通常，不论是否有室外遮阳，都安装有室内遮阳。在每年的过渡期或低温期中那些短暂的炎热天里，当室外遮阳不起作用时，室内遮阳则极为有用。运用活动百叶帘或遮光板的形式（图 4-24~ 图 4-26），也可带来良好的昼光。

在欧美等发达国家，户外遮阳已经广泛被用于大型公共建筑和家庭。例如法国里昂的 BIBLI 大学图书馆就采用了 150 幅外置式铝合金遮阳百叶窗。国内各类专业的遮阳窗饰公司在近几年纷纷涌现，而遮阳系统为了更好地完成它的使命，也正从户内走到户外。据报道，深圳市某宾馆

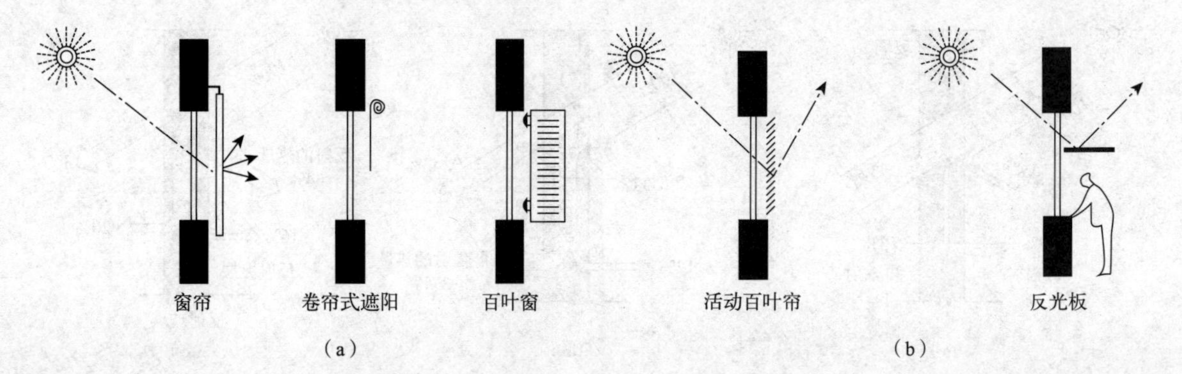

图 4-24　室内遮阳装置示意图
（a）受阳光控制的室内遮阳装置；
（b）改善光照明的室内遮阳装置

图 4-25　室内窗帘遮阳（左）
图 4-26　室外窗口水平遮阳（右）

率先采用了户外遮阳系统，经过试验证明，这一系统能在高温下把室温降低十多摄氏度。这家宾馆在没有安装此遮阳系统之前，处于夏季时，靠近屋顶的两层房间室内温度高达到四十多摄氏度，开着空调室内都有三十五摄氏度，根本无法入住宾客，两层房间只能空置。在安装户外智能遮阳系统后，室内的平均温度降低了十摄氏度，不仅节约了能耗，原来空着的房间可以运营了，而且经济效益得到了提高。

室内遮阳的一个主要缺点是不能在遮阳的同时又取得畅通的视线，而室外水平挑檐却能够有效地克服这一缺点。由于室内遮阳在玻璃窗内侧遮挡太阳辐射，因此许多热量被留在室内。所以遮阳装置面对玻璃那一面的色泽应该尽可能地浅（白色），以便使太阳辐射在转换成热量之前就从玻璃反射出去。

当室内遮阳与挑檐结合使用时，室内的遮阳装置应当从窗台向上移动而不是从窗顶向下移动。在有挑檐的情况下窗户的下部总要比其上部需要更多的遮阳。因此，部分视线、私密性和昼光可以在遮挡阳光时仍被保留下来。

9. 遮阳设计原则

遮阳的尺寸和类型应依据建筑的类型、气候条件和建筑场地的纬度确定。遮阳设计应该将遮阳尽可能设计成建筑的一部分，建筑各个朝向应当选择适宜的遮阳类型，根据建筑节能设计标准的要求，不同朝向的开窗面积也应该有所区别，活动遮阳比固定装置使用更为方便、高效，应该优先选用植物遮阳，室外遮阳比室内遮阳和玻璃遮阳更为理想。

4.2　可再生能源建筑设计

为了促进可再生能源的开发利用，增加可再生能源及材料供应，改善能源结构，保障能源安全，保护环境，实现经济社会的可持续发展，我国制定了《中华人民共和国可再生能源法》，并且已由中华人民共和国第十届全国人民代表大会常务委员会第十四次会议于 2005 年 2 月 28 日通过，自 2006 年 1 月 1 日起施行。可再生能源法中所称可再生能源，是指风能、太阳能、水能、生物质能、地热能、海洋能等非化石能源。可再生能源法要求从事国内地产开发的企业应当根据规定的技术规范，在建筑物的设计和施工中，为太阳能利用提供必备条件。对于既有建筑，住户可以在不影响其质量与安全的前提下安装符合技术规范和产品标准的太阳能利用系统。虽然我国在风能、生物质能、太阳能等领域已经取得了积极的成果，同时在地热（地冷）、海洋能源和其他可再生能源技术的开发利用方面也进行了有益的探索，但由于经济、技术等原因，这些技术并没有在建筑上得到广泛全面的应用。目前发展较快、在建筑领域便于推广、应用的可再生能源主要是太阳能和地热（地冷）能。

4.2.1 太阳能利用技术

1. 我国的太阳能资源

太阳能是取之不尽，用之不竭的天然能源，我国是太阳能能源丰富的国家，全国总面积 2/3 以上地区年日照数大于 2 000h，辐射总量在 3 340~8 360MJ/m^2，相当于 110~280kg 标准煤的热量。全国陆地面积每年接受的太阳辐射能约等于 2.4×10^{12}t 标准煤。如果将这些太阳能有效利用，对于减少二氧化碳排放，保护生态环境，保证经济发展过程中能源的持续稳定供应都将具有重大而深远的意义。

我国政府十分重视太阳能、风能等可再生能源的发展，根据国家发改委的规划，到 2020 年，我国太阳能等可再生能源在一次能源消费结构中的比重将由目前的 7% 左右提高到 15% 左右，其中太阳能热水器集热面积由目前的 $6.5\times10^7m^2$ 到 2020 年将达到 $3\times10^8m^2$，年均替代石化能源约 4×10^7t 标准煤；太阳能光伏发电由目前的 6.5×10^4kW，到 2020 年达 2.2×10^6kW。届时，太阳能、风能、水电、沼气等可再生能源，将为缓解能源短缺和节能压力做出巨大贡献。

2. 太阳能利用原理

太阳能建筑一般是指综合考虑社会进步、技术发展和经济能力等因素，在建筑物的策划、建造、设计、使用、维护以及改造等活动中，主动与被动地利用太阳能建筑。

太阳能利用的基本形式分为被动式和主动式。被动式的工作机理主要是"温室效应"。它是一种完全通过建筑朝向和周围环境的合理布置、内部空间和外部形体的巧妙处理以及材料、结构的恰当选择、集取、蓄存、分配太阳热能的建筑，如被动式太阳房。主动式即全部或部分应用太阳能光电和光热新技术为建筑提供能源。如图 4-27 所示为太阳技术在建筑上综合利用示意图。

应用比较广泛的太阳能利用技术有以下几种。

1）太阳能热水系统

应用太阳能集热器可组成集中式或分户式太阳能热水系统为用户提供生活热水，目前在国内该技术最成熟，应用最广泛，如图 4-28 所示为锦州某住宅小区屋顶的分户式太阳能热水系统。

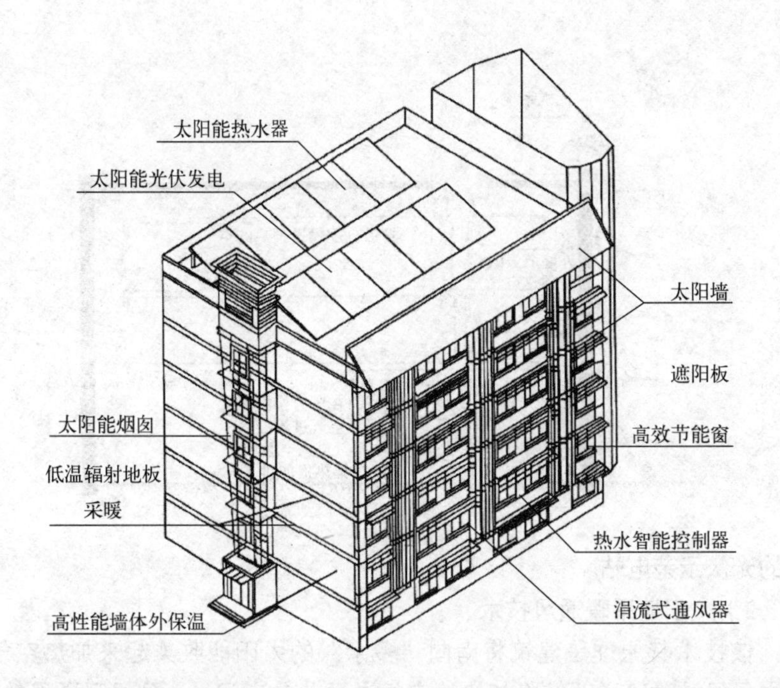

图 4–27　建筑中太阳技术综合利用示意图

2）太阳能光电系统

应用太阳能光伏电池、蓄电、逆变、控制、并网等设备构成太阳能光电系统。光电电池的主要优点是，可以与外装饰材料结合使用，运行时不产生噪音和废气。著名建筑师格雷姆肖在塞维利亚博览会大帐篷使用光电板来遮阳和发电；英国诺森伯兰大学一座教学楼在修缮时，外墙结合了光电池提供大楼夏天 40% 的用电量以及冬天所需用电量的 10%。光电池板的质量很轻，他们可以随时间照射的角度转动，英国考特公司开发了电动百叶和光伏电池结合的设备，能够在不同时刻、不同季节随太阳光线变化转动，建造出外部结构可以灵活移动的建筑，同时太阳能光电板优美的外观，具有特殊的装饰效果，更赋予建筑物鲜明的现代科技色彩。

目前，光电池和建筑围护结构一体化设计是光电利用技术的发展方向，它能使建筑物从单纯的耗能型转变为供能型，产生的电能可独立存储，也可以并网应用，并网式适合于已有电网供电的用户，当产生的电量大于用户需求时，多余的电量可以输送到电网，反之可以提供给用户。光电技术产品还有太阳能室外照明灯、信息显示屏、信号灯等。目前光电池面临的一大难题是成本较高，但随着应用的增加，会大幅度降低生产成本。我国已经开展了晶硅高效电池、非晶硅和多晶硅薄膜电池等光电池以及光伏发电系统的研制，并建成了千瓦级的独立和并

图 4–28　屋顶太阳能热水系统

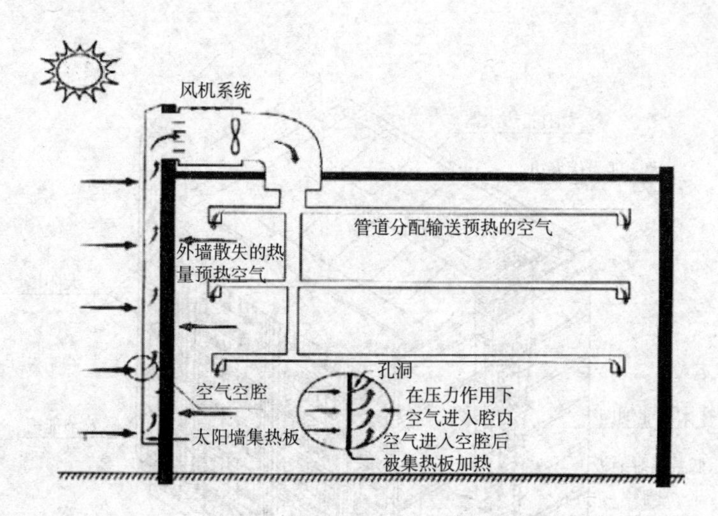

图 4-29　太阳墙系统工作原理

网的光伏示范电站。

3）太阳墙采暖通风技术

该技术其原理是建筑将南向“多余”的太阳能收集起来加热空气，再由风机通过管道系统将加热的空气送至北向房间，达到采暖通风的效果，其原理如图 4-29 所示。

3. 国内外太阳能利用现状

美国在大力开发利用太阳能光热发电、光伏发电，太阳能建材化、太阳能建筑一体化、产品化等方面均处于世界领先水平。太阳能住宅建筑一体化的设计思想是美国太阳能协会创始人史蒂文斯特朗在 20 年前倡导的。即不再采用屋顶安装一个笨重的装置来收集太阳能，而是将半导体太阳能电池直接嵌入墙壁和屋顶内。根据史蒂文斯特朗这一设计思想，后来，美国电力供应部和能源部合作推出太阳能建材化产品，如住宅屋顶太阳能屋面板、“窗帘式墙壁”等产品。美国建筑学家设计了一幢新颖的太阳能住宅。采用了现代化的光电技术和多种新型建筑材料。该住宅安装了 36 块非晶硅光电池板，每块可产生 50 瓦电能，电池板与 12 个 24 伏的蓄电池相连接。这些电池板产生的电能可以满足厨房设备、照明和其他家用电器的用电需求。1997 年，美国实施“百万太阳能屋顶计划”。目标到 2010 年，要在全国的住宅、学校、商业建筑等屋顶上安装 100 万套太阳能发电装置，光伏组件累计用量将达到 3 025 兆瓦，相当于新建 35 个燃煤发电厂的电力，每年可减少二氧化碳排放量约 351 万吨，通过大规模的应用，使光伏组件的价格可从 1997 年的 22 美分 / 千瓦 · 时降到 2010 年的 7.7 美分 / 千瓦 · 时。

法国国家实用技术研究所最近发明了一种建筑外墙玻璃兼作太阳能热水器的产品，这种一体化产品是一种双层中空玻璃，其中 40% 面积是透明的，余下的部分被盘旋状的可以通水的铜管及银反射管所覆盖，覆盖物位于玻璃内层。这种双层中空玻璃可以吸收太阳能，并利用它把水加热。对于一个大楼来说，仅仅利用建筑外墙玻璃，就能把热水问题解决，每年可以节省大量的能源。

瑞士科学家发明了一种可利用太阳能发电的住宅用窗玻璃，其发电原理类似植物叶片的光合作用。这种玻璃的结构很像树叶，是夹心式的，含有捕捉光能的涂料及半导体物质。当光线激发涂料层中的电子，经过定向传递，便产生电流。其光电转化率为 10% 以上，可发电 150W/m^2 左右，虽与普通太阳能电池差不多，但其成本只有太阳能电池的 1/5，因此，具有较高的使用价值和广阔的发展前景。

在国内，北京清上园小区是北京第一个全部使用太阳能热水器的板式小高层建筑住宅小区，全小区共 519 户，每户阳台护栏外都安装了由山东澳华电器有限公司生产的“澳华维丽亚”牌阳台壁挂式太阳能热水器；阳台内分户墙壁上安装着与电热水器一模一样的分体式水箱，管道经地下直通卫生间，业主只需轻轻扳动把手，70℃左右的热水便顺畅流动，即可轻松洗浴（图 4-30）。此系统还配有电辅助设施，无论在春夏秋冬，还是雨雪天气都可正常使用，实现了自动控制、恒温出水，达到了安全、舒适、节能的目的。据初步估算，通过利用太阳能采暖器，每年可节省近 600kW/m^2 电能。

在上海莘庄工业区上海市建筑科学院科技发展园区内，新建成的“零能源”生态建筑示范工程为 1 幢生态办公示范楼（1 994m^2，已于 2004 年 6 月竣工并投入使用）及 2 幢生态住宅示范楼（640m^2，于 2005 年 8 月竣工）。生态住宅示范楼实现了“零能耗建筑”“资源高效循环利用”“智能高品质居住环境”三大技术目标。集成应用了太阳能光伏发电（3kW）并网系统，太阳能景观灯、庭院灯、太阳能热水系统等太阳能技术，项

（a）

（b）

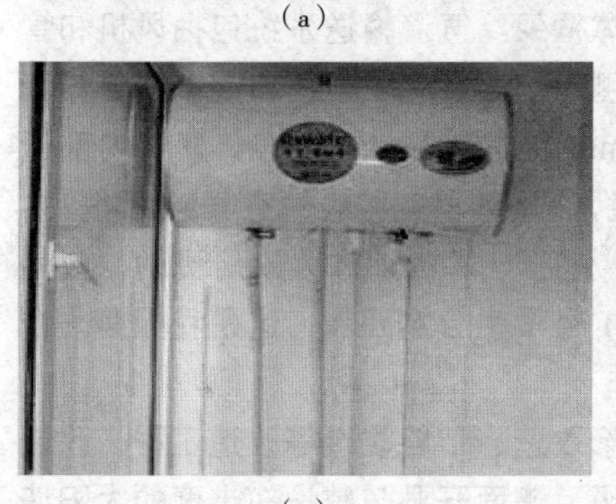
（c）

（d）

图 4-30　北京清上园太阳能住宅
（a）住宅外观；
（b）屋顶太阳能设备安装；
（c）浴室内太阳能储水箱；
（d）屋顶太阳能设备调试

目总体达到国际先进水平。

山东建筑工程学院（现山东建筑大学）梅园 1 号生态学生公寓工程采用了太阳墙、太阳能热水、太阳能烟囱通风降温、光伏发电等新技术。该工程是山东建筑大学与加拿大国际可持续发展中心合作开发的一个项目。该工程中采用了先进的能源利用技术、对太阳能多种途径的利用、结合绿色设计手法，建成一个示范性的低能耗生态建筑，建筑节能指标达到 1980 年标准的 25%，同时也成为多学科的建筑技术实验平台。该项目得到加拿大政府资助，使本工程采用了加拿大专利技术的太阳墙系统，显著提高了北向房间冬季的舒适度，有效降低了采暖能耗，是我国第一个太阳墙工程。该工程位于山东建筑大学新校区西北部梅园 1 号学生公寓西翼，其外观如图 4-31 所示，其总建筑面积 2 300m^2，砖混结构，共 6 层，72 个宿舍。示范部分只占整个公寓楼的一部分，平面设计与其他学生公寓基本相同，便于对其节能效果和舒适度进行对比研究。

建筑太阳能热水技术在国内新建工程中的应用已经发展成熟，施工简便，造价适中。图 4-32 为哈尔滨市某住宅在屋面平改坡后安装的太阳能热水系统。

图 4-31　山东建筑大学梅园 1 号学生公寓（左）
图 4-32　哈市某住宅的太阳能热水系统（右）

4. 太阳墙采暖通风技术

该技术最早由加拿大 CONSERVAL 公司与美国 DOE 合作开发，其原理是建筑将南向“多余”的太阳能收集起来加热空气，再由风机通过管道系统将加热的空气送至北向房间，达到采暖通风的效果。

太阳墙系统由集热和气流输送两部分系统组成，房间是蓄热器。集热系统包括垂直墙板、遮雨板和支撑框架。气流输送系统包括风机和管道。太阳墙板材覆于建筑外墙的外侧，上面开有大量密布的小孔，与墙体的间距由计算决定，一般在 200mm 左右，形成的空腔与建筑内部通风系统的管道相连，管道中设置风机，用于抽取空腔内的空气。图 4-33~图 4-35 为太阳墙系统构造示意图。这项技术由加拿大政府资助，应用于山东建筑大学新校区西北部梅园 1 号学生公寓西翼，这是我国第一个太阳墙工程。

该技术适用于新建、扩建、装修改造、节能改造等改造工程，改造时在建筑南向的窗间外墙加装太阳板，墙面开洞与敷设在走廊的太阳墙

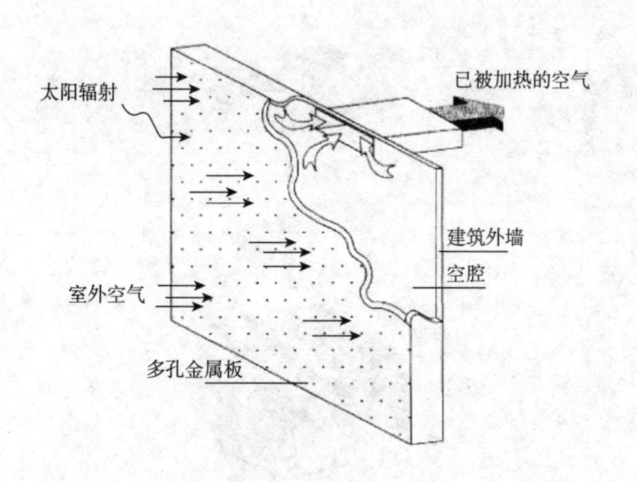

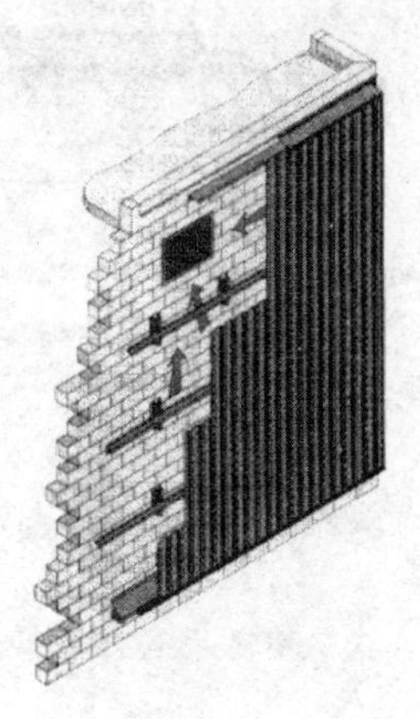

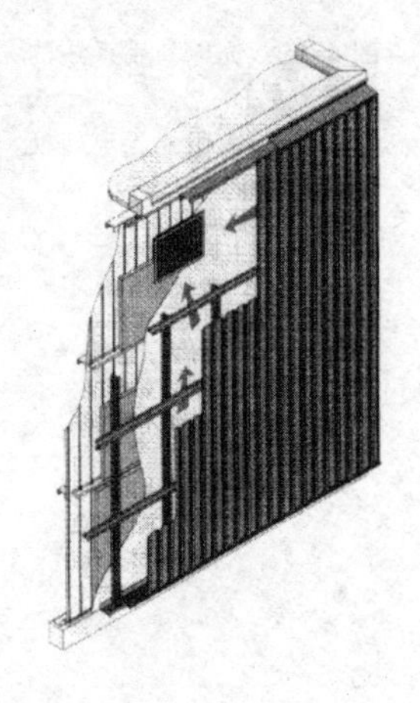

风管相连，风管另一端将热风送到需要供暖的北向房间（图4-36），这个改造过程施工简单，成本较低。利用太阳墙系统，可以显著提高采暖地区既有建筑北向房间冬季的舒适度，明显改善北向房间比南向房间温度低的普遍现象，有效降低了建筑采暖总能耗，据介绍，由于运行期间维护费用极少，通常采用这项技术的既有建筑改造仅需要3~6年即可回收成本。

图4-33　太阳墙系统构造示意图（左）

图4-34　安装于砖混外墙上的太阳墙（中）

图4-35　安装于钢结构外墙上的太阳墙图（右）

5. 太阳能烟囱技术

太阳能烟囱的原理是利用热压差和风压差加强室内通风换气，属于被动式太阳能利用技术。该技术具有构造简单、施工方便、造价便宜、维护费用低、节省运行能耗等优点，可以有效改善室内空气质量，提高室内环境健康、舒适度。

太阳能烟囱可在外墙的适当位置扶墙设置，如图4-37所示，每层外墙开洞口与走廊内敷设的风管连接，风管另一端通到同一楼层的各个房间，利用烟囱形成的热压差和风压差进行通风。

长期以来采暖地区很多新建建筑在冬季往往依靠开窗通风换气，结果是通风量、通风时间有限，换气不均匀，同时散失了大量室内采暖热能。

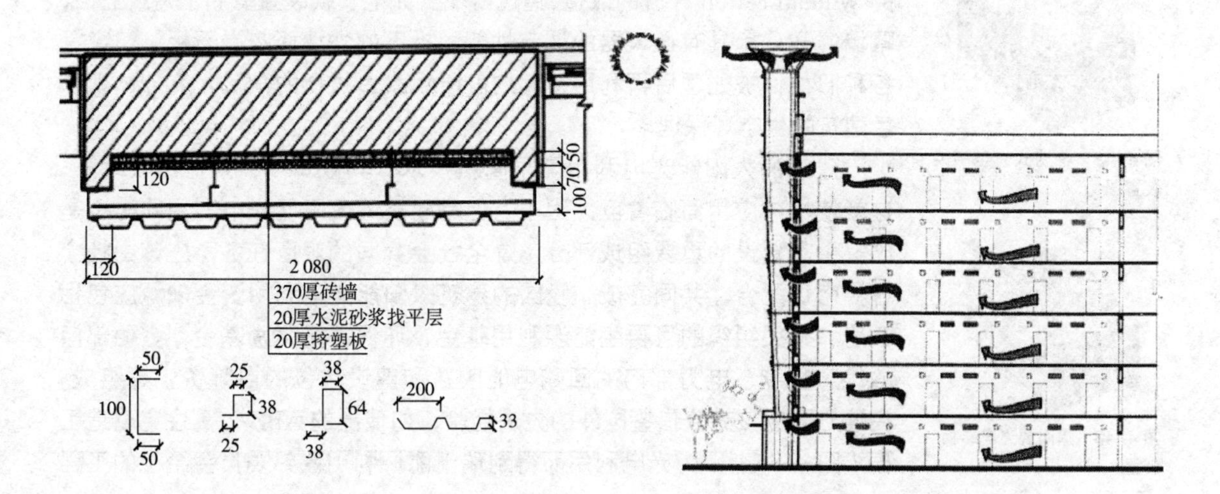

图4-36　太阳墙板安装构造示意图（左）

图4-37　太阳烟囱通风示意图（右）

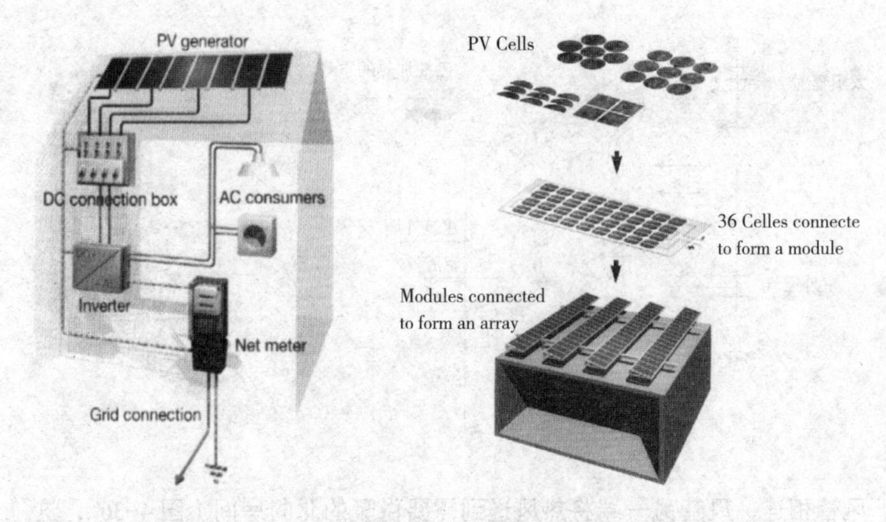

图 4-38　光电利用系统的组成（左）
图 4-39　太阳能光电转换装置的组成（右）

既有建筑利用太阳能烟囱技术可以从根本上克服上述的弊端。该技术完全适用于建筑扩建、装修改造、内部空间改造等多种改造工程，应该在既有建筑改造中作为首选太阳能技术全面推广。

图 4-40　坡顶式光电转换装置

6. 太阳能光电利用技术

太阳能光电利用系统由光电转换装置、连接装置、交直流转化器、电表和安装固定装置等组成（图 4-38）。光电转换装置由若干个光电电池单元，整齐排布在模板上，按照设计要求安装到支架形成（图 4-39）。

图 4-41　平顶式光电转换装置

光电转换装置在建筑上的布置方式有坡顶式、平顶式、幕墙式、遮阳式等等（图 4-40~ 图 4-43），其中坡顶式、平顶式光电转换装置即可以安装于建筑屋顶，也可安装于相邻的车棚、空地等处，幕墙式、遮阳式电转换装置可以根据用能需要、采光、遮阳要求和建筑立面情况选择整体或局部设置。

建筑中的光电利用应该与建筑立面和屋顶改造、通风、空调、采暖、遮阳等要求统筹考虑，密切配合。这样才能最大限度地体现建筑的生态环保性，同时还能够节约经费、改善室内环境。如图 4-44 所示，加拿大的 William Farrell 大厦的改造，通过幕墙式光电转换装置更新了建筑立面，幕墙的开启扇具有通风器的调节性能，拆下的外墙面花岗石板、门窗等各种旧构件被处理后再利用，大约占所用改造材料的 75%，充分体现绿色建筑的生态环保理念。

图 4-42　幕墙式光电转换装置图

建筑的太阳能光电利用属于高新技术，其成本高、效益回收期长，这就使推广应用面临着巨大困难。但是建筑的太阳能光电利用同时也是国家生态建设的重要组成部分，是全社会共同的艰巨任务，应该由社会各界密切配合，共同完成。我国的建筑太阳能光电利用资金来源应包括政府和有关组织的可再生能源利用基金、环保减排奖励基金、金融部门的优惠贷款、电力部门的回购电能收益和建设单位的自筹资金等组成。在这方面应该充分借鉴国外的先进经验，如瑞士的 ABZ 公寓住宅改造工程（图 4-45）因为光电利用而得到瑞士能源利用联邦委员会给予的工程

图 4-43　遮阳式光电转换装置

总成本 25% 的资助，在运行发电后又获得 US$0.58kWh 的税费补贴；加拿大的 William Farrell 大厦改造的光电利用成本由政府免收气体排放费支付；瑞士联邦科技研究所的学生宿舍改造（图 4-46）光电利用的总成本为 CHF160 000，相当于 CHF11 000/kWp，其中欧共体资助了 CHF4 000/kWp，洛桑市资助 CHF3 500/kWp，洛桑能源委员会支付了 CHF500/kWp，其余由瑞士联邦科研究所负责解决。

图 4-44　William Farrell 大厦幕墙式光电转换装

图 4-45　瑞士的 ABZ 公寓住宅

图 4-46　瑞士联邦科技研究所的学生宿舍

建筑的太阳能光电利用在充分利用太阳能的同时，改善了建筑室内环境和外部形象，节省了常规能源的消耗，同时还减少了二氧化碳等有害气体排放，对保护环境也有突出贡献。太阳能光电利用的效益评价决不能仅仅局限于眼前的经济效益，应该充分考虑这种改造对未来所产生的社会、环境效益，后者甚至比前者更重要。在我国各类既有建筑中，只要充分认识太阳能光电利用的战略意义，眼前太阳能光电利用高成本的困难就一定能够克服。

4.2.2　地能利用原理与技术

近年来的国内外科学研究揭示，土壤温度的变化随着深度的增加而减小，到地下 15m 时，这种变化可忽略，土壤温度一年四季相对恒定。地能利用技术就是利用地下土壤温度这种稳定的特性，以大地作为热源（也称为地能，包括地下水、土壤或地表水），以土壤作为最直接最稳定的换热器，通过输入少量的高位能源（如电能），经过热泵机组的提升作用，将土壤中的低品位能源转换为可以直接利用的高品位能源。

1. 地能利用原理

地能利用原理就是通过热泵机组将土壤中的低品位能源转换为可以直接利用的高品位能源，就可以在冬季把地能作为热泵供暖的热源，把高于环境温度的地能中的热能取出来供给室内采暖；在夏季把地能作为空调的冷源，把室内的热能取出来释放到低于环境温度的地能中，以实现冬季向建筑物供热、夏季提供制冷，并可根据用户的要求同时提供热水。

地源热泵空调是一种使用可再生能源的高效、节能、环保型的工程体系（图 4-47、图 4-48），通常地源热泵消耗 1kW 的电量，用户可以得到 4kW 左右的热量或冷量，以 400% 的高效率运行。

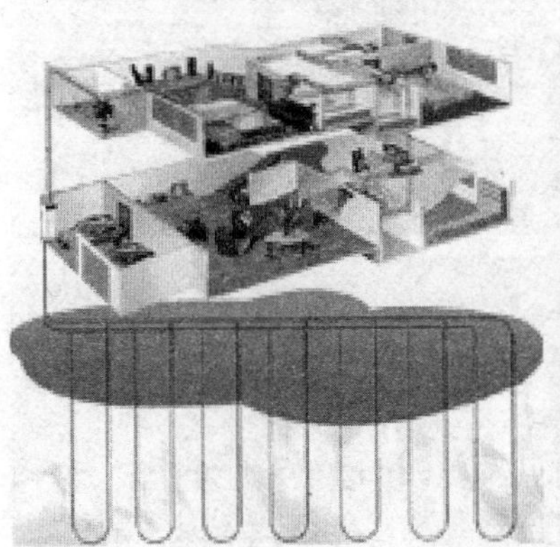

图 4-47 土壤热泵中央空调 TU2（左）
图 4-48 KHL 系列地源热泵空调（右）

2. 国内外地能利用情况

地能利用在国外已有数十年历史，地源热泵技术在北美和欧洲已非常成熟，已经是一种被广泛采用的空调系统。目前在欧美，地源热泵中央空调系统产品的市场占有率已经达到了 30%。在瑞士 50% 新建建筑均采用地源热泵空调系统，美国目前已经投入使用了 50 万套地源热泵中央空调系统，在加拿大安大略省 40% 的建筑均采用地源热泵空调系统。在我国，自 20 世纪 90 年代，清华大学等科研机构开发出填补国内空白的节能冷暖机及地温中央空调后，这种环保型空调已经处在发展阶段。近年来，在国家科技部、国家环保总局、国家质监局等五部委的大力支持推荐下，地源热泵技术受到了广泛的关注和重视，地源热泵中央空调已经在一些国家机关、部分企业和建筑物上开始广泛推广使用，显示出了广阔巨大的应用前景。目前，我国的地源热泵市场日趋活跃，将成为 21 世纪最有效、最有竞争力的空调技术。

我国从 20 世纪 80 年代开始进行这一领域的研究，最近几年来，这一技术成了我国建筑节能研究的热门课题，并开始大量应用于工程实践。截至 2009 年底，我国从事地源热泵相关设备产品制造、工程设计与施工、系统集成与调试管理维护的企业已达到 400 余家，从全国范围看来，现在工程数量已经达到 7 000 多个，工程总面积达 1.39×10^8m^2。据测算，每推广 1×10^7m^2 的地源热泵技术，可以节约 5.6×10^5t 标准煤，减排烟气 7.5×10^9 标准 m^3，减排颗粒物 2.5×10^4t，减排二氧化硫 1.34×10^4t，减排氮氧化合物 1.43×10^6t，同时还可减少每年供暖用煤的存放量，大大缓解运输压力，经济、社会效益显著。

以前由于国内缺乏相应规范的约束，地源热泵系统的推广呈现出很大的盲目性，许多项目在没有对当地资源状况进行充分评估的条件下，就匆匆上马，造成了地源热泵系统工作不正常，影响了地源热泵系统的进一步推广与应用。2005 年 7 月 27 日，由建设部主持、作为发展节能省地型住宅和公用建筑以及推广建筑“四节”的标准规范的《地源热泵供热空调技术规程》通过专家委员会审查。该规程由中国建筑科学研究院主编，包括设计院、科研院所、地质勘察部门、专业公司、大专院校及生产厂家等 13 家单位参编，明确规范了地源热泵系统的施工及验收标准，确保地源热泵系统安全可靠地运行，更好地发挥其节能效益。2006 年 12 月 1 日沈阳市举办了地源热泵技术设备博览会，会上展出的大量国产、合资、进口地能利用设备，为我国推广地能利用提供了可靠的技术支持，如图 4–49 所示为参展的沈阳生产的地能利用设备，如图 4–50 所示为此次博览会展出的地能利用系统模型。

图 4–49　沈阳生产的地能利用设备（左）
图 4–50　博览会展出的地能利用系统模型（右）

2007 年 2 月 8 日首届中国地源热泵技术应用与发展论坛在沈阳举行。我国从事地源热泵技术研究与应用的专家和沈阳等推广试点城市，通过这一论坛介绍了我国地源热泵研究与应用情况及其发展前景。与会专家充分肯定了地源热泵技术是一种利用浅层地热资源的既可供热又可制冷的高效节能的空调技术，具有节能、环保、低费、安全可靠等诸多优点。

我国采暖地区建筑首先应在具备场地和资金条件的情况下争取充分利用地能实现采暖空调节能。建筑的地能利用，其主要任务是取消原有的采暖锅炉房等高能耗、高污染的传统热源，以地能利用系统取而代之，改造室外供热管网，将新增的地能供热系统与室内采暖系统对接，而建筑本体和建筑内部的供暖系统改造任务不多，这种技术非常适合新建、扩建和既有建筑改造等节能工程的实施。作为我国地能利用示范城市，沈阳市为推广地能利用所做的立法、经济补偿等工作可供其他地区借鉴。

沈阳市曾于 2007 年计划在全市范围内广泛实施地源热泵技术，应用面积要达到 $1.5\times10^7m^2$。当时，沈阳市政府法制办正就《沈阳市地源热泵系统建设及运行管理办法（草案）》征求市民意见，准备为地源热泵系统建设及运行立规矩，为其广泛推广做铺垫。该《办法》提出，地源热泵系统的建设及运行应当坚持统一规划、综合利用、注重效益和开发与环境保护并重的原则。凡符合沈阳市城市供热规划和地源热泵技术推广应用规划要求，并具备应用地源热泵技术条件的新建、改建、扩建建设

项目，以及耗能大的单位，应当建设地源热泵系统。

在经济方面，沈阳市对采用地源热泵系统的项目，系统用电按优惠电价收取，并免收水资源费。采用地源热泵系统供热的区域，享受市政府给予应用燃煤供热区域的全部优惠政策。与传统的供暖、空调系统相比，建筑改造的地能利用具有节能、环保、生态、舒适等多方面的优势，其综合效益可以从国内的一些地源热泵示范工程得到证实。

在北京市，作为我国北部地区地源热泵示范工程的朝阳区某高档公寓，占地 14 175m^2，总建筑面积 88 000m^2，总冷负荷 1 300RT，是三座塔式连体建筑，一层及裙房为会所、门厅及公共活动区，二层为设备转换层，三层以上为办公用房和公寓住宅，地下三层包括设备用房及地下车库，住宅从 75~365m^2 共 16 种户型。采暖制冷面积为 70 000m^2，地源热泵 501 台，井深 160m，单井涌水量每小时 200t。据介绍其运行效果为制冷方面：室外 38℃有太阳照射时，室内 25℃以下；供暖方面：室外 -10℃夜间时，室内 20℃以下；噪声方面：房内噪声稳定在 30dB（A）以下，小于国家规定的噪声标准；舒适方面：送风均匀，气流速度小于 0.3m/s，无吹风感；环保方面：与燃煤采暖相比，每年可减排二氧化硫（SO_2）11.2t，碳氧化合物（CO、CO_2）473t，粉尘 41t，废渣 176t，环保效果极佳。

初步分析表明，该工程地源热泵系统比传统中央空调系统总投资减少 1.5%，减少额为 38.9 万元；年度运行费减少 42.2%，节省额 164.2 万元；占地费用减少 57%，节约 50 万元。因此可以相信，在建筑工程利用地源热泵技术，也将会带来十分突出经济效益和社会效益。

4.3 既有建筑的节能改造

2016 年中国建筑耗能量已达 8.99×10^8t 标准煤，约占全国能源消费总量的 20.62%，而且呈上升趋势。建筑物空调（采暖、供冷）设备耗能量约占建筑耗能量的 40%，所以，建筑节能潜力主要在建筑物的采暖与供冷方面。当前中国正在民用建筑领域按照《夏热冬冷地区居住建筑节能设计标准》JGJ 26—2010、《严寒和寒冷地区居住建筑节能设计标准》JGJ 26—2018 等行业标准，推进民用建筑节能工作。

4.3.1 绿色建筑节能改造的措施

针对浪费能源的主要问题，可采取以下 6 项技术改造措施，大致包括的内容如下：

1. 改善建筑物的外围护结构

中国建筑物的外围护结构耗能量很大，与发达国家相比，外墙耗能量是他们的 4~5 倍，屋面耗能量是他们的 2.5~5.5 倍，外窗耗能量是 1.5~2.2 倍，门、窗空气渗漏是他们的 3~6 倍。节能改造的措施是：

1）外挂式外保温

主要介绍的是聚苯乙烯泡沫板（简称聚苯板，EPS），由于具有优良的物理性能和廉价的成本，已经在外墙外挂式技术中广泛的应用。该技术采用的是用粘结砂浆或者是专用的固定件将保温材料贴、挂在外墙上，然后抹抗裂砂浆，压入玻璃纤维网格布形成保护层，最后加做装饰面。在施工外保温的同时，还可以利用聚苯板做成凹进或凸出墙面的线条，及其他各种形状的装饰物，不仅施工简单。而且丰富了建筑物外立面。特别是对既有建筑进行节能改造时，不仅使建筑物获得更好的保温隔热效果，而且可以同时进行立面改造，使既有建筑焕然一新。

2）聚苯颗粒保温料浆外墙保温

将聚苯乙烯塑料（简称 EPS）加工破碎成 0.5~4mm 的颗粒，作为轻集料来配制保温砂浆。包含保温层，抗裂防护层和抗渗保护面层（或是面层防渗抗裂二合一砂浆层）。但此种保温材料吸水率较其他材料为高，使用时必须加做抗裂防水层。抗裂防水保护层材料由抗裂水泥砂浆复合玻纤网组成，可长期有效控制防护层裂缝的产生。该施工技术简便，可以减少劳动强度，提高工作效率，不受结构质量差异的影响，对有缺陷的墙体施工时墙面不需修补找平，直接用保温料浆找补即可，同时解决了外墙保温工程中因使用条件恶劣造成界面层易脱粘空鼓，面层易开裂等问题，同时实现了外墙外保温技术的重要突破。

3）平改坡及加层改造技术方案

首先要先进行屋面和承重墙结构核算，在荷载允许的条件下，可以在屋面上对应下层承重墙位置砌墙，最后铺轻型保温屋面板。一般采用彩钢夹心板，保温材料可采用泡沫聚苯，聚氨酯，岩棉或玻璃棉。结构也可采用钢结构加层，在加层中除注意荷载允许外，保温隔热（尤其是隔热）其保温厚度须经热工计算确定，同时还应注意加高后其高度应符合结构规范和建筑物的日照间距。

4）屋面干铺保温材料改造技术方案

先进行屋顶防水层改造后，再在改善后的防水层做保温处理。具体的做法一种是在原屋面上铺满一层经过憎水处理的岩棉板，其厚度应根据热工计算而定，再在保温层上做水泥砂浆保护层，并做防水层。另一种是留出排水通道，干铺保温材料。

5）架空平屋面改造技术方案

方案分两种，一种是在横墙部位砌筑 120~180mm 高度导墙，在墙上铺设配筋加气混凝土面板，再在上部设防水层，形成一个封闭空间保温层，这种做法使用于下层防水层破坏，保温失效的屋面，加气板的厚度视当地的气候条件计算确定，排水系统原则上保留原有系统，即在女儿墙内侧留出适当宽度做排水沟。第二种是在屋面荷载条件允许下，在屋面上砌筑 115mm × 115mm × 180mm 左右方垛，在上铺设 500mm × 500mm 水泥薄板，一般上面不做防水层，主要解决隔热问题，节约顶层空调能耗，改善居民舒适度，同时对屋面防水层也起到一定的保护作用。

6）节能窗

窗是建筑节能的重要部位，其热损失是墙体的 5~6 倍。窗户能耗包括窗户传热和空气渗透耗热，约占建筑采暖、空调能耗的 50% 左右，窗的节能重点是控制窗的传热系数，增加窗的气密性，限制窗墙面积比。具体做法有：采用塑钢或塑料窗，并设置密封条或采用中空玻璃节能窗；设置活动遮阳构件，夏季遮阳，冬季不影响日照；设置节能窗帘。

7）其他

南方地区的居住住宅在夏季太阳辐射和室外气温的综合作用下，从屋顶传入室内的热量要比从墙体传入室内的热量多得多，因此，建筑屋面的隔热节能尤为重要。可使用倒置式屋面、屋面绿化、蓄水屋面、平改坡等几种屋面节能技术。其中倒置式屋面就是将传统屋面构造中的保温层与防水层颠倒，把保温层放在防水层的上面。倒置式屋面的定义中，特别强调了“憎水性”保温材料。

2. 改福利供暖为按户计量收费

长期以来，中国职工享受着免费取暖的福利待遇，采暖费由职工所在单位按地方统一标准和居住面积向供暖部门支付，用户的用热量既不能按需调节，也无法计量，结果是舒适度较差，能源耗费却很多。中国政府决定要在全国采暖地区逐渐推行按户计量收费制度，实施这项改革是鼓励广大用户参与节能的有力措施，实现这项改革的先决条件是实现用热量可以按需调节与按数计量。实施这项改革，EMC 可做的工作是创造上述先决条件，即对现有大量顶层输入单管串联系统的各层散热器处加装跨越管，并在散热器前端加装温控阀，在散热器上加装热量计。改造投资需 20 元 /m^2 左右，可获得 20% 左右的节能量。

3. 采暖热源节能改造

中国采暖地区的城镇采暖方式有三类，一是主要由热电厂提供热源的城市集中供热，二是区域锅炉房供热，三是分户小煤炉取暖，以上三类均为燃煤取暖。各自的改造措施简述如下：

1）城市集中供热

除热电厂和输热管网的节能改造措施以外，用热方主要是区域（或单位）换热站提高换热效率，减少换热损失和能源消耗，使用按负荷变化（包括室外温度变化）实时调节供热量的自控系统。

2）区域锅炉房供热

由于热源是工业锅炉，节能改造内容已在前面章节中论及。

3）分户小煤炉取暖

小煤炉能源效率极低，低空污染严重，环境舒适性很差。出于节能、环保和提高生活质量的需要，应予改造。示范 EMC 已经示范成功用高效电暖器和蓄热式高效电暖器取暖取代小煤炉，在供电部门的支持下，得到很好的效果，现正在大面积推广。

4）蓄热式电采暖

蓄热式电采暖系统分集中、户用与分室 3 种，它的应用既可以对电力负荷移峰填谷、削减冬夏季负荷差，为电力企业节约能源、缓解基建投资，也可使用户节省建设投资，节约能源，减少采暖费用。示范 EMC 正在实施用蓄热式电锅炉取代燃煤、燃油锅炉区域采暖的示范项目。

4. 空调冷源节能改造

中国民用建筑大量使用集中供冷，始于 20 世纪 80 年代初期，均为常规送风，20 世纪 90 年代集中供冷领域引入了先进设备和先进的系统设计方案，既可节约能源，增加建筑物的使用价值，又能改善环境的舒适性，为老旧供冷系统的改造升级，提供了物质、技术基础。空调冷源节能改造首先是制冷设备节能改造。有不少在用的制冷设备其效率较低，能耗较高，甚至使用不合理，须要进行改造。如新型溴化锂制冷机组的耗热量比旧型机组少 10%~20%，使用低品位余热，节能效果更加显著；新型热泵机组的效能系数比旧型机组增大 15% 左右，这些都是可供选择的。改造投资需 20 元 / 平方米左右，可获 10%~20% 左右的节能量。其次是供冷系统节能改造。常规供冷系统主、辅机的装机容量是按照能满足最大冷负荷的需要设计的，导致供冷系统大部分时间处于低负荷、低效率的运行状态，造成系统建设投资和长期运行能耗的浪费。 其次，蓄冷空调系统的应用，既可以对电力负荷移峰填谷，为电力企业节约能源，缓解建设投资的增长，也可以为用户节省建设投资、节约能源、减少供冷费用，还可为业主增大建筑物的使用价值。原因是装设了蓄冷装置，制冷机组的装机容量减小了许多，减少了投资；由于它可以经常运行在满负荷高效状态，而且 1/3 以上运行时间是低价电时段，所以，既节能又节运行费。第三是使用低温大温差蓄冷空调系统，除了以上优点之外，由于供冷辅机和管道容量也都缩小了，所以，减少了占地面积和空间，因而，提高了业主建筑物的使用价值。低温大温差系统由于送风温度低，环境的舒适度因而提高。这种系统更适合新建工程。再次，盘管蓄冷技术是 20 世纪 90 年代中期引入中国的，比起冰球蓄冷，既能降低空调系统整体的建设费用，又能减少系统的运行能耗与供冷成本，还能增加建筑物的使用价值，所以，近几年盘管蓄冷空调系统的应用增长速度比冰球蓄冷快。当前，中国企业开发、生产的造价更低、可靠性更高的盘管蓄冷空调系统已成功地运行。示范 EMC 已开始涉足这个领域。

5. 楼宇设备系统空调节能优化控制（表 4–7）

楼宇设备系统优化的基本出发点、优化原则及技术措施　　表 4–7

基本出发点	优化原则	技术措施
变风量系统与楼宇设备系统联网	优化变风量系统送风静压和新风量，节约能耗，改善室内空气品质	在温度控制，新风量控制，送风压力控制及变风量末端装置温度控制基础上，优化送风静压和新风量的设定

续表

基本出发点	优化原则	技术措施
变风量系统系统智能控制	运用智能化对系统进行全局控制，不需系统建模，解决控制回路耦合带来的诸多控制问题	神经网络控制，模糊控制，专家系统
空调水系统变流量控制	冷热媒水供回水温度保持不变，根据冷热负荷调节冷热媒水的流量，提高系统的运行效率	根据冷热媒水回水温度参数，及时调节水泵工作特性曲线，使冷热媒水的回水温度趋于恒定
智能照明控制系统	定时和实时灯光自控及故障指示，自动实现合理的能源管理	模块化结构，分布式网络计算机控制
电梯	防止交通阻塞，节约能源，扩大楼宇有效使用空间，远程监控与智能故障报警诊断，提高运行与维修效率	综合控制计算机预测交通需求，阻塞形式，在群控系统中采用模糊理论，神经网络，专家系统。基于时变隶属度计算的模糊推理
蓄水池进出水	利用数据处理，网络功能推进新的工程目标	用电动阀门与水池内的液位装置取代浮球阀，实现程序控制。利用程序控制来管理，使池内水位降至某一定值时生活泵自动停止，防止消防水量平时被动用

6. 供暖管网节能改造

供暖管网的能源损失有压力损失和散漏损失两种，散漏损失占输送热量的 5%~10%，对管网实施良好、完善的保温，加强维修与管理，可以清除散漏损失的大部分。而压力失衡，导致水力失衡，即热力失衡，造成系统远端供暖不足，近端过剩。解决压力损失的办法是使用平衡阀使系统分区分段达到水力基本平衡。节能效果很好，有的一个采暖季即可收回节能技改投资。

7. 使用新热源

地温水源热泵空调系统既能供暖，也能供冷，与一般空调系统相比，只是热（冷）源与转换设备不同，热（冷）源不再是各种燃料而是地温，转换设备是水源热泵机组取代了锅炉（制冷机组）。使用这种系统供暖在中国自 1997 年冬季开始，次年夏用于供冷，至今在宾馆、办公楼、商务楼、医院、居民住宅等建筑中已有几十个成功案例，示范 EMC 于 2000 年开始实施此类示范项目，已成功复制了一批。这类系统的特点是 1 套设备 3 种用途，所以节省建设投资，同时由于热泵的效能系数较大，所以，节能效果也不错。建筑物节能改造所节省的能源是煤炭和石油制品，所以，具有很好的环境效益，可以少排大量的温室气体二氧化碳（CO_2），有益于缓解全球气候变暖，同时可以减少导致酸雨的气体二氧化硫（SO_2）和总悬浮颗粒物的排放量，有利于改善地区的生态环境。

建筑节能与改善人们的工作与生活环境密切相关，随着经济的发展，近 5 年来更受各方重视，将成为节能服务的新热点。

4.3.2 节能改造应注意的事项

（1）当空气温度及墙面温度低于5℃或高于30℃时，不应进行粘结保温层及抹灰面层的施工。施工前，应认真检查墙面和调查了解有关的情况，如：保温层基底的表面是否需要清理或修补，门窗洞周边及屋檐处构造、防潮层与变形缝的位置等（要避免某些局部产生热桥）。

（2）保温板的粘贴，宜从外墙底部边角处开始，依次粘贴，相邻板材互相靠紧，对齐。上下板材之间要错缝排列，墙角处板材之间要咬口错位。门窗角部的保温板，均应切成刀把状，不得在角部接板。门窗口周边侧面，也应按尺寸塞入保温板避免产生热桥。墙体防潮层以下贴保温板前，要做防潮处理。基底墙体有变形缝处，保温层也应相应留出变形缝，以适应建筑物位移的要求。

（3）保温板上抹灰层厚度以将网格布（或钢丝网）埋入不外露为准。此抹灰层一般分两遍抹成，第一遍直接抹在保温板表面，然后将网格布平整地压入涂层中，干硬后抹第二遍，这遍要将网格布完全覆盖。抹第二遍时，切忌拍浆，因拍浆后表面缺少骨料，容易裂缝。如外表面要做装修，宜抓挠出划痕，以便更好粘结。为避免干燥脱水过快，不宜在高温和日光暴晒下进行面层抹灰，否则会造成粉状表面。面层抹灰后应不断喷雾、浇水养护，保持表面保湿3天以上。

（4）外保温做法，即在墙体外侧（室外一侧）增加保温措施。保温材料可选用聚苯板或岩棉板，采取粘结及锚固件与墙体连接，面层做聚合物砂浆，用玻纤网格布增强；对现浇钢筋混凝土外墙，可采取模板内置保温板的复合浇筑方法，使结构与保温同时完成；也可采取聚苯颗粒胶粉在现场喷、抹成保温层的方法；还可以在工厂制成带饰面层的复合保温板，到现场安装，用锚固件固定在外墙上。与内保温做法比较，外墙外保温系统复合墙体能消除热桥，保温效率高，节能效果显著；能减轻墙体自重，增大使用面积2%~5%；构造层次合理，热稳定性能好，室内冬暖夏凉；可改善建筑物外立面观感，保护主体结构；既可适用于新建工业、民用建筑的保温节能，又可用于既有建筑的节能改造。

第5章 水资源有效利用

5.1 概述

5.1.1 水的概念

水是人类赖以生存和发展的基本物质之一，也是人类生存不可替代和不可缺少的、既有限又宝贵的自然资源。自然界中的水，不管以何种形式（如江河、湖泊、地下水、土壤水、大气水等）、何种状态（液态、气态、固态）存在，只有同时满足以下三个前提时才能被称为水资源，即：可作为生产资料或生活资料使用；在现有的技术、经济条件下可以得到；必须是天然（即自然形成的）来源。

与其他物质的分类情况一样，水资源根据分类原则的不同，可以分为许多类型。如以水的形态来分有三种形态，即气态、液态和固态，这是最常见的水的存在方式。而宏观水管理最常用的方法，是根据水的生成条件和水与地表面的相互位置关系（或者说是贮存条件）来划分的，即：大气水，指赋存于地球表面上大气圈中的水。如云、雾、雨等；地表水，指聚集赋存于地球表面之上，以地球表面为依托而存在的液态水体。根据其生长要素、聚集形态、汇水面积、水量大小、运动、排泄方式的不同而分为江、河、湖、海等；地下水，指聚集于地球表面之下各类岩层（空隙）之中的水。

5.1.2 水资源的分布

1．地球水资源

地球表面 70% 以上为水所覆盖，约占地球表面 30% 的陆地也有水的存在。地球总水量为 $1.386\times10^{18}m^3$，其中淡水储量为 $3.5\times10^{16}m^3$，占总储量的 2.53%。由于开发困难或技术经济的限制，到目前为止，海水、深层地下水、冰雪固态淡水等还很少可以被直接利用。比较容易开发利用的，与人类生活生产关系最为密切的湖泊、河流和浅层地下淡水资源，储量为 $1.046\times10^{14}m^3$，只占淡水总储量的 0.34%，还不到全球水总储量的万分之一。实际上，人类可以利用的淡水量远低于此理论值，主要是因为在总降水量中，有些是落在无人居住的地区，如南极洲，或者降水集中于很短的时间内，由于缺乏有效的水利工程措施，很快地流入海洋之中。由此可见，尽管地球上的水是取之不尽的，但适合饮用的淡水水源却是十分有限的。

2. 我国的水资源

我国虽然水资源总量居世界第六位，但是我国人口众多，人均占有量只有2 059m^3，已经被联合国列为13个贫水国家之一。2018年全国年降水量为682.5mm，年平均地表水资源（即河川径流量）为$2.632\ 32\times10^{12}$m^3，平均地下水资源量为$8.246\ 5\times10^{11}$m^3，扣除重复利用量以后，全国平均年水资源总量为$2.746\ 25\times10^{12}$m^3。

5.1.3 我国水资源的特点

我国的水资源总量并不丰富，人均、亩均占有量更低，人均水资源拥有量只有世界平均值的26%，而按耕地面积平均值计算，也只为世界平均值的80%。同时，我国国土幅员辽阔，地处亚欧大陆东侧，地势起伏变化较大，受季风和自然地理特征的影响，南北气候差异大，水资源的地区时空分布极不均衡。整体来说，从东由沿海向西北内陆方向，年径流深逐渐减少，基本状况为东南水多，西北水少，山东南沿海向西北内陆递减，非常不均匀。

5.1.4 城市水资源及我国的城市用水政策

1. 城市水资源

城市水资源，简单的解释就是城市所能利用的水资源，它包括一切可利用的资源性水源（如地表水、地下水等）和非资源性水源（如使用以后被污染，经物理、化学手段处理后消除或减轻了污染程度而重新具备使用价值的净化再生水）。按水的地域特征，城市水资源可分为当地水资源和外来水资源两大类。前者包括流经和贮存在城市区城内的一切地表和地下水资源；外来水资源指通过引水工程从城市以外调入的地表水资源。城市水资源除了具有水资源的一般特点外，还因特殊的环境条件和使用功能而表现出下面的一些特征。

1）系统性

城市水资源的系统性主要表现在一是不同类型的水之间可相互转化，海水、大气降水、地表水，地下水及污水之间构成了一个非常复杂的水循环系统，相互之间存在质与量的交换；二是城市区域以内和以外的水资源通常处于同一水文系统，相互之间有密切的水利联系，难以人为分割；三是城市水资源开发利用过程中的不同环节（如取水、供水、用水及排水等）是个有机的整体，任何一个环节的疏忽都将影响到水资源的整体效益。

2）有限性

相对城市用水需求量的持续增长，城市水资源的量毕竟是有限的。当地水资源由于开发成本低、管理便捷等因素而得到优先开发利用，使得许多城市的本地水资源已接近或达到开发极限，不得不依靠外来引水解决，不但增加了用水成本，还受到区域经济、资源、生态环境等条件的制约。

3）脆弱性

城市水资源因开发利用集中和与人类的社会活动密切相关，呈现出的脆弱性表现在两个方面，一是水资源极其容易受到污染。城市里的污染点多、面广、强度大，这是与城市发展和城市经济发达相伴而生的。二是容易遭破坏。气象条件的变化（如沙尘暴次数的增加），地表植被的破坏，大气、地表水及地下水的污染，都会使城市水资源状况恶化。而地下水的开采超过补给量时，地下水的质与量的平衡被打破，进而导致一系列的生态环境问题。

4）可恢复性

城市水资源的可恢复性表现在水量的可补给性和水质的可改善性。这也是水资源的自然属性所决定的，只要合理利用、合理调配，城市水资源就可得到持续的利用；水质的改善一方面是水体的自净功能，另一方面也可通过人为的控制得以实现。

5）可再生性

城市水资源在利用的过程中被直接消耗的份额毕竟是少量的，大部分的水只是在使用后成为污水。污水只要改变使用功能或通过一定的处理后，就可恢复其使用价值，成为可利用的水资源。

2. 我国的城市用水政策

为实现我国城市的可持续发展，必须转变城市用水观念，提高认识，重新思考，着手城市供水、用水、节水和污水处理的规划及相关技术、经济和投资政策的制定，促进城市系统从水源开发到供水、用水、排水和水源保护的良性循环。我国城市的用水政策可以概括为：

1）节水第一

这是我国水资源匮乏的基本状况决定的，也是降低供水投资，减少污水排放、提高用水效率的最佳选择。要实现建设部提出的“城市未来新增用水的一半靠节水解决”的目标，必须加强全民节水意识，实行清洁生产，减少用水，大力发展节水器具、节水型工业乃至节水型城市。各级城市人民政府应严格按照1996年建设部（现住房和城乡建设部），国家经济贸易委员会、国家计划委员会（现国家发展计划委员会）联合颁发的《节水型目标城市导则》的要求，将创建“节水型城市”作为主管领导的头等工作来抓，相关部门应按《节水型城市考核标准》，对城市节水目标进行强制考核。城市节约用水要做到“取水单位计划到位、节水目标到位、节水措施到位和管理制度严格到位”。工业用水的重复利用率低于40%的城市，在达标之前不得新增工业用水量，同时限制其新建供水项目。

2）治污为本

用水的结果必然产生污（废）水，而治理污水则是实现城市水资源与水环境协调发展的根本出路，首先要充分认识并发挥治污对于改善环境、保护水源、增加可用水量、减少供水投资的多重效益。治理污水不仅仅是一个阶段性的措施，更应作为一项长期的工作坚持下去并形成制度。在制定城市供水规划时，应以达到相应的污水治理目标为立项的前提条件，以此来遏制水环境进一步恶化的趋势，争取逐渐改善与我们的生活和工作密切相关的水环境。要谨防那些忽视污水治理的城市因盲目调水而陷入调水越多，浪费越大，污染越严重，直至破坏当地水资源的恶性循环。

3）开发水源

统筹规划城乡用水，合理开发、优化配置和高效利用地表水、地下水、雨水、海水和再生水等各类水资源。具体配置方案的制订和重大工程项目的实施，应根据不同地区、不同城市的具体情况，以资源、环境和社会的协调发展为前提，在充分论证技术可行性和经济合理性后才能作出决策。

5.1.5 节约用水的含义及概念

水是构成生态环境的基本要素，也是人类生存与发展不可替代的重要资源。由于自然和人为因素的影响，水资源危机日益突出，已经成为许多国家社会经济可持续发展的障碍，也是我国21世纪亟待解决的问题之一。缓解水资源危机的根本出路就在于实施可持续的节约用水管理。

1. 节约用水的含义

1）节约用水

节约用水的最初含义是“节省”和“尽量少用”水。这一定义明显、简约，但是只表达了节约用水现代含义的一个方面，就是水的使用在数量上的控制。随着城市的不断发展，面积逐渐扩大、人口越来越多，城市的工业、城乡的农业也得到相应的发展，单从数量上控制水的使用的方法已经行不通了。

所以，随着节水工作的深入开展，很多城市对节水的解释已经远远超出了最初的范畴，从原始的自发性，发展成城市水资源环境的胁迫性、政府可持续发展的强制性。因而节制用水才能涵盖其真实的意义，这不但是认识上的提高，也是城市水管理方法与手段的一种进步。

2）城市节约用水的意义

目前我国每年因城市缺水造成了巨大的工业产值的损失，全球范围内的气候异常及水体污染，特别是人为造成的污染，更加剧了本已十分紧缺的水资源的减少。在这种情况下，节水具有非常重要的意义：

①可以减少当前和未来的用水量，维持水资源的可持续利用；

②节约当前给水系统的运行和维护费用，减少水厂的建设数量或降低水厂建设的投资；

③减少污水处理厂的建设数量或延缓污水处理构筑物的扩建，使现有的系统可以接纳更多用户的污水，从而减少收纳污染的水体，节约建设的资金和运行的费用；

④增强对干旱的预防能力，短期节水措施可以带来立竿见影的效果，而长期的节水措施则因大大降低了水资源的消耗量而能够提高正常时期的干旱防备能力；

⑤具有社会意义；通过用水审计及其他措施，可以调整地区间的用水差异，避免用水不公及其他与用水有关的社会问题；

⑥具有明显的环境效益；除了对野生生物、湿地和环境美化方面的效益外，还有河流生态平衡，避免地下水过度开采而带来的地下水污染等方面的效益。

2. 城市节水的相关概念

1）节约用水

节约用水是指通过行政、技术、经济等管理手段加强用水的管理，调整用水结构，改进用水工艺，实行计划用水，杜绝用水浪费，运行先进的科学技术建立科学的用水体系，有效地使用水资源，保护水资源，以适应城市经济和城市建设持续发展的需要。节约用水已经超过了节省用水的含义，它包括对水资源的保护、控制和开发，并保证水的最大经济利用，也有立法、管理体制等行政措施。

2）节水型器具

节水型器具是指低流量或超低流量的卫生器具，一般包括节水型便具、节水型洗涤器具、节水型淋浴器具，这类器具节水效果明显，用以代替低用水效率的卫生器具，平均可节省32%的生活用水。

3）节水型城市

节水型城市指一个城市通过对用水量和节水量的科学预测和规划，调整用水结构，加强用水管理，合理配置、开发、利用水源，形成科学的用水体系，使其社会活动的用水量控制在本地区自然环境提供的或者当代科学技术水平能够达到抑或是得到的水资源量的范围内，并使水资源得到有效保护。

5.1.6 国外城市节水现状及节水技术

节水是一个全球性的问题，无论是美国、欧洲一些水资源相对丰富的国家和地区，还是阿拉伯等贫水国家，节水作为水资源管理的一项重要活动和内容，已得到了广泛的实施，并形成了一些成熟的节水方法和技术，主要包括工业节水、生活用水节水、供水系统节水和其他节水技术。

1. 国外城市节水措施

国外城市节水措施主要有：

1）提高节水意识

多年来，许多国家采用各种方式宣传节水的重要性、迫切性，提高节水的自觉性。在日本东京，政府建立了一整套宣传体系，通过新闻、广播、报纸及专门编制的宣传手册，并组织参观城市供水设施等活动，教育群众节水，还将节水内容编入课本，从小培养节水意识。美国洛杉矶为了节水，曾动员100人做了188次节水报告，组织数万名中学生观看有关节水的电影。

2）重点节约工业用水

为解决水资源不足的问题，许多国家把节约工业用水作为节水的重点。主要措施是重复利用工业内部已使用过的水，即一水多用。日本大阪1970年的工业用水重复利用率只有47.4%，到1981年已提高到81.7%；美同制造业1978年的需水量为$4.9\times10^{10}m^3$，每立方米的水循环使用3.42次，相当于减少$1.2\times10^{11}m^3$的需水量。

3）推广水的再利用技术

世界上多数城市已建有完善的城市居民和公共设施污水管道系统，城市污水经二级或三级处理净化后可回收利用。美国1926年首次回收水，1971年已有358家工厂企业利用处理后的城市污水，回收量达$5.1\times10^8m^3$。美国加利福尼亚州每年利用净化污水$2.7\times10^8m^3$，相当于一百万人口一年的用水量。1985年莫斯科市98%的污水已经过处理。

4）采用节水型家用设备

目前，城市生活用水日益增加一方面是因为城市人口增加，另一方面是因为第三产业的发展和人们生活水平的普遍提高。从一些国家的家庭用水调查来看，做饭、洗衣、冲洗厕所、洗澡等用水量约占家庭用水的80%左右。因此，改进厕所的冲洗设备、采用节水型家用设备是城市节约用水的重点，其节水潜力十分可观。

5）加强管道检漏，减少供水损失

节水的前提是防止漏损，最大的漏损途径是管道，自来水管道的漏损率一般都在10%左右。为了减少管道漏损，在铺设管道时，需选用质量好的管材并采用橡胶柔性接口。另外还需加强日常的管道抢漏工作。根据美国东部、拉丁美洲、欧洲和亚洲许多城市的统计，供水管路的漏水量占供水量的25%~50%。如在维也纳，由于采取措施防止漏水，每天减少损失64 000m^3的洁净水，足够40万居民生活用水的需要。目前各国均把降低供水管网系统的漏损水量作为供水企业的主要任务之一。

6）采用经济措施，实行计划用水

当今世界各国已颁布了许多种法规，严格实行限制供水，对违反者实行不同程度的罚款处理。目前，以色列、意大利以及美国的加利福尼亚、密执安和纽约等州分别制定了法律，要求新建的住宅、公寓和办公楼内安装的用水设施必须达到一定的效率标准方可使用。另外，许多城市通过制定水价政策来促进高效率用水，偿还工程投资和支付维护管理费用。美国的一项研究认为：通过计量和安装节水装置，家庭用水量可降低11%，如果水价增加一倍，家庭用水可再降低25%。国外比较流行的是采用累进制水价和高峰水价。

7）推广节水工艺、技术和设备

对于工业生产部门，采用空气冷却器、干法空气洗涤法、原材料的无水制备等工艺，不仅可节省工业用水量，还可以采用气冷从而减少废气排放量。

2. 国外节水技术

城市工业用水在城市用水中占有较大比例，有时甚至高达70%。因此，工业节水对于城市节水具有重大意义。国外发达国家的城市工业节水主要在于循环水和冷却水。国外其他节水技术还包括供水厂节水、供水系统漏水控制、废水回用、节水经济激励、立法、公众宣传、水资源一体化规划等。

5.1.7 我国城市节水现状与前景展望

我国的节水运动始于20世纪80年代初期，经过40多年的努力，取得了较大进展，城市节水累计达220多亿立方米。一方面，我国660多个城市中85%以上已建立了节约用水办公室，50%以上的县建立厂级节约用水机构，有组织、有计划地广泛开展了节水工作。另一方面，我国工业生产及相应的节水工艺与国外相比还比较落后，今后单靠提高用水系统的用水效率，即再用率以节约新水的为主，其提升潜力已越来越小，应当转向依靠工业生产技术的进步，即以工艺节水为主。

1. 我国工业节水现状

根据我国工业生产的特点，工业节水的基本途径大致分为三类：第一，提高系统节水的能力。通过提高生产中水系统的用水效率，即通过改变生产用或提高水的再用率。这种方式一般可在生产工艺条件基本不变的情况下进行，比较容易实现。第二，加强管理节水。减少水的损失，或通过利用海水、大气冷冻、人工制冷等，减少淡水或冷却水量，提高用水水量，效率。第三，强化工艺节水。通过实行清洁生产、改变生产工艺或生产技术进步、采用少水或无水生产工艺和合理进行工业布局，减少水的需求，从而提高用水效率。

一些资料表明，目前我国主要工业行业的单位产品取水量指标，绝大多数要高于国外同类先进指标值的2~3倍，还有部分行业的差距更大。根据2010年节水规划目标分析，目前国外先进用水（节水）指标值即为我国各行业今后10~20年甚至更长时间才可以达到的水平。据统计，1983~1997年，我国城市工业用水再用率从18%升至73.35%，万元产值取水量从495立方米/万元下降到89.8立方米/万元。取得这种节水效果的贡献份额大致是系统节水占65%，管理节水和工艺节水占35%。可见，扣除管理节水的贡献，15年来工艺节水份额是有限的。随着节水工作的深入开展，系统节水和管理节水的作用将逐渐减少，节水工作的重点应逐渐转向工艺节水，节水进程将主要依赖于企业改造与生产技术进步，节水性质会更趋复杂，难度也会增大。工艺节水潜力范围广泛，且无止境。因此，单纯依靠行政计划恐怕难以奏效，加强经济杠杆和市场机制的作用，即加大促进企业节水动力的措施势在必行。

2. 我国城市生活用水状况与前景展望

一方面，随着经济发展和城市化进程的推进，用水人口相应增加，城市居民生活水平不断提高，公共市政设施范围不断扩大与完善，在今后相当长的时期内城市生活用水量仍将呈增长之势。另一方面，同国外城市相比我国城市生活用水特别是居民住宅用水标准偏低。以特大城市为例，国外人均城市生活用水量为250升/（人·天），明显高于我国北方特大城市的水平，大约与南方特大城市的水平相当；而欧洲各国人均住宅生活用水量约为180升/（人·天），也远高于我国北方城市人均住宅生活用水量，可以预见，今后我同城市生活用水量还会以较快的速度增长。

5.2 雨水利用

5.2.1 雨水利用的意义和现状

降雨是自然界水循环过程的重要环节，雨水对调节和补充城市水资源量、改善生态环境起着极为关键的作用。雨水对城市也可能造成一些负向影响，例如雨水常常使道路泥泞，间接影响市民的工作和生活；排水不畅时，也可造成城市洪涝灾害等。因此，许多城市雨水往往要通过城市排水设施来及时、迅速地排除。

雨水作为自然界水循环的阶段性产物，其水质优良，是城市中十分宝贵的水资源，通过合理的规划和设计，采取相应的工程措施，可将城市雨水加以充分利用。这样不仅能在一定程度上缓解城市水资源的供需矛盾，而且还可有效地减少城市地面水径流量，延滞汇流时间，减轻排水设施的压力，减少防洪投资和洪灾损失。

城市雨水利用就是通过工程技术措施收集、储存并利用雨水，同时通过雨水的渗透、回灌，补充地下水及地面水源，维持并改善城市的水循环系统。

1. 雨水利用的意义

1）节约用水

将雨水用于浇洒绿化用水、消防用水等方面，可有效地节约城市水资源量，调节用水与供水之间的矛盾。

2）减轻排水负荷

在城市发展过程，不透水地表面积不断扩大，建筑密度日益提高，使地面径流形成时间缩短，峰值流量不断加大，产生洪涝灾害的机会增大、危害加剧。合理有效的雨水利用可以减缓或抑制城市雨水径流，提高已有排水管道的可靠性，防止城市洪涝，减少合流制排水管道雨季的溢流污水，减轻污水处理厂负荷。

3）改善水循环

通过工程设施截留雨水，并渗入地下，可增加城市地下水补给量。该措施对维持地下水资源的平衡具有十分积极的作用。沿海城市通过增加雨水下渗量，还可有效地防止海水入侵现象发生。

4）改善城市水环境

雨水可以将城市屋顶、路面及其他地面上的污染物带入城市排水系统，对水环境造成极大的威胁，特别是初期雨水，其污染物含量更高，对受纳水体的污染更加严重。雨水的利用可削减雨季地面径流的峰值流量，降低雨水径流排出量，减少城市排水管道的雨季溢流污水量，减轻污水处理厂的负荷，极大地改善受纳水体的环境质量。

5）缓解城市地面沉降

在城市中过度开采地下水，会导致地面沉降。如果通过工程措施增加城市雨水的入渗量，或将其用作人工回灌水补给地下水，对有效地缓解地面沉降的速度和程度均具有积极作用。

6）经济和生态意义

如果将雨水用于冲厕、洗衣物，这类生活用水就不必再耗用生活饮用水。雨水属软水，用作锅炉和冷却用水时可节省软化处理费用。雨水渗透可以节省雨水管道投资。储留的雨水可以加大地面水体的蒸发量，创造湿润的气候条件，可减少干旱天气，有利于植被的生长，改善城市的生态环境。

2. 国内外雨水利用概况

1）国外雨水利用概况

人类的雨水利用具有悠久的历史，自20世纪70年代以来，英国、德国、美国、日本等国对雨水利用十分重视，对雨水的集水方面进行了大量的理论研究和实际应用。

在英国为了庆祝新千年的到来，在格林尼治兴建的英国世纪穹顶其耗资7.58亿英镑，中心穹顶高50m，屋顶面积100 000m^2。作为环保措施的一环，泰晤士河公司在该穹顶安装了大型的中水回用装置，以穹顶收集的雨水作为建筑内的厕所冲洗提供100m^3/d的回用水。该处理系统收集的雨水依次通过一级芦苇床、泻湖及三级芦苇床净化，不仅利用自然的方式有效地预处理雨水，同时很好地融入实际穹顶的景观中。

德国是欧洲开展雨水利用工程最好的国家之一。德国利用公共雨水管收集雨水并经简单的处理后达到杂用水水质标准，可用于街区公寓的厕所冲洗和庭院浇洒，部分地区利用雨水可节约饮用水达50%。目前，德国在新建小区（无论是工业、商业、居住区）时均要设计雨水利用设施，否则，政府将征收雨洪排放设施费和雨水排放费。

美国的雨水利用是以提高天然入渗能力为其宗旨，针对城市化引起河道下游洪水泛滥问题，美国的科罗拉多州（1974年）、佛罗里达州（1974年）和宾夕法尼亚州（1978年）分别制定了雨水管理条例。各州普遍推广屋顶蓄水和由入渗池、井、草地、透水路面组成的地表回灌系统，其中加州富雷斯诺市年回灌量占该市年用水量的1/5。

日本是个雨量充沛的国家，在多个城市屋顶修建了雨水浇灌的“空中花园”，在减少城市地表径流的同时，也减少自来水的消耗，增加了城市的绿地面积，美化了城市环境，净化了城市空气，吸收了城市噪声，还能够降低城市的热岛效应。日本也注重修建蓄积雨水的工程设施，既控制了汛期多余的雨洪径流，又减少了排水设施，同时也缓解了城市水资源的供需矛盾。

2）我国雨水利用现状

我国的城市雨水利用具有悠久的历史，而真正意义上城市雨水利用的研究与应用却是从20世纪80年代开始的，并于20世纪90年代发展起来。总的来说我国城市雨水利用起步较晚，技术还较为落后，目前主要在缺水地区有一些小型、局部的非标准性应用，缺乏系统性，更缺少法律、法规保障体系。20世纪90年代以后，我国特大城市的一些建筑物已建有雨水收集系统，但是没有处理和回用系统。比较典型的代表，有山东省的长岛县、辽宁省大连市的獐子岛和浙江省舟山市葫芦岛等雨水集流利用工程。

我国大中城市的雨水利用基本处于探索与研究阶段，北京、上海、大连、哈尔滨，西安等许多城市相继开展研究，已显示出良好的发展势头。由于北京市的缺水形势严峻，因而雨水利用工作发展较快。2001年国务院批准了包括雨洪利用规划内容的“21世纪初期首都水资源可持续利用规划”，这对于北京市的雨水利用具有极大的推动作用。

例如北京市某中学的雨水利用项目即收到了明显的社会、经济效益。该中学总设计人数1 500人，总占地面积24 640m^2，其中建筑占地8 934m^2，道路、广场、运动场占地10 154m^2，绿地面积5 552m^2，景观水体水面积500m^2。为了有效地保护和利用水资源，改善该学校景观和环境，促进生态环境建设与可持续发展，决定在校园内实施雨水利用项目。该中学考虑对校区汇集的雨水进行净化，然后用于冲厕、冲洗操场、景观和绿化，不再外排。不但节约自来水，也降低了排水系统的建造费用，削减了雨水径流量和污染负荷，保护了校区和景观水环境与生态环境。

根据学校地形和地质条件，考虑雨水收集的方式和途径，决定采用暗渠收集地面雨水。为节省占地，将调节储存池设于校内景观水体之下。将校园内一块绿地改造为生态净化池，雨水由调节储存池泵入生态净化池从而得到充分净化，这样既减少了占地面积，也缩短了管线使用量，又可改善储存雨水的水质。屋面雨水和路面雨水通过地形坡度先引入建筑附近的低势绿地或浅沟，进行截污、下渗。对学校厨房的洗菜废水，设专门的管道将其汇入收集雨水的暗渠。具体工艺流程如图5-1所示。

该项目还使景观水体发挥了生态及循环功能，是控制水质恶化的有效措施。利用植物净化，不但可以展现水体的自然景观，而且植物本身具有较强的截污、净化功能。除了生态设计，另外还设计了景观水体水循环系统，强化水体在循环过程中的复氧和植物净化功能，并同时起到美化作用。经设计，循环途径，如图5-2所示。

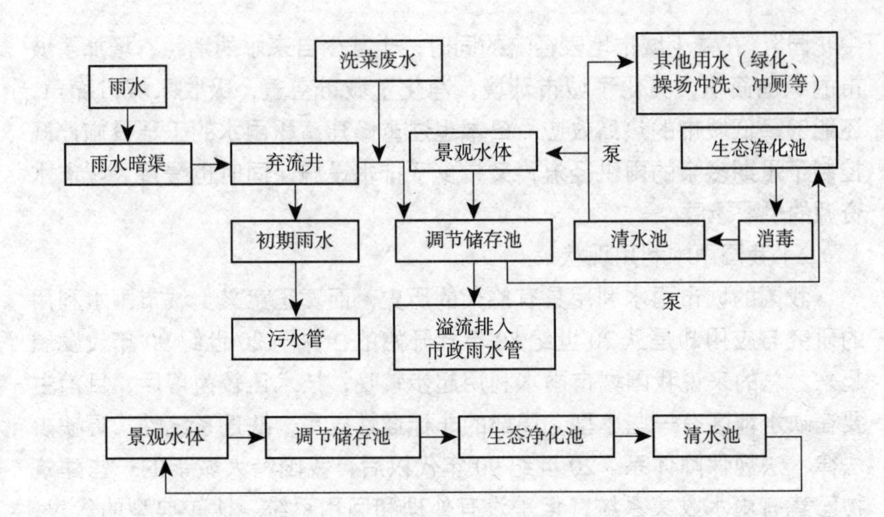

图 5-1　雨水利用工艺流程

图 5-2　水体循环途径图

与传统雨水排放设计方案进行技术经济比较，以雨水作为新的水源，减少了管网负荷和污染负荷，减少了污水处理费用，虽然初期投资高出约 86 万元，但是，其优势是每年可利用雨水 8 000m^3，按 4 元 /m^3 计，年节约水费 3.2 万元；调节储存池等可调节洪峰流量，使校区具有较大的防洪能力；能有效地利用雨水，采用生态设计，保障景观水体水质；节约水处理设备，运用自然的土壤净化方法，生态净化池易于管理。因此，虽然投资较大，但充分利用了雨水资源，改善了生态环境，其远期经济效益和社会效益是初期投资无法比拟的。

国内其他地区在雨水利用方面取得了一些进展。例如，甘肃省水利部门利用雨水集流水窖抗旱，取得显著的效果；河南省总结推广了方格田蓄水灌溉技术，即利用深厚土壤的蓄水能力，充分蓄存天然降水，供非雨季作物生长，同时补充灌溉地下水，达到了提高作物产量和水分利用率的效果。

我国有些建筑已建立起完善的雨水收集系统，但无处理和回用系统。目前，我国雨水利用应用多在农村的农业领域，城市雨水利用的实例还很少。随着城市的发展，可供城市利用的地表水和地下水资源日趋紧缺，加强城市雨水利用的研究，实现城市雨水的综合利用，将是城市可持续发展的重要基础。

3. 影响雨水利用的因素

城市雨水利用是一个复杂的系统工程，涉及城市基础条件、雨水利用基础理论、技术设施、经济手段、政策与管理等各个方面，只有全方位协调，才可能有效地推广应用，并取得良好的经济与环境效益。雨水利用的影响因素主要包括：

1）城市基础条件

城市基础条件主要是指城市基础设施状况和居民生活习惯。城市排水系统是以及时将雨水排到城外为目的，而城市雨水利用则是要通过储留使用、就地入渗、人工回灌等措施将雨水最大限度地留在城市加以利用。如果要实现城市雨水的有效利用，就要对现有排水系统进行必要的改造，并注意雨水利用与排除之间的相互协调，避免造成对城市环境的负面影响。

2）基础理论研究

城市雨水的合理利用涉及许多复杂的基础理论问题。如各城市可利用的雨水量及其合理调配；城市雨水利用对地表水和地下水的影响；城市雨水利用对城市生态环境的影响；雨水利用系统的水力计算及设计参数的合理确定；各城市空气污染对雨水水质的影响以及雨水水质对地表水、地下水的影响；各地气候、气象、地质、水资源状况等条件下适宜的雨水利用技术等。

3）技术设施研究

目前，国外城市的雨水利用技术主要有雨水直接收集储存利用，处理后再利用，利用天然洼地和水塘等驻留，或者渗入地下补给地下水。经过近十多年的研究与应用，已初步形成了一套较成熟、系统的计算方法和设计思想，并已开发出许多实用设施。然而，由于各城市的降雨特点差别很大，水资源状况、地质条件、城市大气污染程度、雨水水质、城市排水设施和技术经济总体发展水平等各方面的差异，对雨水利用方案、具体的技术设施、合理的设计计算标准、相应的维护管理等都需要有针对性地加以研究。

4）经济因素

城市雨水利用的公共设施或场所属公用事业项目，需要政府投资。但对一些小范围、小规模的雨水利用设施，如宾馆饭店的中水系统、工业企业、居民住宅小区内的雨水利用设施，都属于企业、商业行为或私有投入问题。要通过经济杠杆作用来协调企业与政府的投资关系，并通过一系列优惠政策鼓励企业与个人投资雨水利用工程。

5）政策与管理

城市雨水利用是一个跨学科、跨行业的系统工程，涉及水资源开发、供水、节水、防洪、排水、城市规划及园林绿化等许多领域和管理部门统一的规划与管理政策机制。

5.2.2 雨水水质的影响因素

屋面初期径流雨水水质混浊，色度大。屋面雨水水质一般与降雨强度、降雨历时、屋面材料及坡度、季节与气温等因素有关，污水收集利用和污染控制时应充分考虑这些因素。

1. 降雨特征

降雨强度和降雨历时是影响屋面雨水水质的重要因素，因为雨水既是溶解污染物的溶剂，又是冲刷屋面污染物的动力源。天然雨水溶质含量较少，因而具有很高的活性。雨水到达屋面时，形成对屋面的冲刷力，强化了污染物溶入雨水的过程。屋面雨水中的污染物主要来源于屋面的沉积物和屋面材料的可溶出物质。降雨初期，雨水首先将与屋面结构较为疏松的表面沉积物冲刷带入雨水中，随后再将与屋面材料附着较紧密的沉积物冲刷。随着降雨历时的增加，表面沉积物越来越少，此时雨水对屋面材料产生冲刷，并将其中可溶性物质溶入雨水中。由于屋面材料材质致密，以后的溶解过程较为缓慢，表现为雨水中污染物含量趋于稳定。

2. 屋面防水材料及坡度

屋面防水材料中的可溶性物质在降雨过程中可溶入屋面雨水径流中。对典型的坡顶瓦屋面和平顶沥青油毡屋面雨水径流进行比较发现，后者的污染明显严重。

坡顶瓦屋面由于易于冲刷，初期径流的SS浓度可能较高，取决于降雨条件和降雨的间隔时间，但色度和COD浓度一般均明显小于油毡屋面。如遇到暴雨,强烈的冲刷作用把积累在平顶屋面上的颗粒物冲洗下来，则初期雨水中的SS也会达到较高浓度。

两种屋面初期径流的COD浓度一般相差3~8倍左右,随着气温升高，差距将增大。由于沥青为石油的副产品；其成分较为复杂，许多污染物质可能溶入雨水中，而瓦屋面不含溶解性化学成分。此外，屋面材料的新旧程度对屋面雨水的水质也有很大影响。一般旧材料老化后污染严重，而新材料的污染相对较小。

3. 季节与气温

研究发现，4~5月份和夏季降雨初期，径流中的COD浓度最高，同时测定的天然雨水中的COD和SS浓度一般较低，说明每场雨的初期径流中较高浓度的污染物来自屋面，主要原因是经过漫长的冬春旱季，屋顶积累的大量沉积物和污染物被降雨冲刷溶解所致。

4. 大气污染程度

屋面雨水中的污染物除来源于对屋面材料和屋面沉积物的溶解外，还来源于降水本身的污染物。当大气严重污染后，降水的化学成分将十分复杂。一方面，降水中的污染物增多，使屋面雨水中的污染物起始值增大；另一方面，受污染的雨水（如酸雨）增加剧了对屋面材料的腐蚀，增大了其中污染物的溶出量。

5.2.3　雨水利用设施及设计要点

1. 雨水收集系统

1）雨水收集系统的分类

雨水收集系统是将雨水收集，储存并经简易净化后供给用户的系统。依据雨水收集场地的不同，分为屋面集水式和地面集水式两种。

2）雨水收集系统的组成

屋面集水式雨水收集系统由屋顶集水场、集水槽、落水管、输水管、简易净化装置（粗滤池）、储水池和取水设备组成。地面集水式雨水收集系统由地面集水场、汇水渠、简易净化装置（沉砂池、沉淀池、粗滤池）储水池和取水设备组成。

2. 雨水收集场

1）屋面集水场

屋顶是雨水的收集场，但在其他影响条件相同时，屋面材料和屋顶坡度往往影响屋面雨水的水质。因此，要选择适当的屋面材料。一般可选用黏土瓦、石板、水泥瓦、镀锌铁皮等材料，而不宜收集草皮屋顶、石棉瓦屋顶、油漆涂料屋顶的水，因为草皮中会积存大量微生物和有机污染物，石棉瓦在水冲刷浸泡下会析出对人体有害的石棉纤维，有些油漆和涂料不仅会使水有异味，在雨水作用下还会溶出有害物质。

2）地面集水场

地面集水场是按用水量的要求，在地面上单独建造的雨水收集场。为保证集水效果，场地宜建成有一定坡度的条型集水区，坡度不小于1：200。同时，在低处修建一条汇水渠，汇集来自各条型集水区的降水径流，并将水引至沉沙池，汇水渠坡度应不小于1：400。

3. 雨水储留方式

1）城市集中储水

城市集中储水是指通过工程设施将城市雨水径流集中储存，以备处理后用于城市杂用水或消防等方面的工程措施。

2）分散储水

分散储水是指通过修筑小水库，塘坝、水窖（储水池）等工程设施，把集流场所拦蓄的雨水储存起来，以备利用。

4. 雨水的简易净化

1）屋面集水式的雨水净化

除去初期雨水后，屋面集水的水质较好，因此采用粗滤池净化，出水消毒后便可使用。

2）地面集水式的雨水净化

地面集水式雨水收集系统收集的雨水一般水量大，但水质较差，要通过沉沙、沉淀、混凝、过滤和消毒处理后才能使用，实际应用时可根据原水水质和出水水质的要求对上述处理单元进行增减。

5. 雨水渗透

雨水渗透是通过人工措施将雨水集中并渗入补给地下水的方法。其主要功能有：

①可增加雨水向地下的渗入量，使地下水得到更多的补给量，对维持区域水资源平衡，尤其对地下水严重超采区控制地下水水位持续下降具有十分积极的意义；

②雨水渗入地下时增加了土壤的水分含量，可有效地改善植被的生长条件，对于维护城市生态环境起到积极作用；

③可缓解暴雨洪峰对城市所造成的危害，有利于城市防洪；

④可减少城市合流制排水系统及污水处理厂的负荷；

⑤可减少城市地面雨水径流对水体的污染，改善水体环境；

⑥雨水储留设施增大了水面的面积，强化了水的蒸发，从而提高了城市空气的湿度，改变了气候条件，同时可提高空气的质量。

根据雨水渗透设施的不同，雨水渗透方法可分为散水法和深井法两种基本类型。散水法是通过地面设施如渗透检查井、渗透管、渗透沟、透水地面或渗透池等将雨水渗入地下的方法。深井法是将雨水引入回灌井直接渗入含水层的方法。

研究和应用表明，渗透设施对涵养雨水和抑制暴雨径流的作用十分显著，采用渗透设施通常可使雨水流出率减少到1/6。另外，东京、横滨对雨水渗透现场的地下水进行了连续监测，未发现由于雨水入渗而引起地下水污染现象。

深井法人工回灌雨水于地下含水层，对缓解地下水位持续下降具有十分积极的意义。国外人工补给地下水量占地下水总开采量的比例，德国为30%，瑞士为25%，美国为24%，荷兰为22%，瑞典为15%，英国为12%，部分补给水源采用了雨水。我国利用雨水人工回灌地下水的实例还很少。如果利用汛期雨水进行回灌，不仅可以增加地下水补给量，而且会对城市防洪起到积极的作用。

6. 雨水渗透设施

雨水渗透可以采用多种设施：

1）多孔沥青及混凝土地面

多孔沥青及混凝土地面由于孔隙率大的特点适合于做表面面层，主要起到降噪、排水等功能。

2）草皮砖

草皮砖是带有各种形状空隙的混凝土铺地材料，开孔率可达20%~30%。

3）地面渗透池

当有天然洼地或贫瘠土地可利用，且土壤渗透性能良好时，可将汛期雨水集于洼地或浅塘中，形成地面渗透池。

4）地下渗透池

地下渗透池是利用碎石空隙、穿孔管、渗透渠等储存雨水的装置，它的最大优点是利用地下空间而不占用日益紧缺的城市地面土地。由于雨水被储存于地下蓄水层的孔隙中，因而不会滋生蚊蝇，也不会对周围环境造成影响。

5）渗透管

渗透管一般采用穿孔管材或用透水材料如混凝土管制成，横向埋于地下，在其外围填埋砾石或碎石层。汇集的雨水通过透水壁进入四周的碎石层，并向四周土壤渗透。渗透管具有占地少、渗透性好的优点。它便于在城市及生活小区设置，可与雨水管系统、渗透池及渗透井等综合使用，也可单独使用。

6）回灌井

回灌井是利用雨水人工补给地下水的有效方法。主要设施有管井、大口井、竖井等及管道和回灌泵、真空泵等。目前国内的深井回罐方法，有真空（负压）、加压（正压）和自流（无压）三种方式。

7. 屋面雨水的利用方式

1）利用雨水的中水系统

目前建筑中水技术已得到大量的应用。许多建筑，尤其是高层建筑中都设计了中水利用系统。与建筑污水相比，雨水具有水量大且水质好的优势。因此，应充分利用现有的建筑中水系统，经过简单改造后将雨水纳入其中，使其成为建筑物中居民用水的供水水源之一，以节省相应的自来水水量。

如图 5-3 所示为利用雨水的建筑中水系统工艺流程示意图。先利用屋面收集雨水，雨水通过雨水排水管输至地下的雨水调节池，该池容积应按该建筑的雨水利用量设计。当降雨量较大时，多余的雨水便排入小区的雨水管网。雨水调节池的雨水经简单处理后送入中水池，与建筑排水的中水处理水进行混合，通过中水供水系统送至用户，用于冲洗厕所、洗车、浇洒绿地等方面。

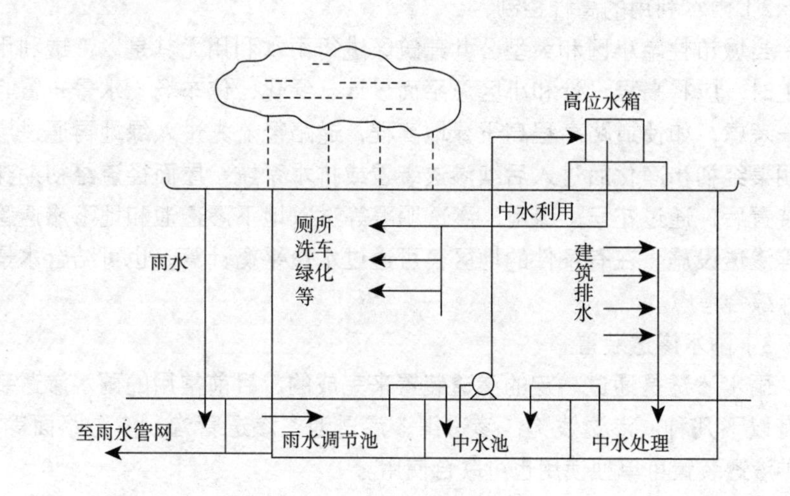

图 5-3　利用雨水的建筑中水系统工艺流程示意图

2）独立的雨水利用系统

从屋顶收集的屋面雨水经处理后，可用于浇洒绿地、冲厕、洗车或景观用水等，其工艺流程，如图 5-4 所示。

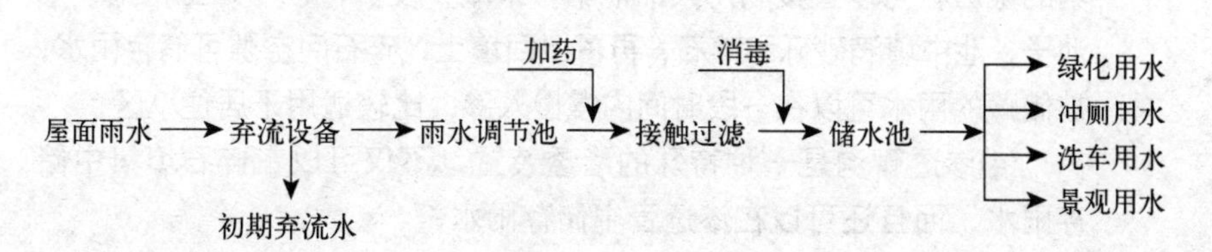

图 5-4　独立的雨水利用系统工艺流程

初期屋面雨水水中污染物含量较高，需经弃流设备加以弃流。之后的雨水径流水质稳定，污染物含量也较低，经加药混凝、过滤和消毒处理后，达到用户水质标准要求。

3）雨水渗透自然净化利用系统

雨水渗透自然净化利用系统是指利用雨水渗透设施将雨水渗入地下，以补给地下水的雨水利用系统。该系统将屋面雨水的人工处理与自然净化相结合，对维持城市地下水资源平衡、改善城市水环境和生态环境以及城市防洪和节水等方面具有极大的促进作用。

土壤内含水层对污染物只有自然降解能力。试验表明，油毡屋面上的雨水经厚度为 1m 的天然土层后，COD 的去除率高达 60%；经厚 1m 的人工土层后，COD 可去除 70%~80%。许多研究也证明，利用渗透系统处理雨水对地下水未造成污染。

8. 雨水利用设计的要点

1）可用雨量的确定

雨水在实际利用时受到许多其他因素的制约，如气候条件、降雨季节的分配、雨水水质、地形地质条件以及特定地区建筑的布局和构造等。因此，在雨水利用时要根据利用的目的，通过合理的规划，在技术和经济可行的条件下使降雨量尽可能多地转化为可利用雨量。

2）雨水利用的高程控制

当城市住宅小区和大型公共建筑区进行雨水利用尤其是以渗透利用为主时，应将高程设计和小区总平面设计、绿化、停车场、水景布置等统一考虑，如使道路高程高于绿地高程，道路径流先进入绿地再通过渗透明渠经初步净化后进入后续渗透装置或排水系统。屋面径流经初期弃流装置后，通过花坛、绿地、渗透明渠等进入地下渗透池和地下渗透管沟等渗透设施。在有条件的地区，可通过水量平衡计算，也可结合水景设计综合考虑。

3）雨水渗透装置

雨水渗透是通过一定的渗透装置来完成的，目前常用的雨水渗透装置有以下几种：渗透浅沟、渗透渠、渗透池、渗透管沟，渗透路面等，每种渗透装置可单独使用也可联合使用。

①渗透浅沟为用植被覆盖的低洼，较适用于建筑庭院内；

②渗透渠为用不同渗透材料建成的渠，常布置于道路、高速公路两旁或停车场附近；

③渗透池是用于雨水滞留并进行渗透的池子；对于有良好天然池塘的地区，可以直接利用天然池塘，来减少投资；也可人工挖掘一个池子，池中填满砂砾和碎石，再覆以回填土，碎石间空隙可储存雨水，被储藏的雨水可以在一段时间内慢慢入渗，比较适用于居住小区；

④渗透管沟是一种特殊的渗透装置，不仅可以在碎石填料中储存雨水，而且还可以在渗透管中储存雨水；

⑤渗透路面有三种，一种是渗透性柏油路面，一种是渗透性混凝土路面，再一种是框格状镂空地砖铺砌的路面；临近商业区、学校及办公楼等的停车场和广场多采用第三种路面。

4）初期弃流装置

雨水初期弃流装置有很多种形式，但目前在国内主要处于研发阶段，在实施时要考虑具体可操作性，并便于运行管理。初期弃流量应根据当地情况确定。

5）雨水收集装置的容积确定

如果将雨水用作中水补充水源，首先需要设贮水池，该池收集雨水并调节水量。该贮水池的容积可通过绘制某一设计重现期下不同降雨历时流至贮水池的径流量曲线求得：画出曲线后，对曲线下的面积求和，该值即为贮水池的有效容积。

5.2.4 雨水利用中的问题及解决途径

1. 大气污染与地面污染

空气质量直接影响着降雨的水质。我国严重缺水的北方城市，大气污染已是普遍存在的环境问题。这些城市的雨水污染物浓度较高，有的地方已形成酸雨。这样的雨水降落至屋面或地面，比一般的雨水更易溶解污染物，从而导致雨水利用时处理成本增加。

地面污染源也是雨水利用的严重障碍。雨水溶解了流经地区的固体污染物或与液体污染物混合后，形成了污染的雨水径流。当雨水中含有难以处理的污染物时，雨水的处理成本将成倍增加，甚至出现经济上难以承受的现象，致使雨水从经济上失去了其使用价值，影响雨水的利用。

改善城市水资源供需矛盾是一个十分宏大的系统工程，它涉及自然、环境、生态、经济和社会等各个领域。它们之间相辅相成，缺一不可。要重视大气污染和地表水污染的防治，根治地面固体污染源。

2. 屋面材料污染

屋面材料对屋面初期雨水径流的水质影响很大。目前我国城市普遍采用的屋面材料（如油毡、沥青）中有害物的溶出量较高。因此，要大力推广使用环保材料，以保证利用雨水和排出雨水的水质。

3. 降水量确定

降雨过程存在着季节性和很大的随机性，因此，雨水利用工程设计中必须掌握当地的降雨规律，否则集水构筑物、处理构筑物及供水设施将无法确定。

降雨径流量的大小主要取决于次降雨量、降雨强度、地形及下垫面条件（包括土壤类型、地表植被覆盖、土壤的入渗能力及土壤的前期含水率等）。

4. 雨水渗透工程的实施

雨水渗透工程是城市雨水补给地下水的有效措施。在工程设计与实

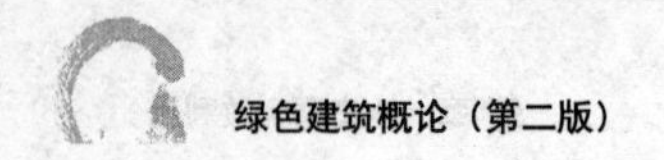

施中，要注意渗透设施的选址、防止渗透装置堵塞和避免初期雨水径流的污染等问题。

5.3 节水设计与节水设施选择

水作为社会有用的资源必须符合三个条件，即必须有合适的水质、足够的可利用的水量，以及能在合适的时间满足某种特殊的用途。由于人为因素，城市水系统比天然水环境的情况显得更为复杂。

城市水系统是整个流域的一部分，参与整体的自然水文循环过程。城市的水资源利用给城市水系统加上了人工循环系统。整个系统由自然循环系统和人工循环系统组成。在自然循环系统，水体通过蒸发、降水和地面径流与大气联系起来；城市水资源利用的人工循环系统由城市给水子系统、用水子系统、污水处理子系统、污水利用与排放子系统构成。城市污水处理系统在水循环中起着决定性作用，对下游水资源的再利用有着重大影响。污水经过处理达到一定水质要求后，实现污水回用，是弥补城市水资源不足的重要途径。

城市水系统是一个复杂的开放的生态系统，生态链上任何一个环节发生问题都会引起生态失调。水体具有一定的稀释自净能力，但不是无限的，在人工循环系统中，许多城市缺乏完善的污水处理系统，导致城市下游水体严重污染，这是一种区域性转移。因此，必须将城市水环境系统视为流域系统的一部分，方能有效解决问题。再如，过量开采地下水引起水位下降，会使下降区内的软土层脱水压缩形成地面沉降，导致建筑物发生不均匀下沉，造成地下仓库积水不能利用、桥梁净空减少影响船只航行、地下管道遭毁、部分码头失效、海潮上涨登陆等，给国民经济、市政交通和人民生活带来重大损失。城市水系统的功能主要体现在以下几个方面：

①给城市生产与生活提供水源；

②城市新产品和物流、人流的运输；

③流域洪水的调节、郊县农业灌溉，发展水产养殖；

④观赏旅游和水上娱乐活动；

⑤补给地下水源、直接提供工业冷却水源；

⑥城市地表径流和污水的最终受纳体；

⑦防火保卫、改善城市水气候、改造和美化城市环境等。

5.3.1 给水系统节水

建筑给水系统是将城镇给水管网或自备水源给水管网的水引入室内，经室内配水管送至生活、生产和消防用水设备，并满足各用水点对水量、水压和水质要求的冷水供应系统。

自20世纪70年代后期起，我国开始逐步调整产业结构和工业布局，并加大了对工业用水和节水工作的管理力度，工业用水循环率稳步提高，单位产品耗水量逐步下降。近些年来，我国的国民经济产值逐年增长，而工业用水量却处于比较平稳的状态。我国已开始重视和规范生活用水，《建筑给水排水设计标准》GB 50015—2003 于 2003 年 4 月 15 日发布，并于 2019 年进行了修订。新的设计标准 GB 50015—2019 中，根据近年来我国建筑标准的提高、卫生设备的完善和节水要求，对住宅、公共建筑、工业企业建筑等生活用水定额都做出修改，定额划分更加细致，在卫生设施更完善的情况下，有的用水定额稍有增加，有的略有下降。这样就从设计用水量的选用上贯彻了节水要求，为建筑节水工作的开展创造了条件。《建筑给水排水设计标准》GB 50015—2019 在此基础上要全面搞好建筑节水工作，还应从建筑给水系统的设计上限制超压出流。

1. 超压出流现象及危害

按照卫生器具的用途和使用要求而规定的卫生器具给水配件单位时间的出水量称为额定流量。为基本满足卫生器具使用要求而规定的给水配件前的工作压力称为最低工作压力。超压出流就是指给水配件前的压力过高，使得其流量大于额定流量的现象。由于这种水量浪费不易被人们察觉和认识，因此可称之为“隐形”水量浪费。

超压出流除造成水量浪费外，还会带来以下危害：

①水压过大，水龙头开启时，水呈射流喷溅，影响人们使用；

②超压出流破坏了给水系统流量的正常分配；当建筑物下层大量用水时，由于其给水配件前的压力高，出流量大，必然造成上层缺水现象，严重时会导致上层供水中断，产生水的供需矛盾；

③水压过大，水龙头启闭时易产生噪声和水击及管道振动，使得阀门和给水龙头等磨损较快，使用寿命缩短，并可能引起管道连接处松动漏水，甚至损坏，造成大量漏水，加剧了水的浪费。为避免超压出流造成的“隐形”水量浪费，对超压出流所造成的危害应引起足够重视。

2. 建筑给水系统超压出流现状

为全面了解建筑给水系统超压出流状况，对 11 栋不同高度、不同供水类的建筑进行了超压出流实际测试。通过测试结果综合分析可以看出，我国建筑给水系统中超压出流现象是普遍存在而且是十分严重的，由此造成的水的浪费是不可低估的。

3. 超压出流的防治技术

为减少超压出流造成的“隐形”水量浪费，应从给水系统的设计、安装减压装置及合理配置给水配件等多方面采取技术措施。

1）采取减压措施

主要减压措施如下：

（1）设置减压阀

减压阀最常见的安装形式是支管减压，即在各超压楼层的住宅入户管（或公共建筑配水栅支管）上安装减压阀。这种减压方式可避免各供水点超压，使供水斥力的分配更加均衡，在技术上是比较合理的，而且一个减压阀维修，不会影响其他用户用水，因此各户不必设置备用减压阀。缺点是压力控制范围比较小，维护管理工作量较大。

高层建筑可以设置分区减压阀。这种减压方式的优点是减压阀数量较少，且设置较集中，便于维护管理；其缺点是各区支管压力分布仍不均匀，有些支管仍处于超压状态，而且从安全的角度出发，各区减压阀往往需要设置两个，互为备用。

高层建筑各分区下部立管上设置减压阀。这种减压方式与支管减压相比，所设减压阀数量较少。但各楼层水压仍不均匀，有些支管仍可能处于超压状态。

立管和支管减压相结合可使各层给水压力比较均匀，同时减少了支管减压阀的数量。但减压阀的种类较多，增加了维护管理的工作量。

（2）设置减压孔板

减压孔板是一种构造简单的节流装置，经过长期的理论和实验研究，该装置现已标准化。在高层建筑给水工程中，减压孔板可用于消除给水龙头和消火栓前的剩余水头，以保证给水系均衡供水，达到节水的目的。上海某大学用钢片自制直径 5mm 的减压孔板，用于浴室喷头供水管减压，使同量的水用于洗澡的时间由原来的 4 个小时增加到 7 个小时，节水率达 43%，效果相当明显。北京某宾馆将自制的孔板装于浴室喷头供水管上，使喷头的出流量由原来 34L/min 减少到 14L/min，虽然喷头出流量减少，但淋浴人员并没有感到不适。

减压孔板相对减压阀来说，系统比较简单，投资较少，管理方便，但只能减动压，不能减静压，而且下游的压力随上游压力和流量而变，不够稳定。另外，供水水质不好时，减压孔板容易堵塞。因此，可以在水质较好和供水压力稳定的地区采用减压孔板。

（3）设置节流塞

节流塞的作用及优缺点与减压孔板基本相同，适于在小管径及其配件中安装使用。

2）采用节水龙头

节水龙头与普通水龙头相比，节水量从 3%~50% 不等，大部分在 20%~30% 之间，并且在普通水龙头出水量越大（也即静压越高）的地方，节水龙头的节水量也越大。

4．热水系统节水

随着人民生活水平的提高和建筑功能的完善，建筑热水供应已逐渐成为建筑供水不可缺少的组成部分。据统计，在住宅和宾馆饭店的用水量中，淋浴用水量已分别占到 30% 和 75% 左右。因此，科学合理地设计、管理和使用热水系统，减少热水系统水的浪费，是建筑节水工作的重要环节。

据调查和实际测试，无论何种热水供应系统，大多存在着严重的浪费现象，主要发生在开启热水配水装置后，不能及时获得满足使用温度的热水，往往要放掉不少冷水（或不能达到使用温度要求的水）后才能正常使用。这部分流失的冷水，未产生使用效益，可称为无效冷水，也即浪费的水量。

建筑热水供应系统无效冷水产生的原因是设计、施工、管理等多方面因素造成的。如集中热水供应系统的循环方式选择不当、局部热水供应系统管线过长、热水管线设计不合理、施工质量差、温控装置和配水装置的性能不理想、热水系统在使用过程中管理不善等，都直接影响热水系统的无效冷水排放量。

建筑热水供应系统节水的技术措施包括：

①对现有定时供应热水的无循环系统进行改造，增设热水回水管；

②新建建筑的热水供应系统应根据建筑性质及建筑标准选用大管循环或立管循环方式；

③尽量减少局部热水供应系统热水管线的长度，并应进行管道保温；

④选择适宜的加热和储热设备，严格执行有关设计、施工规范，建立健全管理制度；

⑤选择性能良好的单管热水供应系统的水温控制设备，双管系统应采用带恒温装置的冷热水混合龙头；

⑥防止热水系统的超压出流。

5.3.2　节水器具与设备节水

1. 节水器具设备的含义与要求

1）节水器具设备的含义

节水型器具设备是指低流量或超低流量的卫生器具设备，是与同类器具与设备相比具有显著节水功能的用水器具设备或其他检测控制装置。节水器具设备有两层含义：一是其在较长时间内免除维修，不发生跑、冒、滴、漏等无用耗水现象，则是节水的；二是设计先进合理、制造精良、使用方便，较传统用水器具设备能明显减少用水量。

城市生活用水主要通过给水器具设备的使用来完成，而在给水器具设备中，卫生器具设备又是与人们日常生活息息相关的，可以说，卫生器具与设备的性能对于节约生活用水具有举足轻重的作用。因此，节水器具设备的开发，推广和管理对于节约用水的工作是十分重要的。节水型器具设备种类很多，主要包括节水型龙头阀门类，节水型淋浴器类，节水型卫生器具类，水位、水压控制类以及节水装置设备类等。这类器具设备节水效果明显，用以代替低用水效率的卫生器具设备可平均节省31%的生活用水。

2）节水器具设备的节水方法

节水器具设备的常用节水途径有：限定水量，如使用限量水表；限制水流量或减压，如各类限流、节流装置；限时，如各类延时自闭阀；

限定（水箱、水池）水位或水位实时传感、显示，如水位自功控制装置、水位报警器；防漏，如低位水箱的各类防漏阀。定时控制，如定时冲洗装置；改进操作或提高操作控制的灵敏性，如冷热水混合器，自动水龙头，电磁式淋浴节水装置；提高用水效率，如多次、重复利用；适时调节供水水压或流量，如水泵机组调速给水设备。上述方法基本上都是通过利用器具减少水量浪费的。

3）节水器具设备的基本要求

节水器具和设备往往可采取不同的方法，所以某些常用节水器具和设备的种类繁多，选择时应依据其作用原理，着重考察是否满足下列基本要求：

①实际节水效果好。与同类用途的其他器具相比，在达到同样使用效果时用水量相对较少；

②安装调试和操作使用、维修方便；

③质量可靠、结构简单、经久耐用，节水器具必须保证长期使用而不漏水，质量好、经久耐用是节水型生活用水器具的基本条件和重要特征；

④技术上应有一定的先进性，在今后若干年内具有使用价值，不被淘汰；

⑤经济合理，在保证以上四个特点的同时具有较低的成本；

合格的节水器具和设备都应全面地体现以上要求，否则就难以推广应用。

2. 节水型阀门、水龙头与卫生器具

1）节水型阀门

节水型阀门主要包括延时自闭式便池冲洗阀、表前专用控制阀、减压阀、疏水阀、水位控制阀和恒温混水阀等。

（1）延时自闭冲洗阀

延时自闭式便池冲洗阀（图5-5）是一种理想的新型便池冲洗洁具，它是为取代以往直接与便器相连的冲洗管上的普通闸阀而产生的。它利用阀体内活塞两端的压差和阻尼进行自动关闭，具有延时冲洗和自动关闭功能。同时具有节约空间节约用水、容易安装、经久耐用、价格合理和操作简单，防水源污染等优点。

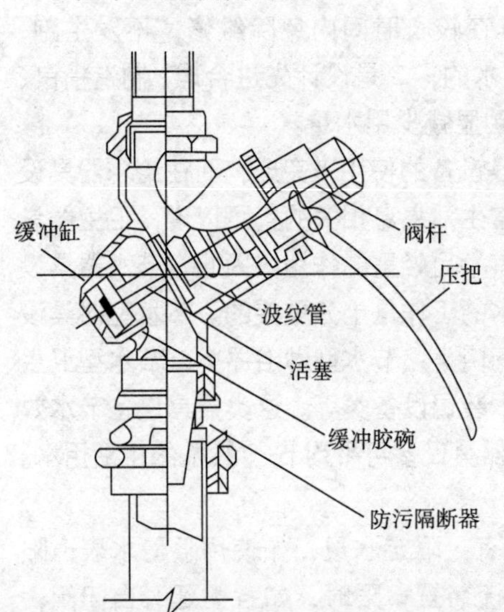

图5-5 延时自闭式便池阀构造

（2）表前专用控制阀（图5-6）

表前专用控制阀的主要特点是在不改变国家标准阀门的安装

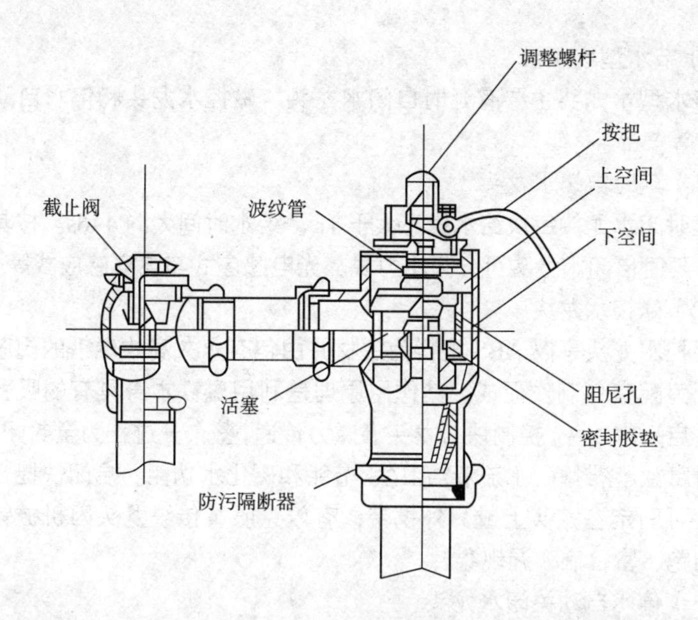

图 5-6 表前专用控制阀

口径和性能规范的条件下，通过改变上体结构，采用特殊生产工艺，使之达到普通工具打不开，而必须由供管水部门专管的“调控器”方能启闭的效果，从而解决了长期以来阀门管理失控、无节制用水，甚至破坏水表等问题。

（3）减压阀

减压阀是一种自动降低管路工作压力的专门装置。它可将阀前管路较高的水压减少至阀后管路所需的水平。减压阀广泛用于高层建筑，城市给水管网水压过高的区域、矿井及其他场合，以保证给水系统中各用水点获得适当的服务水压和流量。虽然水流通过减压阀有很大的水头损失，但由于减少了水的浪费并使系统流量分布合理，改善了系统布局与工况，因此从整体上讲仍是节能的。

（4）疏水阀

疏水阀是蒸汽加热系统的关键附件之一，主要作用是保证蒸汽凝结水及时排放，同时又防止蒸汽漏失，在蒸汽冷凝水回收系统中起关键作用。由于传热要求的不同，选用疏水阀的形式也不相同，疏水阀有倒吊桶式、热动力式、脉冲式、浮球式、浮筒式、双金属型、温控式等。

（5）水位控制阀

水位控制阀是装于水箱、水池或水塔水柜进水管口并依靠水位变化控制水流的特种阀门。阀门的开启和关闭借助于水面浮球上下时的自重、浮力及杠杆作用。浮球阀即为一种常见的水位控制阀，此外还有一些其他形式的水位控制阀。

（6）恒温混水阀

混水阀主要用于机关、团体、旅馆以及社会上的公共浴室中，是为单管淋浴提供恒温热水的一种装置，也可以用于洗涤、印染、化工等行业中需要恒温热水的场合。

2）节水型水龙头

节水型水龙头主要有延时自闭水龙头、磁控水龙头和停水自动关闭水龙头等产品。

（1）延时自闭水龙头

延时闭水龙头每次给水量不大于 1L，给水时间大约 4~6s。按其作用原理，延时自闭水上头可分为水力式、光电感应式与电容感应式等类型。

（2）磁控水龙头

磁控水龙头是以 ABS 塑料为主材并由包有永久高效磁铁的阀芯和耐水胶圈为配套件制作而成。其作用原理是利用磁铁本身具有的吸引力和排斥力启闭水龙头，控制块与龙头靠磁力传递，整个开过程为全封闭动作，具有耐腐蚀、密封好、水流清洁卫生、节能和磁化水功能。启闭快捷、轻便，控制块可固定在龙头上或另外携带，有效克服了传统龙头因机械转动而造成的跑、冒、滴、漏现象。

（3）停水自动关闭水龙头

当给水系统供水压力不足或不稳定时，可能引起管路暂停供水，如果用户未及时关闭水龙头，则当管路系统再次“来水”时会使水大量流失，甚至到处溢流造成损失。停水自动关闭水龙头除具有普通水龙头的用水功能外还能在管路“停水”时自动关闭，以免发生上述情况。它是一种理想的节水节能产品，尤其适用于水压不稳或定时供水的地区。

3）节水型卫生洁具

节水型卫生洁具包括节水型淋浴器具、坐便器、小便器等。

（1）节水型淋浴器具

淋浴器具是各种浴室的主要洗浴设施。浴室的年耗水量很大，据不完全统计，约占生活用水量的 1/3。为了克服浪费现象，最有效的方法是采用非手控给水方式，例如，脚踏式淋浴阀，电控、超声控制等多种淋浴阀。

（2）坐便器

坐便器即抽水马桶，其用水量是由坐便器本身的构造决定的，冲洗用水量发展变化的情况为：17L → 15L → 13L → 9L → 6L → 3L/6L。坐便器是卫生间的必备设施，用水量占到家庭用水量的 30%~40%，所以坐便器节水非常重要。坐便器按冲洗方式分为三类，即虹吸式、冲洗式和冲洗虹吸式。目前，坐便器从冲洗水量和噪声控制上有很大改进。感应式坐便器是在满足节水型坐便器的条件下改变控制方式，根据红外线感应控制电磁阀冲水，从而达到自动冲洗的节水效果。

（3）小便器

小便器包括节水型小便器，分为同时冲洗和个别冲洗两种，免冲式小便器，小便槽用不透水保护涂层预涂，以阻止细菌生长和结垢，以及感应式小便器，它也是根据红外线感应控制电磁阀冲水，达到冲洗节能效果。

4）沟槽式公厕自动冲洗装置

沟槽式公厕由于它的集中使用性和维护管理简便等独特的性能，目前在学校等共场所仍在使用，所以卫生和节水成为主要考核指标。常用于沟槽式公厕的冲水装置有：

（1）水力自动冲洗装置

水力自动冲洗装置由来已久，其最大的缺点是只能单纯实现定时定量冲洗，在卫生器具使用的低峰期（如午休、夜间，节假日等）也照样冲洗，造成水的大量浪费。

（2）感应控制冲洗装置

感应控制冲洗装置的原理及特点：采用先进的人体红外感应原理及微电脑控制，有人如厕时，定时冲洗；夜间、星期天及节假日无人如厕时，自动停止冲洗。

感应式控制冲洗器适用于学校、厂矿、医院等单位沟槽式厕所的节水型冲洗设备。应用此产品组成的冲洗系统，不仅冲洗力大，冲洗效果好，而且解决了旧式虹吸水箱一天 24h 长流不停，用水严重浪费的问题。每个水箱每天可比旧式虹吸水箱节水 16L 以上，节水率超过 80%。

（3）压力虹吸式冲洗水箱

压力虹吸式是一种特制的水箱，发泡塑料纸做的浮圈代替了进水阀的浮球及排水阀提水盘。拉动手柄，浮圈被压下降，箱内的水位上升至虹吸水位，立即排水。其有效水量 7L，比标准水箱的 11L 少用水 36%。这种水箱零件少，经久耐用。但是它不能分档，适用于另设小便器的单位厕所的蹲式大便器。

（4）延时自闭式高水箱

延时自闭式高水箱按力大时，排水时间长，排水量大；按力小时则小，其排水量可控制在 5~11L，节水近 40%。

3. 水表的合理使用和节能设置

水表是累计水量的仪表，是节水的“眼睛”和“助手”，是科学管理和定额考核的重要基础，是关系到城市供水企业的经济收入和城市千家万户利益的重要贸易结算工具，同时也是水量衡测的主要监测工具。从管理角度看，安装普通水量计量仪表，对加强供水与节水管理、克服“包费制”存在的弊病、促进节水，具有积极的意义。

水表主要有旋翼式、螺翼式和容积式水表及超声波流量计、电磁流量计，孔板流量计等。为充分发挥水表对节水工作的促进作用，水表的设置和使用应考虑以下要求。

1）分户装表，计量收费

实行分户装表计量收费，是国内外节约用水的一条成功经验，节水效果十分显著。全国各地的统计数字表明，这一措施取得了巨大的节水效果。

2）提高水表计量精度

由于选型和水表本身的问题，目前使用的水表的计量准确性普遍不高。近几年有关部门对在装用户水表的准确性进行的调查测试表明，我国在装水表的准确度是比较差的。改进方法主要有水表前加装过滤器、限制水表的使用年限、强化水表的采购管理及使用前的强制检定等几项。

3）加强维护管理

为保证水表能够正常工作，除应严格按照设计和施工规范要求进行水表安装外，在水表安装完成后，自来水公司和物业管理部门应经常进行检查，以便及时发现和解决水表使用过程中出现的问题，保持水表良好的工作状态。

4）采用节水型水表

节水型水表目前常见的主要有插入式水表和容积式水表，比普通水表具有明显的节水效果。

5）发展 IC 卡水表和出户远传水表

目前分户水表普遍设置在居民家中，使得入户查表给居民生活带来不便；居民进行室内装修时，常常将水表遮蔽，给查表和水表维修、管理工作带来很大困难。

为避免上述现象发生，近几年，我国住宅设计开始将水表相对集中设置。很多建筑设计将水表分层集中设置在专用的水表间（箱）内，统一集中设置在设备层、避难层、屋顶水箱间或一楼楼层内，或把水表设于管井内，从设置水表的房间至每户安装一根专用水管。为更好地发挥水表的计量和对节水工作的促进作用，可积极推广使用贮卡水表和出户远传水表。新实施的《建筑给水排水设计标准》GB 50015—2013 对此作出了规定：住宅的分户水表宜设置在户外，并相对集中；对设在户内的水表，宜采用远传水表或 IC 卡水表。

5.3.3 污水再利用技术

随着全球工农业的飞速发展，用水量及排水量正逐年增加，而有限的地表水和地下水资源又不断被污染，加上地区性的水资源分布不均匀和周期性干旱，导致淡水资源日益短缺，水资源的供需矛盾呈现出愈来愈尖锐的趋势。在这种形势下，人们不得不在天然水资源（地下水、地表水）之外，通过多种途径开发新的水资源。主要途径有：第一，海水淡化；第二，远距离跨区域调水，以丰补缺，改变水资源分布不均的自然状况；第三，污水处理利用。相比之下，污水处理利用比较现实易行，具有普遍意义。

1. 污水再利用的意义

1）缓解水资源短缺

由于全球性水资源危机正威胁着人类的生存和发展，世界上的很多国家和地区已对城市污水的处理利用作出了总体规划，把经适当处理的污水作为一种新水源，以缓解水资源的紧缺状况。因此，我国推行城市污水资源化，把处理后的污水作为第二水源加以利用，是合理利用水资源的重要途径，可以减少城市新鲜水的取用量，减轻城市供水不足的压力和负担，缓解水资源的供需矛盾。

2）合理使用水资源

城市用水并非都需要优质水，而是只需满足所需要的水质要求即可。以生活用水为例，其中用于烹饪、饮用的水只占5%左右，而对于占20%、30%的不同人体直接接触的生活杂用水则并无过高的水质要求。为了避免市政、娱乐、景观、环境用水过多而占用居民生活所需的优质水，水质要求较低的应该提倡采用污水处理后满足要求的再用水，即原则上不将高一级水质的水用于要求低一级水质的场合，这应是合理利用水资源的基本原则。

3）提高水资源利用的效益

城市污水和工业废水的水质相对稳定，易于收集，处理技术也较成熟，基建投资比远距离引水经济得多。其次，污水回用所收取的水费可以使污水处理获得有力的财政支持，水污染防治得到可靠的经济保证。另外，污水处理利用减少了污水排放量，减轻了对水体的污染，可以有效地保护水源，相应降低取自该水源的水处理费用。

4）环境保护的重要措施

污水处理利用是对污水的回收利用，而且污水中很多污染物需要在同时回收。

2. 城市污水回用及可行性

城市污水回用包括两种方式：隐蔽回用和直接回用。隐蔽回用一般是指上游污水排入江河，下游取用；或者一地污水回渗地下，另一地回用。直接回用则是指对城市污水加以适当处理后直接利用。污水直接回用一般需要满足三个基本要求：水质合格、水量合用和经济合理。污水回用的可行性：

1）技术可行性

现代污水回用已有百余年的历史，技术上已经相当成熟。在我国，国家“七五”“八五”科技攻关计划都把污水回用作为重大课题加以研究和推广。1992年，全国第一个城市污水回用于工业的示范工程在大连建成，并成功运行了十余年。目前北京、大连、天津、太原等大城市和一批中小城市在进行城市污水回用解决水荒方面上初见成效。《城镇污水再生利用工程设计规范》GB 50335—2016已颁布实施，全国几十个大、中型污水回用工程正在建设之中，对缓解北方和沿海城市缺水起到了一定的作用。

2）经济效益可行性

城市污水处理厂一般均建在城市周围，在许多城市，污水经过二级处理后可就近回用于城市和大部分工农业部门，无需支付再生费用，以二级处理出水为原水的工业净水厂的治水成本一般低于甚至远低于以自然水为原水的自来水厂，这是因为取水距离大大缩短，节省了水资源费、远距离输水费和基建费。例如，将城市污水处理到可以回用作杂用水程度的基建费用，与从15~30km外引水的费用相当；若处理到可回用作更高要求的工艺用水，其投资相当于从40~60km外引水。而污水处理与净化的费用只占上述基建费用的小部分。此外，城市污水回用要比海水淡化经济，污水中所含的杂质少，只有 0.1%，可用深度处理方法加以去除；而海水则含有 3.5% 的溶解盐和有机物，其杂质含量为污水二级处理出水的 35 倍以上。因此，无论基建费用还是运行成本，海水淡化费用都超过污水回用的处理费用，城市污水回用在经济上有较明显的优势。

3）环境效益可行性

城市污水具有量大、集中、水质水量稳定等特点，污水进行适度处理后回用于工业生产，可使占城市用水量 50% 左右的工业用水的自然取水量大大减少，使城市自然水耗量减少 30% 以上，这将大大缓解水资源的不足，同时减少向水域的排污量，在带来客观的经济效益的同时也带来相当大的环境效益。

近些年，污水回用在全国已经得到推广，过去认为污水是脏水，只能排放、不能利用的观念已经被打破。根据相关数据显示，截至 2019 年 6 月底，我国城市的污水处理厂已经到 5 000 多座（不含乡镇和工业污水处理厂），污水处理能力达 $2.1\times10^8 m^3/d$[①]。污水处理设备的改进和污水处理技术的进步，较为有效地解决城市污水处理问题，切实了保障城市居民的生活质量稳步提升，以及城市的生态化与可持续发展。

3. 污水再利用类型和途径

1）作为工业冷却水

国外城市污水在工业主要是用于对水质要求不高但用水量大的领域。我国工业用水的重复利用率很低，与世界发达国家相比差距很大。近年来，我国许多地区开展了污水回用的研究与应用，取得了不少好经验。

在城市用水中，70% 以上为工业用水，而工业用水中 70%~80% 用作水质要求不很高的冷却水，将适当处理后的城市污水作为工业用水的水源，是缓解缺水城市供需矛盾的途径之一。工业用水户的位置一般比较集中，且一年四季连续用水，因而是城市污水处理厂出水的稳定受纳体。根据生产工艺要求、水冷却方式和循环水的散热形式，循环冷却水系统可分为密闭式和开放式。

密闭式循环冷却水系统的循环水不与大气接触，处于密闭状态。该系统一般由两个环节组成：其一是循环冷却部分，循环冷却水带走工艺介质或热交换器传出的热量；然后另一部分散热装置系统对升温后的循环水进行冷却。在密闭式循环冷却水系统中，循环冷却水几乎没有消耗，故可使用纯水以保证冷却装置的安全可靠性，但这种循环冷却水系统所需费用较高，故一般只适用于被冷却系统散热较小、所需求的工作安全可靠度大或者具有特殊要求的工业生产系统，如高炉的风口与冷却壁以及转炉的氧舱与烟罩等的冷却。

---

① 冯云凤 . 我国城市污水处理回用现状与发展趋势 [J]. 环境与发展，2020，32（4）：63+65.

在开放式循环冷却水系统中，一方面循环水带走物料、工艺介质、装置或热变换设备所散发的热量；另一方面升温后的循环冷却水通过冷却构筑物与空气直接接触得以冷却，然后再循环使用。开放式循环冷却水系统是目前应用最广泛的循环冷却系统，根据循环水与冷却介质的接触情况，分为间接循环、污循循环和集尘循环三种类型。

水在使用过程中不可避免地都会带来一定的污染物。因此，回用水的水质情况是比较复杂的，回用水的水质指标应该包括给水和污水两方面的水质指标。

2）作为其他工业用水

对于多种多样的工业，每种工艺用水的水质要求和每种废水排出的水质，不可能有具体不变的要求，必须在具体情况具体分析的基础上进行调查研究确定。

一般工业部门愿意接受饮用水标准的水，有时工业用水水质要比饮用水水质要求更严格。在这种情况下，工厂要按要求进行补充处理。再利用污水在其水质在满足不同的工业用水要求的情况下，可以广泛应用于造纸、化学、金属加工、石油、纺织工业等领域。

3）作为生活杂用水

生活杂用水包括风景园林、城市绿化、建筑施工、洗车、扫除洒水、建筑物厕所冲洗等场合。随着城市污水截流干管的修建，原有的城市河流湖泊常出现缺水断流现象，影响城市美观与居民生活环境，再生水回用于景观水体在美国、日本逐年扩大规模。再生水回用于景观水体要注意水体的富营养化问题，以保证水体美观。要防止再生水中存在病原菌和有些毒性有机物对人体健康和生态环境的危害。

4）作为农田灌溉水

以污水作灌溉用水在世界各地具有悠久的历史，早在19世纪后半期的欧洲发展最快。随着人口增加和工农业的发展，水资源紧缺日趋严峻，农业用水尤为紧张，污水农业回用在世界上，尤其是缺水国家和发达国家日益受到重视。

我国水资源并不丰富，又具有空间和时间分布不均匀的特点，造成城市和农业的严重缺水。多年来，在广大缺水地区，水成为农业生产的主要制约因素。污水灌溉曾经成为解决这一矛盾的重要举措。

从国外和我国多年实行污水灌溉的经验可见，用于农业特别是粮食、蔬菜等作物灌溉的城市污水，必须经过适当处理以控制水质，含有毒有害污染物的废水必须经过必要的点源处理后才能排入城市的排水系统，再经过综合处理达到农田灌溉水质标准后才能引灌农田。总之，加强城市污水处理是发展污水农业回用的前提，污水农业回用必须同水污染治理相结合才能取得良好的成绩。城市污水农业回用较之其他方面回用，具有很多的优点，如水质要求、投资和基建费用较低，可以变为水肥资源，容易形成规模效益。可以利用原有灌溉渠道，无需管网系统，既可就地回用，也可以处理后储存。

5）作为地下回灌水

污水处理后向地下回灌是将水的回用与污水处置结合在一起最常用的方法之一。国内外许多地区已经采用处理后污水回灌来弥补地下水的不足，或补充作为饮用水原水。例如上海和其他沿海地区，由于工业的发展和人口的增加，已经使地下水水位下降，从而导致咸水入侵。污水经过处理后的另一种可能的用途是向地下回灌再生水后，阻止咸水入侵。污水经过处理后还可向地下油层注水。国外很多油田和石油公司已经进行了大量的注水研究工作，以提高石油的开采量。

污水回用分为短循环和地下回灌长循环。短循环是以工业、农业和城市中水回用为主。污水处理后在本系统内闭路循环重复使用或在局部范围内使用，对水质要求相对较低，且周期短。长循环是指污水经处理后向地下回灌，同原水源一起成为新的水源。长循环对回灌水水质要求高、循环周期长，但能提供高品位的用水——饮用水，是污水回用的重要发展方向。

4. 污水处理技术

由于污水再生利用的目的不同，污水处理的工艺技术也不同。水处理技术按其机理可分为物理法、化学法、物理化学法和生物化学法等，污水再生利用技术通常需要多种工艺的合理组合，对污水进行深度处理，单一的某种水处理工艺很难达到回用水水质要求。

以再生水水质为目标，选择水处理单元工艺及方法，即为基本方法。

1）物理方法

无论是生活污水还是工业废水都含有相当数量的漂浮物和悬浮物质，通过物理方法去除这些污染物的方法即为物理处理。采用的处理方法有：

①筛滤截留法，主要是利用筛网、格栅、滤池与微滤机等技术来去除污水中的悬浮物的方法；

②重力分离法，重力分离主要有重力沉降和气浮分离方法。重力沉降主要是依靠重力分离悬浮物；气浮是依靠微气泡粘附上浮分离不易沉降的悬浮物，目前最常用的是压力溶气及射流气浮；

③离心分离法，主要是不同质量的悬浮物在高速旋转的离心力场作用下依靠惯性被分离。主要使用的设备有离心机与旋流分离器等；

④高梯度磁分离法，利用高梯度、高强度磁场分离弱磁性颗粒；

⑤高压静电场分离法，主要是利用高压静电场改变物质的带电特性，使之成为晶体从水中分离；或利用高压静电场局部高能破坏微生物（如藻类）的酶系统，杀死微生物。

2）化学方法

化学方法是采用化学反应处理污水的方法，主要有：

①化学沉淀法，以化学方法析出并沉淀分离水中的物质；

②中和法，用化学法去除水中的酸性或碱性物质，使其 pH 值达到中性左右的过程为中和法；

③氧化还原法，利用溶解于废水中的有毒有害物质在氧化还原反应中能被氧化或还原的性质，把它转化为无毒无害的新物质，这种方法称为氧化还原法；

④电解法，电解质溶液在电流的作用下，发生电化学反应的过程称为电解；利用电解的原理来处理废水中的有毒物质的方法称为电解法。

3）物理化学法

①离子交换法，以交换剂中的离子基团交换去除废水中的有害离子的方法；

②萃取法，以不溶水的有机溶剂分离水中相应的溶解性物质的方法；

③气提与吹脱法，去除水中的挥发性物质，如低分子低沸点的有机物；

④吸附处理法，以吸附剂（多为多孔性物质）吸附分离水中的物质，常用的吸附剂是活性炭；

⑤膜分离技术，利用隔膜使溶剂（通常为水）同溶质或微粒分离的方法称为膜分离法。

4）生物法

生物法主要包括活性污泥法、生物膜法、生物氧化塘、土地处理系统和厌氧生物处理等方法。

5.3.4　中水利用技术

1．概述

随着城市建设和工业的发展，用水量特别是工业用水量急剧增加，大量污废水的排放严重污染了环境和水源，使水质日益恶化，水资源短缺问题日益严重。新水源的开发工程又相当艰巨。面对这种情况，作为节水技术之一，中水利用是缓解城市水资源紧缺的切实可行的有效措施。建筑中水利用是将使用过的受到污染的水处理后再次利用，既减少了污水的外排量、减轻了城市排水系统的负荷，又可以有效的利用和节约淡水资源，减少对水环境的污染，具有明显的社会效益、环境效益和经济效益。

城市建筑小区的中水可回用于小区绿化、景观用水、洗车、清洗建筑物和道路以及室内冲洗厕所等。中水回用对水质的要求低于生活用水标准，具有处理工艺简单、占地面积小、运行操作简便、征地费用低、投资少等特点。近年来，城市建筑小区中水回用的实践证明，中水回用可大量节约饮用水的用量，缓和城市用水的供需矛盾，减少城市排污系统和污水处理系统的负担，有利于控制水体污染，保护生态环境。同时，面对国家实施的“用水定额管理”和“超定额累进加价”制度，中水回

用将为建筑小区居民和物业管理部门带来可观的经济效益。随着建筑小区中水回用工程的进一步推广，其产生的环境效益、经济效益和社会效益将日益明显。

1）国内外建筑中水利用概况

中水技术作为水回用技术，早在20世纪中叶就随工业化国家经济的高度发展、世界性水资源紧缺和环境污染的加剧而出现了。面对水资源危机，日本在20世纪60年代中期就开始污、废水回用，主要回用于工业农业和日常生活，称为“中水道”。美国和西欧发达国家也很早就推出了成套的处理设备和技术，其处理设备比较先进，水的回用率较高。

我国对城市污水问题的研究，早在1958年就列入了国家科研课题。1986年，北京市人民政府第56号文件明确规定：今后凡新建建筑面积2万m^2以上的旅馆、饭店、公寓及建筑面积3万m^2的机关、科研单位、大专院校和大型文化、体育等建筑，应配套建设中水设施并应与主体建筑工程同时设计、同时施工、同时交付使用。之后，许多城市根据当地实际情况，发布了类似的政府令或其他节约用水管理办法、法规等，推广节约用水的新技术、新工艺，新设备，鼓励实行循环用水、一水多用和废水回收利用。1994年石家庄市人民政府以第50号政府令的形式发布了《石家庄市城市节约用水管理办法》。全国各地都按照《中国21世纪议程》要求制定了本省的碧水蓝天绿地计划，走可持续发展的道路。废水回用的多项课题先后被列入了国家重点科技攻关计划，投入相当可观的人力物力，对一些关键技术进行攻关，科技人员经过30多年的实验研究和应用开发，已经在回用技术上取得突破，并对人们的观念意识产生重大影响。废水回用已被国家作为一条基本政策加以肯定，规定城市污水应作为优先开发的水资源，在水未被充分利用之前，禁止随意排放，各地的污水处理厂建设必须将处理与回用结合起来。

2）中水利用基本概念

“中水”一词源于日文。它的意思是相对于“上水”和“下水”而言的。“上水”指的是城市自来水，即未经使用的新鲜水；“下水”指的是城市污水，即已经使用过并且采用排放措施将其扔掉的水。而“中水”则是指将使用过的水再进行利用的水。所谓“利用”是强调中水的品质及其经济可行性。广义上讲，水都是在重复利用的，水是循环的，废弃的水将返回到它的集体一地表水系或地下水系，形成一个循环。我们通常所称的中水是对建筑物、建筑小区的配套设施而言，又称为中水设施。

建筑中水是指把民用建筑或建筑小区内的生活污水或生产活动中属于生活排放的污水和雨水等杂水收集起来，经过处理达到一定的水质标准后，回用于民用建筑或建筑小区内，用作小区绿化、景观用水、洗车、清洗建筑物和道路以及室内冲洗便器等的供水系统，如图5-7所示。建筑中水工程属于小规模的污水处理回用工程，相对于大规模的城市污水处理回用而言，具有分散、灵活、无需长距离输水和运行管理方便等特点。

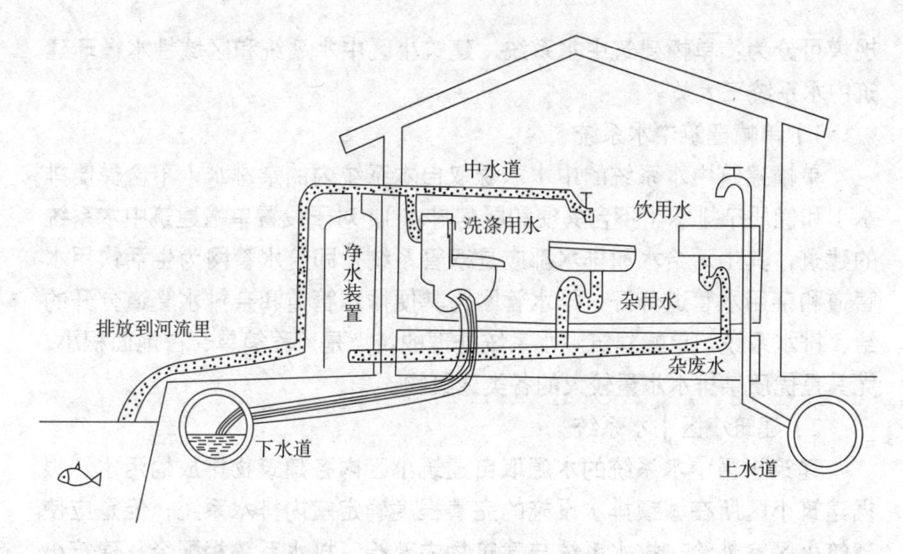

图 5-7　建筑中水系统示意图

3）建筑中水回用的意义

大量工程实践证明，建筑中水回用具有显著的环境效益、经济效益和社会效益，如下：

①减少自来水消耗量，缓解城市用水的困难；

②可减少城市生活污水排放量，减轻城市排污系统和污水处理系统的负担，并可在一定程度上控制水体的污染，保护生态环境；

③建筑中水回用的水处理工艺简单，运行操作方便，供水成本低，基建投资小。

由于目前大部分地区的水资源费和自来水价格偏低，对于大多数实施建筑中水回用的单位来讲，其直接经济效益尚不尽如人意，但考虑到水资源短缺的大趋势以及引水排水工程的投资越来越大等因素，各城市的水资源增容费用和自来水价格必将逐步提高，而随着建筑中水技术的日益成熟和设计、管理水平的不断提高，中水的成本将会呈下降趋势。

4）建筑中水回用存在的问题

我国建筑中水回用在发展中仍然存在一些问题。目前，相关政策法规和技术规范不健全，未形成配套产业政策和法规体系。建筑中水回用还没有形成市场机制，在中水设施的建设过程中没有发挥好经济杠杆的作用。中水工程建设程序混乱，对于建筑中水，一些设计部门只做集水和供水管道设计，不做水处理部分的设计，从而造成设计、施工、安装调试、运行等环节相互脱节，工程质量低下。

由于技术力量不足，设计经验欠缺，常常出现建筑中水回用工程投入使用后运行不正常，出水水质不达标或运行成本高等问题，以致目前国内已建成的中水工程运行率不高，给中水工程的推广使用带来了负面影响。

2. 建筑中水系统的类型和组成

建筑中水系统是给排水工程技术、水处理工程技术及建筑环境工程技术相互交叉、有机结合的一项系统工程。建筑中水系统按服务范围和规模可分为：单幢建筑中水系统、建筑小区中水系统和区域性水循环建筑中水系统三大类。

1）单幢建筑中水系统

单幢建筑中水系统的中水水源取自本系统内的杂排水（不含粪便排水）和优质杂排水（不含粪便和厨房排水）。对于设置单幢建筑中水系统的建筑，其生活给水和排水都应是双管系统，即给水管网为生活饮用水管道和杂用水管道分开，排水管网为粪便排水管道和杂排水管道分开的给、排水系统。单幢建筑中水系统处理的特点是流程简单、占地面积小，尤其是优质杂排水水量较大的各类建筑物。

2）建筑小区中水系统

建筑小区中水系统的水源取自建筑小区内各建筑物排放的污水。根据建筑小区所在城镇排水设施的完善程度确定室内排水系统，但是应使建筑小区室外给、排水系统与建筑物内部给，排水系统相配合。建筑小区中水系统工程的特点是规模较大、管道复杂，但中水集中处理的费用较低，多用于建筑物分布较集中的住宅小区和高层楼群、高等院校等。

目前，设置中水工程的建筑小区室外排水多为粪便、杂排水分流系统，中水水源多取自杂排水。建筑小区和建筑物内部给水管网均为生活饮用水和杂用水双管配水系统。

3）区域性水循环建筑中水系统

区域性水循环建筑中水系统一般以本地区城市污水处理厂的二级处理水为水源。区域性水循环建筑中水系统的室外、室内排水系统可不必设置成分流双管排水系统，但是室内、室外给水管网必须设置成生活饮用水和杂用水双管配水的给水系统。区域性水循环建筑中水系统适用于所在城镇具有污水二级处理设施，并且距污水处理厂较近的地区。

4）建筑中水系统的组成

建筑中水系统由中水原水系统、中水处理系统和中水供水系统三部分组成。中水原水系统是指收集、输送中水原水到中水处理设施的管道系统和相关的附属构筑物；中水处理系统是指对中水原水进行净化处理的工艺流程、处理设备和相关构筑物；中水供水系统是指把处理合格后的中水从水处理站输送到各个用水点的管道系统、输送设备和相关构筑物。

3. 水质与水量

建筑中水原水是指用作中水水源而未经处理的水，主要是来自建筑物内部的生活污水。生活污水是由居民的生活活动而产生的，其水质、水量和污染物浓度与建筑物的类型、居民的人数、居民生活习惯、建筑物内部卫生设备的完善程度以及当地的气候条件等因素有关。

1）中水原水的种类

中水原水的种类可以按水质划分为：

①优质杂排水，包括冷却排水、沐浴排水、盥洗排水和洗衣排水；其特点是悬浮物浓度较低，水质好，容易处理且处理费用较低；

②杂排水，包括优质杂排水和厨房排水；其特点是有机物和悬浮物浓度较高，水质较好，处理费用比优质杂排水高；

③生活污水，包括杂排水和厕所排水；其特点是有机物和悬浮物浓度均很高，水质差，处理工艺复杂，处理费用高。

2）按用途划分

①冷却排水，主要是空调机房冷却循环水中排放的部分废水，其水温较高，污染程度较低；

②沐浴排水，主要指淋浴和盆浴排放的污水，其有机物和悬浮物含量均较低，但皂液含量高；

③盥洗排水，主要指洗脸盆、洗手盆和盥洗槽排放的废水，其水质与沐浴排水相近，但悬浮物浓度较高；

④洗衣排水，主要指宾馆洗衣房的排水，其水质与盥洗排水相近，但洗涤剂含量高；

⑤厨房排水，包括厨房、食堂和餐厅在炊事活动中排放的污水，其有机物浓度、浊度和油脂含量高；

⑥厕所排水，大便器和小便器排放的污水，其有机物浓度、悬浮物浓度和细菌含量都很高。

4．中水原水系统的类型

1）中水原水系统的分类

根据中水原水的水质不同，中水原水系统分为分流制和合流制两类。分流制系统以优质杂排水或杂排水为中水水源，合流制则以综合生活污水为中水水源。

合流系统的特点是水量较分流系统充足且水量稳定；不需专门设置分流管道。其缺点是原水水质差，含有粪便和油污；水处理工艺复杂，必须经过可靠的处理程序；中水水质保障性差，用户接受程度低；中水处理过程对周围环境危害大。

分流系统的特点是原水水质好，有机污染物含量低；水处理工艺流程简单，投资省，占地小；中水水质保障性好，易被用户接受；水处理过程对周围环境危害小。其缺点有原水水量受限制，且不是很稳定；还需专门设置一套分流管道。

2）分流制原水系统的组成

分流制原水系统由建筑物室内污水分流（原水集流）管道和设备、建筑小区污水集流管道和污水泵站及压力管道组成。

建筑物室内污水分流（原水集流）管道和设备的作用是收集洗澡、盥洗和洗涤污水。集流的污水排到室外集流管道，经过建筑物或建筑小区中水处理站净化后回送到建筑小区内各建筑物，作为杂用水使用。室内集流的污水排到室外集流管道时，集流排水的出户管处应设置排水检查井，与室外集流管道相接。

建筑小区污水集流管道可布置在庭院道路或绿地以下，应根据实际情况尽可能地依靠重力把污水输送到中水处理站。建筑小区集流污水管分为干管和支管，根据地形和管道走向情况，可在管网中适当的位置设置检查井、跌水井和溢流井等，以保证集流污水管网的正常运行以及集流污水水量的恒定。

当集流污水不能依靠重力自流输送到中水处理站时，需设置泵站进行提升。在这种情况泵站到中水处理站间的集流污水管道，应设计为压力管道。

5. 中水供水系统

中水供水系统的作用是把处理合格的中水从水处理站输送到各个用水点。凡是设置中水系统的建筑物或建筑小区，其建筑内、外都应分开设置饮用水供水管网和中水供水管网，以及两个管网各自的增压设备和储水设施。常用的增压储水设备（设施）有饮用水蓄水池、饮用水高位水箱、中水储水池、中水高位水箱、水泵或气压供水设备等。

1）中水供水系统的类型

中水供水系统按其用途可分为两类：

（1）生活杂用中水供水系统

该种系统的中水主要供给公共建筑、民用建筑和工厂生活区冲洗便器、冲洗或浇洒路面、绿化和冷却水补充等杂用。

（2）消防中水供水系统

该种系统的中水主要用作建筑小区、大型公共建筑的独立消防系统的消防设备用水。

2）建筑小区室外中水供水系统

（1）室外中水供水系统的组成

室外中水供水系统的组成与一般给水系统的组成相似，一般由中水配水干管、中水分水管、中水配水闸门井、中水储水池，中水高位水箱（水塔）和中水增压设备等组成。经中水处理站处理合格的中水先进入中水储水池，经加压泵站提送到中水高位水箱或中水水塔后进入中水配水干管，再经中水分配管输送到各个中水用水点。

在整个供水区域内，水管网根据管线的作用不同可分为中水配水干管和中水分配管。干管的主要作用是输水，分配管主要用于把中水分配到各个用水点。

（2）室外中水供水管网的布置

根据建筑小区的建筑布局、地形、各用水点对中水水量和水压的要求等情况，中水供水管网可设置成枝状或环状。对于建筑小区面积较小、用水量不大的，可采用枝状管网布置方式；对于建筑小区面积较大且建筑物较多、用水量较大，特别是采用生活杂用一消防共用管网系统的，宜布置成环状管网。

室外中水供水管网的布置应紧密结合建筑小区的建设规划，做到安全统一、分期施工，这样既能及时供应生活杂用水和消防用水，又能适应今后的发展。在确定管网布置方式时，应根据建筑小区地形、道路和用户对水量、水压的要求提出几种管网布置方案，经过技术和经济比较后再最终确定。

3）室内中水供水系统

室内中水供水系统与室内饮用水管网系统类似，也是由进户管、水表节点、管道及附件、增压设备、储水设备等组成，室内杂用—消防共用系统则还应有消防设备。

室内中水系统的供水方式一般应根据建筑物高度、室外中水供水管网的可靠压力、室内中水管网所需压力等因素确定，通常分为以下五种：

（1）直接供水方式（图5-8）

当室外中水管网的水压和水量在一天内任何时间均能满足室内中水管网的用水需要时，可采用这种供水方式，这种方式的优点是设备少、投资省、便于维护、节省能源，是最简单、经济的供水方式，应尽量优先采用。该方式的水平干管可布设在地下或地下室的顶棚下，也可布设在建筑物最高层的天花板下或吊顶层中。

（2）单设屋顶水箱的供水方式（图5-9）

当室外中水管网的水压在一天内大部分时间能够满足室内中水管网的水压要求，仅在用水高峰期时段不能满足供水水压时，可采用这种供水方式。当室外中水管网水压较大时，可供到室内中水管网和屋顶水箱；当室外中水管网的水压因用水高峰而降低时，高层用户可由屋顶水箱供给中水。

（3）设置水泵和屋顶水箱的供水方式（图5-10）

当室外中水管网的水压低于室内中水管网所需的水压或经常不能满足室内供水水压，且室内用水不均匀时，可采用这种供水方式。水泵由吸水井或中水储水池中将中水提升到屋顶水箱，再由屋顶水箱以一定的水压将中水输送到各个用户，从而保证了满足室内管网的供水水压和供水的稳定性。这种供水方式由于水泵可及时向水箱充水，所以水箱体积可以较小；又因为水箱具有调节作用，可保证水泵的出水量稳定，在高效率状态下工作。

（4）分区供水方式（图5-11）

在一些高层建筑物中，室外中水管网的水压往往只能供到建筑物的下面几个楼层，而不能供到较高的楼层。为了充分利用室外中水管网的

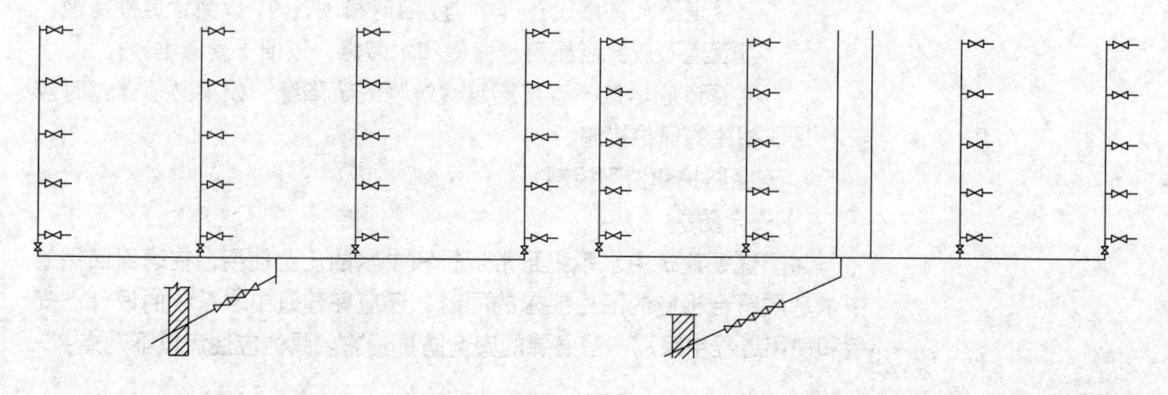

图5-8 直接供水方式管网示意图（左）

图5-9 单设屋顶水箱的供水方式（右）

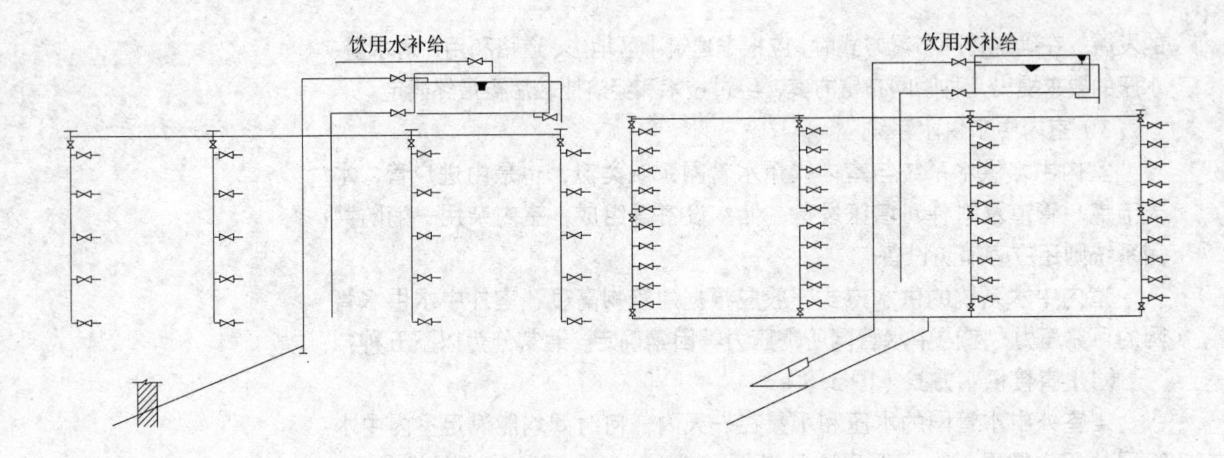

图 5-10　设置水泵和屋顶水箱的供水方式（左）
图 5-11　分区供水方式示意图（右）

水压，通常将建筑物分成上下两个或两个以上的供水区，下区由室外中水管网供水，上区通过水泵和屋顶水箱联合供水。各供水区之间由一根或两根立管连通，在分区处装设阀门，在特殊情况时可使整个管网全部由屋顶水箱供水。

（5）气压供水方式

当室外中水管网的水压经常不足，而建筑物内又不宜设置高位水箱时，可采用这种供水方式。在中水供水系统中设置气压给水设备，并利用该设备的气压水罐内气体的可压缩性，储存调节和升压供水。水泵从储水池或室外中水管网吸水，经加压后送至室内中水管网和气压罐内，停泵时再由气压罐向室内中水管网供水，并由气压水罐调节、储存水量及控制水泵运行。

这种供水方式具有设备可设置于建筑物任意位置、安装方便，水质不容易受到污染，投资省、便于实现自动化控制等优点。其缺点是供水压力波动较大、管理及运行费用较高、供水的安全性较差。

4）室内供水系统的管道布置

室内供水系统的管道布置与建筑物的结构、性质、中水供水点的数量及位置和采用的供水方式有关。管道布置的基本原则如下：

①管道布置时应尽可能呈直线走向，力求长度最短，并与墙、梁、柱平行敷设；

②管道不允许敷设在排水沟、烟道和风道内，以免管道被腐蚀；

③管道不应穿越橱窗、壁橱和木装修，以便于管道维修；

④管道应尽量不直接穿越建筑物的沉降缝，如果必须穿越时应采取相应的保护措施。

6. 安全防护和监测控制

1）安全防护

为了保证建筑中水系统正常运行和中水的安全使用，在确保回用的中水水质符合相应的卫生要求的同时，还应在建筑中水系统的设计、安装和使用过程中采取一些必要的安全防护措施。具体应注意以下几点：

①中水管道外壁应涂浅绿色标志，以区别于其他管道；中水水箱、水池、阀门、水表盖和给水栓均应有明显的“中水”标志；

②中水管道系统在任何情况下都不允许与生活饮用水的管道系统相接，以免误用污染生活饮用水；

③室内中水管道宜明装敷设，不宜埋于墙体或楼面内，以便于检修；

④为避免误饮误用，中水管道上不得设置可直接开启使用的水龙头，便器冲洗宜采用密闭型设备和器具，绿化、浇洒、汽车清洗宜采用壁式或地下式给水栓；

⑤中水管道与生活饮用水管道、排水管道平行敷设时，管道间的水平净距离应不小于 0.5m；交叉敷设时，中水管道应设在生活饮用水管道下面、排水管道上面，管道间净距应不小于 0.15m；

⑥中水储水池（箱）的溢流管、泄空管不得直接与下水道连接，应采用间接排水的隔断措施，以防止下水道污染中水。另外，溢流管和排气管应设网罩防止蚊虫进入；

⑦中水管道宜采用耐腐蚀的塑料管、衬塑钢管或复合管；

⑧为保证中水系统发生故障或检修时不会造成供水间断，在中水供水系统中应设有生活饮用水应急补水设施；生活饮用水补水管出口与中水储水池（箱）内的最高水位间应有不小于 1.5 倍补水管径的空气隔断，以保证中水不会向生活饮用水管倒流而造成污染。

2）监测控制

要保证中水处理系统的正常运行和中水的安全使用，除了工艺设计合理、设备稳定可靠之外，在日常的运行和管理维护中还应进行必要的监测控制，具体措施如下：

①选择和使用可靠的消毒剂，并在必要的位置设置监测仪表，严格掌握和控制中水的消毒过程，保证消毒剂的最低投加量及其与中水的有效接触时间；

②在中水系统的原水管和中水管的适当位置设置取样管和计量装置，并定期取样送检，以便及时监测和掌握水质和水量情况；

③在中水处理过程中往往会产生一定的臭味和噪声，为了减少操作人员直接接触的机会，应根据工程具体情况，采用必要的自控系统进行监测和操作；

④为确保中水系统的安全、稳定运行，运行管理和操作人员必须经过专门培训，取得资格后方可上岗。

7. 家庭中水利用

家庭中水是指家庭使用过的、经过一定处理后再回用于家庭的污水、废水。家庭优质杂排水回用在我国一些地区的部分家庭，尤其在缺水地区家庭已有一定的基础。家庭中水水源近且污染程序低、处理工艺简单、处理费用低，使用自家的回用水居民也更容易接受。

家庭中水水源一般包括盥洗排水、沐浴排水、洗衣排水、厨房排水和厕所排水等，对其选用的先后顺序一般为：沐浴排水、盥洗排水、洗衣排水、厨房排水、厕所排水。根据家庭优质杂排水的污染成分、净化后的用途，适合采用的处理方法有物理法、生物法和物化法，也可以两种及以上的技术组合成串联工艺，提高净化效果。

家庭中水主要实用于冲厕、家庭清洁、观赏植物用水等，可节约家庭用水的 30%~50%，如采用深度处理工艺，家庭中水的使用范围将进一步扩大到 70% 左右。家庭中水处理流程简单，相对应的设备投资以及处理费用都很低。随着城市污水处理费和水资源费的调整，城市综合水价将进一步提高，家庭中水系统的经济实用性也在增加，其推广使用的前景也更光明。

家庭中水利用具有处理方式灵活、设备简单，输配水管线短，安装运行费用低等优势，符合我国经济社会发展的需要，这一技术的广泛推进，可以节约宝贵的水资源，缓和城市用水的供需矛盾，减少城市排水系统的负担，控制水污染，保护生态环境，具有良好的社会效益、环境效益和显著的经济效益。

第6章 绿色建筑材料

建筑是由建筑材料构成的，作为建筑材料而言，在生产、使用过程中，一方面消耗大量的能源，产生大量的粉尘和有害气体，污染大气和环境；另一方面，使用中会挥发出有害气体，对长期居住的人来说，会对健康产生影响。鼓励和倡导生产、使用绿色建材，对保护环境，改善人民的居住质量，做到可持续的经济发展是至关重要的。

6.1 绿色建筑材料概述

6.1.1 绿色建筑材料的定义与内涵

1988 年第一届国际材料科学研究会议提出了“绿色材料”的概念。1990 年日本山本良一提出“生态环境材料”的概念。认为生态环境材料应是将先进性、环境协调性和舒适性融为一体的新型材料。生态环境材料应具有三大特点：一是先进性，即能为人类开拓更广阔的活动范围和环境；二是环境协调性，使人类的活动范围同外部环境尽可能协调；三是舒适性，使人类生活环境更加舒适。传统材料主要追求的是材料优异的使用性能，而生态环境材料除追求材料优异的使用性能外，还强调从材料的制造、使用、废弃直到再生的整个生命周期必须具备与生态环境的协调共存性以及舒适性。我国左铁镛院士提出：生态环境材料是同时具有满意的使用性能和优异的环境协调性，或者是能够改善环境的材料。生态环境材料实质是赋予传统结构材料、功能材料以特别优异的环境协调性的材料，它是由材料工作者在环境意识指导下，或开发新型材料，或改进传统材料所获得。任何一种材料只要经过改造达到节约资源并与环境协调共存的要求，就应视为生态环境材料。

1992 年国际学术界明确提出：绿色材料是指在原料采取、产品制造、使用或者再循环以及废料处理等环节中对地球环境负荷最小和有利于人类健康的材料。

1998 年在科学技术部、国家 863 新材料领域专家委员会、国家自然科学基金委员会等单位联合组织的“生态环境材料研究战略研讨会”上，提出生态环境材料的基本定义为：具有满意的使用性能和优良的环境协调性，或能够改善环境的材料。所谓环境协调性是指所用的资源和能源的消耗量最少，生产与使用过程对生态环境的影响最小，再生循环率最高。生态环境材料是指那些具有满意的使用性能并在其制备、使用及废弃过程中对资源和能源消耗小、对环境影响较小且再生利用率高的一类材料。

1999年在我国首届全国绿色建材发展与应用研讨会上提出绿色建材的定义。绿色建材是采用清洁生产技术，不用或少用天然资源和能源，大量使用工农业或城市固态废弃物生产的无毒害、无污染、无放射性，达到使用周期后可回收利用，有利于环境保护和人体健康的建筑材料。绿色建材的定义围绕原料采用、产品制造、使用和废弃物处理四个环节，并实现对地球环境负荷最小和有利于人类健康两大目标，达到“健康、环保、安全及质量优良”四个目的。绿色建材的含义不仅仅是使用阶段达到健康要求和“绿色”标准，而且要求在原材料的制备、生产以至废弃物的回收利用等建筑材料全生命周期的其他阶段都与环境协调一致。绿色建材除要具备生命周期各阶段的先进性（如技术的可靠性、材料功能和使用性能的先进性、回收处理及再利用技术的先进性）外，还要具备环境协调性，包括材料寿命周期的能源属性指标、资源属性指标、环境属性指标等。

绿色建材，指健康型、环保型、安全型的建筑材料，在国际上也称为“健康建材”或“环保建材”，绿色建材不是指单独的建材产品，而是对建材“健康、环保、安全”品性的评价。它注重建材对人体健康和环保所造成的影响及安全防火性能。在国外，绿色建材早已在建筑、装饰施工中广泛应用，在国内它只作为一个概念刚开始为大众所认识。绿色建材是采用清洁生产技术，使用工业或城市固态废弃物生产的建筑材料，它具有消磁、消声、调光、调温、隔热、防火、抗静电的性能，并具有调节人体机能的特种新型功能建筑材料。

绿色建材是材料科学的概念，绿色建材属于生态环境材料，其定义应该与生态环境材料的定义相同。对生态环境材料的定义，虽有不同的看法，但主要方面取得共识，例如，“生态环境材料是具有满意的使用性能和优良的环境协调性的材料。所谓优良的环境协调性是指在原料的采取制备、产品的生产制造、服役使用、废弃后的处置和循环再生利用的全过程中对资源和能源消耗少，对生态和环境污染小，循环再生利用率高”。由于对使用性能的要求与传统材料并无二致，生态环境材料定义区别于传统材料的主要是其环境协调性。应该指出的是，上述定义仍有不确定性，如“消耗少、污染小，利用率高”的要求没有确定的标准。关于定义的其他不同要求还有“舒适性”“能够改善环境”“有利于人体健康”“利用废弃物”等。但是，这些附加的特征要求将更加局限生态环境材料的范畴。因此，从目前的发展水平来说，具有满意使用性能的任何材料，只要同时具有优异于传统材料的环境协调性，就应该视为生态环境材料，绿色建材同理。对于传统材料而言，只要经过改造后具有满意的使用性能和优良的环境协调性，就应该视为生态环境材料。

然而，对人体健康的直接影响仅是绿色建材内涵的一个方面，而作为绿色建材的发展战略，应从原料采集、产品的制造、应用过程和使用后的再生循环利用等四个方面进行全面系统的考察，方能界定是否称得

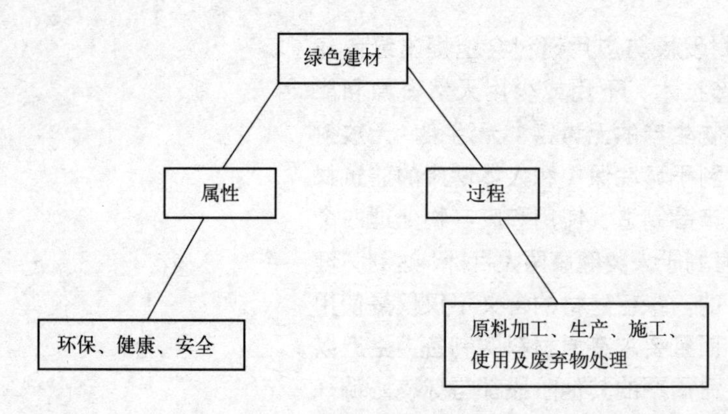

图 6-1　绿色建材的概念示意图

上绿色建材。众所周知，环境问题已成为人类发展必须面对的严峻课题。人类不断开采地球上的资源后，地球上的资源必然越来越少，为了人类文明的延续，也为了地球生物的生存，人类必须改变观念，改变对待自然的态度，由一味向自然索取转变为珍惜资源，爱护环境，与自然和谐相处。人类在积极地寻找新资源的同时，目前最紧迫的应是考虑合理配置地球上的现有资源和再生循环利用问题，既能满足当代社会需求又不致危害未来社会的发展，做到发展与环境的统一，眼前与长远的结合。

绿色建材是生态环境材料在建筑材料领域的延伸，是对建材“健康、环保、安全”等属性的一种要求，对原料加工、生产、施工、使用及废弃物处理等环节贯彻环保意识并实施环保技术，保证社会经济的可持续发展，如图 6-1 所示。

在现阶段，绿色建材的含义应包括以下几个方面：

①以相对最低的资源和能源消耗、环境污染为代价生产的高性能传统建筑材料，如用现代先进工艺和技术生产的高质量水泥；

②能大幅度地减少建筑能耗（包括生产和使用过程中的能耗）的建材制品，如具有轻质、高强、防水、保温、隔热、隔声等功能的新型墙体材料；

③具有更高的使用效率和优异的材料性能，从而能降低材料的消耗，如高性能水泥混凝土、轻质高强混凝土；

④具有改善居室生态环境和保健功能的建筑材料，如抗菌、除臭、调温、调湿、屏蔽有害射线的多功能玻璃、陶瓷、涂料；

⑤能大量利用工业废弃物的建筑材料，如净化污水、固化有毒有害工业废渣的水泥材料，或经资源化和高性能化后的矿渣、粉煤灰、硅灰、沸石等水泥组分材料。

从广义上讲，绿色建材包括对生产原料、生产过程、施工过程、使用过程和废弃物处置五大环节的分项评价和综合评价。绿色建材代表了 21 世纪建筑材料的发展方向，是符合世界发展趋势和人类要求的建筑材料，必然在未来的建材行业中占主导地位，成为今后建筑材料发展的必然趋势。

6.1.2　绿色建材的特点与分类

绿色建材是相对于传统建材而言的一类新型建筑材料，它不仅指新型环境协调型材料，也应包括经环境协调化后的传统材料（包括结构材料和功能材料）。其区别于传统建材的基本特征可以归纳为以下五个方面：

①其生产所用原料尽可能少用天然资源，大量使用尾矿、废渣、垃圾、废液等废弃物；

②采用低能耗制造工艺和对环境无污染的生产技术；

③在产品配制或生产过程中，不得使用对人体和环境有害的污染物质，如甲醛、卤化物溶剂或芳香族碳氢化合物；产品中不得含有汞及其化合物；不得用铅、镉、铬等金属及其化合物的颜料和添加剂；

④产品的设计是以改善生产环境、提高生活质量为宗旨，即产品不仅不损害人体健康，而且应有益于人体健康，产品具有多种功能，如抗菌、灭菌、防霉、除臭、隔热、阻燃、防火、调温、调湿、消磁、防射线、抗静电等；

⑤产品可循环或回收再利用，无污染环境的废弃物。

根据绿色建材的特点，可以大致分为5类：节省能源和资源型、环保利废型、特殊环境型、安全舒适型和保健功能型。其中后两种类型与家居装修关系尤为密切。

所谓安全舒适型是指具有轻质、高强、防火、防水、保温、隔热、隔声、调温、调光、无毒、无害等性能的建材产品。这类产品纠正了传统建材仅重视建筑结构和装饰性能，而忽视安全舒适功能的倾向，因而此类建材非常适用于室内装饰装修。

所谓保健功能型是指具有保护和促进人类健康功能的建材产品，如具有消毒、防臭、灭菌、防霉、抗静电、防辐射、吸附二氧化碳等对人体有害的气体等功能。这类产品是室内装饰装修材料中的新秀，也是值得今后大力开发、生产和推广使用的新型建材产品。

在家居装修中居室环境质量最重要的两个方面就是居室空气环境质量和噪声指标，尤其是居室空气环境质量，直接关系到人们的身体健康和生命安全。如今，因家居装修中使用未获认证的溶剂型塑料和建筑胶粘剂导致室内居民咳嗽、胸闷等呼吸道刺激症状和敏感性体质人的脑电图改变；因使用石棉制品引起的癌症；因使用含有超过限量的放射性物质（如放射性为B类的天然石材产品，某些含铀等放射性元素高的花岗石装饰板，某些会散发出氡气的砖制品和混凝土制品）而引起的肺癌发病率提高，以及其他病症的产生，已普遍受到消费者的关注。据调查资料显示，大约有85%的消费者愿意多支付10%的钱购买已取得环境标志认证的绿色建材产品，尤其是当政府机构建立完善的环境标志制度以后，这一购买倾向表现得更为明显，绿色建材将成为家居装修的必然选择。

6.1.3 国内绿色建筑材料的发展现状与趋势

1. 我国建筑材料工业现状

我国建筑材料工业现状概括起来为“大而不强”，主要表现有“四大五低”。“四大”就是：

①建材产品产量大我国建筑材料行业发展迅速。目前，我国建材产品年总产量已达 50 亿吨；

②企业数量大全国建材企业数量多达 22 万家；

③职工队伍大职工人数多，约 1 300 万人；

④能源消耗大。建材行业每年消耗能源折合标准煤达 2.3 亿 t，占全国工业总能耗的 12.84%，为全国工业第二耗能大户，同时带来了严重的环境污染。

“五低”就是：

①劳动生产率低；仅为全国工业企业平均水平的 50% 左右，国际先进水平的 1/15；

②集约化程度低；全行业具有一定规模的现代化企业不到 10%，规模小、机械化和自动化程度低的小型企业占绝大多数；

③科技含量低；绝大多数建材企业没有自己的研究开发基地，技术创新能力差；

④市场应变能力低；重复建设、盲目生产严重，资源、能源、人力和资金浪费严重；

⑤经济效益低；这是劳动生产率低、集约化程度低、科技含量低和市场应变能力低的必然结果。

2. 我国建筑材料的发展趋势

建筑材料工业“十三五”规划中明确指出：建材新兴产业及制品的工业增加值达到建材工业总量的 50%；规模以上企业单位工业增加值能耗比“十二五”降低 20%；单位工业增加值二氧化碳排放量降低 25% 左右，烟粉尘排放总量削减 30%，二氧化硫排放总量削减 12%，氮氧化物总量削减 40%；综合利用废弃物总量比“十二五”增加 12% 左右。建材工业必须改变以浪费资源和牺牲环境为代价的发展方式，加快推行清洁生产，向提高质量、节能、节水、利废和环保的方向发展。发展绿色建材其实质就是大力推进建材生产和建材产品的绿色化进程，它将推动传统建材行业的技术改造和产品的升级换代，促使建材行业施行清洁生产，推行建筑材料的循环再生制度及技术的发展，从而促进行业节能降耗和减少污染的技术措施的推广。同时产生一批全新的生态功能材料，形成一批新的产业和新的经济增长点，提高人民的居住水平和生活质量。建材产量的持续增长与生态环境的协调发展是中国建材工业必须解决的重大课题，而发展绿色建材是解决这些问题的有效途径。与发达国家大力发展绿色建材的趋势相同，我国近年来通过一些国家层面的绿色建材项目，确定了绿色建材的定义和基本评价体系，并依托“中国（北京）国际绿色建材展览会”和“中国绿色建材发展论坛”等交流平台，有力地推动了中国绿色建材的发展。绿色建材方面相关课题包括：合理利用矿产资源，降低环境负荷，推广节能及清洁生产技术，减少环境污染，推广绿色产品保障人体健康，制定和完善绿色建材产品标准，研制和推广绿色建材产品以及推行建筑材料的再生利用等。一些科研院所、企业率先研究开发的保健抗菌装饰材料、保健抗菌釉面砖和 HEC 高强耐水体固结剂等绿色建筑材料已达到国际先进水平。但大多数企业对绿色建材的发展和应用认识不足，国内至今还未形成绿色建材应用的社会氛围和标准体系；产品缺乏与国际惯例相符的绿色建材认证标准，难以适应国际建材产品贸易的要求。我国加入 WTO 后，建材行业发展依靠资源、廉价劳动力的时代已逐渐成为历史，应用高新技术改造传统的建材业，大力发展我国绿色建材及其产业具有重要的现实意义。所以目前我国发展绿色建材有三大方向，具体如下：

1）资源节约型绿色建材

我国的土地资源严重不足，而传统建材的生产消耗资源量极大。每生产 1 亿块黏土砖，需耗用黏土资源 $2.17\times10^5m^3$。因此，加快发展资源节约型材料就显得尤为重要和迫切。原材料的耗用可能导致资源枯竭，建筑材料生产过程中会产生导致酸雨的有害物质，建筑物的废弃又会产生大量的建筑垃圾。无公害、无污染、利于环保的建材将是以后建材业的必然趋势。目前建材生产在我国是以破坏、占有土地林木为代价的。我国每年建材资源消耗为 5×10^9t，毁坏农田 $6.7\times10^7m^2$，带来了相当多的可持续发展问题，如局部环境的破坏及生物多样性的损失。资源节约型绿色建材可通过实施节省资源的措施来实现，也可采用原材料替代的方法。

2）能源节约型绿色建材

节能型绿色建材不仅指材料本身制造过程能耗低，而且在使用过程中应有助于降低建筑物和设备的能耗。建材工业是仅次于电力工业的第二能耗大户，每年消耗能源超过 2.3×10^8t 标准煤，约占全国总能源消耗的 15.8%。我国建材生产的平均单位能耗远高于世界先进水平，节能潜力很大。我国建筑物在使用过程中的能耗约为建筑材料制造过程能耗的 7~8 倍，与发达国家相比，单位建筑面积能耗是其 2~3 倍，但我国人均能源资源占有量还不到世界人均水平的 1/2。

3）环境友好型绿色建材

传统工艺中，生产 1t 普通硅酸盐水泥，排放的二氧化碳（CO_2）约为 1t，二氧化硫（SO_2）约为 0.74kg，粉尘约 130kg，环境污染非常严重。由于使用不合格的建筑材料而造成的室内环境污染，又影响了人体健康。因此，开发研制环境友好型绿色材料必将进入一个快速发展的时期。近 20 年来，世界建材工业相继发生了一系列重大的技术革命。平板玻璃浮法成型、新型干法水泥生产、墙地砖一次烧成、卫生陶瓷高压注浆成型、玻璃纤维池窑拉丝等创新技术相继出现并得到应用，极大地提高了劳动生产率和产品质量，扩大了生产规模，降低了产品能耗，有效控制了烟尘、粉尘、有害气体的排放，引发了世界建材工业的快速发展，解决了全球对建材产品的巨大需求。

6.1.4 其他国家绿色建材的发展及认证

近20年来，许多国家对绿色建材的发展非常重视，特别是21世纪以后，绿色建材的发展速度明显加快，先后制订了有机挥发物（VOC）散发量的试验方法，规定了绿色建材的性能标准，对建材制品开始推行低散发量标志认证，并积极开发了绿色建材新产品。在提倡和发展绿色建材的基础上，一些国家已经建成了居住或办公用样板健康建筑，取得了良好的社会和经济效果，受到高度的评价和欢迎。

1. 德国的“蓝天使”环境标志计划

德国的环境标志计划始于1977年，是世界上最早的环境标志计划，低VOC散发量的产品可获得“蓝天使”标志。考虑的因素主要包括污染物散发、废料产生、再次循环使用、噪声和有害物质等。对各种涂料规定最大VOC含量，禁用一些有害材料。对于木制品的基体材料，在标准室试验中的最大甲醛浓度为0.1×10^{-6}或4.5mg/100g（干板），装饰后产品在标准室试验中的最大甲醛浓度为0.05×10^{-6}，最大散发率为$2mg/m^3$。液体色料由于散发烃，不允许使用。此外，很多产品不允许含德国危险物资法令中禁用的任何填料。德国开发的“蓝天使”标志的建材产品，侧重于从环境危害大的产品入手，取得了很好的环境效益。在德国，带“蓝天使”标志的产品已超过73个。“蓝天使”标志已为约80%的德国用户所接受，获此标志的产品市场销售额急剧增加。

2. 加拿大的Ecologo环境标志计划

加拿大是积极推动和发展绿色建材的北美国家。加拿大的Ecologo环境标志计划规定了材料中的有机物散发总量（TVOC）水性涂料的TVOC指标为不大于250g/L，是针对高光泽漆规定的。现在多数水性涂料的TVOC在100~150g/L，已有零TVOC涂料供货。此外，水性涂料不得使用含芳香族、卤化溶剂、甲醛或水银、铅、镉或六元铬的物质。由于新的水性涂料具有几乎与溶剂型涂料相同的耐久性，可能取消溶剂型涂料的认证，水性涂料已扩大应用于木饰面和木着色剂。胶粘剂的TVOC规定为不大于20g/L，不允许用硼砂。密封膏的规定与胶粘剂相同。

加拿大新的Ecologo环境标志计划扩大了材料范围，修改了一些TVOC指标要求。Ecologo对刨花板的TVOC的建议最大值为$180\mu g/m^3$或0.15×10^{-6}，对中密度纤维板和硬木板的推荐最大浓度为$180\mu g/m^3$或0.15×10^{-6}，对地毯的最大散发量规定为：4-PC（4-甲基环己烯）$0.1mg/(m^2\cdot h)$、甲醛$0.05mg/(m^2\cdot h)$、苯$0.4mg/(m^2\cdot h)$、TVOC $0.5mg/(m^2\cdot h)$、聚合物缓冲层和纤维底衬的4-PC不大于$0.1mg/(m^2\cdot h)$。装饰硬木地板的饰面料必须是水性的或100%固体紫外线固化的，TVOC不大于$0.5mg/m^3$。办公室用装饰板材的TVOC不大于$0.5mg/m^3$。

3. 美国的健康材料

美国是较早提出环境标志的国家，均由地方组织实施，至今对健康材料还没有作出全国统一的要求，但各州、市对建材的污染物已有严格的限制，而且要求越来越高。材料生产厂家都感觉到各地环保规定的压力，不符合限定的产品要交纳重税和罚款。在过去 10 年，环保压力导致很多产品更新，特别是开发出越来越多的低有机挥发物含量的产品。过去地面胶粘剂长期使用氯化溶剂基胶粘剂，现在向水性胶粘剂过渡，例如 1996 年推出单组分聚氨酯水性胶粘剂，可以涂抹施工，功能良好，迅速占有市场。美国的建筑涂料已过渡到以水性涂料为主，近 75% 由胶乳组成，而且这一趋势还将继续下去。美国的涂料工业界对 VOC 含量的要求日益严格，将更多采用水溶性聚合物和流变改进剂。在屋面防水片材工业中，1996 年单组分丁基胶液体胶粘剂的使用降低了 8%，水性胶粘剂的使用增长了 10%，有 84% 的承包商使用胶粘接缝带铺设防水片材。

华盛顿州要求为办公人员提供高效率、安全和舒适的工作环境，颁布建材散发量要求来作为机关采购的依据。产品包括办公家具、地毯、胶粘剂、墙体涂料、防火材料等，要求室内饰面料和办公家具在正常使用条件下 TVOC 不得超过 $0.5mg/m^3$，可吸入的颗粒不得超过 $0.05mg/m^3$，甲醛不得超过 $0.06mg/m^3$，4-PC 不得超过 $0.0065mg/m^3$（仅对地毯）。加利福尼亚 Sacramer 城区，1998 年以后实行的对胶粘剂和密封膏的 VOC 限量为：金属—聚氨酯膜或铸造用胶粘剂由 850g/L 减到 250g/L；薄金属层合胶粘剂打底料由 650g/L 减到 150g/L；单层屋面膜胶粘剂打底料和安装、装修胶粘剂由 650g/L 减到 250g/L；拱底安装胶粘剂由 200g/L 减到 150g/L；陶瓷面砖铺设胶粘剂由 150g/L 减到 130g/L。1997 年规定 10 种密封膏及打底料的 VOC 限量如下（1998 年无更严格要求）：多孔材料建筑密封打底料 775g/L；舰船甲板密封膏及密封打底料 760g/L；其他密封打底料 750g/L；单层屋面膜密封膏 420g/L；非膜类屋面铺设和修理用密封膏 300g/L；建筑密封膏、道路密封膏及非多孔材料建筑密封剂打底料 250g/L。

4. 丹麦的认证标志计划

丹麦于 1992 年发起建筑材料室内气候标志（DICL）系统。材料评价的依据是最常见的与人体健康有关的厌恶气味和黏液膜刺激两个项目。已经制定了两个标准：一个是织物地面材料的（如地毯、衬垫等）；另一个是吊顶材料和墙体材料的（如石膏板、矿棉、玻璃棉、金属板）。墙体和吊顶系统的主要有机挥发物是甲醛，最大允许时间为 30d，1995 年试验的 12 个产品有 11 个合格。丁苯胶乳背衬地毯系统的主要有机挥发物是 4-PC，最大允许时间为 30d，试验的 4 个地毯均合格。该计划的目的在于促进低污染建筑产品的发展，实行时间不长，但一些厂家已大大缩短了产品的最大允许时间值。

5. 瑞典的地面材料试验计划

瑞典的地面材料业很发达，大量出口，已实行了自愿性试验计划，测量其化学物质散发量。测量在 4 周和 26 周时进行，测量结果由厂家在产品上标出，包括 4 周和 26 周时的 TVOC，4 周时的非正式标准为

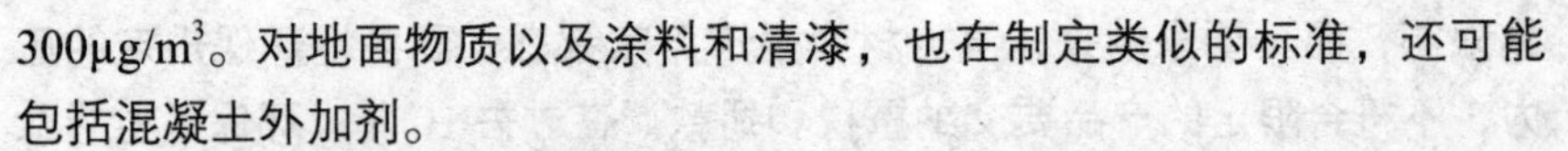
300μg/m^3。对地面物质以及涂料和清漆，也在制定类似的标准，还可能包括混凝土外加剂。

6. 绿色建材在日本的发展

日本政府对绿色建材的发展非常重视。于1998年开展环境标志工作，至今环保产品已有2 500多种，日本科技厅于1993年制定并实施了“环境调和材料研究计划”。通产省制定了环境产业设想并成立了环境调查和产品调整委员会。近年来在绿色建材的产品研究和开发以及健康住宅样板工程的兴建等方面都获得了可喜的成果。如秩父—小野田水泥已建成了日产50t生态水泥的实验生产线，日本东陶公司研制成可有效地抑制杂菌繁殖和防止霉变的保健型瓷砖；日本铃木产业公司开发出具有调节湿度功能和防止壁面生霉的壁砖和可净化空气的预制板等。

日本于1997年夏天在兵库县建成一栋实验型“健康住宅”，整个住宅尽可能不选用有害健康的新型建筑材料，其建筑费用比普通住宅增加约两成；九州市按照日本省能源、减垃圾的“日本环境生态住宅地方标准”要求，建造了一栋环保生态高层住宅，是综合利用天然材料建造住宅的尝试。

7. 英国的绿色建材概况

英国是研究开发绿色建材较早的欧洲国家之一。早在1991年英国建筑研究院（BRE）曾对建筑材料及家具等室内用品对室内空气质量产生的有害影响进行了研究；通过对臭味、霉菌等的调研和测试，提出了污染物、污染源对室内空气质量的影响。通过对涂料、密封膏、胶粘剂、塑料及其他建筑制品的测试，提出了这些建筑材料在不同时间的有机挥发物散发率和散发量。对室内空气质量的控制、防治提出了建议，并着手研究开发了一些绿色建筑材料。

6.2 绿色建筑材料的选择与运用

发展绿色建筑已成为我国实现社会和经济可持续发展的重要一环，受到建筑工程界的极大关注，并开展了大量的研究和实践。发展绿色建筑涉及规划、设计、材料、施工等方方面面的工作，对建筑材料的选用是其中很重要的一个方面。

6.2.1 绿色建筑材料的选择原则

1. 符合国家的资源利用政策

1）禁用或限用实心黏土砖、少用其他黏土制品

我国人均耕地只有1.4亩（约933平方米），为保证国家粮食安全的耕地后备资源严重不足。据统计，我国每年烧制实心黏土砖需要耗费土地50万亩（约3.33万公顷）左右，每年用土量约10亿立方米，其中占用了相当一部分的耕地，这是造成耕地面积减少的重要原因之一。在当前实心黏土砖的价格低廉和对砌筑技术要求不高的优势仍有极大吸引力

的情况下，用材单位一定要认真执行国家和地方政府的规定，不使用实心黏土砖。空心黏土制品也要占用土地资源，因此在土地资源不足的地方也应尽量少用，而且一定要用高档次高质量的空心黏土制品，以促进生产企业提高土地资源的利用效率。

2）选用利废型建材产品

这是实现废弃物“资源化”的最主要的途径，也是减少对不可再生资源需求的最有效的措施。利用工农业、城市和自然废弃物生产建筑材料，包括利用页岩、煤矸石、粉煤灰、矿渣、赤泥、河库淤泥、秸秆等废弃物生产的各种墙体材料、市政材料、水泥、陶粒等，或在混凝土中直接掺用粉煤灰、矿渣等。绝大多数利废型建材产品已有国家标准或行业标准，可以放心使用。但这些墙体材料与黏土砖的施工性能不一样，不可按老习惯操作。使用单位必须做好操作人员的技术培训工作，掌握这些产品的施工技术要点，才能做出合格的工程。

3）选用可循环利用的建筑材料

目前除了部分钢构件和木构件外，这类产品还很少，但已有产品上市。例如连锁式小型空心砌块，砌筑时不用或少用砂浆，主要是靠相互连锁形成墙体；当房屋空间改变需拆除隔墙时，不用砂浆砌筑的大量砌块完全可以重复使用。又如外墙自锁式干挂装饰砌块，通过搭叠和自锁安装，完全不用砂浆，当需改变外装修立面时，能很容易被完整地拆卸下来，重复使用。

4）拆除旧建筑物的废弃物与施工中产生的建筑垃圾的再生利用

这在国内还处于起步阶段，这是使废弃物“减量化”和“再利用”的一项技术措施。例如将结构施工的垃圾经分拣粉碎后与砂子混合作为细骨料配制砂浆。将回收的废砖块和废混凝土经分拣破碎后作为再生骨料用于生产非承重的墙体材料和小型市政或庭园材料。将经过优选的废混凝土块分拣、破碎、筛分和配合混匀形成多种规格的再生骨料后可配制强度等级C30以下的混凝土，其抗压强度可满足设计要求，其他力学性能指标和耐久性指标与普通混凝土接近，和易性可满足施工要求，甚至可配制泵送混凝土。在修路现场用70%的旧沥青混凝土和30%的新沥青混凝土经特殊工艺配制成性能合格的铺路材料。用废热塑性塑料和木屑为原料生产塑木制品，具有木材的观感，可锯可钉，用于制作家具、楼梯扶手、装饰线条和栅栏板等。对于此类材料的再生利用一定要有技术指导，经过试验和检验，保证制成品的质量。

2. 符合国家的节能政策

1）选用对降低建筑物运行能耗和改善室内热环境有明显效果的建筑材料

我国建筑的能源消耗占全国能源消耗总量的27%，因此降低建筑的能源消耗已是当务之急。为达到建筑能耗降低50%的目标，必须使用高效的保温隔热的房屋围护材料，包括外墙体材料，屋面材料和外门窗，使用此类围护材料会增加一定的成本，但据专家计算，只需通过 5~7 年就可以由节省的能源耗费收回。在选用节能型围护材料时，一定要与结构体系相配套，并重点关注其热工性能和耐久性能，以保证有长期的优良的保温隔热效果。

2）选用生产能耗低的建筑材料

这有利于节约能源和减少生产建筑材料时排放的废气对大气的污染。例如烧结类的墙体材料比非烧结类的墙体材料的生产能耗高，在满足设计和施工要求的情况下，就应尽量选用非烧结类的墙体材料。

3. 符合国家的节水政策

我国水资源短缺，仅为世界人均值的 1/4，有大量城市严重缺水，因此“节水”已成为建设节约型社会的重中之重。房屋建筑的节水是其中的一项重要措施，而搞好与房屋建筑用水相关的建材产品的选用是极重要的一环。首先要选用品质好的水系统产品，包括管材、管件、阀门及相关设备、保证管道不发生渗漏和破裂；第二要选用节水型的用水器具，如节水龙头、节水坐便器等；第三是选用易清洁或有自洁功能的用水器具，减少器具表面的结污现象和节约清洁用水量；第四是在小区内尽量使用渗水路面砖来修建硬路面，以充分将雨水留在区内土壤中，减少绿化用水。

4. 不损害人的身体健康

1）严格控制材料的有害物含量低于国家标准的限定值

建筑材料的有害物释放是造成室内空气污染而损害人体健康的最主要原因，主要来自：

①高分子有机合成材料释放的挥发性有机化合物（包括苯、甲苯、游离甲醛等）；

②人造木板释放的游离甲醛；

③天然石材、陶瓷制品、工业废渣制成品和一些无机建筑材料的放射性污染；

④混凝土防冻剂中的氨释放。为控制有害产品流入市场，我国已有 10 项“室内装饰装修材料有害物质限量”10 项国家标准；还有三项产品的有害物质含量列为国家的强制性认证，即陶瓷面砖的放射性指标、溶剂型木器涂料的有害物质含量和混凝土防冻剂的氨释放量。此外，对涉及供水系统的管材和管件有卫生指标的要求。选材时应认真查验由法定检验机构出具的检验报告的真实性和有效期，批量较大时或有疑问时，应对进场材料送法定检验机构进行复检。

2）科学控制会释放有害气体的建筑材料在室内的使用量

尽管室内采用的所有材料的有害物质含量都符合标准的要求，但如果用量过多，也会使室内空气品质不能达标。因为标准中所列的材料有害物质含量是指单位面积、单位重量或单位容积的材料试样的有害物质释放量或含量。这些材料释放到空气中的有害物质必然随着材料用量的增加而增多，不同品种材料的有害物质释放量也会累加。当材料用量多于某个数值时就会使室内空气中的有害物质含量超过国家标准的限值。例如在一个面积为20m^2，净高为2.5m的房间内满铺了合格地毯后，其合格人造板的用量若超过8m^2，就会使室内空气中的甲醛含量超过国家标准的限值。但如果选用的地毯和人选板材的甲醛释放量值比国家标准的限值低20%，则人造板材的用量就可增至12m^2。

3）必要时选用有净化功能的建筑材料

当前一些单位研制了对空气有净化功能的建筑涂料，已上市的产品主要有：利用纳米光催化材料（如纳米TiO_2）制造的抗菌除臭涂料；负离子释放涂料；具有活性吸附功能、可分解有机物的涂料。将这些材料涂刷在空气被挥发性有害气体严重污染的空间内，可清除被污染的气体，起到净化空气的作用。但其价格较高，不能取代很多品种涂料的功能而且需要处置的时间。因此绝不能因为有这种补救手段，就不去严格控制材料的有害物质含量。

5. 选用高品质的建筑材料

材料品质必须达到国家或行业产品标准的要求，有条件的应尽量选用高品质的建筑材料，例如选用高性能钢材、高性能混凝土、高品质的墙体材料和防水材料等。

6. 材料的耐久性能优良

这点不仅涉及工程质量，而且是“节材”的主要措施。使用高性能的结构材料可以节约建筑物的材料用量，同时材料的品质和耐久性优良，可保证其使用功能维持时间长，使用期限延长，减少在房屋全生命周期内的维修次数，从而减少社会对材料的需求量，也减少废旧拆除物的数量，减轻对环境的污染。

7. 配套技术齐全

建材的特点是要用在建筑物上，使建筑物的性能或观感达到设计要求。不少建材产品材性很好，但用到建筑物上却不能取得满意的效果。因此在选用材料时不能只注意材料的材性，还应考虑使用这种材料是否有成熟的配套技术，以保证建筑材料在建筑物上使用后，能充分发挥其各项优异性能，使建筑物的相关性能达到预期的设计要求。

配套技术包括三点，即与主材料配套的各种辅料与配件、施工技术（包括清洁施工）和维护维修技术。例如，对轻型墙板，不仅要求其材料品质达标，还应有相配套的接缝材料、与主体结构的连接件、保证板材拼接质量的施工技术以及与板材相适应的面层材料等。选用塑料管材时必须同时考虑是否有与其匹配的管件或成熟的施工技术，以保证施工后的管道系统不发生渗漏，不产生二次污染，同时又要便于以后的维修。外墙外保温材料不仅品质要达标，还应有相关的技术来保证建成的外墙系统的热工性能达到预期的设计指标和使用年限的要求。

8. 材料本地化

材料本地化即优先选用建筑工程所在地的材料，这不能仅仅看成是为了省运输费，更重要的是可以节省长距离运输材料而消耗的能源，为节能和环保做贡献。

9. 价格合理

一般来说，材料的价格与材料的品质是一致的，高品质的材料的价格会高些，任何材料都有一个合理的价位。有些业主偏好竭力压低材料价格，价格过低必然会使高品质材料厂家望而却步，给低质量产品留了可乘之机，最终受损失的还是业主或用户。有些材料的品质在短期内是不会反映的，例如低质的塑料管材的使用年限就少，在维修时的更换率就高。低质上水管的卫生指标可能不达标。塑料窗的密封条应采用橡胶制品，如果价格压得过低，就可能采用塑料制品，窗户的密封性能可能在较短的时间内就变差，窗户的五金件质量差可能在二三年后就会损坏，严重影响正常使用和节能效果。

6.2.2 选用绿色建筑材料时应注意的事项

（1）避免使用能产生破坏臭氧层的化学物质的结构设备和绝缘材料。如已被取消使用的 CFC（氯化氟碳）。

（2）避免使用释放污染物的建筑材料。如溶剂型涂料、胶粘剂及刨花板等许多建筑材料都可能释放出甲醛和其他挥发性有机化合物，危害人体健康。

（3）尽量使用耐久性好的建筑材料。建筑材料的生产是高耗能的，因此使用时间长和维护简单的建筑材料就意味着节约了能源，同时也减少了固体废料的产生。

（4）使用可持续的木材原料。使用来自管理良好的人工林木材，避免砍伐原始森林的木材。

（5）选择物化能量低的建筑材料。重工业的建筑材料一般都是高耗能的，因此在不影响建筑材料性能和使用寿命的情况下，应尽可能选择物化能量低的建筑材料。

（6）选择不需要维护的建筑材料。在可能的情况下，选择基本上不需要维护（例如粉刷、再处理或防水处理）的建筑材料，或者使其维护对环境的影响最小。

（7）在可能的情况下选择废弃的建筑材料。例如拆卸下来的木材或五金等，这样可以减轻垃圾填埋的压力，节省自然资源，但是一定要确保这些建筑材料可以安全使用，检测其是否含铅或石棉等有害成分，重新使用旧的窗户和洁具不应以牺牲节能和节水为代价。

（8）购买当地生产的建筑材料。运输不仅需要消耗能量，同时会产生污染，因此应尽量购买当地生产的建筑材料。

（9）购买当地生产的回收再利用建筑材料。使用废弃材料生产建筑材料减轻了固体废料污染，减少了生产中的能量消耗，同时节省了自然资源，如纤维素绝缘制品、使用草木生产的地板砖或回收塑料所生产的塑料木材等。

（10）最大限度减少加压处理木材的使用。在可能的情况下，使用塑料木材来代替天然木材。当工人对加压处理木材进行锯切等操作时应采取一定的保护措施，碎木屑千万不能焚烧。同时将包装废料减到最小，避免过分的包装。

6.2.3　绿色建筑材料的评价体系

现有的绿色建材的评价指标体系分为两类：第一类为单因子评价体系，一般用于卫生类，包括放射性强度和甲醛含量等。在这类指标中，有一项不合格就不符合绿色建材的标准。第二类为复合类评价指标，包括挥发物总含量、人体感觉试验、耐燃等级和综合利用指标。在这类指标中，如果有一项指标不达标，并不一定排除出绿色建材范围。大量研究表明，与人体健康直接相关的室内空气污染主要来自于室内墙面、地面装饰材料以及门窗、家具等制作材料等。这些材料中VOC、苯、甲醛、重金属等的含量及放射性强度均会造成人体健康的损害，损害程度不仅与这些有害物质含量有关，而且与其散发特性即散发时间有关。因此绿色建材测试与评价指标应综合考虑建材中各种有害物质含量及散发特性，并选择科学的测试方法，确定明确的可量化的评价指标。

根据绿色建材的定义和特点，绿色建材需要满足四个目标，即基本目标、环保目标、健康目标和安全目标。基本目标包括功能、质量、寿命和经济性；环保目标要求从环境角度考核建材生产、运输、废弃等各环节对环境的影响；健康目标考虑到建材作为一类特殊材料与人类生活密切相关，使用过程中必须对人类健康无毒无害；安全目标包括耐燃性和燃烧释放气体的安全性。围绕这四个目标制定绿色建材的评价指标，可概括为产品质量指标、环境负荷指标、人体健康指标和安全指标。量化这些指标并分析其对不同类建材的权重，利用ISO-14000系列标准规范的评价方法作出绿色度的评价。

在研究中选择了多个不同用途、不同结构的单体建筑进行实例计算。建筑有住宅楼、办公楼、体育场馆、公共建筑等，结构形式有钢结构、混凝土框架结构、砖混结构、剪力墙结构等。通过对这些建筑所用建筑材料在生产过程中消耗的资源量、能源量和CO_2排放量（以单位建筑面积消耗数量表示）进行统计、计算和分析，得出评分标准，用以评价不同建筑体系所用建筑材料的资源消耗、能源消耗和CO_2排放的水平，供初步设计阶段选择环境负荷小的建筑体系。现将评价体系介绍如下：

1. 资源消耗

目的：降低建筑材料生产过程中天然和矿产资源的消耗，保护生态环境。

要求：计算建筑所用建筑材料生产过程中资源的消耗量。鼓励选择节约资源的建筑体系和建筑材料。

指标与评分：计算单体建筑单位建筑面积所用建筑材料生产过程中消耗的天然及矿产资源量 C（t/m^2），以此评分。

$$C=\sum_{i=1}^{n}X_iB_i（1-a）/S \tag{6-1}$$

式中 X_i——第 i 种建筑材料生产过程中单位质量消耗资源的指标，t/t；

B_i——单体建筑用第 i 种建筑材料的总质量，t；

S——单体建筑的建筑面积，m^2；

a——单体建筑所用第 i 种建筑材料的回收率，%；

n——单体建筑所用建筑材料的种类数。

评分等级设为 5 分，C 值范围在 0.35~0.65 之间，C 值越大，分值越低。

绿色建筑对材料资源方面的要求可归纳如下：

①尽可能地少用材料；

②使用耐久性好的建筑材料；

③尽量使用占用较少不可再生资源生产的建筑材料；

④使用可再生利用、可降解的建筑材料；

⑤使用利用各种废弃物生产的建筑材料。

绿色建筑强调减少对各种资源尤其是不可再生资源的消耗，包括水资源、土地资源。对于建筑材料来讲，减少水资源的消耗表现在使用节水型建材产品，如使用新型节水型坐便器可以大幅减少城市生活用水；使用透水型陶瓷或混凝土砖可以使雨水渗入地层，保持水体循环，减少热岛效应。在建筑中限制使用和淘汰大量消耗土地尤其是可耕地的建筑材料（如实心黏土砖等）的使用，同时提倡使用利用工业固体废弃物如矿渣、粉煤灰等工业废渣以及建筑垃圾等制造的建筑材料。发展新型墙体材料和高性能水泥、高性能混凝土等既具有优良性能同时又大幅度节约资源的建筑材料；发展轻集料及轻集料混凝土，减少自重，节省原材料。

在评价建筑的资源消耗时必须考虑建筑材料的可再生性。建筑材料的可再生性指材料受到损坏但经加工处理后可作为原料循环再利用的性能。可再生材料一是可进行无害化的解体，二是解体材料再利用，如生活和建筑废弃物的利用，通过物理或化学的方法解体，做成其他建筑部品。具备可再生性的建筑材料包括：钢筋、型钢、建筑玻璃、铝合金型材、木材等。钢铁（包括钢筋、型钢等）、铝材（包括铝合金、轻钢大龙骨等）的回收利用性非常好，而且回收处理后仍可在建筑中利用，这也是提倡在住宅建设中大力发展轻钢结构体系的原因之一。可以降解的材料如木材甚至纸板，能很快再次进入大自然的物质循环，在现代绿色建筑中经过技术处理的纸制品已经可以作为承重构件而被采用。

2. 环境影响

目的：降低建筑材料生产过程中对环境的污染，保护生态环境。

要求：计算建筑所用建筑材料生产过程中的二氧化碳（CO_2）排放量，以此作为建筑的环境负荷评价指标。鼓励选择对环境影响小的建筑体系和建筑材料。

指标与评分：计算单体建筑单位建筑面积所用建筑材料生产过程中排放的二氧化碳量 P（t/m^2），以此评分。

$$P=\sum_{i=1}^{n}B_i[X_i\ (1-a)\ +aXr_i]/S \tag{6-2}$$

式中　X_i——第 i 种建筑材料生产过程中单位质量排放二氧化碳的指标，t/t；

B_i——单体建筑所用第 i 种建筑材料的质量总和，t；

S——建筑单体建筑面积总和，m^2；

a——单体建筑所用第 i 种建筑材料的回收系数；

Xr_i——单体建筑所用第 i 种建筑材料的回收过程排放二氧化碳指标，t/t；

n——单体建筑所用建筑材料的种类数。

评分等级设为 5 分，P 值范围在 0.20~0.40 之间，P 值越大，评分越低。

部分环境指标主要侧重评价建筑材料生产过程中对大气的污染程度。目前国际上普遍采用排放二氧化碳指标来评价建筑或建筑材料的环境负荷。

3. 本地化

目的：减少建筑材料运输过程中对环境的影响；促进当地经济发展。

要求：计算建筑所用建筑材料中当地生产的建筑材料用量占总建筑材料用量的比例，鼓励使用当地生产的建筑材料，减少建筑材料在运输过程中的能源消耗和污染，尽可能就近取材。

指标与评分：计算距施工现场 500km 以内生产的建筑材料用量 t_i（t）与建筑材料总用量 T_m（t）的比例 L_m，以此评分。

$$L_m=\frac{t_i}{T_m}\times100\% \tag{6-3}$$

绿色建筑除要求材料优异的使用性能和环保性能外，还要注意材料在采集、制造、运输等全过程中是否节能和环保，因此尽量使用地方材料。

4. 能源消耗

目的：降低建筑材料生产过程中能源的消耗，保护生态环境。

要求：计算建筑所用建筑材料生产过程中的能源的消耗量，鼓励选择节约能源的建筑体系和建筑材料。

指标与评分：计算单体建筑单位建筑面积所用建筑材料生产过程中消耗的能源量 E（GJ/m^2），以此评分。

$$E=\sum_{i=1}^{n}B_i[X_i\ (1-a)\ +aXr_i]/S \tag{6-4}$$

式中　X_i——第 i 种建筑材料生产过程中单位质量消耗能源的指标，GJ/t；

B_i——单体建筑所用第 i 种建筑材料的总质量，t；

S——单体建筑的建筑面积，m^2；

a——单体建筑所用第 i 种建筑材料的回收系数，%；

Xr_i——单体建筑所用第 i 种建筑材料的回收过程的生产能耗指标，GJ/t；

n——单体建筑所用建筑材料的种类数。

评分等级设为 5 分，E 值范围在 1.50~3.50 之间，E 值越大，评分越低。

在能源方面，绿色建筑对建筑材料的要求总结如下：

1）尽可能使用生产能耗低的建筑材料

建筑材料的生产能耗在建筑能耗中所占比例很大。因此，使用生产能耗低的建筑材料无疑对降低建筑能耗具有重要意义。目前，我国的主要建筑材料中，钢材、铝材、玻璃、陶瓷等材料单位产量生产能耗较大（表 6-1）。但我们在评价建筑材料的生产能耗时必须考虑建筑材料的可再生性。钢材、铝材虽然生产能耗非常高，但其产品回收率非常高，钢筋和型钢的回收率可分别达到 50% 和 90%，铝材的回收利用率可达 95%。回收的建筑材料循环再生过程消耗的能量消耗较之初始生产能耗有较大的降低，目前我国回收钢材重新加工的能耗为钢材原始生产能耗的 20%~50%，可循环再生铝生产能耗占原生铝的 5%~8%。经计算，钢筋单位质量消耗的综合能源指标为 20.3（GJ/t），型钢单位质量消耗的综合能源指标为 13.3（GJ/t），铝材单位质量消耗的综合能源指标为 19.3（GJ/t）。

我国单位质量建筑材料生产过程中消耗能源的指标 /（GJ/t）　表 6-1

钢材	铝材	水泥	建筑玻璃	建筑卫生陶瓷	实心黏土砖	混凝土砌块	木材制品
29.0	180.0	5.5	16.0	15.4	2.0	1.2	1.8

因此，用建筑材料全生命周期的观点看，考虑材料的可再生性，像钢材、铝材这样高初始生产能耗的建筑材料其综合能耗并不很高。这也是目前我国提倡采用轻钢结构的一个原因。

2）尽可能使用可减少建筑能耗的建筑材料

建筑材料对建筑节能的贡献集中体现在减少建筑运行能耗，提高建筑的热环境性能方面。建筑物的外墙、屋面与窗户是降低建筑能耗的关键所在，选用节能建筑材料是实现建筑节能最有效和最便捷的方法，采用高效保温材料复合墙体和屋面以及密封性良好的多层窗是建筑节能的重要方面。我国保温材料在建筑上的应用是随着建筑节能要求的日趋严格而逐渐发展起来的，相对于保温材料在工业上的应用，建筑保温材料和技术还较为落后，高性能节能保温材料在建筑上利用率很低。保温性能差的实心黏土砖仍在建筑墙体材料组成中占有绝对优势。为实现新标准节能 50% 的目标，根本出路是发展高效节能的外保温复合墙体。一些先进的新型保温材料和技术已在国外建筑中普遍采用，如在建筑的内外表面或外层结构的空气层中，采用高效热发射材料，可将大部分红外射线反射回去，从而对建筑物起保温隔热作用。目前美国已开始大规模生产热反射膜，用于建筑节能。

建筑物热损失的1/3以上由于门窗与室外热交换（热传导、热辐射和热对流）造成的。窗户的保温隔热措施要从两方面着手来提高。首先是玻璃，玻璃的传热系数大，这不仅因为玻璃的热导率高，更主要是由于玻璃是透明材料，热辐射成为重要的热交换方式。因此必须考虑采用夹层玻璃、中空玻璃、低辐射玻璃（low-E玻璃）等保温性能好的玻璃以替代单层玻璃，采用高效节能玻璃以显著提高建筑节能效率。门窗的热传导系数比外墙、屋面等围护结构大得多，因此，发展先进的门窗材料和门窗结构是建筑节能的重要措施。对窗户的框材做断热处理，即将型材朝室内的一面和朝室外的一面断开，用导热性能差的材料将两者连接起来，可以大大地提高窗户的保温性能。

3）使用能充分利用绿色能源的建筑材料

利用绿色能源主要指利用太阳能、风能、地能和其他再生能源。太阳能利用装置和材料，如透光材料、吸收涂层、反射薄膜和太阳能电池等都离不开玻璃，太阳能光伏发电系统、太阳能光电玻璃幕墙等产品都将大量采用特种玻璃。对用于太阳能利用的玻璃，要求具有高透光率、低反射率、高温不变形、高表面平整度等特性。太阳能发电板在悉尼奥运会中被普遍应用，其中采光材料大量采用低铁玻璃（low-I）。

5. 旧建筑材料利用率

目的：鼓励使用可回收利用的旧建筑材料。

要求：计算旧建筑材料的利用率。

指标与评分：计算旧建筑材料用量 t_r（t）与建筑材料总用量 T_m（t）的比例 R_u，以此评分。

$$R_u=\frac{t_r}{T_m}\times 100\% \tag{6-5}$$

旧建筑材料指旧建筑拆除过程中以其原来形式无须再加工就能以同样或类似使用的建筑材料。包括：木地板、木板材、木制品、混凝土预制构件、铁器、装饰灯具、砌块、砖石、钢材、保温材料等，对可再利用的旧建筑材料进行分类处理，用于制作建筑部品。

6. 室内环境质量

室内环境质量包括室内空气质量（IAQ）、室内热环境、室内光环境、室内声环境等。它应包括四个方面的内涵：①从污染源上开始控制，最佳地利用和改善现有的市政基础设施，尽可能采用有益于室内环境的材料；②能提供优良空气质量、热舒适、照明、声学和美学特性的室内环境，重点考虑居住人的健康和舒适；③在使用过程中，能有效地使用能源和资源，最大限度地减少建筑废料和室内废料，达到能源效率与资源效率的统一；④既考虑室内居住者本身所担负的环境责任，同时亦考虑经济发展的可承受性。室内空气中甲醛、苯、甲苯、有机挥发物、人造矿物

纤维是危害人体健康的主要污染物。现在国内开发很多有利于室内环境的材料包括无污染、无害的建筑材料；有利于人体健康的材料，净化空气材料、保健抗菌材料、微循环材料等。已开发出无毒耐候性长寿命的内外墙涂料，耐候性达到10年左右；利用光催化半导体技术产生负氧离子，开发出具有防霉、杀菌、除臭的空气净化功能材料；具有红外辐射保健功能的内墙涂料；可调湿建筑内墙板。近期在研究观念上又前进一步，将消极的灭杀空气中有害物质的理念上升为积极地提供有利于人体健康的元素，利用稀土离子和分子的激活催化手段，开发出具有森林功能效应、能释放一定数量负离子的内墙涂料及其他建筑材料。这些新材料的研究开发将为建造良好室内空气质量提供了基本的材料保证。

提高建筑材料的环保质量，从污染源上减少对室内环境质量的危害是解决室内空气质量、保证人体健康等问题的最根本措施。使用高绿色度的具有改善居室生态环境和保健功能的建筑材料，从源头上对污染源进行有效控制具有非常重要的意义。

国外绿色建筑选材的新趋向是：返璞归真，贴近自然，尽量利用自然材料或健康无害化材料，尽量利用废弃物生产的材料，从源头上防止和减少污染，尽量展露材料本身，少用油漆涂料等覆盖层或大量的装饰。这一观点已被我国的建筑设计师们认可并采纳，在一些绿色建筑中逐渐实施。

6.2.4 科学选材的建议

（1）加强政府的政策导向，鼓励选用节约型和利废型新型建材。在政策上要加快“禁实”“限黏”的步伐，使黏土制品和非黏土类新型建材的售价比较接近，为非黏土类新型建材提供一个公平竞争的市场氛围，提高业主和施工单位使用非黏土类新型建材的积极性。同时也要加大对利废企业的政策扶持，帮助企业降低成本和提高产品品质，为市场提供经济实用的优质产品。此外还应有政策鼓励设计人员采用非黏土类新型建材。

（2）加快完善绿色建材的评定工作，向社会推荐一批好产品。当前，应改变绿色建材产品认证与评定的只是环保或健康产品的状况，把绿色建材的评定内容同节能省地型住宅与公共建筑对建材产品的要求相吻合，使这项评定工作能为发展节能省地型住宅与公共建筑推荐更多的适用的好产品。

（3）督促生产企业提高新型建材的品质和配套供应及技术服务的水平，解除选材者的后顾之忧。对新型建材的配套供应并不是要求企业生产全部配套材料，而是能提供与主材匹配的配套材料和专用施工机具的技术要求以及推荐可信的相关产品。技术服务的重点是做好新型建材产品应用技术的培训或宣教工作，宣传材料要精心写明选用要点或施工要点，确保用户能科学地用选定的材料做出好的工程。

（4）继续由政府不定期地发布《推广应用和限制禁止使用技术》公告，及时淘汰落后的技术和产品，指导用户科学选用“四节”技术和产品。

（5）编制“四节建筑”建材产品应用手册，为选材者提供先进可靠的选材技术资料。手册应包括产品名称、规格、性能、适用范围、选用要点、施工要点、配套辅料及配件技术要求和专用施工机具。要突出说明对“四节”的效果，例如对与节能相关的产品应详尽写明其热工性能并提供使用该产品设计的达到建筑节能设计标准规定的传热系数限值的围护结构构造图例等。

（6）探索建立施工企业和材料生产供应商的诚信合作机制。这种相对稳定的供应关系，带来两大好处，其一是诚信的材料生产企业能得到相对稳定的较饱满的订单，可以大大降低成本和提高产品质量，从而也能降低商品销售价。其二是施工企业可以有足够的时间按产品的技术要求选择信得过的建材生产企业作为合作伙伴，确保能及时购得既满足工程要求又便宜的建材产品，避免了采购风险。这项工作可以由相关的协会或咨询机构来做。

6.2.5　绿色建材的品种及其主要产品

1. 绿色建筑的品种

（1）基本无毒无害型，是指天然的，本身没有或极少有毒有害的物质、未经污染，进行了简单加工的装饰材料，如石膏、滑石粉、砂石、木材、某些天然石材等。

（2）低毒、低排放型，是指经过加工、合成等技术手段来控制有毒、有害物质的积聚和缓慢释放，因其毒性轻微、对人类健康不构成危险的装饰材料。如甲醛释放量较低、达到国家标准的大芯板、胶合板、纤维板等。

（3）目前的科学技术和检测手段无法确定和评估其毒害物质影响的材料。如环保型乳胶漆、环保型油漆等化学合成材料。这些材料在目前是无毒无害的，但随着科学技术的发展，将来可能会有重新认定的可能。

2. 目前流行的绿色装饰材料

绿色地材：植草路面砖是各色多孔铺路产品中的一种，采用再生高密度聚乙烯制成。可减少暴雨径流，减少地表水污染，并能排走地面水。多用在公共设施中。

绿色墙材：新开发的一种加气混凝土砌块，可用木工工具切割成型，用一层薄砂浆砌筑，表面用特殊拉毛浆饰面，具有阻热蓄能效果。

绿色墙饰：草墙纸、麻墙纸、纱绸墙布等产品，具有保湿、驱虫、保健等多种功能。

防霉墙纸：经过化学处理，排除了墙纸在空气潮湿或室内外温差大时出现的发霉、发泡、滋生霉菌等现象，而且表面柔和、透气性好。

绿色管材：塑料金属复合管，是替代金属管材的高科技产品，其内、外两层均为高密度聚乙烯材料，中间为铝，兼有塑料与金属的优良性能，而且不生锈、无污染。

环保漆料：生物乳胶漆，除施工简便外还有多种颜色，能给家居带来缤纷色彩，涂刷后会散发阵阵清香，还可以重刷或用清洁剂处理，能抑制墙体内的霉菌繁殖。

3. 常用的绿色建筑材料产品

1）水泥和混凝土

（1）生态水泥

生态水泥（Eco-cement）是以生态环境（Ecology）与水泥（Cement）的合成语而命名的。这种水泥以城市垃圾烧成灰和下水道污泥为主要原料，经过处理配料，并通过严格的生产管理而制成的工业产品。与普通水泥相比，生态水泥的最大特点是凝结时间短，强度发展快，属于早强快硬水泥。

（2）绿色混凝土

使用与高性能水泥同步发展的高活性掺合料（矿渣粉掺合料、优质粉煤灰掺合料等），直接作为"第六组分"大量替代（最多可达到60%~80%）水泥，可以制成"绿色混凝土"（GHPC）。它节约能源、土地和石灰石资源，是混凝土绿色化的发展方向（表 6-2）。

（3）绿化混凝土

绿化混凝土是指能够适应绿色植物生长，进行绿色植被的混凝土及其制品（图 6-2）。人们渴望回归自然，增加绿色空间，绿化混凝土正是在这种社会背景下开发出来的一种新型材料。绿化混凝土用于城市的道路两侧或中央隔离带以及水边护坡（图 6-3）、楼顶、停车场等部位，可以增加城市的绿色空间、绿化护坡、美化环境、保持水土，调节人们的

可泵性绿色混凝土参考配合比 表 6-2

强度等级	配合比材料用量（kg/m^3）						坍落度（cm）	抗渗等级	各龄期强度（MPa）			压力泌水率 3.5MPa（%）
	水泥	砂	石子	水	粉煤灰	外加剂			7d	28d	60d	
C8	170	838	1024	180	153	0.595	150	≥ S10	6.9	17.6	28.1	15.3
C13	200	832	1018	180	130	0.7	140	≥ S10	8.8	20.5	31.0	17.1
C18	230	848	1036	180	105	0.805	145	≥ S10	10.8	24.0	34.8	18.0

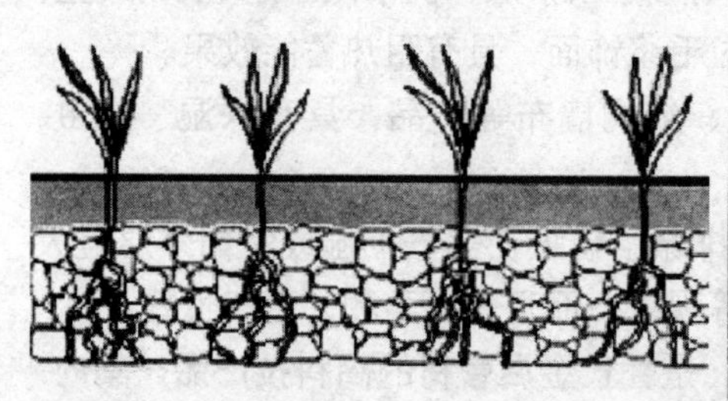

图 6-2 绿化混凝土构造（左）
图 6-3 绿化混凝土护坡（右）

生活情趣，同时能够吸收噪声和粉尘，对城市气候的生态平衡也起到积极作用，符合可持续发展的原则，与自然协调，是具有环保意义的混凝土材料。

（4）再生混凝土

以经过破碎的建筑废弃混凝土作为集料而制备的混凝土。它利用建筑物或者结构物解体后的废弃混凝土，经过破碎后全部或者部分代替混凝土中砂石配制成的混凝土。

2）墙体材料

大多数新型墙体材料具有质轻、保温、节能，便于工厂化生产和机械化施工，生产与使用过程中节约能耗，可以扩大建筑的使用面积，减少建筑的基础费用等优点，是性能优良的绿色建筑材料产品。

（1）蒸压加气混凝土砌块与条板

蒸压加气混凝土是一种轻质小气泡均匀分布的新型节能、环保墙体材料，由水泥、河砂、石灰、矿渣、石膏、铝粉和水等原材料经球磨、搅拌、配料、切割、高温蒸压养护而成。它具有如下一些特点：重度轻；耐火隔声；保温隔热；可加工性；抗震性。蒸压加气混凝土砌块（图6-4、图6-5）与条板都含有大量微小、非连通的气孔，空隙率达70%~80%。

图6-4 蒸压加气混凝土砌块（左）

图6-5 加气混凝土空心砌块（右）

（2）轻集料混凝土小型空心砌块

用堆积密度不大于1 100kg/m^{3}的轻粗集料与轻砂、普通砂或无砂配制成干表观密度不大于1 950kg/m^{3}轻集料混凝土制成的小砌块称为轻集料混凝土小砌块。

（3）硅酸钙板

硅酸钙板是美国公司发明的一种性能稳定的新型建筑材料（图6-6）。20世纪70年代首先在发达国家推广使用并发展起来。硅酸钙板是以硅质材料（石英粉、硅藻土等）、钙质材料（水泥、石灰等）和增强纤维（纸浆纤维、玻璃纤维、石棉等）为原料，

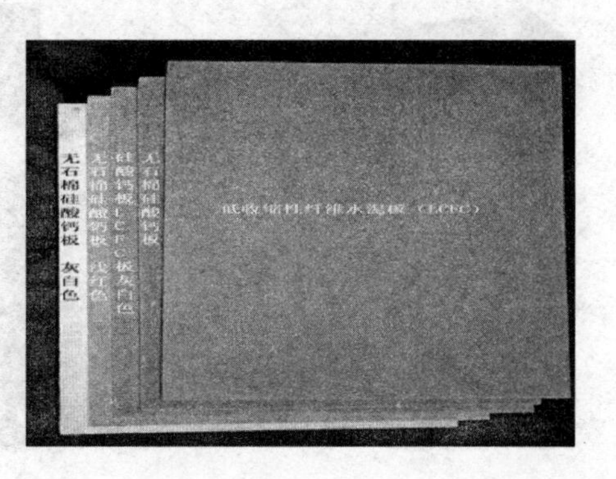

图6-6 彩色GRC装饰板

经过制浆、成坯、蒸养、表面砂光等工序制成的轻质板材。

（4）GRC 板

玻璃纤维增强水泥（GRC）是 20 世纪 70 年代出现的一种复合材料。GRC 制品通常采用抗碱玻璃纤维和低碱水泥制备。制备方法有注浆法成型、挤出法成型和流浆法成型等工艺。GRC 制品具有高强、抗裂、耐火、韧性好、保温、隔声等一系列优点。特别适宜用于新型建筑的内、外墙体及建筑装饰的板材。GRC 可以替代实心黏土砖，从而节约资源和能源，保护环境。生产中不使用石棉纤维，因此，作为环保型建筑材料在国际上应用比较普遍。如图 6-7 所示为彩色 GRC 装饰板。

（5）石膏制品

石膏制品是以天然石膏矿石为主要原料，经过破碎、研磨、炒制，由生石膏（$CaSO_4 \cdot 2H_2O$）制备成熟石膏（$CaSO_4 \cdot 0.5H_2O$），并用于各类石膏制品的生产，生产中根据不同制品的性能要求和工艺要求，再加入水、纤维、胶粘剂、防水剂、缓凝剂等，使半水石膏（熟石膏）硬化并还原为二水石膏，遂可制成石膏板、石膏粉刷材料等建筑制品。建筑中广泛应用石膏制品，不但可以减少毁土、烧砖，保护珍贵的土地资源，同时可以节约生产能耗和建筑的使用能耗。另外，由于石膏制品具有“呼吸”功能，当室内空气干燥时，石膏中的水分会释放出来；当室内湿度较大时，石膏又会吸入一部分水分，因此可以调节室内环境。加上纯天然材料无毒、无味、无放射性等性能，该类材料符合绿色建材的主要特征。除天然石膏外，工业副产物石膏（如脱硫石膏、磷石膏等）也可作为石膏制品的原料。

①纸面石膏板：纸面石膏板（图 6-8）是以石膏芯材及与其牢固结合在一起的护面纸组成，分普通型、耐水型、耐火型三种；以耐火型、耐水型、耐用型等为代表的特种纸面石膏板有效提高了纸面石膏板在耐火、耐水、耐冲击等建筑工程中的应用等级；

②石膏空心条板：石膏空心条板以建筑石膏和纤维为原料，采用半干法压制而成，是一种新型轻质高强防火的建筑板材；该板材具有墙面平整，吊挂力大，安装简便，不需龙骨且施工劳动强度低、

图 6-7　彩色 GRC 装饰板（左）
图 6-8　纸面石膏板（右）

速度快的特点；

③石膏砌块：石膏砌块是以建筑石膏为原料，经料浆拌和、浇注成型、自然干燥或烘干这些工序而制成的轻质块状隔墙材料（图6-9）。

3）保温隔热材料

我国的保温材料不仅品种多，而且产量大，应用范围也很广。其品种主要有岩棉、矿渣棉、玻璃棉、超细玻璃棉、硅酸铝纤维、微孔硅酸钙和微孔硬质硅酸钙、聚苯乙烯泡沫塑料（EPS）、挤塑聚苯乙烯泡沫塑料（XPS）、酚醛泡沫塑料、橡塑泡沫塑料、聚氯乙烯泡沫塑料、硬质聚氨酯泡沫塑料、聚乙烯泡沫塑料、泡沫玻璃、膨胀珍珠岩、复合硅酸盐保温涂料、复合硅酸盐保温粉及它们的各种各样的制品和深加工的各类产品系列，还有绝热纸、绝热铝箔等。下面主要介绍建筑工程中广泛使用的保温砂浆和聚苯乙烯泡沫塑料保温板。

（1）保温砂浆

EPS保温砂浆是以聚苯乙烯泡沫（EPS）颗粒作为主要轻骨料，以水泥或者石膏等作为胶凝材料，加入其他外加剂配制而成。如图6-10所示为聚苯颗粒保温砂浆。

（2）聚苯乙烯泡沫塑料（EPS）保温板

聚苯乙烯泡沫塑料（EPS）保温板是由聚苯乙烯加入阻燃剂，用加热膨胀发泡工艺制成的具有微细闭孔结构的泡沫塑料板材。

4）建筑玻璃

建筑玻璃是体现建筑绿色度的重要内容。应用于绿色建筑中的玻璃除了具有普通玻璃的功能外，还需要满足保温、隔热、隔声、安全等新的功能和要求。绿色建筑玻璃的主要类型有夹层玻璃、中空玻璃、镀膜玻璃和钢化玻璃四类。

（1）夹层玻璃

夹层玻璃是将两片或多片玻璃用一种透明粘结材料或胶片粘结在一起的复合玻璃。由于这种粘结材料具有良好的抗冲击性能和粘结性能，当玻璃受到冲击破裂时，外来撞击物既不会穿透玻璃，玻璃碎片也不会飞散出去伤人，从而起到了安全作用。夹层玻璃按其性能可分为防弹玻璃、防盗夹层玻璃、防火夹层玻璃、电加温夹层玻璃、装饰性夹层玻

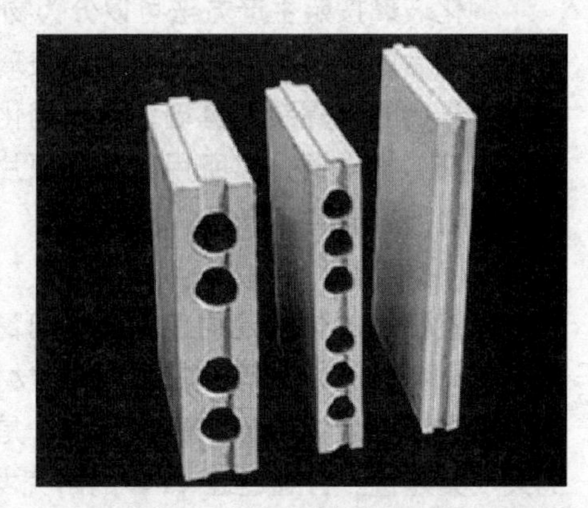
图6-9 轻质块状隔墙材料

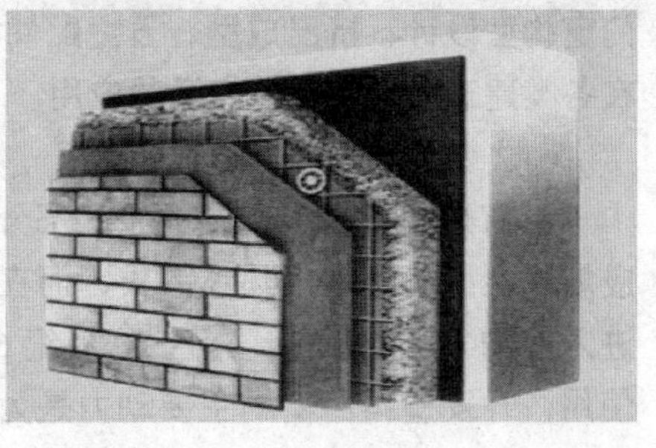
图6-10 聚苯颗粒保温砂浆

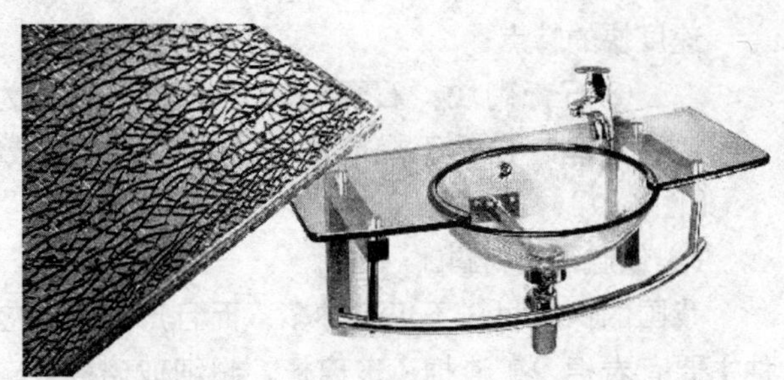

图 6-11　中空玻璃（左）
图 6-12　钢化玻璃（右）

璃和光致变夹层玻璃等。

（2）中空玻璃

中空玻璃是由两片或多片玻璃在其周边用间隔框分开，并用密封胶密封，使玻璃层间形成有干燥气体空间的产品（图 6-11）。

（3）镀膜玻璃

镀膜玻璃是在平板玻璃表面镀覆一层或者多层金属或金属氧化物薄膜，从而通过对玻璃的表面改性使其具有新的或更好的功能。按照制造工艺，将镀膜玻璃划分为在线镀膜玻璃和离线镀膜玻璃两种。按照功能划分，镀膜玻璃包含热反射玻璃、低辐射玻璃、减反射玻璃、导电玻璃、彩釉玻璃、镭射玻璃、镜面玻璃等。

（4）钢化玻璃

平板玻璃经过二次加工，经过钢化处理便称为钢化玻璃（图 6-12）。它具有很高的强度，弥补了普通玻璃质脆易碎、使用安全性、可靠性极差的缺点，大多适合用于绿色建筑中的门、窗、幕墙等构件。

钢化玻璃按照生产方法可以分为物理钢化玻璃和化学钢化玻璃两种。根据钢化后的形状可分为平面钢化玻璃和曲面钢化玻璃，平面钢化玻璃主要用于门窗、隔断和幕墙，曲面钢化玻璃主要用于汽车等交通工具的挡风玻璃。根据钢化时所用的玻璃原片分为普通钢化玻璃、磨光钢化玻璃和钢化吸热玻璃等。

5）化学建材

建筑使用的化学建材包括塑料门窗、塑料管材和各种建筑涂料、防水密封材料和胶粘剂等，其中塑料建材的应用尤其日益突出。塑料建材是国民经济发展中的一个新兴产业，是继钢材、木材、水泥之后而形成的又一类建材。它经过近 40 年的研究发展，已经很好地解决了原料配方、门窗构型设计、挤出成型、五金配件和组装工艺设备等一系列技术问题，在各类建筑中得到日益广泛的应用。

（1）塑料门窗

门窗是建筑物中重要的开口部分，起采光和通风作用，在寒冷地区应能保温以防止室内热量散失，而在炎热地区能隔热以减少室外热空气进入室内（图 6-13）。进入 20 世纪 60 年代以来，塑料门窗开始在欧洲使用，开发塑料门窗的主要动力是为了节省能源，因为塑料门窗的隔热性好。在欧美等国，聚氯乙烯（PVC）门窗占门窗总用量的 50% 以上；由于我国森林资源贫乏，塑料门窗在我国的应用势在必行。

塑料门窗框的材质有硬质聚氯乙烯（UPVC）塑料门窗、ABS 门窗、聚氨酯硬质泡沫塑料门窗、玻璃纤维增强不饱和聚酯塑料门窗和聚苯醚塑料门窗等。其中以 UPVC 门窗用量最大。

（2）塑料管材

塑料管材在建筑中代替传统的铸铁管、白铁管、水泥管，广泛用于房屋建筑供水系统配管、排水管、排气管、排污卫生管、地下排水管系统、雨水管以及电线电缆护套管（图 6-14）。塑料管按原材料的分子结构分为 PVC 管、PE 管、PP 管、PA 管、PB 管、铝塑复合管（PAP）、玻璃纤维增强聚酯管、环氧树脂管、酚醛树脂管等；按塑料管结构可分为单壁波纹管、双壁波纹管、芯层发泡管（表层及内层均不发泡）、螺旋管、径向筋管等。

（3）建筑涂料

建筑涂料则是指使用于建筑物上并起装饰、保护、防水等作用的一类涂料。目前适用于绿色建筑的主要涂料有外墙保温隔热涂料，抗菌、抗污染及多功能复合型涂料，装饰美化型涂料和辐射固化涂料等。

（4）建筑防水密封材料

所谓建筑防水密封材料，是指填充在建筑物构件的接合部位及其他缝隙内，具有气密性、水密性，能隔断室内外能量和物质交换的通道，同时对墙板、门窗框架、玻璃等构件具有黏结、固定作用的材料。按照施工时的形态，密封材料可分为不定型（又叫作密封膏、嵌缝膏）和定型两大类型。

（5）建筑胶粘剂

凡是能将多种材料紧密粘合在一起且具有一定实用强度的物质统称为胶粘剂。应用于建筑行业的各类胶粘剂称为建筑胶粘剂，包括用于建筑结构构件在施工；加固、维修等方面的建筑胶粘剂，还有应用于室内外装修用建筑装修胶以及用于防水、保温等方面的建筑密封胶和用于建材产品制造及其他设备的各种粘结铺装材料等。

图 6-13　塑料门、塑料窗（左）

图 6-14　塑料管材（右）

6.3 建筑节材

在我国目前的工业生产中，原材料消耗一般占整个生产成本的70%~80%。建筑材料工业高能耗、高物耗、高污染，是对不可再生资源依存度非常高、对天然资源和能源资源消耗大、对大气污染严重的行业，是节能减排的重点行业。钢材、水泥和砖瓦砂石等建筑材料是建筑业的物质基础。节约建筑材料降低建筑业的物耗、能耗，减少建筑业对环境的污染，是建设资源节约型社会与环境友好型社会的必然要求。因此，搞好原材料的节约对降低生产成本和提高企业经济效益是有十分现实意义的工作。

6.3.1 建筑节材所面临的严峻形势

大部分建筑材料的原料来自不可再生的天然矿物原料，部分来自工业固体废弃物。据测算，我国每年为生产建筑材料要消耗各种矿产资源70多亿吨，其中大部分是不可再生矿石类资源，全国人均年消耗量达5.3吨。钢材和水泥是建筑业消耗最多的两种建筑材料，消耗量分别占全国总消耗量的50%和70%。

钢材和水泥的巨量消耗，带来了一系列的问题。首先是耗费了大量宝贵的矿产资源。例如，每生产1吨钢材，需要耗费1 500千克铁矿石、225千克石灰石、750千克焦煤和150吨水。每生产1吨水泥熟料，需要耗用石灰石1 100~1 200千克、黏土150~250千克、标准煤160~180千克。由于钢材消耗过大，我国生产钢铁还不得不从国外大量进口铁矿石，其进口量目前已占全球产量的30%；由于进口需求过大，国外铁矿石大幅涨价，使得我国消耗了大量宝贵的外汇资源。

其次是环境污染严重。每生产1吨钢材，排放二氧化碳（CO_2）约1.6~2.0吨，排放粉尘约0.52~0.7千克。如此计算，我国2007年生产钢材排放二氧化碳达9.1亿~11.3亿吨，排放粉尘29万~40万吨。如此大量的污染排放，有一半以上是源于建筑用钢的生产。再如水泥，我国2007年水泥工业排放二氧化碳约13亿吨，粉尘排放量为700万吨，废气烟尘排放量达60万吨。可见，仅建筑钢材和水泥这两大建筑材料带来的环境污染问题就十分令人触目惊心。在水泥生产和应用方面，我国还存在一个不容忽视的严重问题。我国已连续23年蝉联世界第一大水泥生产国，但同时，我国却是散装水泥使用小国。2007年我国散装水泥仅5.65亿吨，约为水泥总产量的41.71%，远低于美国、日本90%以上的散装率，甚至还远低于罗马尼亚70%、朝鲜50%的散装率。

水泥生产和应用的低散装率给我国造成了极大的资源浪费。如以2007年全国袋装水泥7.85亿吨计算，全年消耗包装袋用纸约470多万吨，折合优质木材2 590多万立方米，相当于12个大兴安岭一年的木材采伐量；水泥包装袋同时还要消耗大量烧碱及大量纸袋扎口棉纱。此外，由于包装纸袋破损和包装袋内残留水泥造成的损耗在3%以上（而散装水泥由于装卸、储运采用密封无尘作业，水泥残留在0.5%以下），仅此一项，全国每年要损失近2 355万吨水泥，价值70多亿元，其他建筑材料对自然资源的消耗也极其惊人。按照我国2007年13.5亿吨的水泥实际消费量来看，60%的水泥用于混凝土的拌制，全国混凝土总的用量约为24亿立方米，由此估算用于混凝土中的砂、石、水泥、水等基本原材料年用量分别约为17亿吨、28亿吨、8亿吨、4.3亿吨。可以看出，为生产混凝土，我国每年要开采砂石近45亿吨；材料消耗数量惊人！如果这些材料都向自然资源索取，则天然砂石资源储量将急剧减少，同时势必对自然生态环境造成越来越严重的破坏；而且，随着对砂石的不断开采，天然材料资源将很快趋于枯竭，如果不尽快采取有效措施，今后材料短缺的形势将日趋严峻。

砖瓦行业是对土地资源消耗最大的行业，目前实心黏土砖在我国墙体材料中仍然占相当大的比重，仍是我国建房的主导材料。我国至今仍有砖瓦企业近10万家，每年烧砖折合8 000多亿块标准砖，相当于毁坏土地50万亩。按照烧结砖每万标块需消耗标煤0.5~0.6吨计算，每年全国烧砖耗标煤近5 000万吨。

我国当前商品混凝土量占混凝土总用量约23%，而早在20世纪80年代初，发达国家商品混凝土的应用量已经达到混凝土总量的60%~80%，目前我国混凝土商品化生产比率仅在上海、北京、深圳等少数较发达的大中城市超过60%，就全国而言，大部分城市尚处于起步阶段，有的城市至今尚未起步。我国商品混凝土整体应用比例的低下，也导致大量自然资源浪费：相比于商品混凝土生产方式，现场搅拌混凝土要多损耗水泥约10%~15%，多消耗砂石约5%~7%。国内外的实践表明：采用商品混凝土还可提高劳动生产率一倍以上，降低工程成本5%左右，同时可以保证工程质量，节约施工用地，减少粉尘污染，实现文明施工。和发达国家相比，我国建设行业所用钢筋和水泥强度等级普遍低1至2个等级。在美国等发达国家，混凝土以C40、C50为主（C70、C80及以上的混凝土应用也很常见），所用水泥强度等级以42.5级、52.5级为主，钢筋以HRB400、HRB500为主。目前在我国，混凝土约有24%是C25以下、65%是C30~C40，即将近90%的混凝土属于C40及其以下的中低强度等级；我国目前75%的水泥是32.5级；螺纹钢大量采用的是HRB335级钢筋。

6.3.2 建筑节材的技术途径及其发展趋势

1. 建筑节材的主要技术途径

我国建筑业材料消耗数量极其惊人，但是反过来也表明我国建筑节材的潜力十分巨大。《建设部关于发展节能省地型住宅和公共建筑的指导意见》（建科[2005]78号）就十分乐观地提出了“到2020年，新建建筑对不可再生资源的总消耗比 2010 年再下降 20%”的目标。实现上述目标，除了需要从标准规范、政策法规、宣传机制及监管机制等方面入手外，发展建筑节材适用新技术将是保证建筑节材目标实现的根本途径。就目前可行的技术而言，建筑节材技术可以分为三个层面：建筑工程材料应用方面的节材技术、建筑设计方面的节材技术、建筑施工方面的节材技术。

1）建筑工程材料应用方面

在建筑工程材料应用技术方面，建筑节材的技术途径是多方面的，例如尽量配制轻质高强结构材料，尽量提高建筑工程材料的耐久性和使用寿命，尽可能采用包括建筑垃圾在内的各种废弃物，尽可能采用可循环利用的建筑材料等。近期内较为可行的技术包括：

（1）可取代黏土砖的新型保温节能墙体材料的工程应用技术，例如外墙外保温技术、保温模板一体化技术等。该类技术可以节约大量的黏土资源，同时可以降低墙体厚度，减少墙体材料消耗量。

（2）散装水泥应用技术。城镇住宅建设工程限制使用包装水泥，广泛应用散装水泥；水泥制品如排水管、压力管、水泥电杆、建筑管桩、地铁与隧道用水泥构件等全部使用散装水泥。该类技术可以节约大量的木材资源和矿产资源，减少能源消耗量，同时可以降低粉尘及二氧化碳的排放量。

（3）采用商品混凝土和商品砂浆。例如商品混凝土集中搅拌，比现场搅拌可节约水泥 10%，使现场散堆放、倒放等造成砂石损失减少 5%~7%。

（4）轻质高强建筑材料工程应用技术，例如高强轻混凝土等。高强轻质材料不仅本身消耗资源较少，而且有利于减轻结构自重，可以减小下部承重结构的尺寸，从而减少材料消耗。

（5）以耐久性为核心特征的高性能混凝土及其他高耐久性建筑材料的工程应用技术。采用高耐久性混凝土及其他高耐久性建筑材料可以延长建筑物的使用寿命，减少维修次数，所以在客观上避免了建筑物过早维修或拆除而造成的巨大浪费。

2）建筑设计技术方面

（1）设计时采用工厂生产的标准规格的预制成品或部品，以减少现场加工材料所造成的浪费。这样一来，势必逐步促进建筑业向工厂化、产业化发展。

（2）设计时遵循模数协调原则，以减少施工废料量。

（3）设计方案中尽量采用可再生原料生产的建筑材料或可循环再利用的建筑材料，减少不可再生材料的使用率。

（4）设计方案中提高高强钢材使用率，以降低钢材消耗量。

（5）设计方案中要求使用高强混凝土，提高散装水泥使用率，以降低混凝土消耗量，从而降低水泥、砂石的消耗量。

（6）对建筑结构方案进行优化。例如某设计院在对 50 层的南京新华大厦进行结构设计时，采用结构设计优化方案，节约材料达20%。

（7）建筑设计尤其是高层建筑设计应优先采用轻质高强材料，以减小结构自重和材料用量。

（8）建筑的高度、体量、结构形态要适宜，过高、结构形态怪异，为保证结构安全性往往需要增加某些部位的构件尺寸，从而增加材料用量。

（9）采用有利于提高材料循环利用效率的新型结构体系，例如钢结构、轻钢结构体系以及木结构体系等。以钢结构为例，钢结构建筑在整个建筑中所占比重，发达国家达到50%以上，但在我国却不到5%，差距十分巨大。但从另一个角度看，差距也是动力和潜力。随着我国“住宅产业化”步伐的加快以及钢结构建筑技术的发展，钢结构建筑将逐渐走向成熟，钢结构建筑必将成为我国建筑的重要组成部分。再看木结构，木材为可再生资源，属于真正的绿色建材，发达国家已经开始注重发展木结构建筑体系。例如在美国，新建住宅的89%均为木结构体系。

（10）设计方案应使建筑物的建筑功能具备灵活性、适应性和易于维护性，以便使建筑物在结束其原设计用途之后稍加改造即可用作其他用途，或者使建筑物便于维护而尽可能延长使用寿命。与此类似，在城市改造过程中应统筹规划，不要过多地拆除尚可使用的建筑物，应该维修或改造后继续加以利用，尽量延长建筑物的服役期。

3）建筑施工技术方面

建筑施工应尽可能减少建筑材料浪费及建筑垃圾的产生：

（1）采用建筑工业化的生产与施工方式。建筑工业化的好处之一就是节约材料，与传统现场施工相比较，减少许多不必要的材料浪费，提高施工效率的同时也减少施工的粉尘和噪声污染。根据发达国家的经验，建筑工业化的一般节材率可达20%左右、节水率达60%以上。正常的工业化生产可减少工地现场废弃物30%，减少施工空气污染10%，减少建材使用量5%，对环境保护意义重大。

（2）采用科学严谨的材料预算方案，尽量降低竣工后建筑材料剩余率。

（3）采用科学先进的施工组织和施工管理技术，使建筑垃圾产生量占建筑材料总用量的比例尽可能降低。

（4）加强工程物资与仓库管理，避免优材劣用、长材短用、大材小用等不合理现象。

（5）大力推行一次装修到位，减少耗材、耗能和环境污染。目前，提供毛坯房的做法已经满足不了市场的需求，也不适应社会化大生产发展趋势。住宅的二次装修不仅造成质量隐患、资源浪费、环境污染，而且也不利于住宅产业现代化的发展。提供成品住宅，实现住宅装修一次到位，将是建筑业的发展主流。

（6）尽量就地取材，减少建筑材料在运输过程中造成的损坏及浪费。我国社会经济可持续的科学发展面临着能源和资源短缺的危机，所以社会各行业必须始终坚持节约型的发展道路，共建资源节约型和环境友好型社会。建筑业作为能源和资源的消耗大户，更需要大力发展节约型建筑业，我国建筑节材潜力巨大，技术可行，前景广阔。

2. 建筑节材技术的发展趋势

1）建筑结构体系节材

（1）有利于材料循环利用的建筑结构体系

目前广泛采用的现浇钢筋混凝土结构在建筑物废弃之后将产生大量建筑垃圾，造成严重的环境负荷。钢结构在这方面有着突出的优势，材料部件可重复使用，废弃钢材可回收，资源化再生程度可达 90% 以上。有资料显示，在欧美发达国家，钢结构建筑数量占总建筑的比重达到 30%~40%。我国 2002 年在建的建筑面积为 19 亿平方米，钢结构建筑仅为 450 万平方米，只占建筑总面积的 0.5%，且多为商业和工业建筑。目前我国钢结构住宅的发展刚刚起步，因此我国应积极发展和完善钢结构及其围护结构体系的关键技术，发展钢结构建筑，提高钢结构建筑的比例，建立钢结构建筑部件制造产业，促进钢结构建筑的产业化发展。

除了钢结构以外，木结构以及装配式预制混凝土建筑都是有利于材料循环利用的建筑结构体系。随着城市建设中旧混凝土建筑物拆除量的增加和环境保护要求的提高，再生混凝土的生产及应用，也将逐步成为建筑业节约材料、循环利用建筑材料的重要方式。

（2）建筑结构监测及维护加固关键技术

建筑结构服役状态的监测及结构维护、加固改造关键技术对于延长建筑物寿命具有重要意义，因而对建筑节材也具有重要促进作用。主要包括：结构诊断评估技术、复合材料技术、加固施工技术，特别是碳纤维、玻璃纤维粘贴加固材料与施工技术。

（3）新型节材建筑体系和建筑部品

当代绿色节能生态建筑的发展将不断催生新型节材建筑体系和建筑部品。应针对我国目前建筑业发展的实际，加强自主创新，积极开发和推广新型的节材建筑体系和建筑部品，建立建筑节材新技术的研究开发体系和推广应用平台，加快新技术新材料的推广应用。

2）节材技术

（1）高强、高性能建筑材料技术

高强材料（主要包括高强钢筋、高强钢材、高强水泥、高强混凝土）的推广应用是建筑节材的重要技术途径，这需要建筑设计规范与有关技术政策的促进。

围护结构材料的高强轻质化不仅降低围护结构本身的材料用量，而且可以降低承重结构的材料用量。高强度与轻质是一个相对的概念，高强轻质材料制备技术不仅体现在对材料本体的改型性，而且也体现在材料部品结构的轻质化设计。例如，水泥基胶凝材料的发气和引气技术，替代实心黏土砖的各种空心砖、砌块和板材的孔洞构造设计，以及其他复合轻质结构。在围护结构中应用新型轻质高强墙体材料是建筑围护结构发展的趋势。

（2）提高材料耐久性和建筑寿命的技术

材料耐久性的提高，建筑物寿命的显著提高（例如使用寿命延长一倍）可以产生更大的节约效益。采用先进的材料制备技术，将工业固体废物加工成混凝土性能调节材料和性能提高材料，制备绿色高性能混凝土及其建筑制品将成为广泛应用的材料技术。这种高性能建筑材料的制备和应用，利用了大量的工业废渣，原材料丰富且减少了环境污染。所以，诸如高耐久性高性能混凝土材料，钢筋高耐蚀技术，高耐候钢技术，以及高耐候性的防水材料、墙体材料、装饰装修材料等，将为提高建筑寿命提供支撑，成为我国建筑节材的战略技术途径之一。

（3）有利于节材的建筑优化设计技术

优化设计包括结构体系优化、结构方案优化等。开展优化设计工作，需要制定鼓励发展和使用优化技术的政策文件和技术规范，指导工程设计人员建立各种结构形式的优选方案。通过对经济、技术、环境和资源的对比分析，提出优化设计报告方案，是节约资源、纠正不良设计倾向的重要环节。在设计技术的优化方面，应该在保证结构具有足够安全性和耐久性基础上，充分兼顾结构体系及其配套技术对建筑物各生命阶段的能源、资源消耗的影响及对环境的影响，充分遵循可持续发展的原则，力求节约，避免或减少不必要或华而不实的建筑功能设计和建筑选型。

（4）可重复使用和资源化再生的材料生态化设计技术

循环经济理念将逐步成为建筑设计的指导原则，建筑材料制品的设计和结构构造将考虑建筑物废弃后建筑部件的可拆卸、可重复使用和可再生利用问题。此外，对建筑材料的选择和加工以及建筑部品的设计将尽量考虑废弃后的可再生性，尽量提高资源利用率。国家也将制定或完善鼓励建筑业使用各种废弃物的优惠政策，促进建筑垃圾的分类回收和资源化利用的规模化、产业化发展，降低再生建材产品的成本，促进推广应用。

（5）建筑部品化及建筑工业化技术

集约化、规模化和工厂化生产及应用是实现建筑工业化的必由之路，建筑构配件的工厂化、标准化生产及应用技术更能体现发展节能省地型建筑要求的技术政策。从我国发展的实际情况来看，钢结构构件、建筑钢筋的工厂化生产及其现代化配送关键技术，高尺寸精度的预制水泥混凝土和水泥结构制品结构构件，墙板、砌块的生产及应用关键技术，以及装配式住宅产业化技术等可能率先得到发展和突破。

3）管理节材

（1）工程项目管理技术

开发先进的工程项目管理软件，建立健全管理制度，提高项目管理水平，是减少材料浪费的重要和有效途径。先进的工程项目管理技术将有助于加强建筑工程原材料消耗核算管理，严格设计、施工、生产等流程管理规范，强化材料消耗核算管理，最大限度地减少现场施工造成的材料浪费。

（2）建筑节材相关标准规范

建筑节材相关标准规范是决定材料消耗定额的技术法规，提高相关标准规范的水平和开展制修订工作将有利于淘汰建筑业中高耗材的落后工艺、技术、产品和设备。政府将加强建筑节材相关标准规范的制修订工作，提高材料消耗定额管理水平，加大有关建筑节材技术标准规范制修订的投入，制定更加严格的建筑节材相关标准和评价指标体系，建立强制淘汰落后技术与产品的制度，制定鼓励以节材型产品代替传统高耗材产品的政策措施。同时，也将开展建筑节材示范工程建设，促进建筑节材工作。

6.3.3 循环再生材料和技术

废弃材料的无污染回收利用已是当今世界科学研究的一个热点和重点。我国“十五环境发展规划”中明确：研究污染物排放最小量化和资源化技术，实施以清洁生产技术和废弃物资源化技术为核心的科技行动。建材行业必须建立生态效益概念，用最低限度的资源得到最大数量的产品。这就要求必须对废弃物进行再利用，从而实现物流的闭合回路。

1. 建筑废弃物的再生利用

据统计，工业固体废弃物中 40% 是建筑业排出的，废弃混凝土是建筑业排出量最大的废弃物。一些国家在建筑废弃物利用方面的研究和实践已卓有成效。1995 年日本全国建设废弃物约 9 900 万吨，其中实现资源再利用的约 5 800 万吨，利用率为 58%，其中混凝土块的利用率为 65%。废弃混凝土用于回填或路基材料是极其有限的。作为再生集料用于制造混凝土、实现混凝土材料的自己循环利用是混凝土废弃物回收利用的发展方向。将废弃混凝土破碎作为再生集料既能解决天然集料资源紧张问题，利于集料产地环境的保护，又能减少城市废弃物的堆放、占地和环境污染问题，实现混凝土生产的物质循环闭路化，保证建筑业的长久的可持续发展。因此，国外大部分的大学和政府研究机关都将研究重点放在废弃混凝土作为再生集料技术上。很多国家都建立了以处理混凝土废弃物为主的加工厂，生产再生水泥和再生骨料。日本 1991 年制定了《资源重新利用促进法》，规定建筑施工过程中产生的渣土、沥青混凝土块、木材、金属等建筑垃圾，须送往“再资源化设施”进行处理。

我国城市的建筑废弃物日益增多，目前年排放量已逾 6 亿吨，我国一些城建单位对建筑废弃物的回收利用做了有益的尝试，成功地将部分建筑垃圾用于细骨料、砌筑砂浆、内墙和顶棚抹灰、混凝土垫层等。一些研究单位也开展了用城市垃圾制取烧结砖和混凝土砌块技术，并且具备了推广应用的水平。虽然针对垃圾总量来看，利用率还很低，但毕竟有了较好的开端，为促进垃圾处理产业化，弥补建材工业大量消耗自然资源的不足，积累了经验。

2. 危险性废料的再生利用

国外自20世纪70年代开始着手研究用可燃性废料作为替代燃料应用于水泥生产。大量的研究与实践表明，水泥回转窑是得天独厚处理危险废物的焚烧炉。水泥回转窑燃烧温度高，物料在窑内停留时间长，又处在负压状态下运行，工况稳定。对各种有毒性、易燃性、腐蚀性、反应性的危险废弃物具有很好的降解作用，不向外排放废渣，焚烧物中的残渣和绝大部分重金属都被固定在水泥熟料中，不会产生对环境的二次污染。同时，这种处置过程是与水泥生产过程同步进行，处置成本低，因此被国外专家认为是一种合理的处置方式。

可燃性废弃物的种类主要有工业溶剂、废液（油）和动物骨粉等。目前世界上至少有100多家水泥厂已使用了可燃废弃物，如日本20家水泥企业约有一半，处理各种废弃物；欧洲每年要焚烧处理100万吨有害废弃物；瑞士Holcim公司可燃废弃物替代燃料已达80%，其他20%的燃料仍作为二次利用燃料石油焦；美国大部分水泥厂利用可燃废弃料煅烧水泥，替代量达到25%~65%。法国Lafarge公司可燃废弃物替代率达到50%以上。Lafarge公司在2001年实现了以下目标：节约200万吨矿物质燃料；降低燃料成本达33%左右；回收了约400万吨的废料；减少了500万吨二氧化碳（CO_2）气体的排放。欧盟在2000年公布了2000/76/EC的指令，对欧盟国家在废弃物焚烧方面提出技术要求，其中专门列出了用于在水泥厂回转窑混烧废弃物的特殊条款，用以促进可燃性废料在水泥工业处置和利用的发展。

我国从20世纪90年代开始利用水泥窑处理危险废物的研究和实践，并已取得一定的成绩。我国北京水泥厂利用水泥窑焚烧处理固体废弃物也已取得一定的成果，2001年混烧了3 000多吨，2002年混烧6 000多吨。上海万安企业总公司（金山水泥厂）从1996年开始从事这项工作，利用水泥窑焚烧危险废弃物已取得“经营许可证”，先后已为20多家企业产生的各种危险废物进行了处理，燃烧产生的废气经上海市环境监测中心测试，完全达到国家标准，对产品无不良影响。

3. 工业废渣的综合利用

“十一五”期间，我国工业“三废”综合利用产值达2 100亿元，年均增长18.5%。据2010年中国环境统计年报数据显示，全国工业固体废物产生量为203 943万吨，比2009年增加7.3%；工业固体废物排放量为710吨，比上年减少9.2%。工业固体废物综合利用量为138 186万吨，比上年增加11.9%；工业固体废物贮存量为20 929万吨，比上年减少4.4%。工业固体废物处置量为47 488万吨，比上年增加1.7%。预计“十二五”期间，固体废物产生量将以10%的速度增长，工业固体废物排放量将以 10% 的速度下降，工业固体废物贮存量将以 5% 的速度下降，工业固体废物处置量将以 15% 速度增长，固体废物处置市场增长速度比较快。

工业废渣的综合利用见表 6-3。工业固体废渣主要被利用制作建筑材料和原材料。主要用来生产粉煤灰水泥、加气混凝土、蒸养混凝土砖、烧结粉煤灰砖、粉煤灰砌块。而建筑行业中每年用来制砖的煤矸石 2 000 多万吨，年产砖 30 亿块。

工业废渣的综合利用　　表 6-3

废渣	主要用途
采矿废渣	煤矸石尾矿渣水泥、砖瓦、轻混凝土骨料、陶瓷、耐火材料、铸石、水泥和砖瓦等
燃料废渣	粉煤灰水泥、砖瓦、砌块、墙板、轻骨料、道路材料、肥料、矿棉、铸石等
冶金废渣	高炉矿渣水泥、混凝土骨料、筑路材料、砖瓦砌块、矿渣棉、铸石、肥料、微晶玻璃、钢渣水泥、磷肥、建筑防火材料等
有色金属废渣	水泥、砖瓦、砌块、混凝土、渣棉、道路材料、金属回收等
化学废渣、塑料废渣	再生塑料、炼油、代砂石铺路、土壤改良剂等，生产水泥、矿渣、矿渣棉、轻集料等
硫铁矿渣、电石渣	炼铁、水泥、砖瓦、水泥添加剂、生产硫酸、制硫酸亚铁等
磷石膏、磷渣	制砖、代石灰作建筑材料、烧水泥、水泥添加剂、熟石膏、大型砌块等

4. 利用其他废料制造建筑材料

1）利用废塑料

在废塑料中加入作为填料的粉煤灰、石墨和碳酸钙，采用熔融法制瓦。产品的耐老化性、吸水性、抗冻性都符合要求。抗折强度为 14~19MPa。用废塑料制建筑用瓦是消除“白色污染”的一种积极方法，以粉煤灰作瓦的填料可实现废物的充分利用。

利用废聚苯乙烯经加热消泡后，可重新发泡制成隔热保温板材。将消泡后的聚苯乙烯泡沫塑料加入一定剂量的低沸点液体改性剂、发泡剂、催化剂、稳定剂等经加热使可发性聚苯乙烯珠粒预发泡，然后在模具中加热制得具有微细密闭气孔的硬质聚苯乙烯泡沫塑料板。该板可以单独使用，也可在成型时与陶粒混凝土形成层状复合材料。亦可成型后再用薄铝板包敷做成铝塑板。在北方采暖地区，该法所生产的聚苯乙烯泡沫塑料保温板具有广泛用途和良好的发展前景。

2）利用生活垃圾

利用生活垃圾制造的烧结砖质轻、强度高，即可达到垃圾减量化处理的目的，减少污染，又可形成环保产业，提高效益。

3）利用下水道污泥和河道淤泥

日本已成功开发利用下水道污泥焚烧灰生产陶瓷透水砖的技术。陶瓷透水砖的焚烧灰用量占总量的 44%，作为骨料的废瓷砖用量占总用量的 48.5%，该砖上层所用结合剂也是废釉，所以废弃物的总用量达 95%。该陶瓷透水砖内部形成许多微细连续气孔，强度较高，透水性能优良。日本还开发了利用下水道污泥焚烧灰为原料制造建筑红砖的技术。台湾在黏土砖中掺入质量不超过 30% 的淤泥，在 900℃下烧制砖。这种方法不仅处理了污泥，还在烧制中将有毒重金属都封存在污泥中，也杀灭了所有有害细菌和有机物。

4）利用废玻璃

废玻璃的传统利用技术是使用 80% 的废玻璃生产深色瓶罐玻璃，一般加入 10% 的废玻璃，可节能 2%~3%。除此以外，利用废玻璃还可以生产以下建筑玻璃制品。采用低温烧结法和熔融法。低温烧结法废玻璃掺加量为 80% 以上，熔融法废玻璃利用量为 20%~60%。用作建筑物内外饰面材料和艺术镶嵌材料；泡沫玻璃是一种整体充满微孔的玻璃材料，其气孔占总体积的 80%~90%，是一种性能优良的隔热隔声材料。废玻璃掺加量为 60%~80%，加热发泡温度为 800~850℃；玻璃饰面材料是利用废玻璃粉与钢渣、着色剂一次烧结法生产的微晶玻璃仿大理石板材。利用废玻璃生产玻璃微珠、玻璃砖、玻璃棉等多种具有重要使用价值的新型材料，进一步扩大了绿色建材的品种和范围。

5）轮胎的利用

世界汽车保有量已达 7 亿吨，每年因汽车报废产生的固体废弃物达上千万吨，其中废旧汽车轮胎是一类较难处理的有机固体废弃物，目前大量的利用是在建材方面（图 6-15）。

6）固体废弃物用于筑路材料

筑路材料的各个部分在某种程度上都可以应用固体废弃物。

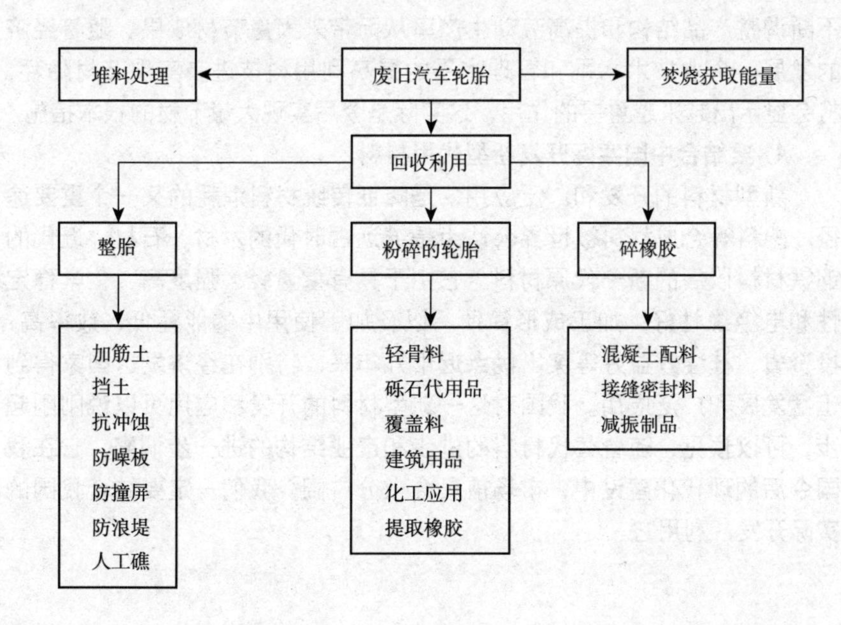

图 6-15　废旧汽车轮胎的回收利用示意图

6.3.4 建筑节材的建议

1. 拓宽节材的概念，扩大其广度和深度

开展节材工作初期和生产管理相对落后的企业中，节材工作的重点显然应放在“扫浮财”以及严格必要的领、用料管理等工作上，这些都是十分重要，又是十分实际的节约降耗、降低成本的措施。当企业和管理水平随着经济的发展而逐步提高以后特别是在加快建立社会主义市场经济体制，企业转换经营机制走向市场，竞争日益激烈的新形势下，要求节材工作也必须树立新观念，增加新内容。节材是一项综合性很强的工作，它与企业经营的诸多方面都有着密切的关系。诸如产品质量、废品率、合理库存、选用材质、科学下料……直接节材和间接节材要根据不同企业的实际情况，把节材同各方面的工作，尤其是提高产品质量增进企业效益相结合，把节材提高到一个新水平以适应新形势的要求。

2. 要加强改进企业的节材统计

要把企业的节材统计工作做为企业成本核算，也就是效益统计的一个重要组成部分。简单说，企业组织生产的全部投入，最终都要从付出的物化劳动和活劳动，以及得到的盈利体现出来。每一个管理科学化的企业总要不断分析和研究这三者在生产活动中是什么样的关系，又是如何变化的。认真分析主要产品和企业原材料消耗的变化情况，是节材统计的重要工作，深入分析净产值中消耗原材料的数量及其价值量，并通过对比计算出主要产品和企业的原材料利用和节约情况。这样深入地分析统计对盈利企业或暂时亏损的企业都是必要的。

3. 搞节材要充分注意技术的开发和产品结构的调整

原材料消耗水平与社会生产力发展水平有着极为密切的关系。我国原材料消费强度即单位国民生产总值消费的主要原材料比较高，要尽快提高钢材质量包括品种、规格和开发应用新材料，以技术进步为先导，不断调整产品结构和提高劳动生产率从而带来大量节材成果。随着经济的发展，企业技术水平和管理水平的提高利用科技进步实现节材降耗，将会显示出越来越重要的作用，这实际是今后实现大量节材的根本措施。

4. 要结合中国实际开发新型代用材料

新型材料的开发和广泛应用，是降低传统材料消耗的又一个重要途径。塑料等合成材料被世界公认为是继远古时代的木材、石材、近代的钢铁材料以后的新一代原材料。它由于具有重量轻、强度高、化学稳定性和电绝缘性好，加工成形简便，以及加工使用中的能耗低、效率高、投资省、社会效益好等突出优点近十几年来，特别在经济发达国家得到迅猛发展和广泛应用。我国对这一新型材料的开发和应用可以说刚刚起步，可以预见，随着替代材料的进步和产业结构的进一步调整，它在我国今后的现代化建设中，市场前景会十分广阔。我们一定要结合我国的实际开发、利用它。

第7章 建筑设备

7.1 建筑设备概述

7.1.1 建筑设备的概念

建筑设备是指安装在建筑物内为人们居住、生活、工作提供便利、舒适、安全等条件的设备，它包括建筑内部给水设备、燃气及热水供应设备、消防给水设备、建筑通风设备、高层建筑防排烟设备、供暖设备、空气调节设备、电气照明设备、楼宇自动化及建筑智能化设备等。

与人们日常生活直接相关的建筑设备主要是指建筑内部与能耗有关的设备，包括建筑供暖、建筑照明、空气调节等。建筑供暖系统、照明系统和空气调节系统的耗能在大多数民用建筑能耗中占主要份额，尤其是空调系统的能耗更是高达 40%~60%，成为建筑节能的主要控制对象。

7.1.2 建筑设备分类及其系统

1. 供暖设备及系统

1）风机水泵变频调速技术

风机水泵类负载多是根据满负荷工作需用量来选型，实际应用中大部分时间并非工作于满负荷状态。采用变频器直接控制风机、泵类负载是一种最科学的控制方法，利用变频器内置 PID 调节软件，直接调节电动机的转速保持恒定的水压、风压，从而满足系统要求的压力。当电机在额定转速的 80% 运行时，理论上其消耗的功率为额定功率的（80%），即 51.2%，去除机械损耗、电机铜、铁损等影响。节能效率也接近 40%，同时也可以实现闭环恒压控制，节能效率将进一步提高。由于变频器可实现大的电动机的软停、软起，避免了启动时的电压冲击，减少电动机故障率，延长使用寿命，同时也降低了对电网的容量要求和无功损耗。为达到节能的目的推广使用变频器已成为各地节能工作部门以及各单位节能工作的重点。因此，大力推广变频调速节能技术，不仅是当前企业节能降耗的重要技术手段，而且也是实现经济增长方式转变的必然要求。

2）设置热能回收装置

通过某种热交换设备进行总热（或显热）传递，不消耗或少消耗冷（热）源的能量，完成系统需要的热、湿变化过程叫热回收过程。回收热源可以取自排风、大气、天然水、土壤和冷凝放热等。这种装置般用于可集中排风而需新风量较大的场合。新风换气热回收装置的设计和选择应根据当地气候条件而定。采用中央空调的建筑物应用新风换气热回收装置，对建筑物节能具有显著意义。对于夏季高温高湿地区，要充分考虑转轮全热热交换器的应用。根据夏季空气含湿量情况可以划定有效的换新风热回收应用范围：对于含湿量大于 1 012g/kg 的湿润气候状态，拟采用转轮全热热交换器；对于含湿量小于 0.09g/kg 的干燥气候状态，拟采用显热热交换器加蒸发冷却。

2. 空气调节设备与系统

1）热泵系统

热泵是通过做功使热量从温度低的介质流向温度高的介质的装置。热泵利用的低温热源通常可以是环境（大气、地表水和大地）或各种废热。应该指出，由热泵从这些热源吸收的热量属于可再生的能源。采用热泵技术为建筑物供热可大大降低供热的燃料消耗，不仅节能，同时也大大降低了燃烧矿物燃料而引起的二氧化碳（CO_2），和其他污染物的排放。热泵通常分为空气源热泵和地源热泵两大类。地源热泵又可进一步分为地表水热泵、地下水热泵和地下耦合热泵。空气源热泵以室外空气为一个热源。在供热工况下将室外空气作为低温热源，从室外空气中吸收热量，经热泵提高温度送入室内供暖。另一种热泵利用大地（土壤、地层、地下水）作为热源，可以称之为"地源热泵"。

2）变风量系统

采用变风量系统，以减少空气输送系统的能耗。变风量空调（VAV）控制系统可以根据各个房间温度要求的不同进行独立温度控制，通过改变送风量的办法，来满足不同房间（或区域）对负荷变化的需要。同时，采用变风量系统可以使空调系统输送的风量在建筑物中各个朝向的房间之间进行转移，从而减少系统的总设计风量。这样，空调设备的容量也可以减小，既可节省设备费的投资，也进一步降低了系统的运行能耗。该系统最适合应用于楼层空间大而且房间多的建筑。尤其是办公楼，更能发挥其操作简单、舒适、节能的效果。因此，变风量系统在运行中是一种节能的空调系统。

3）VRV 空调系统

变制冷剂流量（Variable Refrigerant Volume，简称 VRV）空调系统，是一种制冷剂式空调系统，它以制冷剂为输送介质，属空气—空气热泵。该系统由制冷剂管路连接的室外机和室内机组成，室外机由室外侧换热器、压缩机和其他制冷附件组成；室内机由风机和直接蒸发式换热器等组成。一台室外机通过管路能够向若干个室内机输送制冷剂液体，通过控制压缩机的制冷剂循环量和进入室内各个换热器的制冷剂流量，可以适时地满足室内冷热负荷要求。

4）冷热电三联供系统

热电联产是利用燃料的高品位热能发电后，将其低品位热能供热的综合利用能源的技术。目前我国大型火力电厂的平均发电效率为 33% 左右，其余能量被冷却水排走；而热电厂供热时根据供热负荷，调整发电效率，使效率稍有下降（比如 20%），但剩下的 80% 热量中的 70% 以上可用于供热，从总体上看是比较经济的。从这个意义上讲，热电厂供热的效率约为中小型锅炉房供热效率的 2 倍。在夏季还可以配合吸收式冷水机组进行集中供冷，实现冷热电三联供。另外一种形式为建筑（或小区）冷热电联产（ Building Cooling Heating and Power-BCHP ），这是指能给小区提供制冷、制热和电力的能源供给系统，它应用燃气为能源，将小型（微型）燃气涡轮发电机与直燃机相组合，实现小区冷热电联供。

3. 照明节能设备与系统

目前太阳能应用技术已取得较大突破，并且已较成熟地应用于建筑楼道照明、城市亮化照明。太阳能光伏技术是利用电池组件将太阳能直接转变为电能的技术。太阳能光伏系统主要包括太阳能电池组件、蓄电池控制器、逆变器、照明负载等。当照明负载为直流时，则不用逆变器。太阳能电池组件是利用半导固体装置。太阳能照明灯具中使用的大体材料的电子学特性实现 P-V 转换的太阳能电池组件都是由多片太阳能电池并联构成的，因为受目前技术和材料的限制，单一电池的发电量十分有限。常用的单一电池是一只硅晶体一极管，当太阳光照射到由 P 型和 N 型两种不同导电类型的同质半导体材料构成的 P-N 结上时，在一定的条件下，太阳能辐射被半导体材料吸收，形成内建静电场。从理论上讲，此时，若在内建电场的两侧面引出电极并接上适当负载就会形成电流。蓄电池由于太阳能光伏发电系统的输入能量极不稳定，所以一般需要配置蓄电池系统才能工作。太阳能电池产生的直流电先进入蓄电池储存，达到一定值，才能供应照明负载。

1）建筑物楼道照明

太阳能走廊灯由太阳能电池板供电。整栋建筑采用整体布局、分体安装、集中供电方式。太阳能安装在天台或屋面，用专用导线（可预留）传送到每层走道和楼梯口。系统采用声、光感应，延时控制。白天系统充电、夜间自动转换开启装置，当探测到有人走动信息后，自动启动亮灯装置，5min 内自行关闭。当楼内发生突发事故如火灾、地震等切断电源或区域停电时，仍可连续供电 3~5h，可以作为应急灯使用，在降低各项费用的同时体现了人性化的设计理念。

2）室外太阳能照明设备

太阳能照明灯具主要有太阳能草坪灯、庭院灯、景观灯和高杆路灯等。这些灯具以太阳光为能源，白天充电、晚上使用，无需进行复杂昂贵的管线铺设，而且可以任意调整灯具的布局。其光源一般采用 LED 或直流节能灯，使用寿命较长，又为冷光源，对植物生长无害。太阳能亮化灯具是一个自动控制的工作系统，只要设定该系统的工作模式就能自动工作。控制模式一般分为光控方式和计时控制方式，一般采用光控或者光控与计时组合工作方式。在光照强度低于设定值时控制器启动灯点亮，同时进行计时开始。当计时到设定时间时就停止工作。充电及开关过程可以由微电脑智能控制，自动开关，无需人工操作，工作稳定可靠，节省电费。

3）节电开关

人体照度静态感应节电开关。本控制器是一种人体感应和照度双重控制的智能控制器。能够根据环境照度和探测区域有无人员，自动控制灯电源的开启和关闭。当环境照度值低于设定值时，而探测区域有人员时，控制器开启。而在无人或照度达到关闭值后则自动关闭电源。有效节电率达到30%以上。安装于受控制灯具旁，吸顶式安装。远红外开关采用红外热释传感器、专用IC电路设计的高可靠性节能电子开关。在光照低于10Lux时，动感物进入其测试区内即自动开启光源或报警器；一旦离开测试区，则按产品的延时时间参数自动关闭电源。较之触摸延时开关方便可靠，较之声控型电子开关抗干扰性能高。适用于走廊、楼梯、卫生间、仓库等的照明，可作为夜暗防盗的专线自动控制开关。

4. 通风设备与系统

通风又称换气，是用机械或自然的方法向室内空间送入足够的新鲜空气，同时把室内不符合卫生要求的污浊空气排出，使室内空气满足卫生要求和生产过程需要。建筑中完成通风工作的各项设施，统称通风设备。

按照空气流动所依靠的动力，通风分为自然通风和机械通风。

1）自然通风

自然通风几乎不需要额外设备，它的动力是室内外空气温度差所产生的“热压”和室外风的作用所产生的“风压”。这两种因素有时单独存在，有时同时存在。

热压通风：室内空气温度高于室外空气温度时，室内热空气因密度小而上升，从上部窗孔排出。室外温度较低、密度较大的空气则从下部窗孔流入室内。室内外空气温差越大（即密度差越大）、上、下窗孔高差越大、窗孔面积越大，则通风量也越大。

风压通风：由于风压的作用，室外风会从迎风面上的窗孔流入室，从背风面（或其他风压低的面）窗孔排出。中国南方建筑大量采用穿堂风就是根据这个原理。

风的大小和方向是不断变化的，因而自然通风的通风效果不稳定。但是自然通风不消耗能源，是一种经济的通风措施。

2）机械通风

机械通风是以风机为动力造成空气流动，一般由风机、风道、阀门、送排风口组成。

机械通风不受自然条件的限制，可以根据需要进行送风和排通风设备风，获得稳定的通风效果。在某些场合常兼用机械通风和自然通风。某些房间对空气环境有较高的要求，不允许周围空气流入（如医院的手术室、实验大楼中的精密仪器室等），这些房间的机械送风量应大于机械排风量（或者只设机械送风，全部用自然排风），使室内压力大于大气压

力。室内多余的空气会通过门、窗和其他缝隙流至室外。某些污染较严重的房间（如厕所、厨房等），为了防止其中的污浊空气流入周围的空间，应使室内的压力小于大气压力，使室内的污浊空气不致流至室外。

机械通风流程大致如下：室外空气经百叶窗进入送风室，送风室里设有净化空气用的空气过滤器和加热空气用的空气加热器等，空气经过净化和加热后由风机加压经过风管输送到房间内的送风格栅（即出风口），再分布到各房间，与室内空气混合。有时，排风经下部的排风口吸入回风管道，返回送风室，和室外新鲜空气混合后继续使用。采用循环空气的目的是为了在节能的前提下，保证室内的温度和风速分布比较均匀。送、排风量的大小和送、排风口的布置对通风房间的空气温度、湿度、速度和污染物浓度的分布影响极大。

5. 给水排水节能设备与系统

1）定时冲水节水器

厕所定时冲水节水器适用于需要由时间来控制冲水的厕所及需要定时冲洗的污水管道等。可用于公共厕所的大解槽或小解槽定时冲水或者新改造的娱乐、宾馆、饭店等，因需要后来增设卫生间和排污管道定时冲洗，起到排通作用。厕所定时冲水节水器以高性能微电脑芯片为核心，可根据用户需求，任意设定时间段自动按时冲水，一天内最多可实现 40 次冲水。具有走时准确、操作方便等特点。时间调整部分，液晶显示，中文界面，手动 / 自动两用，六种工作模式：半周制 / 每日 / 不同 / 每日相同 / 五天制 / 六天制。

2）免冲水小便器、环保地漏等

免冲水小便器的特性：①憎水性：在高级陶瓷表面实施银系纳米级抗污防菌技术，使其瓷釉表层形成细致的纳米级界面结构，达到表面密度和光洁度较高的水平，陶瓷表面吸水度 < 0.025，从而更好地使尿液不易滞留，清除异味。②憎菌性：陶瓷表面釉层内含有特殊的防菌材料，有效地抑制了细菌的滋生，消除了尿液因菌化作用而产生的异味及尿垢、尿碱。其独特的流畅内凹面陶瓷技术，无论尿液或尘埃均不易留存、存垢；银系纳米级防菌陶瓷技术及釉层的特殊抗污材料，使陶瓷表面不易沾土。③密封性：免冲水小便器采用独有的“薄膜气相吸合封堵”国家专利技术，使尿液进入排尿口下方的特制薄膜套后，因套内外产生的压差可将套壁自动吸合，从而有效地防止了下水管道的异味溢出；其特有的“不残留接口”设计使尿垢无存留之地。④简约性：省去了因安装上水装置和回水弯所带来的一切烦恼。与下水道口连接密封，采用软管多道水封插挤密封的方式，使清理下水管道更为便捷。

环保地漏的特点及优势：采用了先进的科学技术和巧妙的机械原理，逆向运用水能的上下制动开闭装置。主要特征是以独特的活塞式结构实现新世纪环保、唯美的诸多功能。产品安装在下水口，水流入时装置底部的密封垫自动打开，下水畅通无阻，流水中断后，底部密封垫自动关闭，形成完全密封，地漏以下的气体无法上来。其主体由 ABS 环保材料构成，耐高温达 80℃，其密封性已通过了严格的技术测试。

7.1.3 建筑设备的选用原则与注意事项

1. 选用原则

建筑设备的选取必须在满足室内人体安全、健康、舒适的前提下充分考虑建筑节能的要求，依据当地具体的气候条件，不仅做到保证室内环境质量，还要提高采暖、通风、空调和照明系统的能源利用效率，以实现国家的节能目标、可持续发展战略和能源发展战略。

1）合适、合理地降低设计参数

合适、合理地降低设计参数不是消极被动地以牺牲人类的舒适、健康为前提。空调的设计参数，夏季的空调温度可以适度提高一点，如提高至 25~26℃；冬季的供暖温度可适当降低一点。

2）建筑设备规模要合理

建筑设备系统功率大小的选择应适当。如果功率选择过大，设备常处于部分负荷而非满负荷运行，导致设备工作效率低下或闲置，造成不必要的浪费。如果功率选择过小，达不到满意的舒适度，势必要改造、改建，也是种浪费。建筑物的供冷范围和外界热扰量基本是固定的，出现变化的主要是人员热扰和设备热扰，因此选择空调系统时主要考虑这些因素。同时，还应考虑随着社会经济的发展，新电气产品不断涌现，应注意在使用周期内所留容量能够满足发展的需求。

3）建筑设备设计应综合考虑

建筑设备之间的热量有时起到节能作用，但是有时候则是冷热抵消。如夏季照明设备所散发的能量将直接转化为房间热扰，消耗更多冷量。而冬天的照明设备所散发的热量将增加室内温度，减少供热量。所以，在满足合理的照度下，宜采用光通量高的节能灯，并能达到冬夏季节能要求的照明灯具。

4）建筑能源管理系统自动化

建筑能源管理系统（BEMS，Building Energy Management System）是建立在建筑自动化系统（BAS，Building Automatic System）的平台之上，是以节能和能源的有效利用为目标来控制建筑设备的运行。它针对现代楼宇能源管理的需要，通过现场总线把大楼中的功率因数、温度、流量等能耗数据采集到上位管理系统，将全楼的水、电力、燃料等的用量由计算机集中处理，实现动态显示、报表生成。并根据这些数据实现系统的优化管理，最大限度地提高能源的利用效率。BAS 系统造价相当于建筑物总投资的 0.5%~1%，年运行费用节约率约为 10%，一般 4~5 年可回收全部费用。

5）建筑物空调方式及设备的选择

应根据当地资源情况，充分考虑节能、环保、合理等因素，通过经济技术性分析后确定。

2. 注意事项

（1）充分注意地区差异的观念。我国幅员辽阔，地区气候、人文、经济水平均有较大差异。不可能用一种类型设备通行全国。对于引进国外产品应分析其产生和应用的背景与我国的异同，择其善者而用之。

（2）建立寿命周期成本观念。一般应按建筑寿命五十年内发生的各项费用，取其总和较低者作为选取决策的依据，不应只考虑一次投资最低者。

（3）重视综合设计过程。在方案之初即让相关专业工种介入，统筹考虑相互影响，寻求合理的解决方案。

（4）注重建筑设备节能的同时，要考虑运行及维护建筑节能设备时产生的能耗问题。

7.1.4 建筑设备的发展目标与趋势

1. 建筑设备的发展目标

应用高技术成果，按功能目标要求加以集成优化，是建筑设备及产品发展的共同目标，具体特点如下：①轻、薄、小；②节能、高效；③环境友善；④施工简易；⑤方便维护；⑥可再生利用。

2. 建筑设备的发展趋势

1）发展用以改造提高传统系统能效的产品

例如：控制楼道照明灯的声控开关；实现供热采暖水系统各环路水力平衡，各处流量符合要求值的平衡调节阀；调节水泵转速使之与系统工况匹配的变频调速器等。

2）运用高技术成果开发高效节能的建筑设备

这是指开发出的新产品在耗指标上与传统产品相比要有很大提高，例如：利用可再生能源—太阳能的产品：真空管太阳能集热器（热水器）、阳光电池板等；利用清洁燃料的能源装置；利用天然气的微型燃气透平发电供热（供冷）机组、燃料电池等；高效的供冷供热装置：各种热泵、吸收式供冷热设备、凝结式燃气锅炉；各种能量回收器：显热或潜热回收器；高效电梯等垂直输送设备。

3）运用高技术实现建筑设备系统的优化集成

建筑设备系统通常由许多环节组成，按照木桶原理，系统总效率是由系统中的薄弱环节来决定。要达到系统高效必须实施优化集成，为此需要采用各种先进的工具来分析找出薄弱环节，加以解决。目前需要特别予以重视的是建筑能耗模拟软件和计算机流体动力学（CFD）软件的应用。

4）运用高技术成果实现节能调控，确保高效运行

建筑设备系统能否取得节能实效，关键还需运行调控。因为其运行负荷不是固定的，是变动的。必须根据变化了的工况，改变设备实际运

行情况。

对于供暖空调来说，室外气候变化、室内人员变动、发热设备的使用都是变动的，设备运行不是设计工况的满负荷状态。必须保持运行时间的部分状态处于节能，调控是必不可少的。各种高技术产品、控制方法以及因特网的应用都可有效实现这种目标。

7.2　建筑设备系统节能（照明节能）

7.2.1　采光系统节能

1. 采光设计节能

太阳是一个巨大的能量来源，时时刻刻向地球辐射着无尽的光和热。在建筑设计中如果能够充分合理地利用日光作为天然光源，就可以营造舒适的视觉效果，并且有效节约人工照明能耗。反之，如果没有经过精心地设计，就可能会造成建筑室内过热，过亮或者是造成照明分布不均。由于天然采光不当而造成过多的太阳辐射得热、夏季室内温度过高的现象在很多建筑中普遍存在，因为与 30~100lm/W 的荧光灯相比，大约 120~150lm/W 的日光功效要强得多。

建筑采光设计的主要目标是为日常活动和视觉享受提供合理的照明。对于日光的基本设计策略是不直接利用过强的日光，而是间接利用为宜。间接利用日光是为了解决日光这个光强极高的移动光源的合理利用问题。采光设计应当与建筑设计综合考虑、融为一体，以使建筑获得适量的日光，有效地利用它实现均衡的照明，避免眩光。

日照的合理、有效利用的设计原则主要是以下五项：

1）遮挡过量的光和热

适当地遮挡建筑物的窗口，可以防止直射日光所造成的眩光及过多的热量。南北向的窗口可以为水平表面提供良好的照明。东西向的窗口往往带来较低的水平面照明，对垂直面具有良好的照明。

2）调整方向

由于太阳作是一个点光源，其方向性很强，很容易造成建筑室内靠近窗口处过亮，而房间的深处采光不足的现象。为了将日照分布到大的范围，并且均匀分布，应设法调整日光照射方向和角度，将其投射到更适当的地方。

3）控制采光量

控制进入室内空间的光的量，即在需要的时候提供所需要的光量。在设计中应防止过度地照亮一个空间，除非视觉要求可基本满足，而其余的太阳辐射能够满足建筑供热需求。

4）高效利用

通过调整内部空间和使用高反射比的室内表面，来有效使用日光。这样可以更好地分配利用光线，减少所需要的采光量，尽量节约人工照明的能耗。

5）整合设计

将日光照明的形式和整个建筑整合在一起。如果为日光照明所设的窗口不能提供景观，或者在建筑设计中不能起重要作用，那么最好就用窗帘或其他遮挡物把这个窗口遮住。

2. 天然光利用原则

对于多云地区，一年中大部分时间没有充足的日照，采光设计策略应当做出相应调整。在这种情况下，光源就是整个天空，而不是太阳或被太阳照亮的表面。虽然某些日光照明的策略同样适用于天然采光，例如有效利用光线、控制光量以及与建筑整合，但是由于阴天或多云的天空是一个面光源而不是点光源，因而天然光的利用可采用以下原则：

1）将视觉作业点靠近采光口布置

在实际设计和使用中要求视觉作业不能离窗口侧窗，天窗或有窗的墙壁太远。通常天然采光的窗口需要比日光照明的更大，对于侧面照明，房间的最大进深不应超过窗楣离地高度的 2 倍。

2）防止眩光

由于的天空是一个明亮的光源，有潜在的眩光，因此应避免能够直接看到天空。由于在阴天的情况下，建筑室内得热一般不会很严重，所以在建筑物的外部不需要遮挡，在采光窗内侧适当调整即可。

3）防止遮挡窗口

不应使用实体的遮光格板和挑檐，因为在阴天的情况下光线不能再分布，并且实体的遮光格板和挑檐可能会减少到达视觉作业面的光量。

4）提高窗口

窗口的位置应能看到天空最亮的部分。阴天的天空的顶端比其地平线处要明亮三倍，比较高的窗口位置或水平的天窗能够提供更理想的途径以接收更多全阴天空的光线。

5）调整室内饰面，减少光线吸收

此时应该尽量使用高反射比的室内饰面，使靠近窗口的顶棚的高度达到最大，从而可允许设较高窗口，并且使顶棚朝房间后部向下倾斜，从而可以使空间内部表面积达到最小。

3. 调整界面反射性能

房间各个界面反射比对光的分布影响极大。一般说来，顶棚是最重要的光反射表面。由于大多数视觉作业更需要自顶棚反射而来的光线，顶棚就成为一个重要的光源，尤其是在又深又广的侧面采光的房间中。在顶部采光的小房间中，侧面墙壁的重要性随之增加。

如图 7-1 所示，各种平滑黑色表面与无光泽白色表面的组合，与一面带窗户的墙面相对。桌面上昼光的衰减显示了具有这个光源和比例的空间中每个表面的相对重要性。下面的百分比数据显示了相对于额定为 100% 的白色表面条件下的照度。

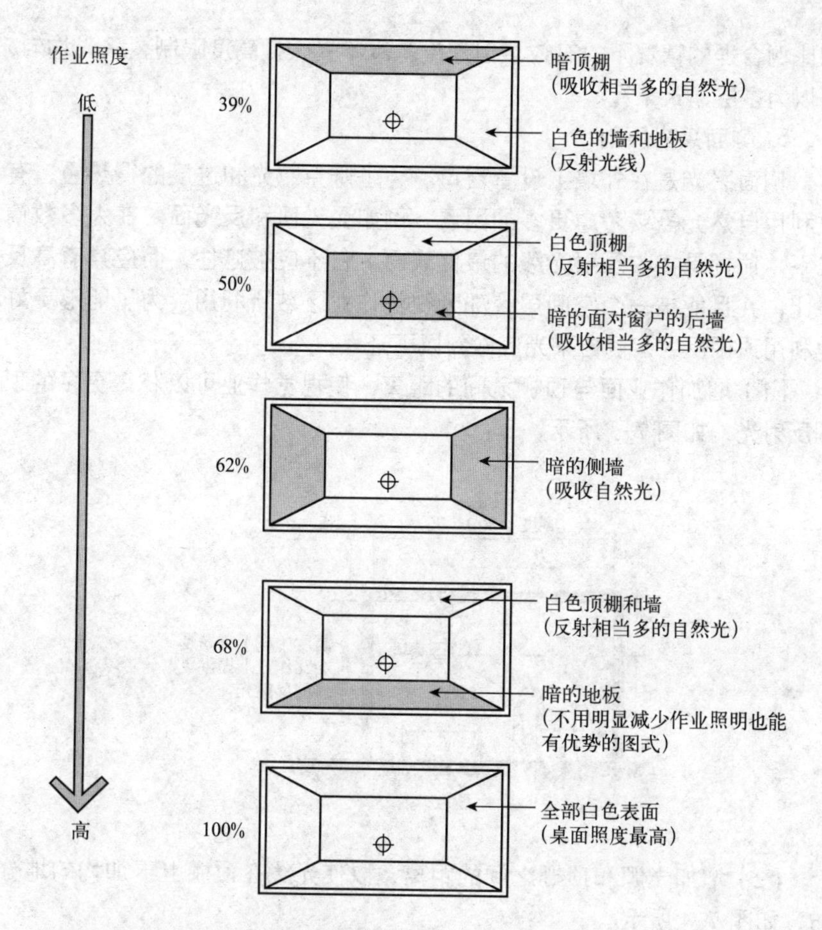

图 7-1 不同反射表面的房间照度比较

4. 建筑平面布置对日照的影响

一座建筑的平面决定了其内部日光的分布。通常，进深比较小的建筑形式最容易通过窗口利用自然光进行照明。在人类无法使用人工照明之前，建筑物都是设计成窄长的，其进深比较小，以便房间最深处也能够依靠日光照明。对建筑物形式的这种限制常常形成 L、E 等形状的平面，从而使其周围外墙能最大限度地开窗接收自然光线。

通常天然采光有三种基本的形式：侧面采光，顶部采光或中庭采光。如图 7-2 所示，它们都具有其独自的特点。侧面采光时室内通过窗口的视线好，眩光的可能性大，有效照射深度受顶棚高度限制，不受建筑层数的影响；顶部采光时没有通过窗口向外的视线，但是眩光的可能性小，有效照射深度不受顶棚高度限制，采光均匀，只能为本层建筑采光；中庭采光时也没有通过窗口向外的视线，但是眩光的可能性小，在中庭空

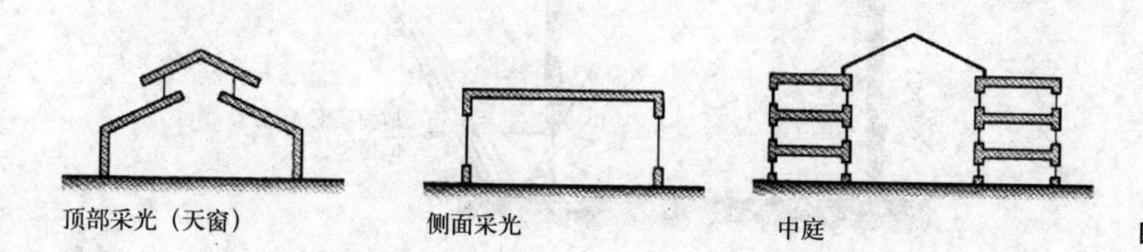

图 7-2 天然采光的基本形式

间比例合理的情况下，有效照射深度基本不受天棚高度限制，采光均匀，可以为多层建筑采光。

5. 侧面采光原则

侧面采光是在外墙上设置窗口。为了避免眩光和过度的得热量，有效利用自然光需要考虑更多的因素，例如受光面和反光面。在大多数情况下，顶棚是接收反射光线的最佳表面。它不应被遮住，而应具有高反射比，并且能被一个空间里大部分视觉作业区域所利用。为了能够更好地利用顶棚反射，侧窗采光应做到以下几点：

（1）增加作业面与顶棚之间的距离，使视觉作业可以获得更多的顶棚反射光，如图 7-3 所示。

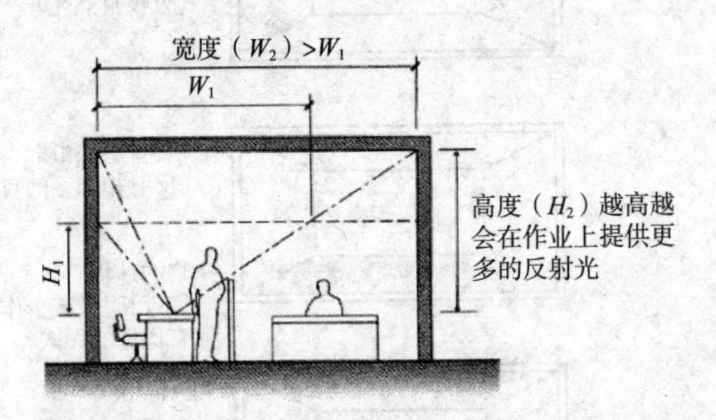

图 7-3 作业面与顶棚的距离变化

（2）增加光源和顶棚之间的距离，以使光线在顶棚上更加均匀地分布，如图 7-4 所示。

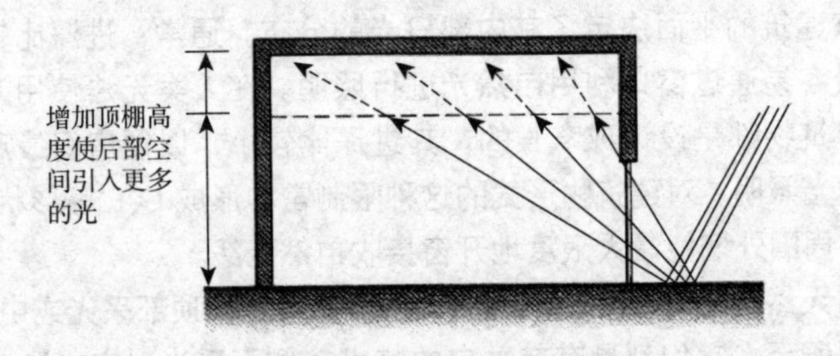

图 7-4 光源和顶棚的距离变化

（3）利用低置的窗户以及地面反射光，但应注意避免视线水平上的眩光，如图 7-5 所示。

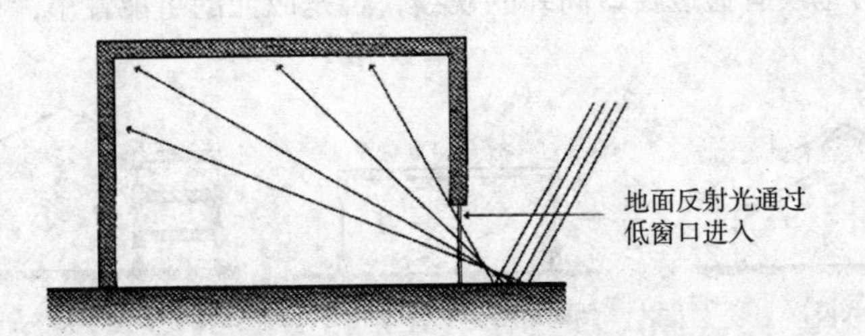

图 7-5 低置窗户以及地面反射光的利用

（4）使用高反射比的各种表面（顶棚、墙面、地面及光反射表面等），如图 7-6 所示。

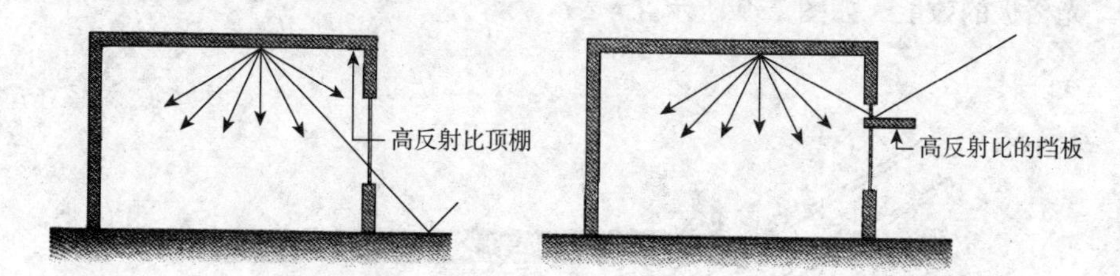

图 7-6 公共建筑中各种能耗的比例

（5）设计顶棚的形状，通过利用从窗口向上倾斜的平整顶棚，以获得最大的有效反射比和最佳的光分布，如图 7-7 所示。

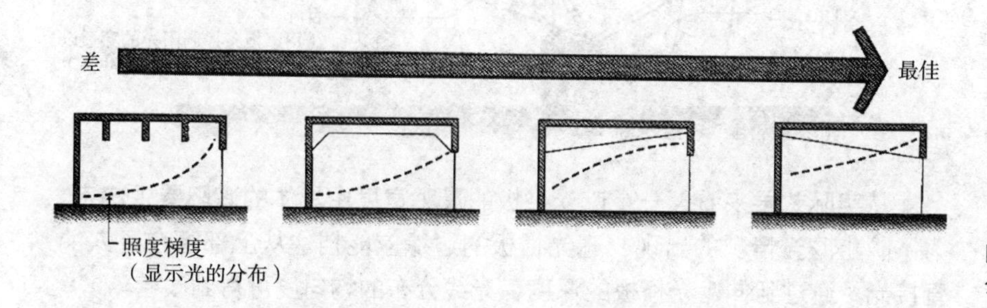

图 7-7 顶棚的形状对光的分布的影响

6. 日光反射装置的利用

日光反射装置具有和遮阳设施类似的形式，应能重新调节确定方位，从而使之能够最大限度接收到最多的照明，并且能将光线重新射向空间中的各个位置。在全阴天空情况下，它们的作用是有限的。日光反射装置也可以作为遮阳设施使用，其表面应具有高反射比，甚至具有镜面般的表面涂层材料。日光反射装置的设计常常要在兼顾最佳光分布和眩光控制的条件下合理确定，如图 7-8 所示。

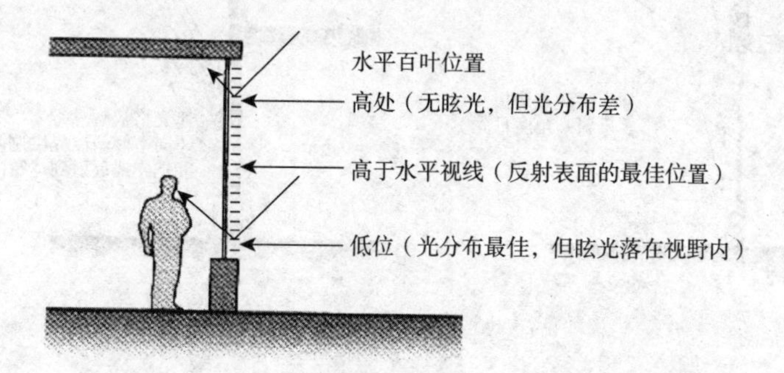

图 7-8 日光反射装置的合理布置

遮光格板是水平遮阳设施及变向设备。它们通过降低窗口附近的照明水平和将光线改向射至空间深处，来改善空间中的自然光的均匀度。一块遮光格板在带窗户的墙面上有效分成成两个开口，上部窗口主要用作照明，下部的窗口用于观景。为了获得最佳的光分布，遮光格板在空间中的位置应在不导致眩光的情况下尽可能地放低，一般在站立者的视

线水平之上，常见的高度约为 2.10m 左右，在这个高度上，它们可与门楣及其他建筑结构元素齐平。另外，还可通过增加顶棚的高度来增强遮光格板的效能，如图 7-9 所示。

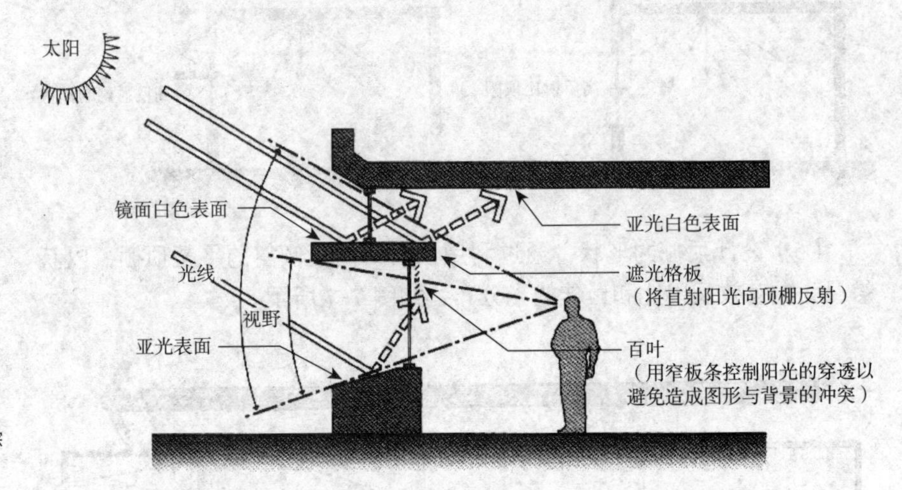

图 7-9　遮光板及百叶的综合应用

从实际效果来看，一个遮光格板的最小宽度由具体的遮阳要求决定。为了防止眩光情况的出现，遮光格板的边缘应能挡住从上部窗户进入的直接光。通过延伸遮光格板的深度，光线分布的均匀度可得到改善。

当需要光线时，遮光格板应被充分地照明。当在高太阳角时，这意味着遮光格板应凸出在建筑物表面之外。将遮光格板凸出在外也为下部的景观窗口提供了附带的遮挡。遮光格板一般是水平的；将其朝外侧向下倾斜将使其遮挡效率更高，但在光分布上效率较低。将遮光格板朝内侧倾斜则效果相反，其在光分布方面效率更高，而在遮挡方面则效率较低（图 7-10）。

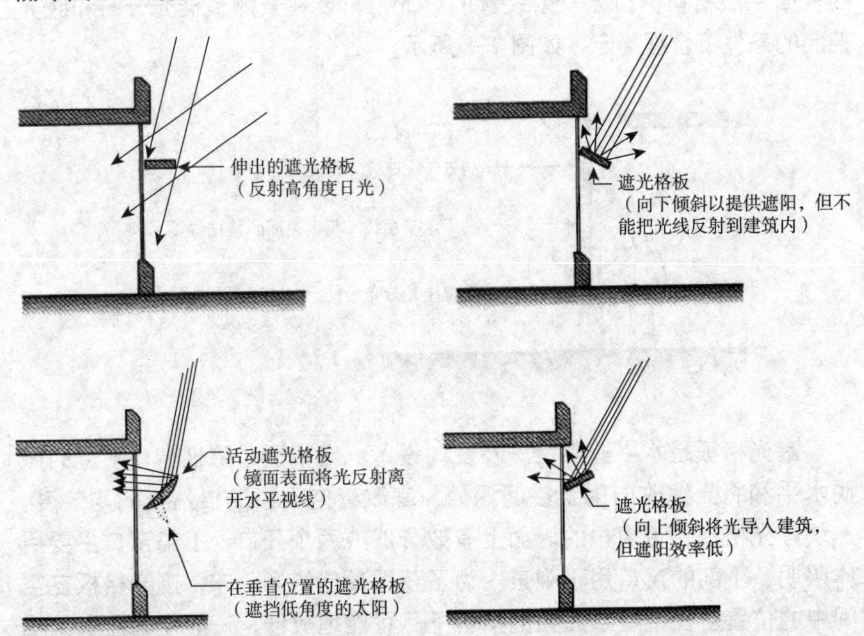

图 7-10　水平遮阳角度的效果

将两种特性相结合起来的方法是，在水平的遮光格板边缘增加一个向内倾斜的楔形。其产生的效果是，可将高太阳角的日光更深入地引入室内空间如图 7-11 所示。这个特性特别有效果，因为遮光格板一般在高太阳角（夏天）时比在低太阳角（冬天）时引入的光线更少。应当注意防止来自用在低于眼睛水平线的遮光格板上的像镜表面一样的镜面反射器所造成的眩光。

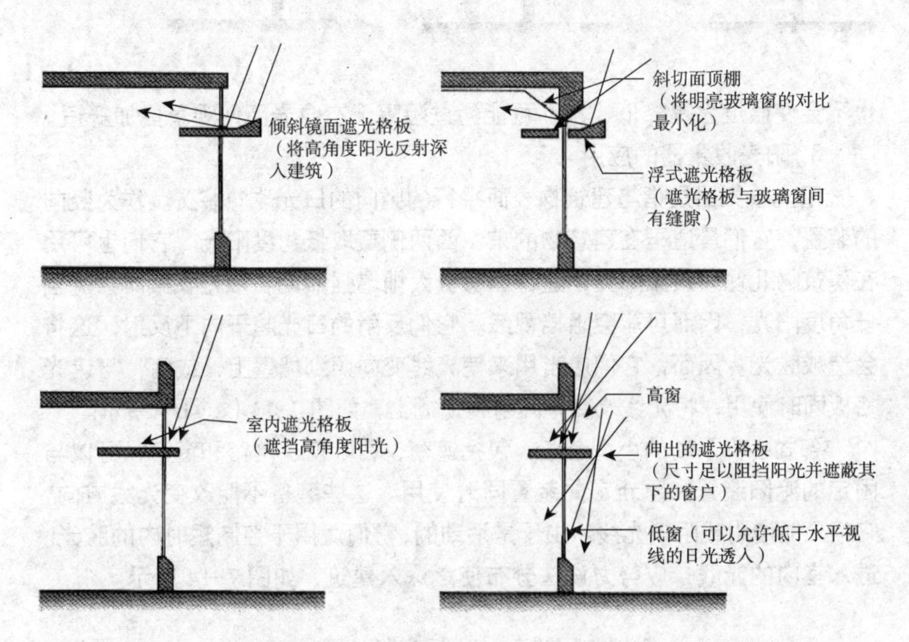

图 7-11 遮光板形状和位置的调整

将顶棚朝窗楣方向倾侧，这样可以通过提供一个明亮的表面，而使窗户处的对比度减到最低。在室外，可以将窗口设计成能使遮光格板完全暴露在光照下。对于非常大的遮光格板，或者是没有附设观景窗口的遮光格板，在遮光格板正下方的区域可能处于阴影中。这种情况可以通过“浮式”遮光格板来缓解，由此允许少量的间接光线照亮阴影区域。

玻璃窗的位置影响着进入一幢建筑的太阳辐射量。凹进去的玻璃窗终年都具有遮阳。与外表面齐平的玻璃窗则会使得热量最大。对于有季节性供暖需求的建筑，玻璃窗应取折中的位置。

反射型的低透射比的玻璃会漫射光线及降低亮度，但是并不能避免直射日光造成的眩光。低透射比的玻璃极大地减少了昼光的穿透。例如，9sq·ft（约 $0.84m^2$）的 10% 透射比的玻璃透过的光线和 1sq·ft（约 $0.09m^2$）的 90% 透射比的透明玻璃一样多。需要注意的是，要尽量避免在透明玻璃邻近使用低透射比或彩色的玻璃，因为这样会造成人为的昏暗。

7. 朝向对采光的影响

如图 7-12 所示，在各种气候条件下，遮光格板的效率在南侧最高。为了获得有效的遮阳效果，在东、西两侧可以给垂直遮阳装置增加遮光格板，或者附加水平百叶。遮光格板对于北侧的光分布不太有用，但是

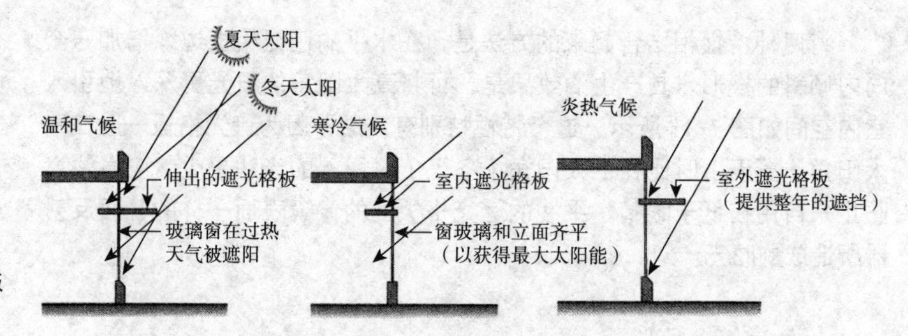

图 7-12 不同气候下遮光板的布置

也不会使照度大幅降低，反而可能通过阻隔天空眩光而使观景更加舒适。

8. 阳光收集器的应用

阳光收集器是指与建筑物表面平行的竖向的日光改向装置。作为竖向的装置，它们最适于在建筑物的东、西两侧截取低角度阳光。它们也可用在建筑物北侧来采集阳光，这样能够极大地增强照明。阳光收集器会遮挡低角度阳光，因而可能会阻挡视线。它们反射的日光趋于向下反射，这将会造成眩光。因而，它们应当用来使光线变向照到墙壁上，或者，与遮光格板同时使用，将光线改变方向射到顶棚上，如图 7-13（a、b）所示。

各式各样活动的小型装备，包括遮帘、百叶窗、网帘和窗帘，可以与固定的遮阳装置和重新定向装置同时使用。这些装备不能改变光线方向，它们只能漫射或阻隔光线。由于是活动的，它们适用于控制短时内的眩光。进入室内的光线，应努力设法分布使之深入建筑，如图 7-14 所示。

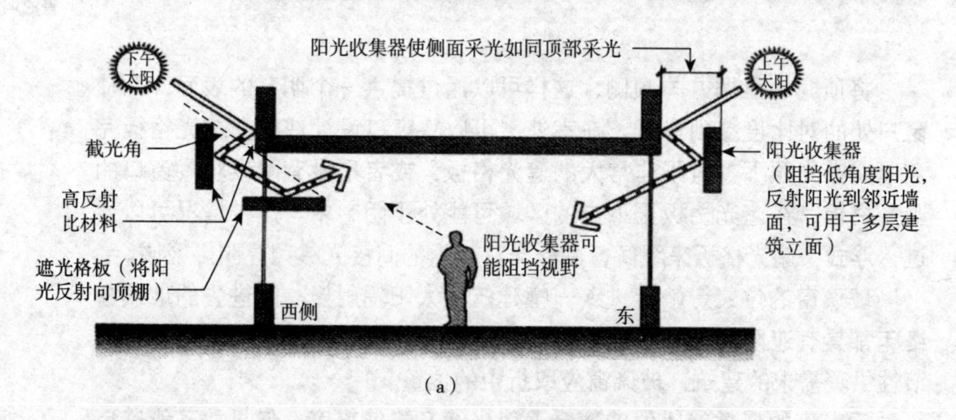

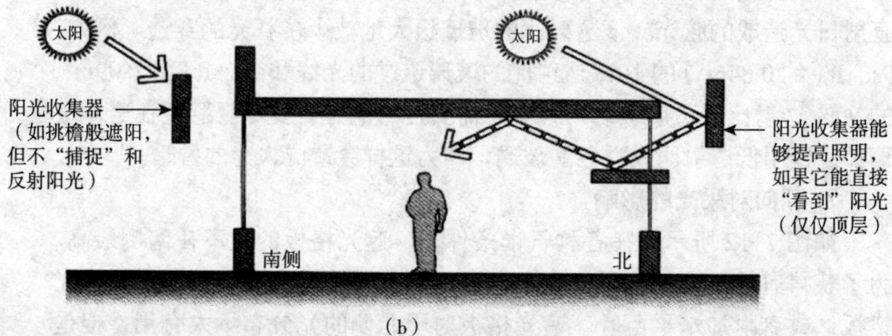

图 7-13
（a）东西向阳光收集器的布置；
（b）南北向阳光收集器的布置

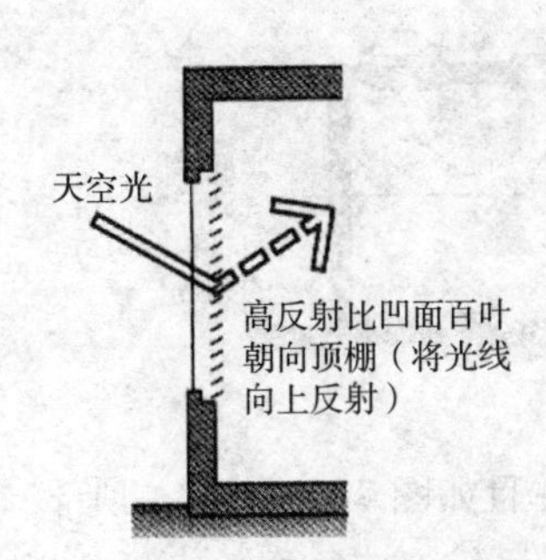

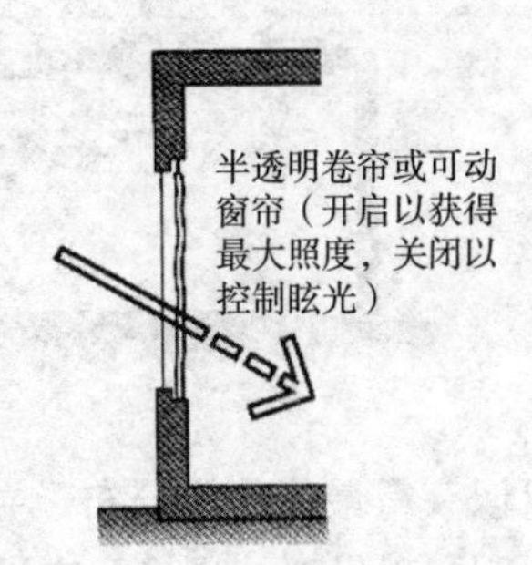

图 7-14　各式活动的小型遮阳的比较

9. 侧面采光的室内设计原则

①不透明的表面应采用浅色的、与开窗的墙壁垂直布置，如图 7-15 所示；

②考虑采用玻璃墙私密性时可以采用玻璃上亮子；

③在开放式空间采用半高的隔墙，以使其对光线阻隔降到最小。摆放家具应尽量不要阻挡了光线；

④大的不透明体，例如书架或是纵深方向的横梁，应当与带窗户的墙壁垂直布置；

⑤将有整层高度不透明墙体的办公室或会议室安排在建筑物的中部，远离带窗户的墙；

⑥显示屏幕也应与带窗户的墙壁方向垂直，或者与玻璃及其他明亮表面呈一定角度的偏离，以使光幕反射减到最小；

⑦依据光的分布来规划室内各项活动的位置，使要求高的作业更靠近光源，如图 7-16 所示。

10. 顶部采光

顶部采光与侧面采光相比，有几个重要的不同之处。外部的景观被内部阳光照亮的表面所替代。与侧面采光相比，顶部采光不易引起眩光，尤其是在低太阳角时。另外，顶部采光每单位窗口面积能比侧面采光（图 7-17、图 7-18）提供更多的光线。

顶部采光的窗口朝向可以与建筑朝向无关，它可以将光线引入到单层空间的深处。这就使顶部采光非常有效。举例来说，屋顶上的窗口可以提供的照明水平是同样尺寸的侧面采光窗口的 3 倍。通过将窗口开在

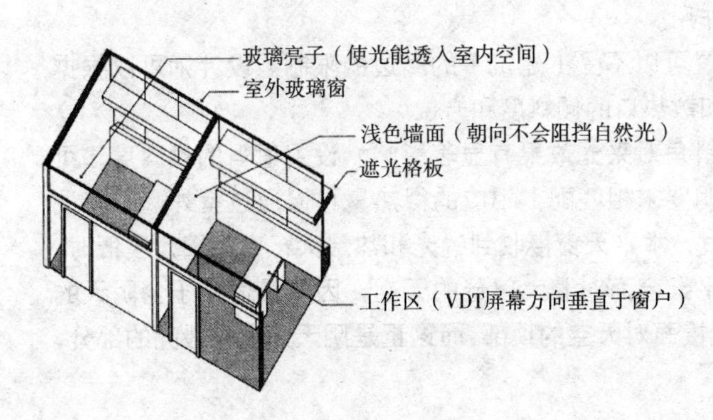

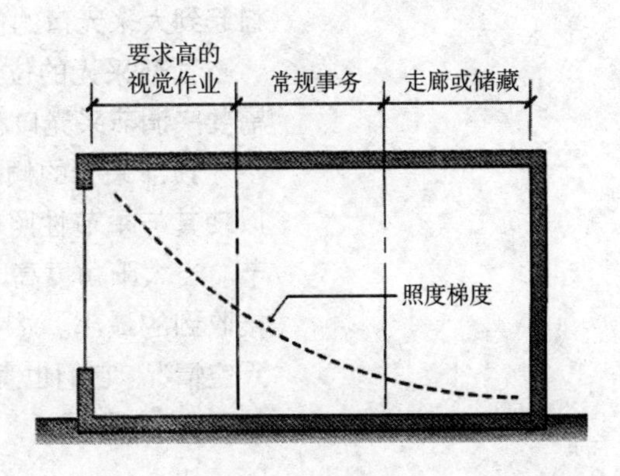

图 7-15　侧面采光的室内设计策略（左）
图 7-16　室内各项活动的位置合理确定（右）

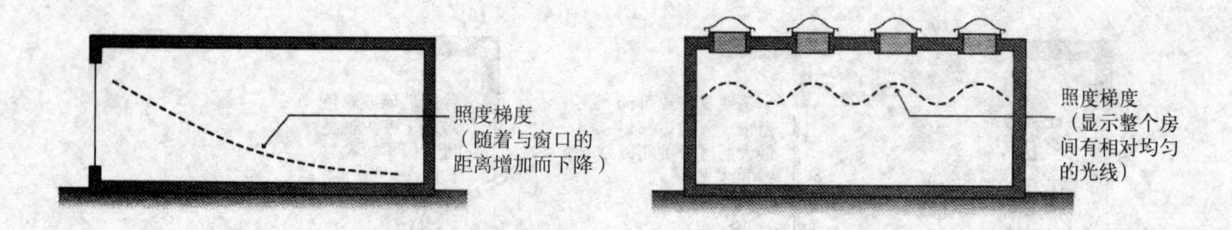

图 7-17 侧面采光的室内照度分布（左）
图 7-18 顶部采光的室内照度分布（右）

所需要的地方，从而可以获得最佳的光分布，并且如图 7-18 所示，顶部采光不会带来过度的照明和对供暖、通风及空调系统造成负面影响。

顶部采光的空间的形状、表面反射比以及比例是非常重要的因素。增加顶棚的高度可以改善光分布，因此可以减少所需的窗口数量。

光线间接使用效果最佳。就顶部采光而言，竖向构件，如墙壁，是最佳的受光面。利用顶部采光照亮墙面很容易，这就很好地解释了为什么墙面经常被应用于艺术品照明和展示。需要照明的墙面和其他表面应是高反射比的，并且应当被置于视觉作业的可见范围之内。在某些情况下，从顶部采光而来的光线还可以被向上反射回顶棚，如图 7-19 所示，德克萨斯州，沃思堡的金贝尔艺术博物馆中的情形那样。

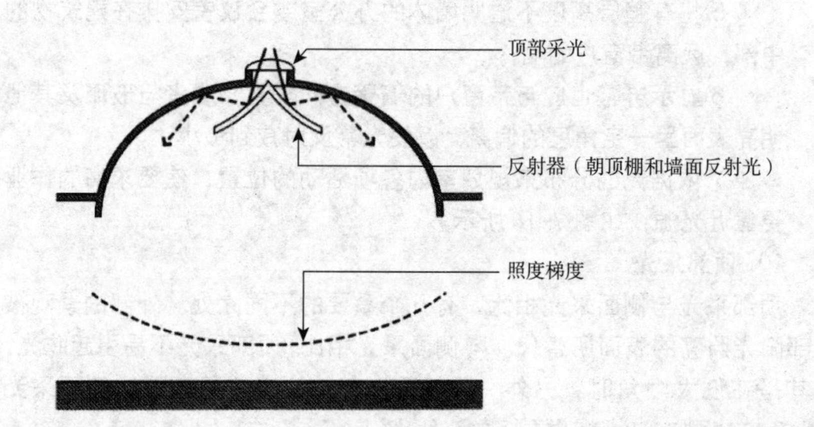

图 7-19 金贝尔艺术博物馆的顶部采光示意

在采光口与其邻近表面之间常常存在巨大的对比度差异。通过增加采光口厚度，以及将其边缘向外张开，会在其邻近产生明亮的表面，从而改善光分布，减小对比并增大光源的外观尺寸，这样可以使小的采光口起到大采光口的作用。

顶部采光的位置可以不受（建筑）的周边的限制。设计师可以根据需要来调节采光口和散热口的倾斜度和方位。

顶部采光的倾斜角对采光效果有显著影响。设置适当的倾斜度，可以使其与季节性照明要求相匹配，相应的得热量可以通过室外遮阳来调节。当太阳角度高时，水平天窗接收到的光和热最大；当太阳角度低时，接收到的最小。水平天窗面对着大部分的天空，因此最适用于全阴天的天空情况。它们也直接面对天空的顶部，而这正是阴天天空中最亮的部分，如图 7-20 所示。

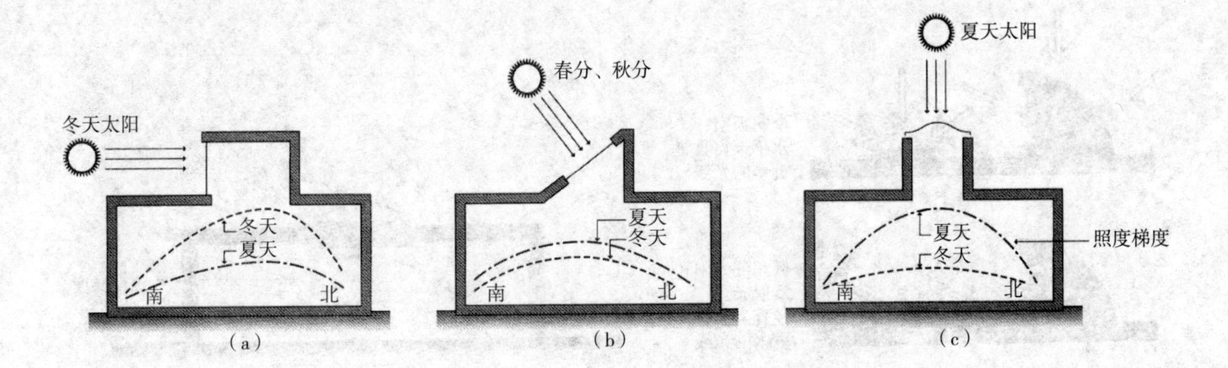

图 7-20 顶部采光倾斜角对采光效果的影响
(a)竖直;
(b)倾斜;
(c)水平

由于竖直的天窗更偏好低太阳角，它们最适合日光和反射光的情况，而不是全阴天的天空情况。为了均衡全年中采集的光和热，应将天窗的窗口朝向春分或秋分时（3 月 21 日或 9 月 21 日）正午太阳的位置。

调节天窗朝向的目的是为了获得最佳的采光数量和质量。竖直的天窗很受朝向的影响，这一点类似普通的窗户。朝东的天窗可接收到早晨的光线；朝西的则接收到下午的光线。朝南的天窗采集到的光线最多；而朝北的天窗则最少。朝南的天窗在低太阳角时采集到的光线多于高太阳角时。这种光是暖色的,强烈的且易变的。朝北的天窗需要的遮挡最少，这是由于它们采集到的天空光多于日光。这种光是冷色的且极少变化的，如图 7-21、图 7-22 所示。

水平天窗最适合全阴天空条件。竖向的天窗则对低太阳角有益，最适于日光和反射光线，如图 7-23 所示。

11. 顶部采光设计原则

①将窗口安排在最需要光线的地方；

②为避免过多的光线进入，应当控制采光面积的总量；

③优先采用多块位置合理的比较小面积透明窗玻璃，如图 7-24 所示。而大块的半透明的天窗不论天气如何，均会产生类似于昏暗的全阴天空的效果；

④不要使用低透射比的半透明玻璃，因为它会造成眩光；而大

图 7-21 不同朝向天窗的采光特点（左）
图 7-22 全年不同朝向天窗的得热量（右）

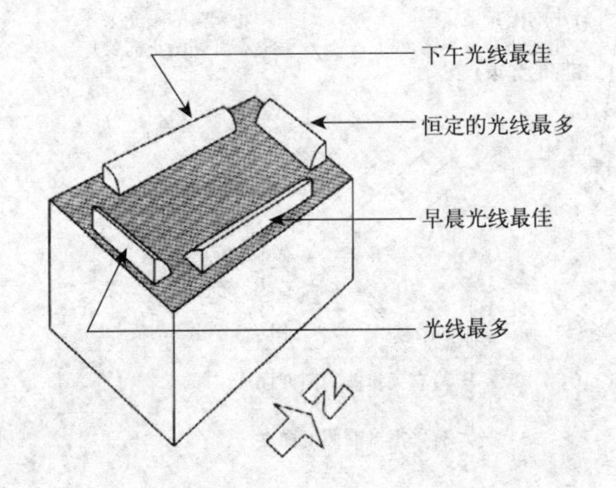

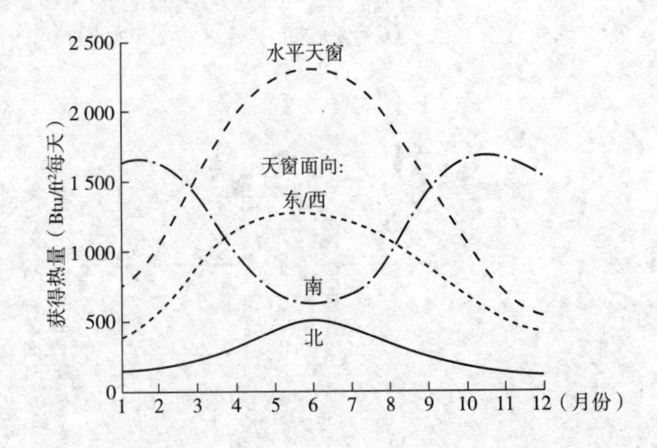

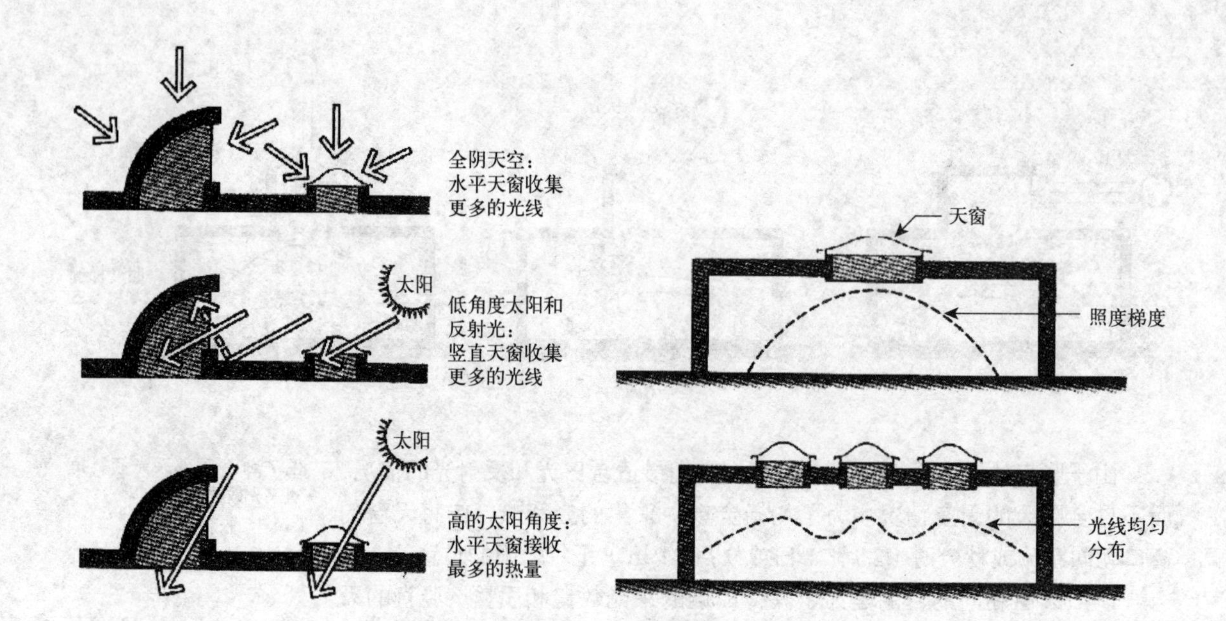

图 7-23　水平天窗的采光特点（左）
图 7-24　多块小窗与等面积大窗的采光比较（右）

面积、低透射比的玻璃与小面积的透明玻璃透射的光线一样多；

⑤将顶棚至窗口部分作成倾斜面可以改善光分布，减小对比；

⑥采用尽量高的顶棚以获得理想的光分布；

⑦将窗口设置在可将光线导向墙壁，或导向如同光井这样可以改变光方向的表面，使直接光线远离工作表面，从而达到控制眩光的目的；

⑧充分利用室外挑檐、百叶和格栅等设施，并且在室内利用深的光井、梁、格栅或反射器来控制直射光线。

12. 阳光反射器的应用

阳光反射器可以显著改善高侧天窗的采光性能。除了朝南的窗口已接受了最大量的光线以外，使用竖向反射器可以改善其他朝向窗口的采光持续时间和照明强度。在朝北的窗口处，阳光采集器不但可以用来增加其照明数量，并且改善其与朝南窗口之间的平衡度，如图 7-25 所示。

图 7-25　利用阳光反射器改善高侧天窗的采光性能

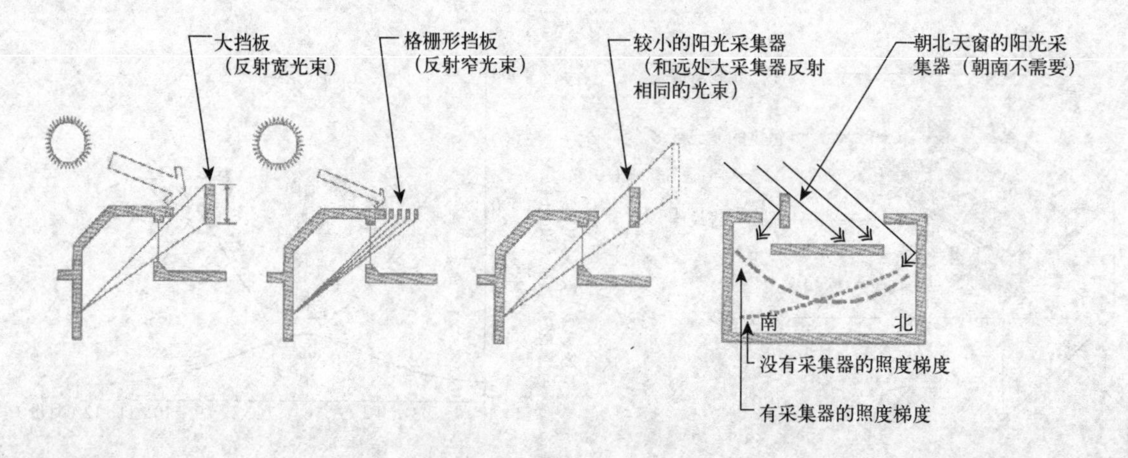

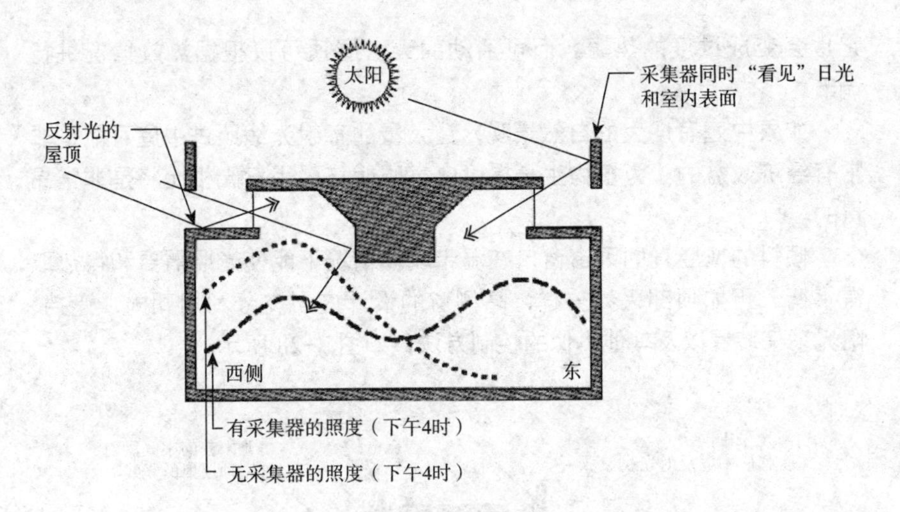

图 7-26 阳光采集器可对东西向窗口采光的调整图

在朝东及朝西的窗口处，阳光采集器可用于全天平衡照明量，如果没有使用阳光采集器，一座同时拥有东、西窗口的建筑，在早晨其从东面接受的光线大大多于从西面接受的光线。加上阳光采集器之后，全天的照度几乎是一致的。这种效果可以通过如图 7-26 所示的在日光直射面进行遮挡，同时在背阴面改变日光方向而获得。阳光采集器应当设计成可将室外光源直接反射到室内采光面。

13. 中庭采光

建筑中的中庭、倒置式中庭、院子、光井以及光庭等不但为人创造出一种共享的中央空间，而且还能将顶部采光和侧面采光的特点结合起来。作为引进自然光照明的一种手段，中庭将顶部采光和侧面采光结合在一起，使得多个水平面可以从多个侧面进行照明。这个共享的中央中间是一个突出的建筑特征，可以体现众多的设计理念。由于中庭是毗邻被照明的空间，而不是位于其内部，因而在保温、隔热方面与其所服务的空间既能隔开，也能与之相连。中庭可能有植物、喷泉以及不同的声学和规划方面的需要，但是同时仍然要满足毗邻空间的照明要求。

中庭有两种基本类型。首先，中庭是周边式街区建筑或是中国的传统庭院式建筑。第二种类型，中庭周围围绕着众多的房间。纽约市的赖特所设计的位于纽约州布法罗的 Larkin 行政大楼，如图 7-27 所示，就是实例之一。

中庭的窗口的处理由其空间的用途及功能决定。如果中庭不装窗玻璃，那么就不需要考虑得热，而只在镶玻璃的下部考虑遮阳。一个向天空敞开的中庭能有使人振奋的感觉，即使装了玻璃也一样。一个水平天窗型的中庭窗口最适于阴天的气候条件，但是在炎热季节里，

图 7-27 Larkin 行政大楼

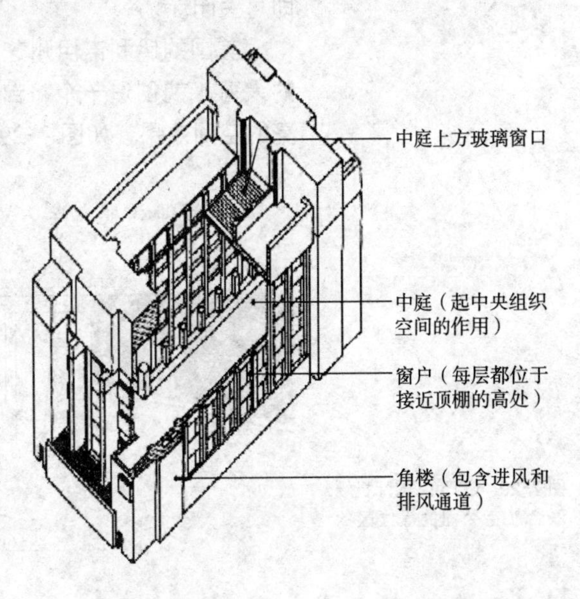

它也会变成过度的热源。而可活动的天窗屋顶可以根据热效情况进行调节。

如果中庭有广大的自然景观，让大量的直射光线照进中庭可能是非常有经济效益的。为植物生长提供电气照明与采用日光相比将是非常昂贵的。

倾斜的或竖直的天窗窗口在温带气候情况下能使光照需要和得热取得平衡。正如顶部采光一样，高侧窗的设计应当充分利用朝向、遮挡、阳光采集装置以及其他类似的控制方法，如图 7-28 所示。

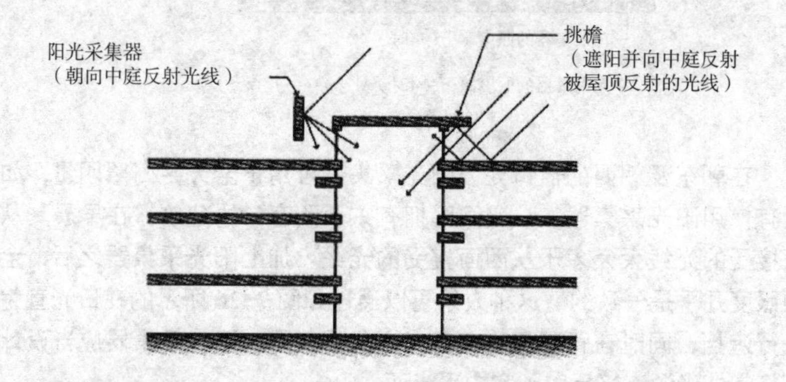

图 7-28　中庭高侧窗充分利用遮挡、阳光采集装置

14. 天然采光设计原则

天然采光的设计首选应确定建筑所在地的自然光的可利用特性，确定项目的需求、适合的建筑形式和质量，优先从两侧或多侧、顶部或中庭采光。其次，将采光策略与建筑设计有机结合，尽量使采光设施本身也是建筑的一部分。采取措施合理分布光线，利用有效的布局和高反射比的表面来利用光。最终，考虑与人工照明系统相结合，在天然采光不足时，由人工照明自动进行补偿，当自然光充足时，人工照明即可关闭。

美国的伊利诺伊州芝加哥的 O'Hare 国际机场联合航空公司的等候区的天窗，就创造一个将自然光、电光源和建筑空间结合起来的舒适、明亮的空间效果，如图 7-29 所示。

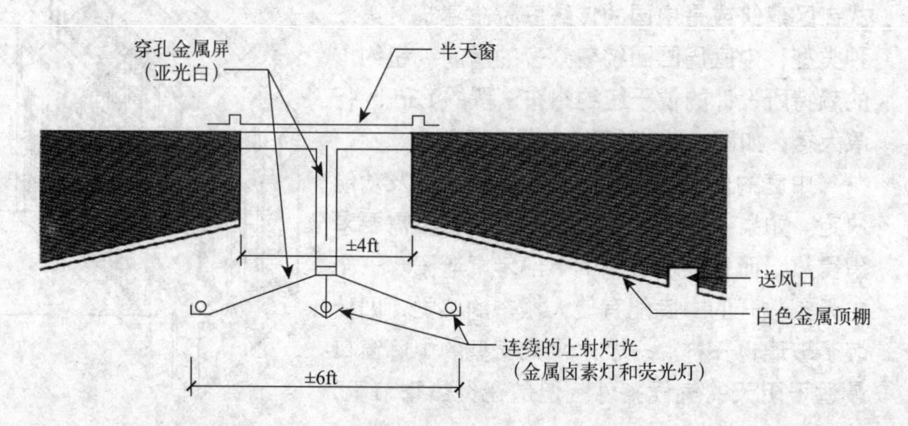

图 7-29　O'Hare 国际机场联合航空公司的等候区的天窗

7.2.2　照明系统节能

照明在各类建筑的能耗中都占有相当的比例，美国的公共建筑中照明所消耗的电能可占大约建筑总用电量的 50%，如图 7-30 所示。如果在照明设计中采用节能型器件和照明控制系统，就可以节约这个能耗的 40%，而且常常可明显感受到的照明质量的改善，照明节能投资的回收期比较短，往往 4 年内有一个基本的回报，在这之后会一直节省耗电量而获利。

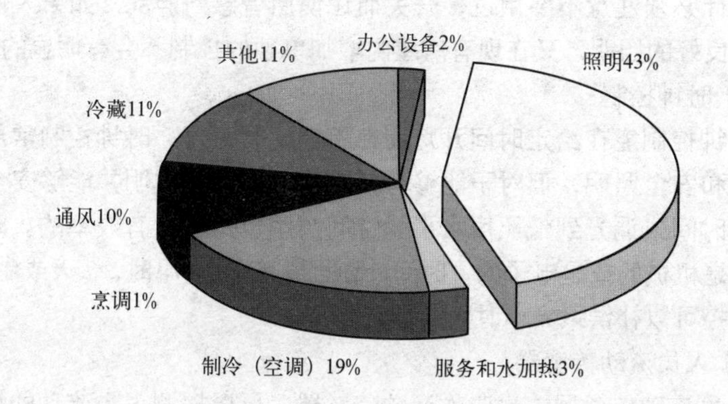

图 7-30　公共建筑中各种能耗的比例

1. 照明节能控制措施

建筑的整个控制和协调系统包括照明、防火和生命安全等系统，是十分重要的，如同人的神经系统，它们能够感知到某一种情况的出现，随即就会做出某一合适的反应。为了节约能源，同时满足必要的室内光环境，照明控制系统一般应监测环境情况（如时间、光量、温度、空气质量），人类活动（是停留、离开还是动作）等，然后做出反应以确保舒适性、能效和生命安全等要求。

控制系统既有复杂的，也有简单的，控制系统只耗用整个照明系统花费的一小部分，却极大地改善舒适性并能带来巨大的节能收益，可节约整个照明系统耗能的大约 30%。

通过优化策略来设计控制系统以获得需要的照明数量和质量。照明控制必须对以下状况做出反应，如人在室内停留和视觉任务、不同的天气条件、灯和灯具的老化。目前最简单、最有效的控制策略是当不用灯时把灯关闭，常见的照明系统包括以下类型：

1）手动控制

手动照明控制几乎安装在所有照明系统中，可以是开关或调光，或者拥有各种附加的复杂电路。典型的手动开关是一个双路开关，用以连通或切断电路。如果电路需要在两个位置被控制，就需要两个三路开关；对于两个或多个位置的控制，需要 4 路开关。手动开关的效率依赖于房间使用者如何使用。

在使用区域安装开关是最方便的。一般将开关安装在靠近空间入口处。可以将一批开关安装在一个面板上集中控制，这适合于有相同照明

要求区域的成组控制。集中控制面板的另一个附加好处是可提供预设的照明场景设置。例如，一个餐馆可能有一个预设场景为午餐时间，另一个为晚餐时间。

人们希望使用周围环境中的局部控制系统。居住者在进入一个空间后往往就合上开关而不管是否必需。当他们离开后也常常留下灯开着。这种情况可通过空间分区来解决，做到只有需要的区域会被照明。同时将手动开关与自动控制相结合，根据使用和需求来重新平衡照度水平。照明设计必须注意不要用过多开关而让使用者感到混乱，如果人们已经拥有了良好的照明，又在现有房屋内增加单独的控制不会有明显的好处。

2）时钟控制

时钟控制能在给定时间开灯而在不需要时关灯。时钟控制常用于景观照明和安全照明，但对于能够有预定的使用模式照明并能够安全地关闭一定时间或调光到低照度水平的空间照明也是非常有效率的。时钟控制可以是机械的或是电子的，时间计划可以基于 24 小时，7 天或者一年。某些钟控可以补偿采光小时数的季节性变化。

3）人员流动传感器

人员流动传感器，也叫作运动传感器，可以探测人员流动的情况从而开灯或关灯。传感器或者探测红外热辐射或者探测室内声波反射（超声或微波）的变化。最常用的是被动式红外传感器（PIR）和超声传感器，如图 7-31 所示为人员流动传感器控制系统组成。

PIR 传感器探测人体发出的红外热辐射。因此，传感器必须能探测到热源，它们是视线区域的器件，不能探测到角落或隔断背后的停留者。PIR 传感器使用一个多面的透镜从而产生一个接近圆锥形的热感应区域，当一个热源从一个区域穿过进入到另一个区域时这个运动就能被探测到。

超声传感器不是被动的：它们发出高频信号并探测反射声波的频率。这些测器是连续的覆盖，没有缺口间隙或盲点。视线很有用但不是必须用以探测停留者的。虽然超声传感器比 PIR 贵，但它们提供更好的覆盖，更为敏感。增强的灵敏度会产生由于空调送风系统或风的误触发。

运动传感器最适合用于间歇使用的空间，诸如教室、走廊、会议室和休息室。持续使用的区域从运动传感器的得益比较少。人员流动传感

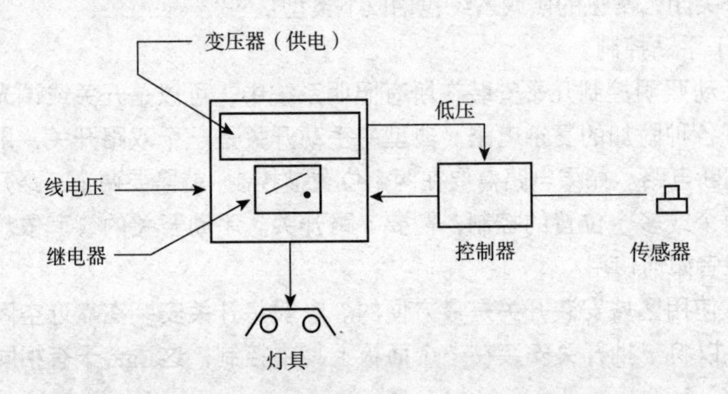

图 7-31　人员流动传感器控制系统

器能够遵循必须配合频繁开关而不会损坏的灯使用。合适的光源有白炽灯和快速启动荧光灯。瞬时启动荧光灯和预热式灯管可能会由于频繁开关而缩短使用寿命。HID光源由于较长的启动和重启动时间而一般不适合重复开关。

频繁开关会缩短灯的运行寿命，但对于某种灯，其寿命的缩短减少与所节省的电能相比是微不足道的。正常情况下，电能费用占整个照明系统费用的85%，维护费用占12%，只有3%是灯的费用。采用人员流动传感器一般会节省整个电能费用的35%~45%，并能延长灯的寿命。

4）光电控制

光电控制系统使用光电元件感知光线。当自然光对一个指定区的环境照明时，光电池便调低或关闭电光源，其原则是维持一个足够的照度而不管是什么光源（图7-32）。传感器探测环境光的水平。当自然光照明水平下降时，增加电补偿，相反地，当自然光照明水平增加时，调低或关闭电气照明。

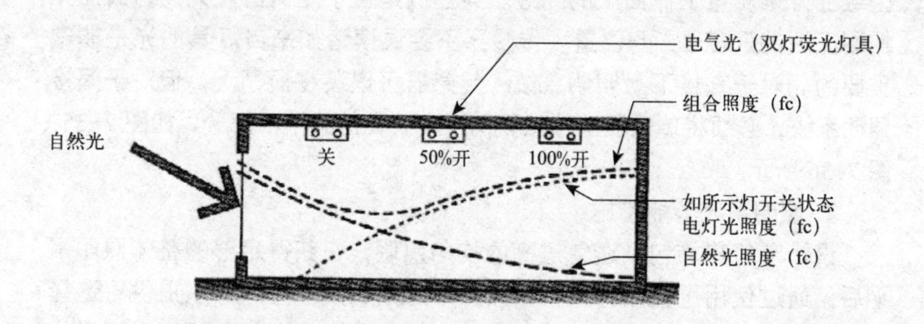

图7-32　照度梯度示意图

为了有效的利用光电池来调整被自然光代替的电灯光，电灯光的分布和开关方式必须补充空间内自然光的光分布。例如，当房屋有侧窗时，灯具应该平行于开窗的墙，以便根据需要调节或开关。

使用灯具来仿效自然光的空间分布也是很有益处的。如果使用顶棚来作为散布自然光的面，最好也使用顶棚作为分布电气照明的表面。这将有助于混合使用两种光源并使调光和补偿电灯光不太引人注意。

光电效应控制系统一般分为闭环（完整的）和开环（部分的），如图7-33、图7-34所示。闭环系统同时探测灯光和环境自然光，而开环系统只探测自然光。

图7-33　闭环系统（左）
图7-34　开环系统（右）

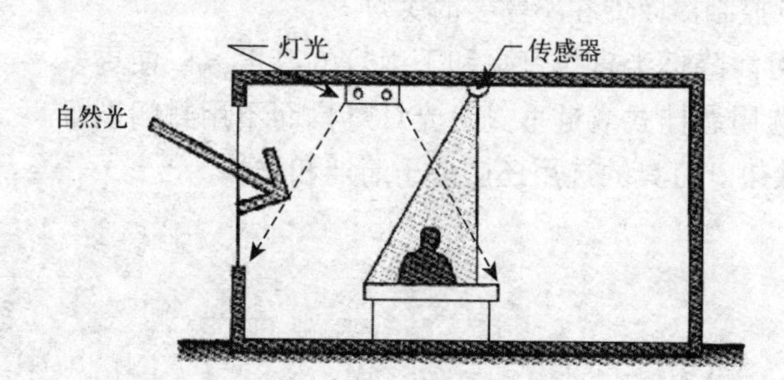

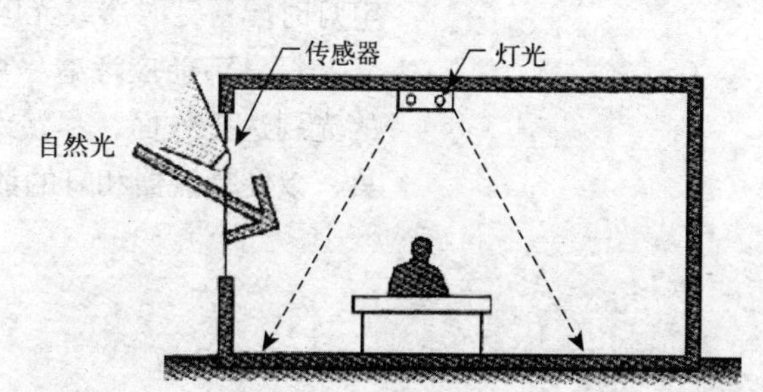

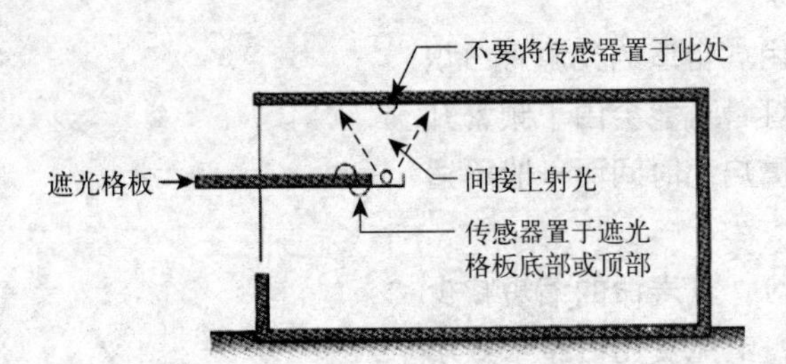

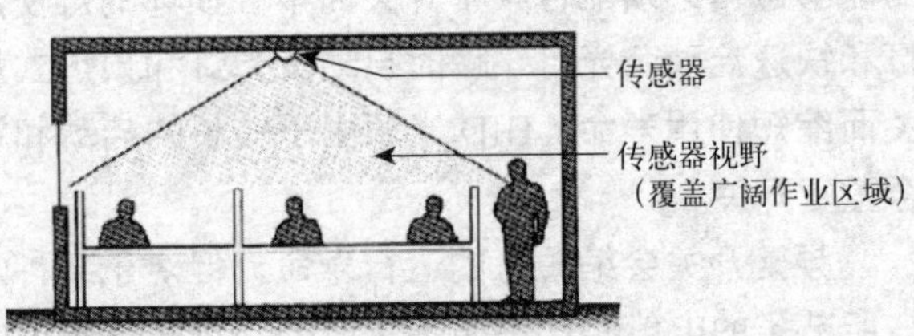

图 7-35　间接照明（左）
图 7-36　作业照明（右）

闭环系统在夜间灯光打开时校准，以建立一个目标照度水平。当存在的自然光造成超出照度水平时，灯光即被调低直到维持目标水平。

开环系统在白天校准。传感器暴露在昼光下，当可用光线水平增加时，相应地灯光即被调低。良好设计、安装的闭环系统通常比开环系统更好地追踪照度水平。

传感器的定位使它们具有较大的视野。这能确保细小的亮度变化不会引起传感器触发。在闭环系统中，传感器可以定位在有代表性的工作区域上方来测量工作面上的光线。典型的是位于距离窗户大约为自然光控制区域的深度 2/3 的位置。传感器不会误读诸如来自灯具的光是非常重要的。对于直接下射照明系统，传感器可以装在顶棚上，但对于间接照明系统，必须将传感器的传感面向下安装在灯具下半部分，如图 7-35、图 7-36 所示。

2. 照明系统节能措施

设计节能措施包括避免过高的均匀照明，在获得足够的整体照明水平后，通过使用可移动灯具，家具集成灯具和类似灯具等来提供可选择的工作照明。为了使光幕反射减到最小，局部照明定位要确保在视觉作业面上的照明来自侧向，如果需要的话可以使用补充照明。其次，应该将照明要求类似的视觉作业布置在一组。另外，隔墙上部使用高窗可以利用室内光为走廊提供间接采光，墙、地板和顶棚尽量用浅色以增加反射光。

光源节能措施应考虑对于要求恒定照度的场合，使用满足要求且单一功率的光源提供照明，而不用多级照明光源；应使用符合要求的一个灯来提供必要的照度，而不是使用多个总功率等于或大于单个灯的小功率灯组群。选择光源时应尽量使用高光效的节能灯，可能时使用紧凑型荧光灯替代白炽灯，放电灯使用高效低能耗的镇流器，室外照明使用放电灯时配备定时器或光电控制器以便在不需要时关灯。

灯具节能应考虑尽可能降低半直接灯具和下射灯的高度，以便更多的光到达工作面，尽量选用悬挂式或链垂式荧光灯灯具而不用封闭型灯具，以便镇流器和灯的散热。灯具的选用还应便于清洁和维护。

第8章 绿色建筑整合设计

8.1 传统设计

我国建筑设计服务从 19 世纪 20 年代的上海大量建设开始，已有近百年的发展历史。最初在建筑行业推行的是西方国家的建筑师统管设计的过程模式，20 世纪 50 年代，引进苏联计划经济体制下的事业单位设计过程模式，这是一种“串行”的线性终端式过程，主要由建筑学、土木工程、建筑环境与能源应用工程、建筑电气与智能化四个专业的设计人员组成，本文称之为传统设计过程。

8.1.1 传统设计的人员构成

在传统设计模式中人员组构主要有建筑学、土木工程、建筑环境与能源应用工程以及建筑电气与智能化四个专业的设计人员所组成，其中建筑设计师在团队中承担着主导作用。

首先，建筑设计师根据场地及其环境条件进行分析。在满足城乡规划、土地利用率等前提条件下，初步确定建筑意向。随后根据上述分析进行建筑功能分区设计、人员流线设计以及空间设计等，并结合业主其他目标需求，提出并完成一个或多个初步设计方案进行比较分析，最后综合各方要求选择出方案进行深化设计。

其次，当建筑方案完成后交由结构工程师接手进行结构设计，主要包括基础设计、上部结构设计及细部设计三个部分。根据建筑的重要程度、建筑的高度以及所在地的抗震设防烈度等因素来选择合适的建筑结构形式以及材料如剪力墙结构、框架结构等。然后根据选定的结构形式进行承重体系和受力构件的设计。在结构设计过程中还需进行结构计算，主要包括结构与基础荷载计算、结构与基础的内力计算、构件的计算等内容。随后按照相关规范将结构设计的成果呈现在绘制的结构施工图上，以便让相关工程技术人员进行后期施工。

再次，电气工程师进行强电设计和弱电设计，强电设计包括供电、照明、防雷；弱电设计包括电视、电话、楼宇自控等。一般在建筑电气设计过程中可分为四个部分，即供电系统设计、电气照明系统设计、电气减灾系统设计以及信息系统设计。

最后，设备工程师对建筑进行给排水、暖通空调以及燃气动力三个方面进行设计计算，根据具体情况合理选择设备及管件，以保证建筑设备的高效运行。

8.1.2 传统设计模型

传统设计过程是一种“串行设计过程”。串行开发组织模式通常是递阶结构，各个阶段的工作时按顺序方式进行的，一个阶段的工作完成后，下个阶段的工作才开始，各个阶段依次排列。建筑信息传递也呈现为递阶式，并表现为顺向和逆向两种传播形式。

一般来说，我们可以将一个建筑项目的传统设计流程分为不同的设计阶段，分别为前期策划、方案设计、初步设计、施工图设计和项目施工及验收五个阶段，各阶段之间的联系呈现串行式连接（图 8-1）。即后一阶段的工作依赖于前一阶段的工作成果，各阶段的工作分工明确，且各阶段之间的信息交流较少。设计人员主要参与了方案设计、初步设计以及施工图设计三个阶段，而在建筑前期策划和后期项目施工及验收阶段都没有过多的参与。方案设计阶段是建筑设计过程中的关键环节，主要由建筑师来完成。根据相关资料显示，方案设计阶段造价仅占整个工程造价的 5%，然而却将影响 75% 的工程造价，并且对建筑各方面的性能指标起到决定性的影响。建筑设计是一项技术与艺术相结合的产物。在方案设计阶段，建筑师在满足建筑基本性能要求的同时也是自我表达的产物，然而由于专业知识的限制，一些设计方案在实际操作层面上会受到限制，并对其他专业的设计工作带来很大的影响，甚至无法很好地进行后续设计。这时建筑信息会进行逆向反馈，整个设计工作必须返回到方案设计阶段进行调整与修改。大多数情况下这种信息的逆向反馈并不是一次性完成的，而是随着设计工作的不断深入不断重复直至问题全部解决。随后当方案设计阶段工作完成之后再移交到初步设计阶段，接着再由初步设计阶段移交施工图设计阶段，最后再到项目施工及验收阶段。在每次工作成果移交过程中，建筑信息的逆向反馈会一直存在。因此上述重复调整与修改工作也一直会进行直至建筑投入使用。

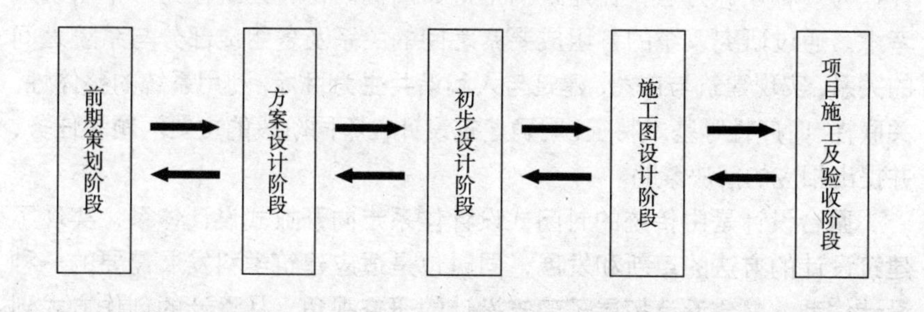

图 8-1 传统设计模型

由于传统设计模式具有分工及建筑信息传递明确的特点，在一些简单建筑设计项目中有优势。各项工作按照常规设计流程模式开展与完成，工作目标及任务很明确。并且建筑信息的传递与反馈也非常明确，都围绕着同一数据模型进行，从而免了庞大而复杂的数据抽取与转换，方便项目的管理及运行。正是基于这种简便性、低投资性的特点，传统设计模式广泛应用于我国设计行业。

随着绿色建筑的发展，建筑设计面临的问题越来越多，建筑项目内容越来越复杂，上述传统设计模式的优点反而转变成了它的不足和局限。首先，由于这种分工明确且带有顺序性的工作模式，各专业之间缺乏互相协作，导致了不同专业之间的信息交流不足，往往是由建筑设计专业主导了整个设计决策，而其他设计专业只能起到被动辅助的作用，无法发挥团队工作的优越性。这种专业局限性使得建筑错失了设计与技术的最佳结合点的时机，建筑很难获得良好的经济效益与环境效益。其次，由于建筑信息的递进式传递，使得信息的获得具有明显的滞后性。当各专业设计工作出现矛盾时，往往已经是前一阶段工作已经完成的情况下，相关设计人员才进行返回查找与协调。因此设计周期被拉长，影响到整体的工作效率。此外，由于专业知识的局限性，其他专业工程师会对建筑设计方案提出一些修改和调整建议。这些经常在设计过程中出现的修改情况，使得建筑设计费用大大增加。这种传统设计模式阻碍了整个建筑设计水平的提高，已经不符合我国绿色建筑的发展要求，我们需要对其进行改进。

8.2 整合设计的概念

建筑是艺术与技术的结合，功能与文化的融合。建筑从构想到落实需要经历一个复杂的过程，参与其中的人员包含有城乡规划、建筑学、建筑环境与能源应用工程、建筑电气与智能化、土木工程、风景园林、环境设计等多个学科专业人员。建筑的实现是团队合作的成果。

整合就是把一些零散的组分通过某种方式整合在一起，资源共享和协同工作。其精髓在于将零散的要素组合在一起，把不同事物的价值有机结合起来，并最终形成有价值有效率的一个整体。绿色建筑的整合设计作为一种设计方法，在建筑的全寿命周期内，将建筑作为一个系统来考虑，通过研究系统的各组成要素之间的关系及各组成部分与系统之间的关系，实现建筑与自然、建筑与人和谐共生为目标，利用系统的整体性、关联性、时序性等基本特征，明确建筑设计在不同阶段的主要问题和任务，并提出相应的解决策略。

整合设计是由传统的封闭式设计体系走向开放式设计体系，实现了建筑设计的方法的革新和发展，同时也是适应建筑学科发展需要的一种设计体系。整合设计拓展了建筑设计的研究视角，从设计的创作方式到设计的技术策略选择再到设计的运作模式都给予了新的理解。

8.3 绿色建筑整合设计的目标与原则

8.3.1 绿色建筑整合设计的目标

阿莫里·B·罗文斯在《东西方观念的融合：可持续发展建筑的整

体设计》一文中指出："绿色建筑不仅仅关注的是物质上的创造，而且还包括经济、文化交流和精神上的创造。绿色建筑设计不仅仅关注节能、自然采光和通风等因素，它已延伸到寻求整个自然和人类社区的许多方面。"从全寿命周期来考虑，绿色建筑整合设计的目标应包括功能、环境、经济以及文化等目标。

1. 功能目标

绿色建筑和普通建筑而言，必须满足建筑的基本功能要求。同时，绿色建筑对使用环境的健康和舒适度方面有更高的要求，如争取最大限度的自然采光与通风；创造优美、宜人的生活环境及满足人们环境心理需求等。建筑师在设计过程中需要结合环境心理学、人体工学以及物理学等多方面学科知识来实现绿色建筑的目标。

2. 环境目标

绿色建筑的另一个显著特点便是环境友好。绿色建筑在全寿命周期内一直非常注重减轻建筑对环境的负荷。首先，在能源开采与加工阶段要提高能源利用率，并最大限度的优先使用可再生能源，如风能、太阳能、地源热能等。其次，在建筑设计阶段，建筑师可以从合理布置建筑布局、建筑体型、建筑朝向等这样基本的设计手法减少建筑能耗。再次，在建筑施工阶段注重减少对建筑施工环境的影响。此外，在建筑使用与维护阶段，遵循建筑节能设计的目的以及建筑节能设备的使用手册等，使建筑的节能效益最大化。最后，在建筑拆除与回收阶段，注重建筑垃圾的处理以及资源的重新再利用。

3. 经济目标

建筑本身是一种商品，经济效益的好坏成为影响其发展的决定性因素之一。所谓经济效益好，便是资金占用少，成本支出少，有用成果多。这也就是说绿色建筑的成本费越少，其经济效益就越好。考核绿色建筑的成本费不应当仅仅是通过建筑建造阶段所使用的费用，而应该将其纳入建筑全寿命周期中来计算，重视其长期因素。绿色建筑的一个显著优势便是在建筑的使用过程中能够大幅度地减少其运营与维护费用，为业主节省大量资金。我们不能只是将目光集中到某一个独立的建筑系统上的成本消费，而是要整体考虑，综合权衡建筑的建筑成本分配。

4. 文化目标

建筑是一种有形文化与无形文化的完美结合。正如伊利尔·沙里宁曾经说过："让我看看你的城市，我就能说出城市居民在文化上追求的是什么。"文化的产生与属性深深根植于所在地区的自然环境与经济条件。现如今，在经济一体化发展的趋势下，建筑面貌日趋雷同，建筑在传承文化这一功能逐渐减弱。这使得使用者无法充分感受建筑文化的魅力，缺少心理归属感。因此，建筑师在最初的设计构思阶段就要注重地域的文化特点，把握文化脉络与精髓，将建筑与文化整合考虑，创造建筑文化的多样性与趣味性，丰富所在地区的建筑风貌。

8.3.2 绿色建筑整合设计的原则

为满足功能、环境、经济以及文化各个方面的要求与目标，绿色建筑整合设计应遵循以下原则。

1. 协调发展原则

一般说来，建筑设计所要解决的问题，包括建筑物内部各种使用功能和使用空间的合理安排，建筑物与周围环境、与各种外部条件的协调配合，内部和外表的艺术效果，各个细部的构造方式，建筑与结构、建筑与各种设备等相关技术的综合协调，以及如何以更少的材料、更少的劳动力、更少的投资、更少的时间来实现上述各种要求。勃劳德彭特将建筑设计看作是协调“人类系统、环境系统（即所有外在环境之总和）以及建筑系统”三者之间关系的一种过程。一方面，在建筑设计过程中要考虑与人类系统的需求和发展问题；另一方面，还要考虑建筑与其环境之间的关系。绿色建筑设计过程可看作为协调处理各种问题的过程。当建筑师想要完整地落实一个设计方案时需要和不同的人群进行沟通与协作，满足不同人群的需求；不同专业的协调；经济效益、社会效益以及生态效益统一考虑，整体协调发展；保护与发展的协调；建筑组成部分间的协调，使得建筑性能达到最优。

2. 资源利用效益最大化原则

建筑进行整合设计的主要目标之一便是追求资源利用效益最大化。资源利用率是衡量其最大化的重要指标之一。一方面，绿色建筑要实现自然资源利用效益最大化。在设计过程中，建筑师应当根据项目具体情况合理采用被动或主动式技术策略，充分发挥自然资源的利用率，提高建筑综合性能；另一方面绿色建筑还要实现社会资源的综合效益最大化。在绿色建筑的设计过程中，我们应当充分发挥人力资源的优势，利用不同专业人士所长解决在建筑设计过程中出现的各种问题，大家群策群力充分发挥团队的力量。随着发展与资源的矛盾日益尖锐化，作为国家支柱产业之一的建筑工业应当主动承担起创造生态节能型社会的重任，加快绿色建筑的发展建设，实现社会的可持续发展。

3. 选择适宜技术原则

随着建筑技术迅猛发展，可供建筑师选择的技术手段越来越多，这在一定程度上扩大了建筑师的发挥领域，同时也对建筑师提出了一项挑战，即如何在众多技术措施当中进行理性选择。适宜技术并不特指某一类技术，而是针对具体作用对象，能与当时当地的自然、经济和社会环境良性互动，并以取得最佳综合效益为目标的技术系统。建筑师应当根据项目的具体情况，选择与其匹配的适宜技术，而不是单纯地去选择某一个层次的技术。

适宜技术针对不同地区的自然环境、经济发展水平和文化传统的具体情况出发，使得适宜技术具有鲜明的地方性特点。在全球化发展的趋势下，适宜技术并不过分地强调“本土”和“外来”的分别，即不消极的一味固守传统，同时也不盲目跟风高新技术，而是将二者结合起来解决地方性的问题，是真正意义上的实现“技术与地方的整合”。

建筑师对建筑技术措施进行选择的过程中，成本控制是制约其选择的重要因素之一。绿色建筑在追求环境效益和文化效益的同时也必须追求经济效益，甚至很多时候，经济效益往往起着决定性的作用。因此需要建筑师采用适宜技术来综合权衡三方效益使其得以整体性的提高。

4. 地方性原则

建筑具有地方属性。任何一座建筑都会不同程度的受到所在地区的自然条件、经济条件、文化环境以及社会结构的影响。正如齐康教授所言：各城市各地区都具有自身的特色，基于社会需求、自然环境、气候、地形地质、地方建造技术、民族风情、历史文化等的影响，这种特色有着自身的演变过程，地方性建筑与社会经济、历史文化、科技、地方性建筑材料、建筑相关工程措施等都有关联。

然而，随着工业社会的到来，人类社会进入了一个高速发展的阶段，征服自然并彰显人类力量成为这一时代的主旋律。人们可以通过技术手段使得建筑形式达到高度统一，这也引发了一段全球化、统一化的建筑发展历程。技术在以技术理性的方式无比自信地承诺现实生活的繁华与欢乐的同时，却进一步加深了人们人文关怀的渴求，造成了自然的异化、社会的异化和人类的异化。建筑的地方性逐渐被消解。为了应对建筑全球化问题，建筑师逐渐把目光重新转回到地方性，尊重与挖掘建筑的地方属性，站在理性批判的角度吸收并消化其中的营养成分。

8.4　绿色建筑整合设计过程

8.4.1　设计过程

绿色建筑作为一项特殊产品，在其设计过程中同样遵循产品设计过程的基本规律，因此，在绿色建筑设计过程的重构可以借鉴产品设计过程构建的相关经验。

1. 并行设计过程

20 世纪 80 年代，并行工程的概念被提出，并在随后的几十年中得到快速的发展。并行工程是一种管理过程，它以缩短产品上市时间为目标，对产品及其相关过程（包括制造过程和支持过程）进行并行、集成化处理的系统方法和综合技术。

并行设计是并行工程的主要组成部分，要求产品的设计及其相关过程并行进行，是设计及相关过程并行、一体化、系统化地工作模式。与传统的串行设计相比，并行设计更强调在产品开发的初期阶段，要求产品的设计开发者从一开始就要考虑产品整个生命周期（从产品的工艺规划、制造、装配、检验、销售、使用、维修到产品的报废为止）的所有环节，各个阶段工作交差进行，建立产品寿命周期中各个阶段性能的继承和约束关系及产品各个方面属性间的关系，以减少或避免产品的修改行为，从而实现产品在全寿命周期过程中其性能最优（图 8-2）。通过产品每个功能设计小组，使设计更加协调，使产品性能更加完善。从而更好地满足客户对产品综合性能的要求，并减少开发过程中产品的反复与调整，在提高产品的质量的同时，大大缩短了开发周期及降低产品成本。

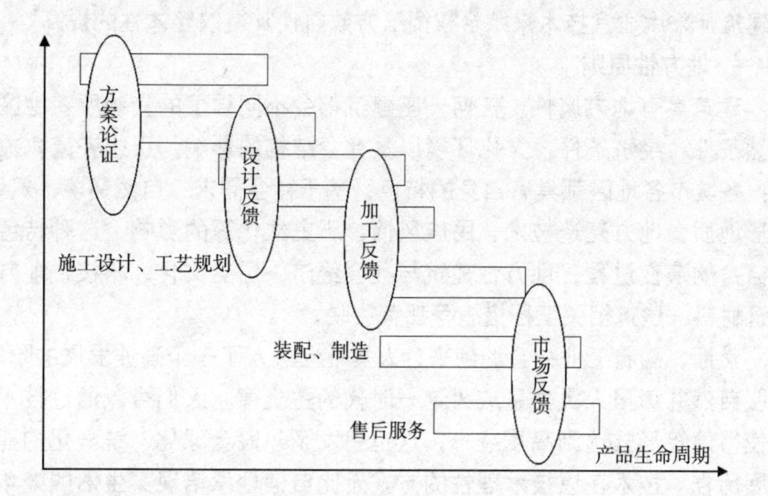

图 8-2　并行设计模式

2. 协同设计过程

21 世纪，计算机技术得到迅速发展，逐步推动了信息化的发展，人类历史也由此迈入了信息时代。在信息化社会中，人们的工作模式也悄悄的发生了改变，逐渐呈现一种"群体性、交互性、分布性和协作性"的特点。这时，逐步发展出了一种基于计算机支持下的协同设计（Computer Supported Cooperatire Design，CSCD）。协同设计是在计算机支持下，各成员围绕一个设计项目，承担相应的部分设计任务，并行交互地进行设计工作，最终得到符合要求的设计结果的设计方法。

协同设计实质上是对并行设计概念的进一步深化，协同设计更注重为协同设计团队小组提供多种信息交流方式和设计过程监控，强调设计决策过程是一个动态的群体协同行为，注重研究设计活动的动态性。相对来说以往的并行设计更强调的是设计过程信息反馈，具体体现则是各种 DXF 工具的应用。

协同设计强调参与人员采用协同决策工作模式，在尊重个性的基础上，充分发挥集体智慧与资源的优势进行协同决策设计。不同的协同工作小组在计算机支持下的协同设计中通过同步或者异步协作方式地参与整个开发过程。协作工作小组在开展工作时，并不是等到信息传递完备时才开始的，而是尽量利用不完备的信息开始自己的工作，设计工作每完成一个阶段就将结果输出到与之相关过程，通过相关小组的信息的不断输出与传递，逐步将工作完善。协同设计的工作模式相较于串行设计以及并行设计而言，更注重提高产品的设计效率，节省产品生命周期所需要时间（图 8-3）。

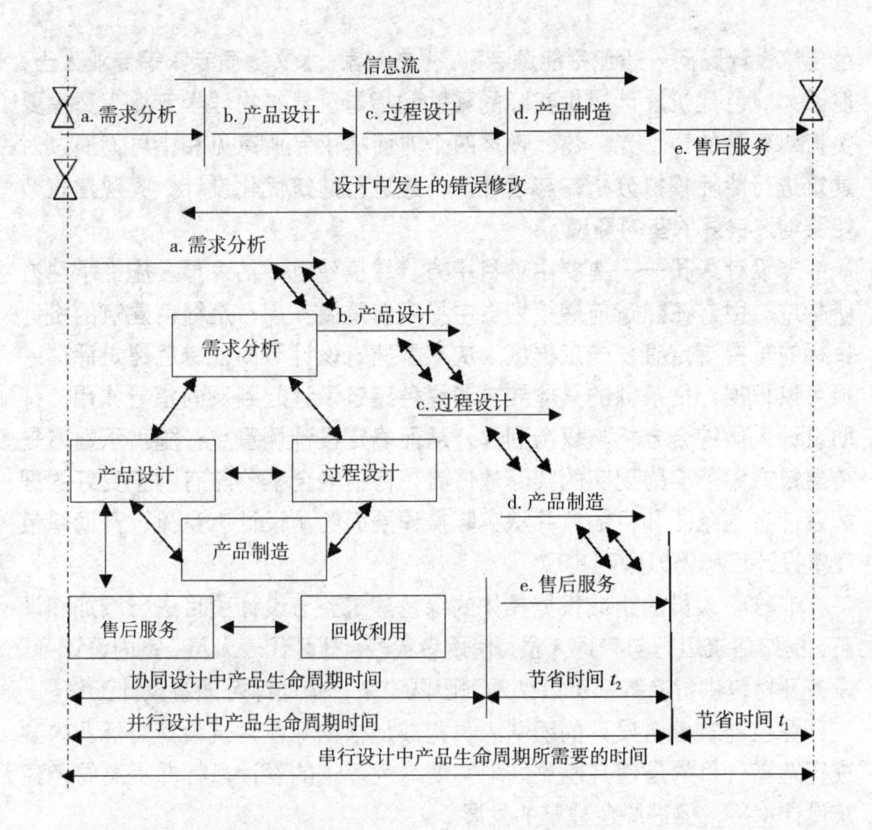

图 8-3 串行设计、并行设计和协同设计过程比较

8.4.2 绿色建筑整合设计团队

由于绿色建筑整合设计的目标及内容的扩展，设计过程中所产生信息量相较于传统设计也增加了许多。因此，绿色建筑的整合设计需要由不同专业及部门的人员相互配合，利用团队的协作力量来完成绿色建筑的设计目标及任务。这个团队的人员组构会根据绿色建筑设计目标及内容进行组织和调整。一般来说，我们可以将绿色建筑整合设计的团队人员分为核心成员以及非核心成员两个部分。团队的核心人员构成会随着绿色建筑整合设计进入不同设计阶段而有所转变。

核心成员顾名思义就是在团队工作中占据主要位置的成员，他们将全程参与整个绿色建筑设计过程，并起到至关重要的作用，关系到是否能实现绿色建筑的设计目标。一般来说，主要由以下成员组成：设计人员——主要由建筑设计师、结构工程师、电气工程师、设备工程师、景观设计师、造价工程师、项目负责人、绿色建筑设计顾问以及建筑物理学专业人员等所构成。建筑师是整个设计人员当中的灵魂人物，建筑师需要具有全局意识，因为他不仅仅负责建筑方案设计，同时还承担着整个团队的领导者的角色，与其他团队成员进行密切配合；结构工程师、电气工程师、设备工程师、景观设计师在建筑初期设计阶段就积极参与其中，并与建筑设计师和其他人员共同探讨和优化建筑设计方案；项目负责人负责整个项目的进程与管理，起到一个管理者的作用，最好选用具有丰富的绿色建筑设计与整合设计过程管理方面经验的人员担当；绿色建筑设计顾问一般包括能源专家、生态专家、水文地质专家等专业人士，能够为绿色建筑设计提供实际的帮助和指导；建筑物理学专业人员主要负责对建筑的声、光、热、噪声四个方面提供专业意见和指导，通过对建筑进行能耗模拟分析，与设计师一起进行建筑优化设计，实现建筑节能及创造良好的室内环境。

非设计人员——主要由项目甲方、绿色建筑评估人员、施工承建方所构成。甲方在建筑前期策划当中扮演着重要作用，是绿色建筑的设计目标的重要制定者，一定程度上决定了建筑设计导向；绿色建筑评估人员可以根据评估条款的具体要求对绿色建筑设计起到反向指导作用，帮助设计人员综合分析与权衡利弊，从而确定设计侧重点；施工承建方是将建筑方案落实为现实的实际建造者，他们的全程参与有利于更好的理解设计者的意图和目的，并从实际操作层面给予设计者意见，帮助绿色建筑设计目标得以顺利实现。

非核心人员的组成根据具体的绿色建筑整合设计项目进行增加和调整，例如建筑运行与管理人员、使用者代表、社区代表人员、室内设计师、设备及材料供货商等都可以纳入到团队中来，辅助绿色建筑设计工作。

绿色建筑整合设计的团队人员构成是根据绿色建筑设计目标及内容进行选择，目的是使其能更好地实现绿色建筑的设计目标并提高绿色建筑设计水平，促进绿色建筑的发展。

在绿色建筑整合设计过程中，基于专业化考虑和分工需求，团队人员组织结构采用“矩阵管理”模式。“矩阵管理”是一种组织结构的管理模式，由专门从事某项工作的工作小组形式发展而来。矩阵管理结构中的人员分别来自不同的部门，有着不同技能、不同知识和不同背景，大家为了某个特定的任务（项目）而共同工作。具体到绿色建筑整合设计而言，则由不同专业及部门派代表参加团队，他们一方面接受团队的领导，另一方面接受原专业及部门的领导为实现绿色建筑设计目标而共同努力。

8.4.3 绿色建筑整合设计过程模型

绿色建筑的设计内容相较于满足普通建筑的设计内容有了很大的扩充，它对建筑性能的要求更高，建筑技术含量也相应增加，同时由于参与工作人员多样化出现了许多新的问题。绿色建筑设计内容的扩充使得绿色建筑设计目标更加广泛和复杂。传统设计模式在应对绿色建筑设计新要求的时候出现了一些不适应的情况，使得绿色建筑设计目标很难得到完整实现。为了应对这一变化，我们需要对绿色建筑设计过程模型进行建构以适应绿色建筑发展的需要。

关于绿色建筑设计基础模型，典型代表为加拿大的 C-2000 计划与美国绿色建筑协会推荐的绿色建筑设计程序；国内有清华大学栗德祥教授团队提出的绿色建筑并行设计过程模型等，下面重点介绍董靓教授团队提出的绿色建筑整合设计过程模型。绿色建筑整合设计过程基础模型

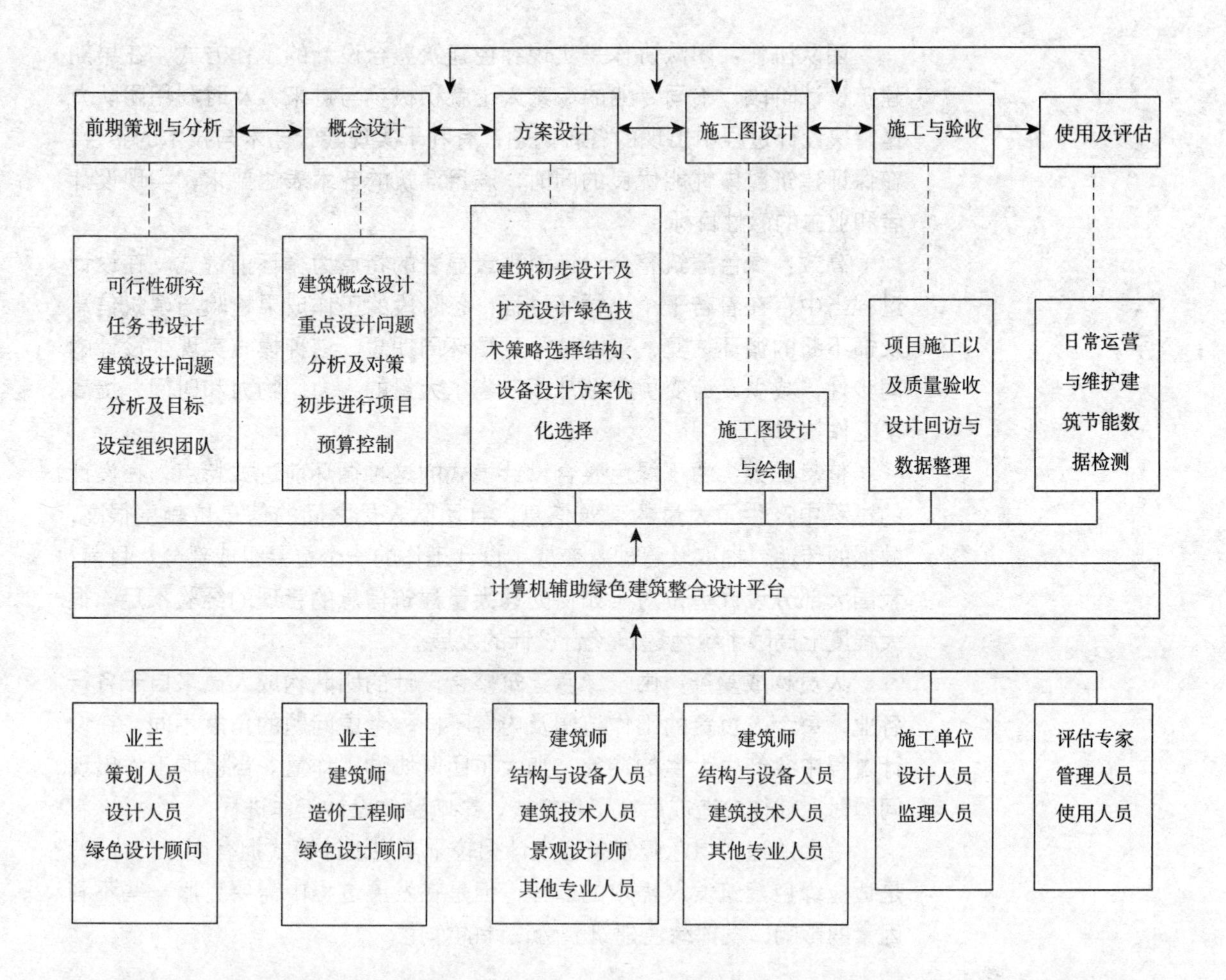

图 8-4 绿色建筑整合设计过程模型

重构按照协同设计模型的主体框架进行重新架构，在重构过程中体现设计主体、设计目标、设计行为和设计流程辩证统一关系（图 8-4）。

设计主体为绿色建筑整合设计工作团队，通过核心成员的主导以及非核心成员的辅助下，采用“协同决策”工作模式，确定绿色建筑整合设计目标以及相关工作内容。根据以往的研究经验，将绿色建筑整合设计过程分为六个阶段分别为：前期策划与分析阶段、概念设计阶段、方案设计阶段、施工图设计阶段、项目施工与验收阶段、建筑使用与评估阶段，这六个阶段涵盖了绿色建筑的全寿命周期，拓展了绿色建筑设计范围。在随后的设计过程中，团队人员的所有设计行为就围绕着实现绿色建筑整合设计目标而展开。

相对于常规设计模式而言，整合设计模式在绿色建筑设计中具有以下特征。

全局性：绿色建筑整合设计模式从全局的角度出发，面向绿色建筑全生命周期进行设计。每一个阶段的工作都要考虑到对其他阶段工作的影响，注意局部与局部、局部与整体之间的关系，避免出现严重的设计短板，从而影响绿色建筑的整体性能。

团队协作：团队协作是实现绿色建筑整合设计的工作方式，在早期建筑设计阶段，不同专业的专家人士就积极参与进来，及时利用团队力量解决设计过程中出现的各种问题，有利于实现建筑艺术与技术的整合，在保证建筑整体性能优良的同时，满足建筑的艺术表达要求，实现设计者和业主的感性目标。

高效：绿色建筑整合设计流程最显著的特点为循环前进式。在设计过程当中存在着若干个小循环过程，各阶段的工作成果检验与建筑信息反馈不断的循环往复，实时性强且循环周期短，这种模式实现了设计的同步性，减少设计变更次数从而节省了大量的人力、物力和时间，提高了工作效率。

信息量大：由于绿色整合设计模式的这种循环前进式特点，在设计的过程中产生了大量的建筑信息，且团队人员之间的信息依赖度很高，数据的传递、抽取及管理就变成了设计工作的一个重要组成部分。目前，我国大部分设计单位对于如何处理大量建筑信息的管理的经验不足，很大程度上局限了绿色建筑整合设计的发展。

人员构成复杂：由于绿色建筑整合设计的团队构成人员来自于各行各业，每个人负责的工作范围及内容不同，考虑问题的角度不同，在设计过程中会产生大量的冲突，加大了团队协调工作量。当协调工作出现问题时，往往会造成后续工作搁浅，影响整体设计工作进程。

综上所述，绿色建筑整合设计相较于常规设计模式拥有明显的优势，是适应绿色建筑发展需求的选择，但是在发展过程中需要克服一些不利因素的影响，发挥绿色建筑整合设计的作用。

8.4.4 计算机辅助绿色建筑整合设计平台

随着绿色建筑的发展，建筑设计信息量也逐渐增多，建筑设计信息的处理变成了制约绿色建筑发展的关键因素。近些年来，随着信息技术的不断发展，已经可以将原本彼此割裂的设计信息重新整合为一个整体，使得各种有效信息之间存在逻辑联系，从而实现了设计信息自主有效管理，成为绿色建筑设计过程中必不可少的重要工具。

1）设计信息管理技术

随着 CAAD（Computer Aided Architectural Design）技术在建筑业的发展和普及，在建筑设计过程中出现了大量的电子文件，且这些电子文件格式及来源也纷繁复杂。电子文件的管理成为日常工作中很重要的一个环节。目前，大多数设计企业及单位仍然采用传统的纸质文件管理方法，这导致了很多问题的出现，如设计资料混乱无法实现快速查找，甚至是资料的丢失，“信息孤岛现象”严重以及信息交流顺序混乱等问题。这种不合理的信息管理方式严重影响了整个设计企业的经营管理水平的提高。因此，设计企业和单位需要采用一种适应信息化社会的建筑设计信息管理方式。

在绿色建筑整合设计过程中设计会产生大量的数据与图纸，如何对他们进行良好管理成为日常工作中一个重要组成部分。数据库技术是目前实现保存和管理数据的最基本、最成功的软件技术。数据库简单地说就是数据的仓库，即资料存放的地方。数据库技术可以科学的组织和存储数据，高效的获取、更新和加工数据，同时还可以保证数据的安全性、可靠性、正确性和持久性。数据库技术的使用使得系统中的数据存储独立于任何特定的应用程序，保证了系统在升级、更新、变动中数据的统一性。设计信息管理系统在系统底层使用关系数据库来实现数据的存储和管理，并且利用当今主流数据库卓越的数据管理功能实现数据的底层操作。数据库技术能够在统一控制下为尽可能多的用户服务，实现数据资源共享。

2）绿色建筑设计协作平台

下面介绍一种由立昂设计开发的绿色建筑设计协作平台原型。该系统包含了项目管理、文档管理和工作流程管理的基本功能要求外，还包括设计评估等模块，便于工作人员利用此平台进行绿色建筑设计及评估。

在绿色建筑整合设计过程中，绿色建筑协作平台针对不同工作阶段设置相应的版块功能，满足工作人员不同的需要（图 8-5）。

软件基于 NET 平台，采用服务器—客户端模式，将设计人员、客户，以项目的形式进行耦合，设计人员以项目的形式进行沟通、交流、文档共享、版本查看、项目进度，以及与客户进行交流，并提供一些基础库（材

图 8-5 绿色建筑整合设计过程模型

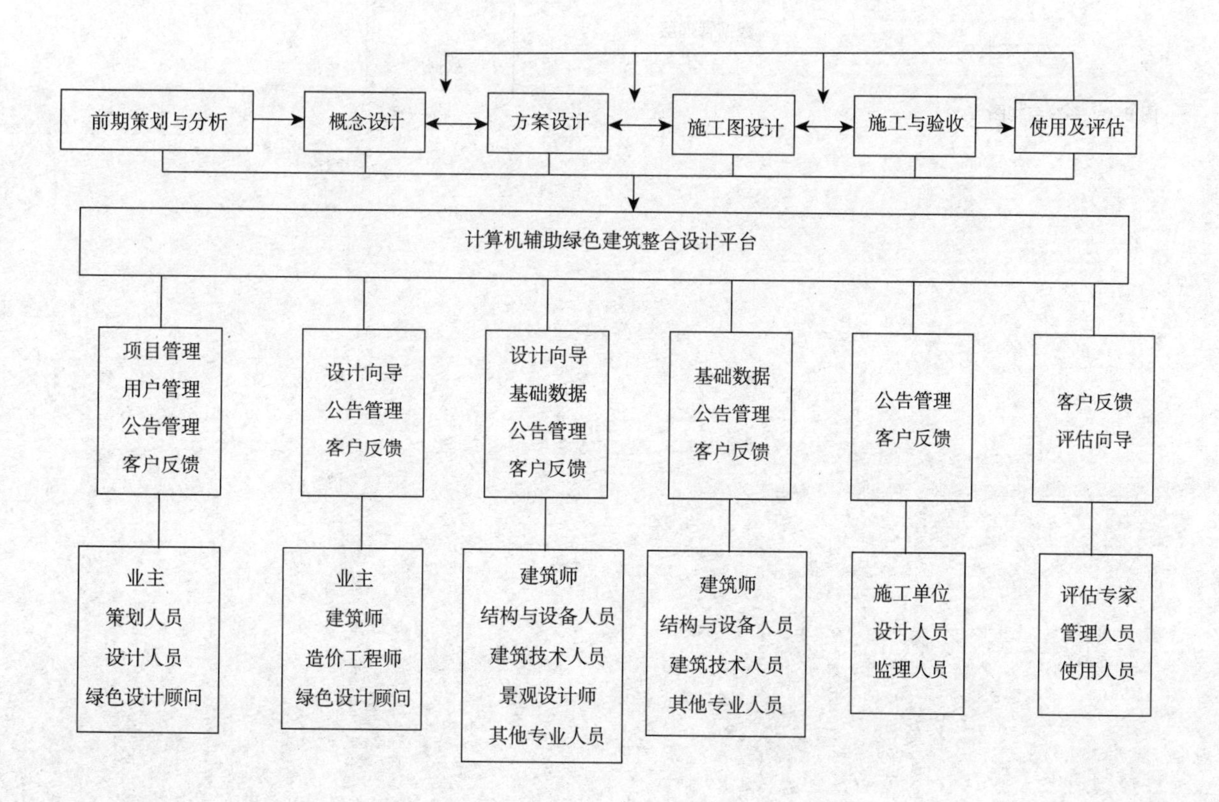

料库、构件库、气象库、设备库），方便设计人员随时进行查询。当用户打开 AutoCAD 软件后就可以自动加载本工具条，并可以将其拖动到 AutoCAD 软件界面的任意位置。

系统的基本架构分为三层：即表现层、业务层和数据层（图 8-6）。这种实现方式具有组成灵活和易于扩展的特点。

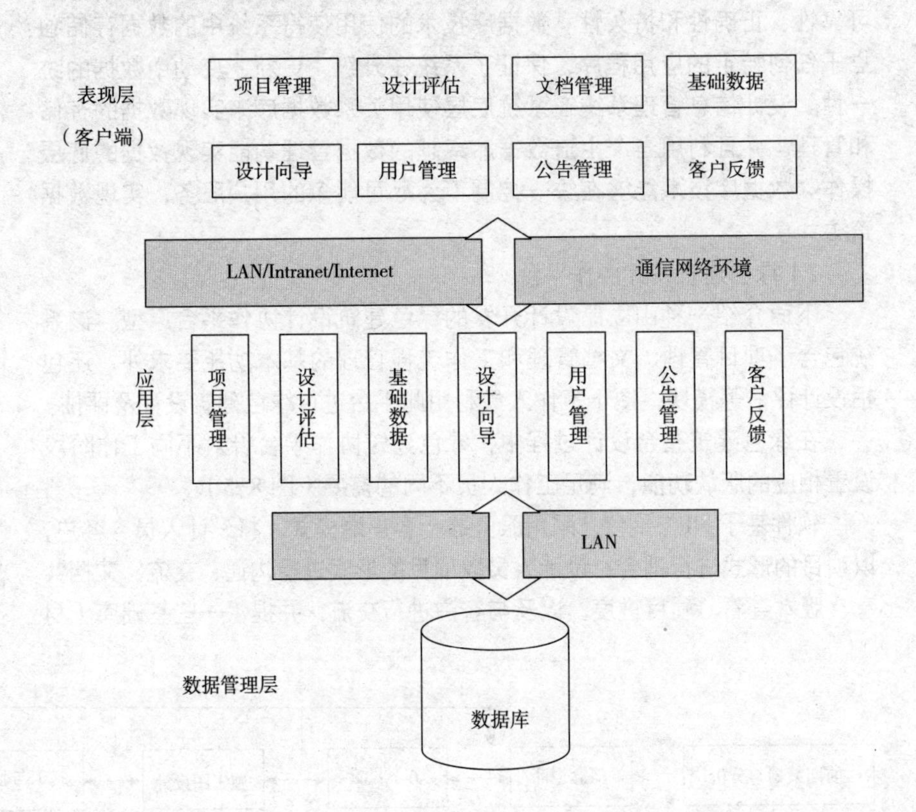

图 8-6　系统结构图

第9章 绿色建筑的运营管理与维护

一座绿色建筑的整个生命周期内，运营管理是保障绿色建筑性能，实现节能、节水、节材与保护环境的重要环节，我们应该处理好住户、建筑和自然三者之间的关系，它既要为住户创造一个安全、舒适的空间环境，同时又要保护好周围的自然环境，做到节能、节水、节材及绿化等工作，实现绿色建筑各项设计指标。因此，对绿色建筑的运营管理工作应该体现在建筑的整个运营过程中并引起我们高度的重视，尤其是对绿色建筑设备的运行管理与维护在整个生命周期内起到了至关重要的作用，即根据绿色建筑的形式、功能等要求，要对建筑内的室内环境、建筑设备、门窗等因素进行动态控制，使绿色建筑在整个使用周期内有一个良性的运行，保证其“绿色”运行。但是，通常人们对绿色建筑的认识还存在误区：人们最容易想到采用节能技术达到建筑节能的目的，却往往忽略管理上存在的节能潜力；通过技术改造实现节能，节能效果容易量化（回收期预测），但管理节能比较困难；为什么经常会碰到完全可以通过技术的手段实现节能，但却由于种种原因不能实施；为什么会出现好的技术、设施应用后却没有产生应有的节能效果？本章针对这些问题，介绍绿色建筑的设备运行管理和维护、绿色建筑的物业管理、绿化管理、垃圾管理智能化系统管理。本章把绿色建筑运营管理分为绿色建筑设备运行管理、绿色建筑其他方面的运营管理、建筑合同能源管理；绿色建筑的维护分为节能检测、计量、调试与故障诊断以及绿色建筑改造。

9.1 建筑及建筑设备运行管理

绿色建筑最大特点是将可持续性和全生命周期综合考虑，从建筑的全生命周期的角度考虑和运用“四节一环保”目标和策略，才能实现建筑的绿色内涵，而建筑的运行阶段占整个建筑全生命时限的95%以上。可见，要实现“四节一环保”的目标，不仅要使这种理念体现在规划、设计和建造阶段，更需要提升和优化运行阶段的管理技术水平和模式，并在建筑的运行阶段得到落实。

一个环保绿色的建筑不仅要提供健康的室内空气，而且对热、冷和潮湿提供防护。与较好的室内空气品质一样，合适的热湿环境对建筑使用者的健康、舒适性和工作效率也是非常重要，且又由于在保证对建筑使用者的健康、舒适性和工作效率的同时，还要考虑建筑及建筑设备运行时是否节能减排，由此可以确定建筑及建筑设备运行管理的原则包括以下三个方面：①控制室内空气品质；②控制热舒适性；③节能减排。

根据建筑及建筑设备运行管理的原则和2005年建设部（现住房和城乡建设部）、科学技术部印发的《绿色建筑技术导则》中提到的绿色建筑运行管理的技术要点，其管理的内容分为室内环境参数管理、建筑设备运行管理、建筑门窗管理。

9.1.1　室内环境参数管理

1. 合理确定室内温、湿度和风速

假设空调室外计算参数为定值时，夏季空调室内空气计算温度和湿度越低，房间的计算冷负荷就越大，系统耗能也越大。通过研究证明，在不降低室内舒适度标准的前提下，合理组合室内空气设计参数可以收到明显的节能效果。采用冷负荷系数法计算出在不同室内设计温度 t_n 下的设计空调冷负荷、湿负荷、制冷量以及以室内设计温度25℃为基准的节能率。由结果的变化规律可以看出随室内温度的变化，节能率呈线性规律变化，室内设计温度每提高1℃，中央空调系统将减少能耗约6%。

相对湿度的改变对空调能耗的影响：当相对湿度大于50%时，节能率随相对湿度呈线性规律变化。由于夏季室内设计相对湿度一般不会低于50%，所以以50%为基准，相对湿度每增加5%，节能10%。由此在实际控制过程中，我们可以通过楼宇自动控制设备，使空调系统的运行温度和设定温度差控制在0.5℃以内，不要盲目的追求夏季室内温度过低，冬季室内温度过高。

通常认为20℃左右是人们最佳的工作温度；25℃以上人体开始出现一些状况的变化（皮肤温度出现升高，接下来就出汗，体力下降以及以后发生的消化系统等发生变化）；30℃左右时，开始心慌、烦闷；50℃的环境里人体只能忍受1小时。确定绿色建筑室内标准值的时候，我们可以根据国家《室内空气质量标准》GB/T 18883—2002的基础上做适度调整。由于随着节能技术的应用，我们通常把室内温度，在采暖期控制在16℃左右。制冷时期，由于人们的生活习惯，当室内温度超过26℃时，并不一定就开空调，通常人们有一个容忍限度，即在29℃时，人们才开空调，所以在运行期间，通常我们把室内空调温度控制在29℃。

空气湿度对人体的热平衡和湿热感觉有重大的作用。通常在高温高湿的情况下，人体散热困难，使人感到透不过气，若湿度降低，会感到凉爽。低温高湿环境下虽说人们感觉更加阴凉，如果降低湿度，会感觉到加温。人体会更舒适。所以根据室内相对湿度标准，在国家《室内空气质量标准》GB/T 18883—2002的基础上做了适度调整，采暖期一般应保证在30%以上，制冷期应控制在70%以下。

室内风速对人体的舒适感影响很大。当气温高于人体皮肤温度时，增加风速可以提高人体的舒适度，但是如果风速过大，会有吹风感。在寒冷的冬季，增加风速使人感觉更冷，但是风速不能太小，如果风速过

小，人们会产生沉闷的感觉。因此，采纳国家《室内空气质量标准》GB/T 18883—2002 的规定，采暖期在 0.2m/s 以下，制冷期在 0.3m/s 以下。

2. 合理控制新风量

根据卫生要求建筑内每人都必须保证有一定的新风量。但新风量取得过多，将增加新风耗能量。所以新风量应该根据室内允许二氧化碳（CO_2）浓度和根据季节季候及时间的变化以及空气的污染情况，来控制新风量以保证室内空气的新鲜度。一般根据气候的分区的不同，在夏热冬暖地区主要考虑的是通风问题，换气次数控制在 0.5 次 / 小时，在夏热冬冷地区则控制在 0.3 次 / 小时，寒冷地区和严寒地区则应控制在 0.2 次 / 小时。通常新风量的控制是智能控制，根据建筑的类型、用途、室内外环境参数等进行动态控制。

3. 合理控制室内污染物

控制室内污染物的具体措施有：采用回风的空调室内应严格禁烟；采用污染物散发量小或者无污染的“绿色”建筑装饰材料、家具、设备等；养成良好的个人卫生习惯；定期清洁系统设备，及时清洗或更换过滤器等；监控室外空气状况，对室外引入的新风系统应进行清洁过滤处理；提高过滤效果，超标时能及时对其进行控制；对复印机室和打字室、餐厅、厨房、卫生间等产生污染源的地方进行处理，避免建筑物内的交叉污染。必要时在这些地方进行强制通风换气。

9.1.2 建筑设备运行管理

1. 做好设备运行管理的基础资料工作

基础资料工作是设备管理工作的根本依据，基础资料必须正确齐全。利用现代手段，运用计算机进行管理，使基础资料电子化、网络化，活化其作用。设备的基础资料包括：

1）设备的原始档案

指基本技术参数和设备价格；质量合格证书；使用安装说明书；验收资料；安装调试及验收记录；出厂、安装、使用的日期。

2）设备卡片及设备台账

设备卡片将所有设备按系统或部门、场所编号。按编号将设备卡片汇集进行统一登记，形成一本企业的设备台账，从而反映全部设备的基本情况，给设备管理工作提供方便。

3）设备技术登记簿

在登记簿上记录设备从开始使用到报废的全过程。包括规划、设计、制造、购置、安装、调试、使用、维修、改造、更新及报废，都要进行比较详细的记载。每台设备建立一本设备技术登记簿，做到设备技术登记及时准确齐全，反映该台设备的真实情况，用于指导实际工作。

4）设备系统资料

建筑的物业设备都是组成系统才发挥作用的。例如中央空调系统由冷水机组、冷却泵、冷冻泵、空调末端设备、冷却塔、管道、阀门、电控设备及监控调节装置等一系列设备组成，任何一种设备或传导设施发生故障，系统都不能正常制冷。因此，除了设备单机资料的管理之外，对系统的资料管理也必须加以重视。系统的资料包括：竣工图：在设备安装、改进施工时原则上应该按施工图施工，但在实际施工时往往会碰到许多具体问题需要变动，把变动的地方在施工图上随时标注或记录下来，等施工结束，把施工中变动的地方全部用图重新表示出来，符合实际情况，绘制竣工图。交资料室及管理设备部门保管。系统图：竣工图是整个物业或整个层面的布置图，在竣工图上各类管线密密麻麻、纵横交错、非常复杂，不熟悉的人员一时也很难查阅清楚，而系统图就是把各系统分割成若干子系统（也称分系统），子系统中可以用文字对系统的结构原理、运作过程及一些重要部件的具体位置等作比较详细的说明，表示方法灵活直观、图文并茂，使人一目了然，可以很快解决问题。并且把系统图绘制成大图，可以挂在工程部墙上强化员工的培训教育意识。

2. 合理匹配设备，实现经济运行

合理匹配设备，是建筑节能关键。否则，匹配不合理，“大马拉小车”，不仅运行效率低下，而且设备损失和浪费都很大。在合理匹配设备方面，应注意的事项如下：

（1）要注意在满足安全运行、启动、制动和调速等方面的情况下，选择好额定功率恰当的电动机，避免选择功率过大而造成的浪费和功率过小而电动机动过载运行，缩短电机寿命的现象。

（2）要合理选择变压器容量。由于使用变压器的固定费用较高且按容量计算，而且在启用变压器时也要根据变压器的容量大小向电力部门交纳增容费。因此，合理选择变压器的容量也至关重要。选得太小，过负荷运行变压器会因过热而烧坏；选得太大，不仅增加了设备投资和电力增容等费用，同时耗损也很可观，使变压器运行效率低，能量损失大。

（3）要注意按照前后工序的需要，合理匹配各工序各工段的主辅机设备，使上下工序达到优化配置和合理衔接，实现前后工序能力和规模的和谐一致，避免因某一工序匹配过大或过小而造成浪费资源和能源的现象。

（4）要合理配置办公、生活设施（比如空调的选用，要根据房间面积去选择合适的空调型号和性能，否则功率过大造成浪费，功率过小又达不到效果）。

3. 动态更新设备，最大限度发挥设备能力

设备技术和工艺落后，往往是产生性能差、消耗高、运行成本高、污染大的一个重要原因，同时对安全管理等方面也有很大影响。因此要实现节能减排，必须下决心去尽快淘汰那些能耗高、污染大的落后设备和工艺。在淘汰落后设备和技术工艺中，应注意以下事项：

（1）根据实际情况，对设备实行梯级利用和调节使用，逐步把节能型设备从开动率高的环节向使用率低的环节动态更新，把节能型设备用在开动率高的环节上，更换下的高能耗的设备用在开动率低的环节上。这样，换下来的设备用在开动率低的环节后，虽然能耗大、效率低，但由于开动的次数少，反而比投入新设备的成本还低。

（2）要注意对闲置设备按照节能减排的要求进行革新和改造，努力盘活这些设备并用于运行中。

（3）要注意单体设备节能向系统优化节能转变，全面考虑工艺配套，使工艺设备不仅在技术设备上高起点，而且在节能上高起点。

4. 合理利用和管理设备，实现最优化利用能量

节能减排的效率和水平很大程度上取决于设备管理水平的高低。加强设备管理是不需要投资或少投资就能收到节能减排效果的措施。在设备管理上，应注意以下事项：

（1）要把设备管理纳入经济责任制严格考核，对重点设备指定专人操作和管理。

（2）要注意削峰填谷，例如蓄冷空调。针对建筑的性质和用途以及建筑冷负荷的变化和分配规律来确定蓄冷空调的动态控制，完善峰谷分时电价，分季电价，尽量安排利用低谷电。特别是大容量的设备要尽量放在夜间运行。

（3）设备要做到在不影响使用效果的情况下科学合理使用，根据用电设备的性能和特点，因时因地因物制宜，做到能不用的尽量不用，能少用的尽量少用，在开机次数、开机时间等方面灵活掌握，严格执行主机停、辅机停的管理制度。如：一台 115 匹分体式空调机如果在夏季使用时温度调高 1℃，按运行 10h 计算能节省 0.5 度电，而调高 1℃，人所能感到的舒适度并不会降低。

（4）是要摸清建筑节电潜力和存在的问题；有针对性地采取切实可行的措施挖潜降耗，坚决杜绝白昼灯、长明灯、长流水等浪费能源的现象发生，提高节能减排的精细化管理水平。

5. 养成良好的习惯，减少待机设备

消除隐性浪费，待机设备是指设备连接到电源上且处于等待状态的耗电设备。在企业的生产和生活中，许多设备大多有待机功能，在电源开关未关闭的情况下，用电设备内部的部分电路处于待机状态，照样会耗能。比如：电脑主机关后不关显示器、打印机电源；电视机不看时只关掉电视开关，而电源插头并未拔掉；企业生产中有许多不是连续使用的设备和辅助设备，操作工人为了使用上的便利，在这些设备暂不使用时将其处于待机通电状态。由于诸如此类的许多待机功耗的原因，等于在做无功损耗，这样，不仅会耗费可观的电能，造成大量电能的隐性浪费，而且释放出的二氧化碳还会对环境造成不同程度的影响。仅以专家测算过的电脑显示器、打印机为例，电脑显示器的待机功率消耗为 5W，打印机的待机功率消耗一般也达到 5W 左右，下班后不关闭他们的电源开关，一晚上将至少待机 10h，造成待机耗电 0.1kW·h，全年将因此耗电 36.5kW·h，按照国内办公设备保有量电脑 1 600 万台，打印机 1 894 万台测算，若及时关闭电源减少待机，则每年可节约 12.775 亿 kW·h。因此，在节能减排方面，我们要注意消除隐性浪费，这不仅有利于节约能源，也有利于减少环保压力。要消除待机状态，这其实是一件很容易的事情，只要对生产、生活、办公设备长时间不使用时彻底关掉电源就可以了。如果我们每个企业都养成这样良好的用电习惯，每年就可以减少很多设备的待机时间，节约大量能耗。

9.1.3 建筑门窗管理

绿色建筑是资源和能源的有效利用、保护环境、亲和自然、舒适、健康、安全的建筑，然而实现其真正节能，我们通常就是利用建筑自身和天然能源来保障室内环境品质。基本思路是使日光、热、空气仅在有益时进入建筑，其目的是控制阳光和空气于恰当的时间进入建筑，以及储存和分配热空气和冷空气以备需要。手段则是通过建筑门窗的管理，实现其绿色的效果。

1. 利用门窗控制室内得热量、采光等问题的措施

太阳通过窗口进入室内的阳光一方面增加进入室内的太阳辐射，可以充分利用昼光照明，减少电气照明的能耗，也减少照明引起的夏季空调冷负荷，减少冬季采暖负荷。另一方面，增加进入室内的太阳辐射又会引起空调日射冷负荷的增加。针对此问题所采取的具体措施有：

1）建筑外遮阳

为了取得遮阳效果的最大化，遮阳构件有可调性增强，更加便于操作，并智能化控制的趋向。有的可以根据气候或天气情况调节遮阳角度；有的可以根据居住者的使用情况（在或不在），自动开关，达到最有效的节能。具体形式有：遮阳卷帘、活动百叶遮阳、遮阳篷、遮阳纱幕等。下面介绍一下自动卷帘遮阳棚的运作模式，它在解决室内自然采光和节能、热舒适性的同时，还可以解决因夏季室内过热，而增加室内空调能耗的问题，根据季节、日照、气温的变化而实现灵活控制显得非常重要。自动卷帘遮阳棚的运作模式，如图 9-1 所示。

在夏季完全伸展时，可遮挡大部分太阳辐射和光线，减少眩光的同时能够引入足够的内部光线；冬季时可以完全打开，使阳光进入建筑空间，提高内部温度的同时也提高了照明水平；在过渡季节，则根据室外日照变化自动控制中庭遮阳篷的运行模式（图 9-1）。其中，夏季室外照度大于 60 000lx 时定义为晴天、低于 20 000lx 时定义为阴天；春秋季节室外照度高于 55 000lx 时定义为晴天、低于 15 000lx 时定义为阴天。因此，夏季室外照度低于 20 000lx 时即阴天时遮阳篷打开，大于 60 000lx 即晴天时关闭；春秋季节室外照度低于 15 000lx 时遮阳篷打开，高于 55 000lx 时关闭。

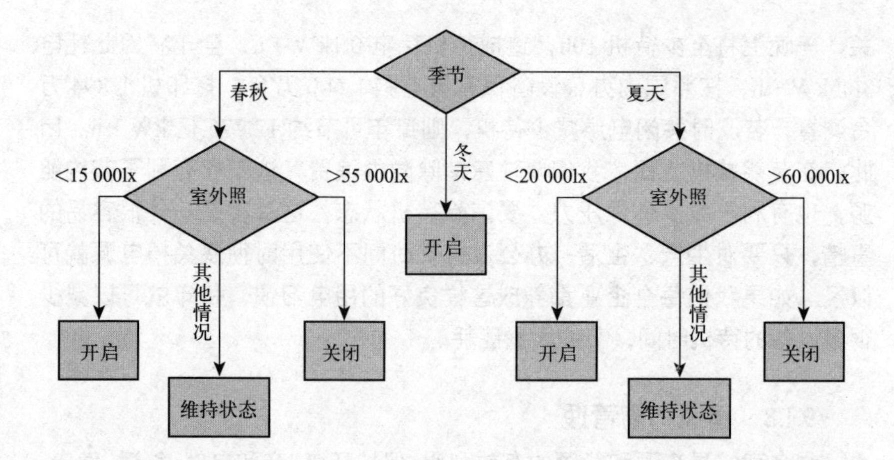

图 9-1　中庭遮阳篷运行管理模式

2）窗口内遮阳

目前窗帘的选择，主要是根据住户的个人喜好来选择面料和颜色的，很少顾及节能的要求。相比外遮阳，窗帘遮阳更灵活，更易于用户根据季节天气变化来调节适合的开启方式，不易受外界破坏。内遮阳的形式有：百叶窗帘、百叶窗、拉帘、卷帘等。材料则多种多样，有布料、塑料、金属、竹、木等。内遮阳也有不足的地方。当采用内遮阳的时候，太阳辐射穿过玻璃，使内遮阳帘自身受热升温。这部分热量实际上已经进入室内，有很大一部分将通过对流和辐射的方式，使室内的温度升高。

3）玻璃自遮阳

玻璃自遮阳利用窗户玻璃自身的遮阳性能，阻断部分阳光进入室内。玻璃自身的遮阳性能对节能的影响很大，应该选择遮阳系数小的玻璃。遮阳性能好的玻璃常见的有吸热玻璃、热反射玻璃、低辐射玻璃。这几种玻璃的遮阳系数低，具有良好的遮阳效果。值得注意的是，前两种玻璃对采光有不同程度的影响，而低辐射玻璃的透光性能良好。此外，利用玻璃进行遮阳时，必须关闭窗户，这样会给房间的自然通风造成一定的影响，使滞留在室内的部分热量无法散发出去。所以，尽管玻璃自身的遮阳性能是值得肯定的，但是还必须配合百叶遮阳等措施，才能取长补短。

4）采用通风窗技术

将空调回风引入双层窗夹层空间，带走由日射引起的中间层百叶温度升高的对流热量。中间层百叶在光电控制下自动改变角度，遮挡直射阳光，透过散射可见光。

2. 利用门窗有组织的控制自然通风

自然通风是当今生态建筑中广泛采用的一项技术措施。它是一项久远的技术，我国传统建筑平面布局坐北朝南，讲究穿堂风，都是自然通风，这是节省能源的朴素运用。只不过当现代人们再次意识到它时，才感到更加珍贵，与现代技术相结合，从理论到实践都提高到一个新的高度。在建筑设计中自然通风涉及建筑形式、热压、风压、室外空气的热湿状态和污染情况等诸多因素。自然通风可以在过渡季节提供新鲜空气和降温，也可以在空调供冷季节利用夜间通风，降低围护结构和家具的蓄热量，减少第二天空调的启动负荷。

实验表明，充分的夜间通风可使白天室温低 2~4℃。日本松下电器情报大楼、高崎市政府大楼等都利用了有组织的自然通风对中庭或办公室通风，过渡季节免开空调。在外窗不能开启和有双层或三层玻璃幕墙的建筑中，还可以利用间接自然通风，即将室外空气引入玻璃间层内，再排到室外。这种结构不同于一般玻璃幕墙，双层玻璃之间留有较大的空间，被称为“会呼吸的皮肤”。冬季，双层玻璃间层形成阳光温室，提高建筑围护结构表面温度。夏季，利用烟囱效应在间层内通风，将间层内热空气带走。自然通风在生态建筑上的应用目的就是尽量减少传统空调制冷系统的使用，从而减少能耗、降低污染。

实际工程中通过对窗的自动控制实现自然通风的有效利用，例如上海某绿色办公室自然通风运作管理模式如图 9-2、图 9-3 所示。

一般办公室工作时间（8：30~17：00）空调系统开启，而下班后“人去楼空”，室外气温却开始下降，这时通过采取自然通风的运行管理模式将室内余热散去，可以为第二天的早晨提供一个清凉的办公室室内环境，不仅有利于空调节能，更有利于让有限的太阳能空调负荷发挥最佳的降温效果，使办公室在日间经历高温的时段室内温度控制在舒适范围。夏季夜间自然通风智能管理模式如图 9-2 所示。17：00（下班时间）以后，如果室内温度超过 24℃时，出现早晨 0：00~8：00 时段内室外温度低于

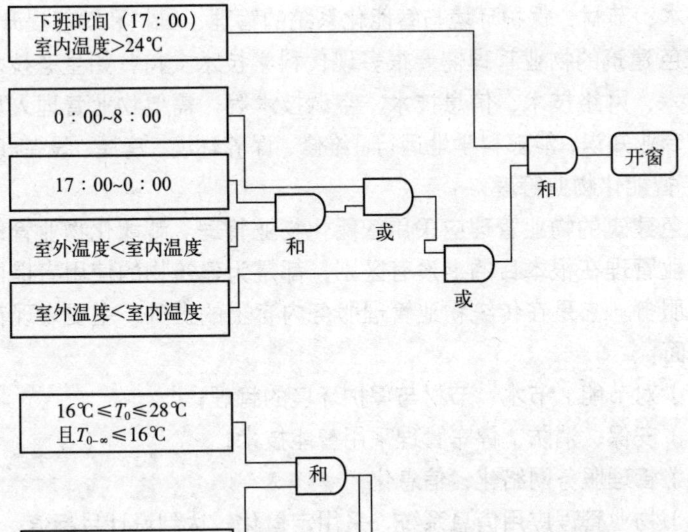

图 9-2　夏季夜间自然通风运行管理模式

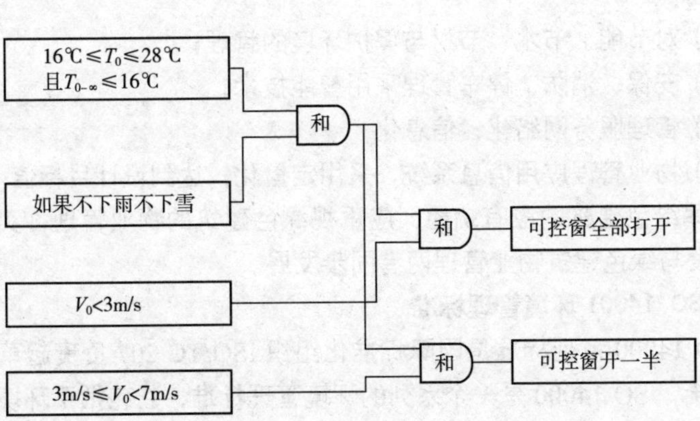

图 9-3　过渡季节自然通风运行模式

室内温度；17∶00~0∶00时段内室外温度低于室内温度；17∶00~8∶00时段内室外温度低于室内温度等情况之一，则按照各自情况的时段将侧窗打开，同时促进自然通风的通风风道开启。通过对窗的开启进行自动控制，从而实现高效的运行，既降低空调能耗、又提高室内热舒适性。

9.2 绿色物业管理

9.2.1 物业管理分类

物业管理是绿色建筑运营管理的重要组成部分，这种工作模式在国际上已十分流行。近年来，我国一直在规范物业管理工作，采取各种措施，积极推进物业管理市场化的进程。但是，对绿色建筑的运营管理相对显得滞后。早期物业受其建筑功能低端的影响，对物业管理的目标、服务内容等处于低级水平。许多人认为物业管理是一种低技能、低水平的劳动密集型工作，重建设、轻管理的意识普遍存在，造成物业管理始终处于一种建造功能与实际使用功能相背离的不正常状态。物业管理不仅要提供公共性的专业服务，还要提供非公共性的社区服务，因此也需要有社会科学的基础知识。

1. 绿色建筑物业管理

绿色建筑物业管理的内容，是在传统物业管理的服务内容基础上的提升，更需要体现出管理科学规范、服务优质高效的特点。绿色建筑的物业管理不但包括传统意义上的物业管理中的服务内容，还应包括对节能、节水、节材、保护环境与智能化系统的管理、维护和功能提升。

绿色建筑的物业管理需要很多现代科学技术支持，如生态技术、计算机技术、网络技术、信息技术、空调技术等，需要物业管理人员拥有相应的专业知识，能够科学地运行、维修、保养环境、房屋、设备和设施。

2. 智能化物业管理

绿色建筑的物业管理应采用智能化物业管理。智能化物业管理与传统的物业管理在根本目的上没有区别，都是为建筑物的使用者提供高效优质的服务。它是在传统物业管理服务内容上的提升，主要表现在以下几个方面：

（1）对节能、节水、节材与保护环境的管理；

（2）安保、消防、停车管理采用智能技术；

（3）管理服务网络化、信息化；

（4）物业管理应用信息系统，采用定量化，达到设计目标值。

发挥绿色建筑的应有功能，应重视绿色建筑的物业管理，实现绿色建筑建设与绿色建筑物业管理两者同步发展。

3. ISO 14001 环境管理标准

ISO 14000系列标准是国际标准化组织ISO/TC 207负责起草的一份国际标准。ISO 14000是一个系列的环境管理标准，它包括了环境管理体系、环境审核、环境标志、生命周期分析等国际环境管理领域内的许多焦点问题，旨在指导各类组织（企业、公司）取得表现正确的环境行为。ISO 给 14000 系列标准共预留 100 个标准号。该系列标准共分七个系列，其编号为 ISO 14001—14100。

ISO 14001 标准是 ISO 14000 系列标准的龙头标准，也是唯一可供认证使用的标准。ISO 14001 中文名称是“环境管理体系——规范及使用指南”，于 1996 年 9 月正式颁布。ISO 14001 是组织规划、实施、检查、评审环境管理运作系统的规范性标准，该系统包含五大部分：环境方针、规划、实施与运行、检查与纠正措施、管理评审。

物业管理部门通过 ISO 14001 环境管理体系认证，是提高环境管理水平的需要。达到节约能源，降低消耗，减少环保支出，降低成本的目的，可以减少由于污染事故或违反法律、法规所造成的环境风险。

4. 资源管理激励机制

具有并实施资源管理激励机制，管理业绩与节约资源、提高经济效益挂钩。管理是运行节能的重要手段，然而，在过去往往管理业绩不与节能、节约资源情况挂钩。绿色建筑的运行管理要求物业在保证建筑的使用性能要求以及投诉率低于规定值的前提下，实现物业的经济效益与建筑用能系统的耗能状况、用水和办公用品等的情况直接挂钩。

9.2.2　节能、节水与节材管理

随着全球经济一体化和世界经济迅猛发展，资源和环境越来越成为全人类共同关心的重要问题和面临的严峻挑战。而我国人口众多，占世界总人口的 20%，人均资源相对不足。从能源资源情况来看，一方面能源占有量少，另一方面我国能源效率和能源利用效率较低，比世界先进水平低 10% 左右。我国在能源生产和消费过程中，引起的生态失衡和环境污染问题也日益严重。从水资源情况来看，我国人均水资源拥有量只有 2 200m^3，仅为世界平均水平的 1/4。我们要从战略发展的高度，充分认识节能、节水与节材工作的重要性和紧迫性。我们要进一步转变观念，牢牢树立起“资源意识”“节约意识”和“环境意识”，采取有效措施，切实做好节能、节水、节材和环保工作，要做到节能、节水、节材计划到位，目标到位，措施到位，激励机制和管理制度到位。

1. 制定节能、节水与节材的管理方案

物业管理公司应提交节能、节水与节材管理制度，并说明实施效果。节能管理制度主要包括：业主和物业共同制定节能管理模式；分户、分类的计量与收费；建立物业内部的节能管理机制；节能指标达到设计要求。节水管理制度主要包括：按照高质高用、低质低用的梯级用水原则，制定节水方案；采用分户、分类的计量与收费；建立物业内部的节水管理机制；节水指标达到设计要求。节材管理制度主要包括：建立建筑、设备、系统的维护制度；建立物业耗材管理制度；选用绿色材料，减少

因维修带来的材料消耗。

评价方法为查阅物业管理公司节能、节水、节材与绿化管理文档、日常管理记录、现场考察和用户抽样调查。

2. 节能的智能技术

目前节能已较为广泛地采用智能技术，且效果明显。主要的节能技术如下：

1）采用能源管理系统，特别是公共建筑

主要的技术为：利用能源消耗动态图，形成操作信息；控制负荷轨迹，预测负荷能力，优化系统实时响应，确定负荷上升或下降；通过周期性负荷变化的时间表，减少负荷峰值和谷值，在峰值时尽量减少使用电器设备。

2）供热、通风和空调设备节能技术

确定峰值负载的产生原因和开发相应的管理策略；从需要出发设置供热、通风和空调，利用控制系统进行操作；限制在能耗高峰时间对电的需求；根据设计图、运行日程安排和室外气温、季节等情况建立温度和湿度的设置点；设置的传感器，具有根据室内人数变化调整通风率的能力，确定传感器的位置；提供合适的可编程的调节器，具有根据记录的需求图自动调节温度的能力；防止过热或过冷，节约能源10%~20%；根据居住空间，提供空气温度重新设置控制系统。

3）采用楼宇能源自动管理系统

主要的技术为：通过对建筑物的设计参数、运行参数和监测参数的设定，建立相应的建筑物节能模型，用它指导建筑设计、智能化系统控制、信息交互和优化运行等，有效地实现建筑节能管理。其中能源信息系统EIS（Energy Information System）是信息平台，集成建筑设计、设备运行、系统优化、节能物业管理和节能教育等信息；利用节能仿真分析ESA（Energy Simulation Analyses），给出设计节能和运行节能评估报告，并对建筑的精确模型描述提供定量评估结果和优化控制；能源管理系统EMS（Energy Management System）集中管理楼宇设备的运行能耗状况，由计算机系统管理、检查设备。系统控制设备由网关和组态软件、组件等组成，通过嵌入式系统或ISP方式实现远程管理和监控；能源服务管理ESM（Energy Service Management）负责协调各子系统之间的信息流、分配资源给各子系统、调度日志、系统维护和气象资料管理等。

3. 节水管理

在中国，水资源是比较匮乏的资源之一，且存在分布不均匀的现象。南水北调工程是一项倾全国之力的水利工程，为的就是调节我国水资源不足的现象，节水工程已成为我国节约社会的一个重要部分。居民用水是政府首要保障的部分，因此，住宅小区的节水意义重大。目前小区的用水主要分为居民用水、园林绿化灌溉用水、景观用水三大部分。

1）绿化灌溉用水节约措施

绿化率是衡量一个小区适宜居住程度的重要指标。目前大部分小区都有一定数量的绿化面积，园林绿化灌溉用水已成为小区第一用水大户。此部分节水的成功与否将较大地影响小区节水成功与否。

（1）尽量利用小区周围的多余水资源

当前多数开发商为营造适宜的居住环境，常将物业选址于河流湖泊等自然水源附近，这种情况下，园林绿化灌溉用水应合理利用这部分水资源。物业管理公司在设计阶段，即可建议开发商在已完成土建工程的小区内增设少量地下管网，从紧邻该小区的河流中提取园林绿化灌溉用水。这样既能满足该小区的绿化用水的需求，又避免了直接使用自来水灌溉带来的高额成本。由于紧邻河水的水质能够满足绿化要求，并优于自来水直接浇灌，能对小区内植物产生良好作用，同时也可降低物业管理成本，减轻业主负担。

（2）合理利用季节、天气状况

根据季节变化及实际的天气情况合理安排园林绿化的灌溉时间、方式及用水量。

2）景观用水节约措施

随着小区内人造景观的不断采用，景观用水已成为小区内仅次于园林绿化灌溉用水的第二用水大户。开展节约型物业管理服务，使其既能充分展示现有景观，又能满足人工水体自然蒸发用水的需求，除在景观设计阶段必须考虑的雨污分流和雨水回收系统外，还必须考虑之后使用景观用水的再循环过滤系统和相关水泵的设计、安装，控制景观用水费。

如能将景观的循环水系统与小区内园林绿化喷灌用水需求有机地结合起来，就既能符合景观用水的环保要求，又能满足园林绿化植被对灌溉用水中有机成分的需求。

除了关注园林绿化灌溉用水和景观用水之外，节约居民用水也值得重视。在加强节约用水宣传的力度的同时，对小区内给水系统的“跑、冒、滴、漏”现象，小区物业必须加强日常的检查，发现有此类现象存在要及时维修保养，以杜绝不必要的浪费。

4. 建筑设备自动监控系统

公共建筑的空调、通风和照明系统是建筑运行中主要能耗设备。为此，对绿色建筑内的空调通风系统冷热源、风机、水泵等设备应进行有效监测，对关键数据进行实时采集并记录，对上述设备系统按照设计要求进行可靠的自动化控制。对照明系统，除了在保证照明质量的前提下尽量减小照明功率密度外，可采用感应式或延时的自动控制方式实现建筑的照明节能运行。

5. 办公、商场类建筑耗电、冷热量等实行计量收费

以往在公建中按面积收取水、电、天然气、热等的费用，往往容易导致用户不注意节能，长明灯、长流水现象处处可见，造成大量浪费。因此，应作为考查重点内容。要求在硬件方面，应该能够做到耗电和冷热量的分项、分级记录与计量，分析公共建筑各项能耗大小、发现问题所在和提出节能措施。同时，能实现按能量计量收费，这样有利于业主和用户重视节能。

9.2.3 绿化管理

绿化管理贯穿于规划、施工及养护等整个过程，它是保证工程质量、维护建设成果的关键所在。科学规划和设计是提高绿化管理水平的前提。园林绿化设计除考虑美观、实用、经济等原则外，还须了解植物的生长习性，种植地的土壤、气候、水源水质状况等。根据实际情况进行植物配置，以减少管理成本、提高苗木成活率。在具体施工过程中，要以乡土树种为主，乔、灌、花、草合理搭配。

为使居住与工作环境的树木、花园及园林配套设施保持完好，让人们生活在一个优美、舒适的环境中，必须加强绿化管理。区内所有树木、花坛、绿地、草坪及相关各种设施，均属管理范围。

1. 制定绿化管理制度并认真执行

绿化管理制度主要包括：对绿化用水进行计量，建立并完善节水型灌溉系统；规范杀虫剂、除草剂、化肥、农药等化学药品的使用，有效避免对土壤和地下水环境的损害。

2. 采用无公害病虫害防治技术

病虫害的发生和蔓延，将直接导致树木生长质量下降，破坏生态环境和生物多样性，应加强预测预报，严格控制病虫害的传播和蔓延。增强病虫害防治工作的科学性，要坚持生物防治和化学防治相结合的方法，科学使用化学农药，大力推行生物制剂、仿生制剂等无公害防治技术，提高生物防治和无公害防治比例，保证人畜安全，保护有益生物，防止环境污染，促进生态可持续发展。

对行道树、花灌木、绿篱定期修剪，对草坪及时修剪。及时做好树木病虫害预测、防治工作，做到树木无暴发性病虫害，保持草坪、地被的完整，保证树木较高的成活率，老树成活率达 98%，新栽树木成活率达 85% 以上。发现危树、枯死树木，及时处理。

9.2.4 垃圾管理

城市垃圾的减量化、资源化和无害化，是发展循环经济的一个重要内容。发展循环经济应将城市生活垃圾的减量化、回收和处理放在重要位置。近年来，我国城市垃圾迅速增加，城市生活垃圾中可回收再生利用的物质多，如有机质已占 50% 左右，废纸含量在 3%~12%，废塑料制品约 5%~14%。循环经济的核心是资源综合利用，而不光是原来所说的废旧物资回收。过去我们讲废旧物资回收，主要是通过废旧物资回收利用来缓解供应短缺，强调的是生产资料，如废钢铁、废玻璃、废橡胶等的回收利用。而循环经济中要实现减量化、资源化和无害化的废弃物，重点是城市的生活垃圾。

1. 制定科学合理的垃圾收集、运输与处理规划

首先要考虑建筑物垃圾收集、运输与处理整体系统的合理规划。如果设置小型有机厨余垃圾处理设施，应考虑其布置的合理性及下水管道的承载能力。其次则是物业管理公司应提交垃圾管理制度，并说明实施效果。垃圾管理制度包括垃圾管理运行操作手册、管理设施、管理经费、人员配备及机构分工、监督机制、定期的岗位业务培训和突发事件的应急反应处理系统等。

评价方法为查阅垃圾管理制度与垃圾收集、运输等整体规划和现场核实。

2. 垃圾容器

垃圾容器一般设在居住单元出入口附近隐蔽的位置，其外观色彩及标志应符合垃圾分类收集的要求。垃圾容器分为固定式和移动式两种，其规格应符合国家有关标准。垃圾容器应选择美观与功能兼备，并且与周围景观相协调的产品，要求坚固耐用，不易倾倒。一般可采用不锈钢、木材、石材、混凝土、GRC、陶瓷材料制作。

3. 垃圾站（间）的景观美化及环境卫生

重视垃圾站（间）的景观美化及环境卫生问题，用以提升生活环境的品质。垃圾站（间）设冲洗和排水设施，存放垃圾能及时清运，不污染环境、不散发臭味。

4. 分类收集

在建筑运行过程中会产生大量的垃圾，包括建筑装修、维护过程中出现的土、渣土、散落的砂浆和混凝土、剔凿产生的砖石和混凝土碎块，还包括金属、竹木材、装饰装修产生的废料、各种包装材料、废旧纸张等。对于宾馆类建筑还包括其餐厅产生的厨房垃圾等，这些众多种类的垃圾，如果弃之不用或不合理处理将会对城市环境产生极大的影响。为此，在建筑运行过程中需要根据建筑垃圾的来源、可否回用性质、处理难易度等进行分类，将其中可再利用或可再生的材料进行有效回收处理，重新用于生产。

垃圾分类收集就是在源头将垃圾分类投放，并通过分类的清运和回收使之分类处理或重新变成资源。垃圾分类收集有利于资源回收利用，同时便于处理有毒有害的物质，减少垃圾的处理量，减少运输和处理过程中的成本。在许多发达国家，垃圾资源回收产业在产业结构中占有重要的位置，甚至利用法律来约束人们必须分类放置垃圾。对小区来讲，要求实行垃圾分类收集的住户占总住户数的比例达 90%。

5. 垃圾处理

处理生活垃圾的方法很多，主要有卫生填埋、焚烧、生物处理等。由于生物处理对有机厨房垃圾具有减量化、资源化效果等特点，因而得到一定的推广应用。有机厨房垃圾生物降解是多种微生物共同协同作用的结果，将筛选到的有效微生物菌群，接种到有机厨房垃圾中，通过好氧与厌氧联合处理工艺降解生活垃圾，是垃圾生物处理的发展趋势之一。但其前提条件是实行垃圾分类，以提高生物处理垃圾中有机物的含量。

9.2.5 智能化系统管理

当前，以计算机为代表的信息产业标志着人类社会已进入了知识经济时代。回顾建筑业信息与智能技术应用的历史和展望未来，可以看出建筑业的各个领域现已不同程度地应用了信息与智能技术，并向集成化、网络化与智能化方向发展。绿色建筑是指在建筑的全寿命周期内，最大限度地保护环境、节约资源（节能、节水、节地、节材）和减少污染，为人们提供健康、适用和高效的使用空间，最终实现与自然共生的建筑物。发展绿色建筑，改变传统建筑的高消耗、高污染模式，必须依赖高新技术，特别是信息与智能技术。

目前工程项目的建设与管理，从总体上看是处于一个保守状态。这是由于工程项目涉及业主、设计、施工、监理、智能化、物业管理等，还与建材、建筑产品、部品等供应系统有关。建筑物又是一个复杂的且使用周期非常长（达 50 年或更长）的产品。与其他行业相比，消费者对工程项目，特别是住宅的期望并不高。由于住宅的价格高，一般也不去追求时尚前卫性。从这个意义上，抑制了建筑业在采用高新技术方面的发展。然而，世界正在经历着一场绿色或者说可持续发展的革命，要求以更持久的方式使用资源，包括能源、水、材料与土地。这必然对建筑物的规划、设计与建造产生非常重要的深远影响。随着信息革命的兴起和深化，家庭正在或已经成为信息网络中的一个基本节点，使人们可以享受到通信、多媒体、安全防范、娱乐和数据等方面的种种便利。智能化和绿色革命正在改变着建筑物，特别是家居的设计、建造和运作方式。克服建筑业在采用高新技术方面存在的惰性和阻力，才能真正促进绿色建筑的发展。

1. 我国智能化居住小区的现状

我国居住小区智能化系统的建设总体上是以需求为导向，而且带动和培育了一个产业的发展。1999 年，只有少量房地产开发商在建设楼盘时规划设计了智能化系统。2000 年，大部分商品楼盘都不同程度地开始建设了智能化系统，甚至于存在某些“炒作”或“广告不实”的现象。不少开发商往往十分看重智能化系统对楼盘销售带来的好处，而对居住小区建成后，智能化系统的运行与维护，以及所需的运行费用则很少考虑，存在着盲目建设的现象。到 2001 年这种具有“盲目性”的建设逐渐“冷”下来，而开始转为“理性”。

目前，全国新建的居住区几乎都不同程度地建设了智能化系统，特别受到青睐的是安防装置与宽带接入网。在直辖市、省会城市以及经济较为发达的沿海城市，已建设了不少高水平的智能化系统。随着时间推移，对智能化系统运营与维护、物业管理公司运作等方面全社会都给予了高度重视，也暴露了不少管理、运行机制方面一些深层次问题，它涉及建设、公安、电信、广电、供水、燃气、电业行业管理，也涉及开发商、业主，甚至政府等，但总的发展趋势是健康的。随着人们生活水平的提高，智能化居住小区的建设将会逐渐扩展，甚至将智能化小区扩大为社区或城市。智能化居住小区正是信息化社会，人们改变生活方式的一个重要体现。

2002 年，建设部制定并发布《居住区智能化系统建设要点与技术导则》(以下简称《导则》)。其目的是规范居住小区智能化系统的建设，提高居住小区的性能，使其适应高科技，特别是信息技术的发展，满足住户较长期的需求。《导则》的实施，规范了智能化系统的功能，促进了土建设计与智能化系统建设的紧密结合，规范了居住小区智能化系统总体规划设计和施工图设计。今后应将这部分内容作为设计单位的一个专业，全面提高智能化系统的水平，还可以引导国内智能化系统产品的研发。近几年来，国内围绕小区智能化系统的产品开发迅速增加，特别是 IP 家庭智能终端、家庭智能化布线箱、数字硬盘录像、物业管理网站等。不少大公司也进入这个市场。由于智能建筑对系统与产品技术要求较高、国外系统与产品相对成熟，而居住小区智能化系统的产品，如可视对讲、多表远程计量、家庭智能终端等，国外产品价位太高。因此，绝大部分智能化系统有采用国内或合资企业生产的产品的需求。《导则》的实施可促进国内产品开发向实用、先进方面发展。

居住小区智能化系统的建设对物业管理队伍提出了更高的要求，盲目建设、物业管理人员素质跟不上将会造成浪费。如何使居住小区配置的智能化系统科学合理，既能满足住户需求，又能使物业管理公司掌握，且运行维护费用合理，这是《导则》的内容之一。另外，居住小区智能化系统的建设使物业管理在 Internet 网上展开已成为可能，探索新的物业管理模式也是《导则》的一个内容。

2. 当前智能化居住小区建设中的一些问题

1）盲目追求先进

有些业主贪多求全，过分强调智能化系统的作用，忽视了中国的现实、文化背景和人们的实际生活水平等，超出了业主的功能需求，需求分析不够造成浪费，致使投资效果很不理想，投入使用后发现问题太多。对小区智能化系统的正确定位，科学合理地选择功能及产品是建设成功的关键因素。

智能化系统是高新技术的高度综合，这些高新技术本身也在迅速地发展和更新换代。智能化系统的建成只是一切的开始，在投入运行的几十年时间里，除了需要正确地管理和有效地维护外，还要不断通过实际使用来发现各类系统存在的问题和不足，从而对系统内的部分硬件和软件进行更新与升级，使其达到最佳运行状态。一般来说，智能化系统产品与设备的生命周期为10~15年，综合布线与现场总线等的使用寿命在15~20年。这涉及业主利益与维修基金的使用等方面的问题。当前有关部门应研究这方面的体制与政策措施，以便能适时地提升技术与更新设备。

2）重建设、轻管理

许多方案在总体规划阶段，就没有考虑系统建成以后所需要的物业管理人员、运行费用等问题。甚至于有的只为楼盘促销而建，也就是说重建设、轻管理。由于物业管理费偏低或物业管理人员素质差，造成某些系统关闭、停机现象。

3）多表远程计量系统运行管理问题

多表远程计量系统计费没有与有关部门沟通，会造成许多管理问题。有的建成后无法工作，造成浪费。个别小区还将公共环境的浇花清洁用水、路灯照明和办公用电等摊到住户身上，常常由此引发纠纷。

4）系统配置与控制室建设不合理

这一误区会造成系统运行效果不佳。如有部分小区，安装安防系统只是为了门面，实际上不起多大作用；也有些小区安防系统设计过多，不切合实际。另外，根据众多物业管理公司和系统集成商反映，许多小区的中心控制室非常狭小并且偏隅一方，甚至在地下二层，致使智能化系统投入运行后效果不甚理想。考虑到物业管理人员能及时出警响应，迅速赶到现场，中心控制室位置应首选在小区中间。为便于系统维护和检修，机房面积应恰当。开发商应选择有系统设计和施工经验，并能规范施工的集成商来完成智能化系统项目。应严格按规范要求进行施工，否则待隐蔽工程结束后便无法更改了，由此造成的损失将是很大的。智能化系统中涉及的弱电系统较多，应尽量将弱电系统管线统一到综合管道（井）中。每个子系统对接地都有一定的要求，应根据不同的子系统确定不同接地与防雷方案，统一施工。

3. 住宅小区智能化系统

住宅小区智能化系统的概念是从智能建筑发展而来的。随着科学技术的发展，特别是信息技术、计算机技术、自动控制技术及Internet网等的迅速发展，把这些领域中技术、产品、应用环境引入到住宅小区中已成为住宅小区建设的发展趋势。随着人们生活水平的不断提高，人们追求一个安全、舒适、便利的居住环境，同时可以享受数字化生活的乐趣。这对住宅小区的建设提出了更高的要求。因此，可以说住宅小区智能化系统建设是现代高科技的结晶，也是建筑与信息技术完美结合的产物。

1）系统介绍

（1）安全防范子系统

安全防范子系统对小区周边、出入口、小区内设施及住宅等进行防护，并由物业管理中心统一控制与管理。

（2）管理与监控子系统

管理与监控子系统应包括以下功能模块：

①远程抄收与管理；

②车辆出入、停放管理；

③公共设备监控；

④紧急广播与背景音乐；

⑤小区物业管理计算机系统。

（3）信息网络子系统

信息网络子系统是目前住宅小区智能化系统建设中的热门话题，也是技术方案上变化较大的一个系统。对住户来讲，主要是提供电话、CATV、上网等使用功能。

应根据小区实际情况，按《居住区智能化系统配置与技术要求》CJ/T 174—2003 中所列举的基本配置，进行安全防范子系统、管理与设备监控子系统和信息网络子系统的建设。为实现上述功能科学合理布线，每户不少于两对电话线、两个电视插座和一个高速数据插座。

2）智能技术应用

应推广应用以智能技术为支撑的、提高绿色建筑性能的系统与技术，主要包括：集中空调节能控制、建筑室内环境综合控制、空调新风量与热量交换控制、高效的防噪声系统、水循环再生系统、给水排水集成控制系统等；采用高技术的智能新产品，如太阳能发电产品、智能采光照明产品、隐蔽式外窗遮阳百叶等。

3）智能化系统的技术要求

（1）功能效益方面：定位正确，满足用户功能性、舒适性和高效率的需求；采用的技术先进、系统可扩充性强，具有前瞻性，能满足较长时间的应用需求。

（2）公共建筑功能质量方面：智能化系统中子系统，如：通信网络子系统、信息网络子系统、建筑设备监控子系统、火灾自动报警及消防联动子系统、安全防范子系统、综合布线子系统、智能化系统集成等的功能质量满足设计要求，且先进、可靠与实用。

（3）住宅小区功能质量方面：智能化系统中子系统，如：安全防范子系统、管理与设备监控子系统、信息网络子系统、智能化系统集成等的功能质量满足设计要求，且先进、可靠与实用。

（4）智能化系统施工与产品质量方面：产品与设备等的安装规范、质量合格；机房、电源、管线、防雷与接地等的工程质量合格，且满足设计要求；产品质量，采用有品牌、质量好、维护有保障的材料、产品与设备。

9.3 建筑合同能源管理

20 世纪 70 年代中期以来，一种基于市场的、全新的节能项目投资机制一合同能源管理在市场经济国家中逐步发展起来，而基于合同能源管理这种节能投资新体制运作的专业化能源管理公司发展十分迅速，尤其是在美国、加拿大，已发展成为一种新兴的节能产业。自20世纪90年代引入中国以来，已然从“水土不服”“叫座不叫好”的情形发展到了春暖花开的阶段，节能服务产业委员会（EMCA）《2012年度中国节能服务产业报告》显示，2012年底，全国从事节能服务的企业达4 175家，备案的节能服务公司发展趋势达2 339家，其中涉及建筑节能服务的公司约占近70%，合同能源管理（EPC）投资额也逐渐增加。2012年8月份国务院印发的《节能减排“十二五”规划》中，将节能改造和合同能源管理一并纳入了节能减排十大重点工程，《绿色建筑行动方案》中也鼓励建筑节能采用合同能源管理模式。

9.3.1 建筑合同能源管理定义与分类

建筑合同能源管理（CEM）是一种以减少的能源费用来支付节能项目全部成本的节能投资方式。能源管理合同在实施节能项目的建筑投资方（业主）与专门的节能服务公司（EMC）之间签订。EMC与愿意进行节能改造的用户签订节能服务合同，为用户的节能项目进行投资或融资，并向用户提供节能技术服务，同时通过与用户分享项目实施后产生的节能效益来赢利，实现滚动发展。传统的节能投资方式表现为节能项目的所有风险和赢利都由实施节能投资的建筑投资方（业主）承担；而采用合同能源管理方式投资，通常不需要建筑投资方（业主）自身对节能项目进行大笔投资。建筑合同能源管理根据合同双方的合作方式的不同，可以分为三种类型，具体如下：

1）确保节能效益型

这种合同的实质内容是EMC向建筑投资方（业主）保证一定的节能量，或者是保证将用户能源费用降低或维持在某一水平上。其特点是节能量超过保证值的部分，其分配情况要根据合同的具体规定，要么用于偿清EMC的投资，要么属建筑投资方（业主）所有。

2）效益共享型

效益共享合同的核心内容是EMC与建筑投资方（业主）按合同规定的分成方式分享节能效益。特点是在合同执行的头几年，大部分节能效益属EMC，从而补偿其投资及其他成本。

3）设备租赁型

设备租赁合同采用租赁方式购买设备，在一定时期（租赁期）内，设备的所有权属于EMC，收回项目改造的投资及利息后，设备再属建筑投资方（业主）所有，设备维护和运行时间可以根据合同延长到租赁期以后。其特点是设备生产商也通过EMC这种租赁购买设备的方式，促进其设备获得广泛应用。

一般讲，确保节能效益型相对最安全可靠，效益共享型是相对最常用使用的一种合同，效益共享型在设备贬值并不十分突出的情况获得广泛应用。建筑投资方（业主）选择哪类合同要依据自身的情况而定。

9.3.2　建筑合同能源管理的内容

建筑合同能源管理内容包括两部分，一部分为其实施条件，另一部分为运行模式。

1. 实施条件

实施条件一方面是管理基础，另一方面是合作空间。管理基础通常有较系统、完整的能源基础管理数据和管理体系，能源计量的检测率、配备率和器具完好率较高；有良好的能源计量管理基础，能源计量标准器具和能源计量器具的周检合格率高；有多年的内部动力（能源）产品的经济核算的市场运作基础，通过较小的投资可以满足各种动力与能源的核算与审计工作要求，能够取得较准确的合同能源管理需求数据，对节能措施项目进行综合评价。合作空间则是企业供能与用能的效率要有较大的提高空间，形成EMC实施节能项目的内在动力。具体可在以下几个方面合作：

1）供、用电方面

低压系统的节电、电机节电、滤波节电，低效风机更新、水泵更新改造，低压功率因素补偿等。

2）生产设备方面

主要生产工艺设备采用微机控制；开展天然气熔炼炉、还原炉、干燥箱等高效能、低成本的加热设备研发与合作。

3）制氢系统

采用天然气制氢项目，同比目前的电解水制氢可大幅降低制氢生产成本。

4）空调制冷系统

蓄冰制冷设备和模块化水冷冷水机组的技术更新改造，提高用冷系统运行效率、降低制冷运行成本。

5）供热与采暖

实施目前燃煤集中供蒸汽为分散天然气小锅炉供汽。以满足工艺加热温度的灵活选择，提高生产效率；实现蒸汽使用闭路循环节能技术；合理控制生产岗位采暖温度、澡堂水箱加温，提高用能效率。

6）供水系统

应用新型全封闭式水循环复用装置，防水箱溢流的自动控制与恒压供水装置，有效节水与节电。与监测机构合作开展用水审计，提高水费回收率来偿还管网改造费用，减少跑、冒、滴、漏；采用微阻缓闭止回阀减少能源损耗。

2. 运行模式

节能服务公司（EMC）是一种比较特殊的产业，其特殊性在于它销售的不是某一种具体的产品或技术，而是一系列的节能“服务”，也就是为客户提供节能项目，这种项目的实质是EMC为客户提供节能量。EMC的业务活动主要包括以下内容。

1）能源审计

EMC 针对客户的具体情况，对各种节能措施进行评价。测定建筑当前用能量，并对各种可供选择的节能措施的节能量进行预测。

2）节能项目设计

根据能源审计的结果，EMC 向客户提出如何利用成熟的技术来改进能源利用效率、降低能源成本的方案和建议。如果客户有意向接受 EMC 提出的方案和建议，EMC 就为客户进行项目设计。

3）节能服务合同的谈判与签署

EMC 与客户协商，就准备实施的节能项目签订“节能服务合同”。在某些情况下，如果客户不同意与 EMC 签订节能服务合同，EMC 将向客户收取能源审计和节能项目设计费用。

4）节能项目融资

EMC 向客户的节能项目投资或提供融资服务，EMC 用于节能项目的资金来源有资金、银行商业贷款或者其他融资渠道。

5）原材料和设备采购、施工、安装及调试

由 EMC 负责节能项目的原材料和设备采购，以及施工、安装和调试工作，实行“交钥匙工程”。

6）运行、保养和维护

EMC 为客户培训设备运行人员，并负责所安装的设备 / 系统的保养和维护。

7）节能效益保证

EMC 为客户提供节能项目的节能量保证，并与客户共同监测和确认节能项目在项目合同期内的节能效果。

8）EMC 与客户分享节能效益

在项目合同期内，EMC 对与项目有关的投入（包括土建、原材料、设备、技术等）拥有所有权，并与客户分享项目产生的节能效益。在 EMC 的项目资金、运行成本、所承担的风险及合理的利润得到补偿之后（合同期结束），设备的所有权一般将转让给客户。客户最终将获得高能效设备和节约能源成本，并享受全部节能效益。

9.3.3 发展建筑合同能源管理所面临的困难及其解决对策

尽管示范性 EMCO 公司和其他以相同模式运营的节能服务公司在全国许多省市推广，并取得了初步成效，但要在我国全面推进建筑合同能源管理，还需要全社会携手 EMCO 发展的外部环境，包括提高认识、培育业主的节能观念、调整国家政策，等。只有当全社会清晰地认识节能市场化的意义时，EMCO 这一产业才可能在我国迅速发展壮大。目前 EMCO 产业发展面临五大瓶颈的制约：

（1）缺乏强有力的法律支持。我国现行节能法律约束力较弱，对能源利用效率低的建筑或行为并没有明显的惩罚措施，对节能行为也缺乏明显的激励政策，特别是没有与节能的环保效益挂钩。

（2）一些正处于起步阶段的EMCO缺乏运营能力。EMCO的运营机制是全新的，又比较复杂，潜在的EMCO或者是按EMCO模式运营却没有受过专业培训的节能服务公司，大多数缺乏综合技术能力、市场开拓能力、商务计划制订能力、财务管理与风险防范能力、后期管理能力等，降低了向用户提供服务的水平。

（3）建筑合同能源管理这一先进的市场节能新机制的运作，与现行企业财务管理制度存在矛盾。"先投资后回收"这一模式按现行企业财务运行模式根本无法做财务核算，目前多是进行变通处理。例如将一台节能锅炉放在企业使用，在合同期内所有权仍属于节能公司，企业支付节能费既难进成本，又无法提折旧，让双方都很为难。

（4）资金短缺且缺乏融资能力。多数以EMCO模式运营的节能服务公司经济实力较弱，无力提供保证其贷款安全性的担保或抵押，又缺乏财务资信的历史记录等，获得银行支持力度较小。因资金不足，大量好的节能技改项目无法实施。

（5）部分业主缺乏诚信，阻碍了EMCO模式的推广。节能服务公司因为承担了绝大部分的风险，在获利时就需要将资金占用、人员费用等一系列因素都考虑进去。一些业主对此十分眼红，经常发生一次性合作，后面不再合作的事情，甚至故意不支付节能分享利润，使节能服务公司在谈判项目和实施过程中，把大量精力用在了风险控制方面。

为此，根据节能专家建议，针对出现的问题，提出了下面四种解决方法：修改现行节能法律，出台带有强制执行的措施，并与环保政策相衔接，从政策法规上引导全社会，特别是建筑投资者真正重视节能工作；建立政府节能减排基金，通过贴息、补贴、担保等方式支持企业、节能公司利用新型节能模式进行节能改造；对建筑进行能源监测，对能源消耗达不到行业标准或产品标准的建筑提出节能整改建议，限期整改；改革财务管理相关规则，允许EMCO中的费用进入当期产品成本，确保EMCO模式的正常运转。

9.3.4　建筑合同能源管理合作样板及能效分析实例

1. 建筑合同能源管理合作样板

商务合作分析

双方合作模式（以某单位年能耗1 000万人民币为例）：

甲方直接买断模式；

双方共同投资模式；

EMC合同能源模式；

产品租赁模式。

1）甲方直接买断模式

①甲方直接支付我公司节能设备款及施工设计费用。

②甲方总共需支付货款： ￥480 万

③甲方享受全部节能收益：1000×20%=200 万元 / 年。

④甲方回收期：480÷200=2.4 年

⑤我方共收益￥480 万

2）双方共同投资模式

①甲方与我公司在该项目共同出资，双方共同分享节能收益。

②甲方总共需出资：￥240 万（即总投资款的 50%）

③甲方享受 5 成节能收益：每年 100 万元

④双方合作期限：5 年

⑤静态回收期：240÷100=2.4 年

⑥动态回收期：5+（500−240）÷200=6.3 年

⑦我方共收益：240+100×5=740 万

3）EMC 合同能源模式

①由我公司为甲方该项目全权出资，双方共同分享节能收益。

②甲方前期无需出任何资金！

③甲方享受 1 成节能收益：每年约 20 万元

④双方合作期限：5 年

⑤甲方 5 年内收益：20×5=100 万元

⑥我方实际收益：180×5−480=420 万

4）产品租赁模式

①由我公司为甲方项目上出资，甲方定期付给我公司租金。

②甲方前期无需出任何资金！

③甲方享受全部节能收益：每年约 200 万元

④双方合作期限：2.5 年

⑤甲方月付租金：480÷30=16 万 / 月

⑥甲方 2.5 年内收益：500−480=20 万

⑦我方共收益：480 万

四种合作方式的比较如表 9-1 所示。

合作模式比较　　表 9-1

合作模式	甲方最终出资	甲方回收年限	甲方 15 年收益	甲方收益率
买断模式	480 万	2.4 年	2520 万	★★★★
共同投资	740 万	6.3 年	2260 万	★★★★
EMC 模式	900 万	9 年	2100 万	★★
租赁模式	480 万	4.3 年	2520 万	★★★★★

从以上表格可看出：

①直接买断模式，甲方可获得最大的节能收益，且回收期限较短。我方资金回笼快；

②共同投资模式，甲方可获得较高的节能收益，回收期较长；我方资金回笼较慢；

③ EMC 模式，甲方获得的节能收益最低，回收期最长；我方可取得最大的收益，资金回笼慢，有一定风险；

④产品租赁模式，甲方可获得最大的节能收益，回收期短；我方资金回收慢，有一定风险。

通过对比分析，建议甲方与我公司采取：产品租赁方式；实现各方面多赢的商业合作。

备注：

①甲方每年能耗基数以 1 000 万为基础；

②节能精算以每年节省原能耗总量的 20% 为空间；

③节能设备的选型、当地人员成本、渠道费用的支出、合同的条款等诸多因素直接影响合作模式的选择。

2. 合同能源管理能效分析实例（大厦空调系统）

某大厦安装有三台离心冷水机组，每台冷机冷水出口均安装有阀门，在冷机不开启时关闭对应阀门；冷机开启时打开对应阀门。冷水泵为 4 台 37kW 立式泵，使用情况为三用一备，每台冷水泵出口分别装有蝶阀。由于中央空调系统时间较早，因此实际运行中存在一些问题。主要表现在 4 台冷水泵的电机和设计流量不匹配，水泵出口阀门开度非常小，稍微开大，电机电流就过载，每台水泵的流量很小，为保证冷机能正常开启，整个供冷季必须同时开启 3 台水泵。针对这种情况，提出了将其中 2 台水泵电机更换为 45kW、并采取变频控制的解决方案。经组织实施后，进行了系统调试和试运行，完全达到预期效果。在只开启 2 台水泵的情况下，不仅水泵出口阀门可以全部开启，减少了 1 台水泵的使用，而且整个制冷季都可以在较低的频率下运行，如表 9-2 所示给出了改造水泵的阀门开度与电机电流的关系。

改造后水泵阀门开度与电机电流的关系　　表 9-2

序号	电机设定频率 Hz	阀门开度，%		电机实测电流，A	
		2 号水泵	3 号水泵	2 号水泵	3 号水泵
1	50	25	25	68	68
2	50	33	33	75	75
3	45	33	33	52.5	55.7
4	45	50	50	70	70
5	40	50	50	49	49
6	40	100	100	52	50
7	38	100	100	45	44
8	35	100	100	35	35

根据原电机运行参数（额定功率 37kW，额定电压 380V，功率因数 0.87）和新电机（额定功率 45kW，额定电压 380V，功率因数 0.88，额定电流 84.2A）实际运行参数（工作频率 35Hz，工作电流 35A），以及大厦供冷时间 200d，24h 连续运行，可得原水泵耗电 536 160kW·h，现水泵耗电 194 400kW·h，改造后可节省电耗 341 760kW·h。

和改造前相比，项目节能效果非常显著，节省了大约65%的运行费用，并且降低了噪音，改善了工作环境。作为典型的合同能源管理，节能收益分享按 70% 计算。如以平均电价 0.7 元 /kW·h 计，合同能源管理公司获得其中的 70%，共计 117 万元。对业主而言：合同能源管理项目期内，获得收益 50 万元；系统使用寿命为 15 年左右，共节约电耗 241 万元。

9.4 建筑节能检测

9.4.1 节能检测

目前，全国范围内建筑节能检测都执行《居住建筑节能检测标准》JGJ/T 132—2009，它是最具权威性的检测方法，它的发布实施，为建筑节能政策的执行提供了一个科学的依据，使得建筑节能由传统的间接计算、目测定性评判到现在的直接测量，从此这项工作进入了由定性到定量、由间接到直接、由感性判断到科学检测的新阶段。

根据对建筑节能影响因素和现场检测的可实施性的分析，我们认为，能够在试验室检测的宜在试验室检测（如门窗等作为产品在工程使用前后它的性状不会发生改变）；除此之外，只有围护结构是在建造过程中形成的，对它的检测只能在现场进行。因此建筑节能现场检测最主要的项目是围护结构的传热系数，这也是最重要的项目。如何准确测量墙体传热系数是建筑节能现场检测验收的关键。目前对建筑节能现场检测围护结构（一般测外墙和屋顶、架空地板）的传热系数的方法，主要有以下四种方法：

1）热流计法

热流计是建筑能耗测定中常用仪表，该方法采用热流计及温度传感器测量通过构件的热流值和表面温度，通过计算得出其热阻和传热系数。其示意图 9-4 如下：

图 9-4 热流计法检测示意图

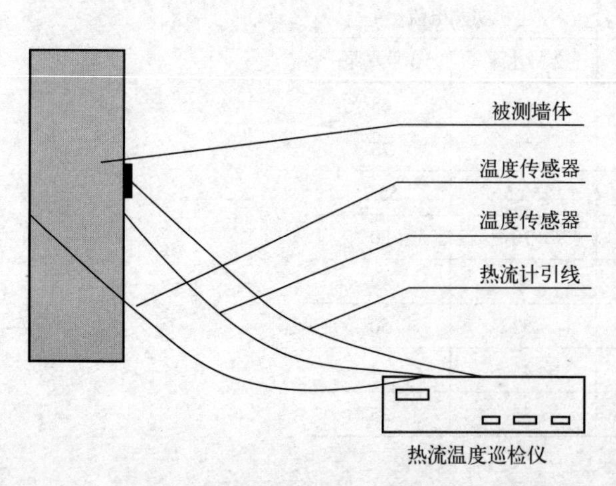

其检测基本原理为：在被测部位布置热流计，在热流计周围的内外表面布置热电偶，通过导线把所测试的各部分连接起来，将测试信号直接输入微机，通过计算机数据处理，可打印出热流值及温度读数。当传热过程稳定后，开始计量。为使测试结果准确，测试时应在连续采暖（人为制造室内外温差亦可）稳定至少

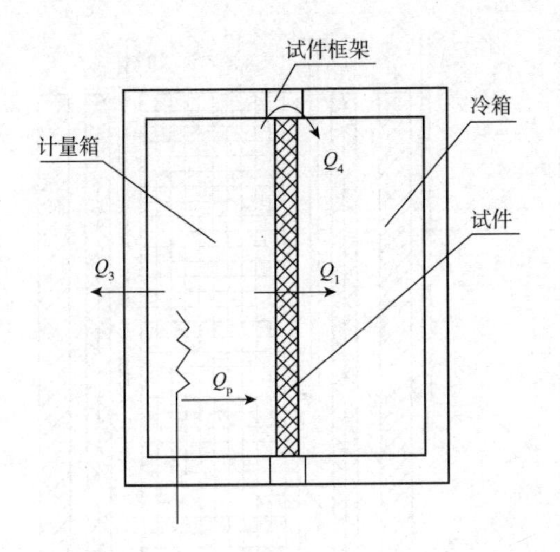

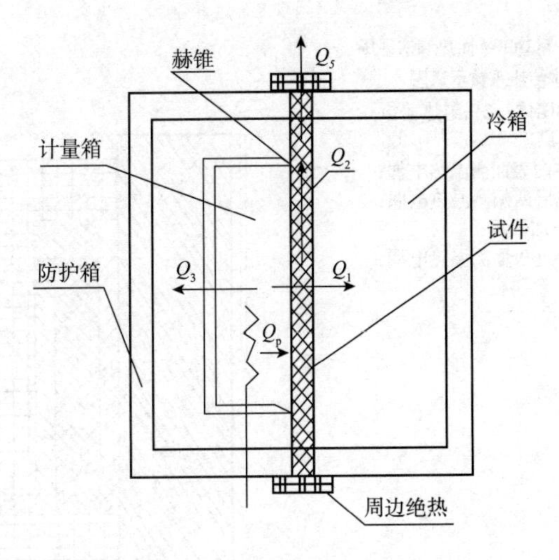

图 9-5　试验室标定热箱法原理示意图（左）
图 9-6　试验室防护热箱法检测原理示意图（右）

7d 的房间中进行。一般来讲，室内外温差愈大（要求必须大于 20℃），其测量误差相对愈小，所得结果亦较为精确，其缺点是受季节限制。该方法是目前国内外常用的现场测试方法，国际标准和美国 ASTM 标准都对热流计法作了较为详细的规定。

2）热箱法

热箱法是测定热箱内电加热器所发出的全部通过围护结构的热量及围护结构冷热表面温度。它分为实验室标定热箱法和试验室防护热箱法两种，其原理如图 9-5、图 9-6 所示。

其基本检测原理是用人工制造一个一维传热环境，被测部位的内侧用热箱模拟采暖建筑室内条件并使热箱内和室内空气温度保持一致，另一侧为室外自然条件，维持热箱内温度高于室外温度 8℃以上，这样被测部位的热流总是从室内向室外传递，当热箱内加热量与通过被测部位的传递热量达平衡时，通过测量热箱的加热量得到被测部位的传热量，经计算得到被测部位的传热系数。该方法的主要特点：基本不受温度的限制，只要室外平均空气温度在 25℃以下，相对湿度在 60% 以下，热箱内温度大于室外最高温度 8℃以上就可以测试。据业内技术专家通过交流认为：该方法在国内尚属研究阶段，其局限性亦是显而易见的，热桥部位无法测试，况且尚未发现有关热箱法的国际标准或国内权威机构的标准。

3）红外热像仪法

红外热像仪法目前还在研究改进阶段，它通过摄像仪可远距离测定建筑物围护结构的热工缺陷，通过测得的各种热像图表征有热工缺陷和无热工缺陷的各种建筑构造，用于在分析检测结果时作对比参考，因此只能定性分析而不能量化指标。

4）常功率平面热源法

常功率平面热源法是非稳态法中一种比较常用的方法，适用于建筑材料和其他隔热材料热物理性能的测试。其现场检测的方法是在墙体内表面人为地加上一个合适的平面恒定热源，对墙体进行一定时间的加热，

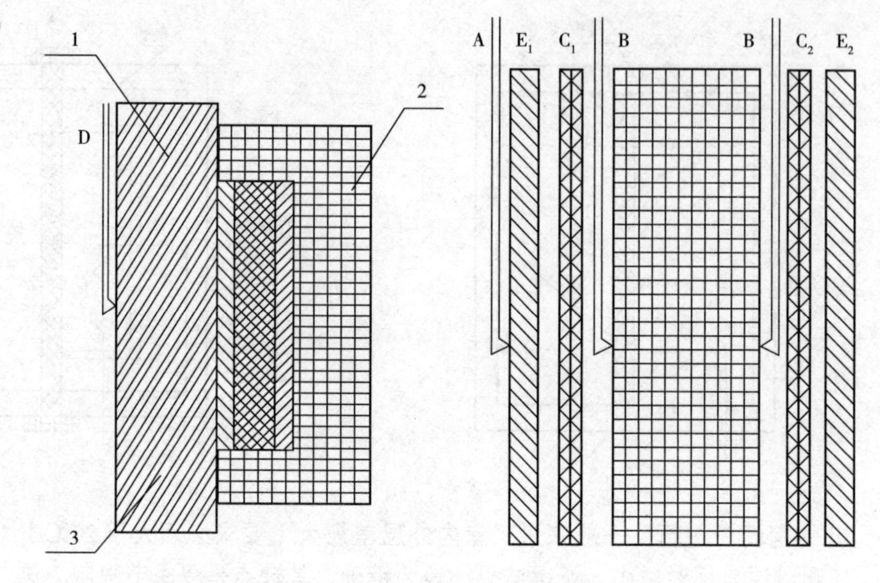

图 9-7 常功率平面热源法现场检测墙体传热系数示意图
1—试验墙体；2—绝热盖板；3—绝热层
A—墙体内表面测温热电偶；
B—绝热层两侧测温热电偶；
C_1、C_2—加热板；
D—墙体外表面测温热电偶；
E_1、E_2—金属板

通过测定墙体内外表面的温度响应辨识出墙体的传热系数，其原理如图 9-7 所示。

9.4.2 节能计量

据有关资料显示，早在 1986 年，我国就开始试行第一部建筑节能设计标准。但是，建设部 2000 年对北方地区的检查结果表明，真正的节能建筑只占到同期建筑总量的 6.4%。不仅单位建筑面积采暖能耗为发达国家新建建筑的 3 倍以上，而且空调系统的能耗也居高不下。事实上，造成大量能源浪费的，不仅是由于缺乏法制和监督，还在于传统的按面积缴纳热费或冷气费的做法大大的纵容了“高能耗”的行为。如果不采用市场化的“按需消费”的先进模式却沿袭“大锅饭”的陋习，寄希望于普通百姓的“高尚觉悟”来节能则注定成为“乌托邦”。要想解决该问题，建议我国在供热系统和空调系统同时推广冷 / 热计量，不仅鼓励用户的行为节能，而且可以为公用建筑的能源审计提供便捷有效的途径。所以，要实现建筑节能，计量问题是保障。

1. 冷热计量的方式

要实现冷热计量，通常使用的方式如下：①北方公用建筑：可以在热力入口处安装楼栋总表；②北方已有民用建筑（未达到节能标准的）：可以在热力入口处安装楼栋总表，每户安装热分配表；③北方新的民用建筑（达到节能标准的）：可以在热力入口处安装楼栋总表，每户安装户用热能表；采用中央空调系统的公用建筑：按楼层、区域安装冷 / 热表；采用中央空调系统的民用建筑：按户安装冷 / 热表。

2. 采暖的计费计量

“人走灯关”是最好的收费实例，同样也是用多少电交多少费的有力佐证。分户供暖达到计量收费这一制约条件后，市民首先考虑的就是自己的经济利益，现有供热体制就是大锅饭，热了开窗将热量一放再放。如果分户供暖进而计量收费，居民就会合理设计自家的供热温度，比如，卧室休息时可以调到20℃，平时只需15℃即可。厨房和储藏室不用时保持在零上温度即可，客厅只需16℃就可安全越冬，长期坚持，自然就养成了行为节能的好习惯。分户热计量、分室温控采暖系统的好处是水平支路长度限于一个住户之内；能够分户计量和调节热供量；可分室改变供热量，满足不同的室温要求。

3. 分户热量表

1）分室温度控制系统装置

锁闭阀：分两通式锁闭阀及三通式锁闭阀，具有调节、锁闭两种功能，内置外用弹子锁，根据使用要求，可为单开锁或互开锁。锁闭阀既可在供热计量系统中作为强制收费的管理手段，又可在常规采暖系统中利用其调节功能。当系统调试完毕即锁闭阀门，避免用户随意调节，维持系统正常运行，防止失调发生。散热器温控阀：散热器温控阀是一种自动控制散热器散热量的设备，它由两部分组成，一部分为阀体部分，另一部分为感温元件控制部分。由于散热器温控阀具有恒定室温的功能，因此主要用在需要分室温度控制的系统中。自动恒温头中装有自动调节装置和自力式温度传感器，不需任何电源长期自动工作。它的温度设定范围很宽，连续可调。

2）热量计装置

热量表（又称热表）是由多部件组成的机电一体化仪表，主要由流量计、温度传感器和积算仪构成。户用热量表宜安装在供水管上，此时流经热表的水温较高，流量计量准确。如果热量表本身不带过滤器，表前要安装过滤器。热量表用于需要热计量系统中。热量分配表不是直接测量用户的实际用热量，而是测量每个用户的用热比例，由设于楼入口的热量总表测算总热量，采暖季结束后，由专业人员读表，通过计算得出每户的实际用热量。热量分配表有蒸发式和电子式两种。

4. 空调的计费计量

能量“商品化”，按量收费是市场经济的基本要求。中央空调要实现按量收费，必须有相应的计量器具和计量方法，按计量方法的不同，目前中央空调的收费计量器具可分为直接计量和间接计量两种形式。

1）直接计量形式

直接计量形式的中央空调计量器具主要是能量表。能量表由带信号输出的流量计、两只温度传感器和能量积算仪三部分组成，它通过计量中央空调介质（水）的某系统内瞬时流量、温差，由能量积算仪按时间积分计算出该系统热交换量。在能量表应用方面，根据流量计的选型不同，主要有三大类型，为机械式、超声波式、电磁式。

2）间接计量形式

间接计费方法有电表计费，热水表计费等。电表计费就是通过电表计量用户的空调末端的用电量作为用户的空调用量依据来进行收费的；热水表计费就是通过热水表计量用户的空调末端用水量作为用户的空调用量依据来进行收费的。但这两种间接计费方法虽简单、便宜；但都不能真正反映空调“量”的实质，中央空调的要计的“量”是消耗的能量（热交换量）的多少。按这几种间接计费方法，中央空调系统能量中心的空调主机即使不运行或干脆没有空调主机，只要用户空调末端打开，都有计费，这显然是不合情理的。

3）当量能量计量法

CFP 系列中央空调计费系统（有效果计时型）根据中央空调的应用实际情况，首先检测中央空调的供水温度，只有在供水温度大于 40℃（采暖）或小于 12℃（制冷）情况下才计时（确保中央空调“有效果”），然后检测风机盘管的电动阀状态（无阀认为常开）和电机状态（确保用户在“使用”）进行计时（计量的是用户风机盘管的“有效果”使用时间），但这仅仅是一个初步数据，还得利用计算机技术、微电子技术、通信技术和网络技术等，通过计费管理软件以这些数据为基础进行合理的计算得出“当量能量”的付费比例，才能作为收费依据。

综上所述，值得推荐的两种计量方式为直接能量计量（能量表）和 CFP 当量能量计量，又根据它们的特点不同，前者适用于分层、分区等大面积计量，后者适用于办公楼、写字楼、酒店、住宅楼等小面积计量。

9.4.3 绿色建筑的调试

系统的调试是重要但容易被忽视的问题。只有调试良好的系统才能够满足要求，并且实现运行节能。如果系统调试不合理，往往采用加大系统容量才能达到设计要求，不仅浪费能量，而且造成设备磨损和过载，必须加以重视。例如，有的办公楼未调试好就投入使用，结果由于裙房的水管路流量大大超过应有的流量，致使主楼的高层空调水量不够，不得不在运行一台主机时开启两台水泵供水，以满足高层办公室的正常需求，造成能量浪费。并且最近几年，新建建筑的供热、通风、和空调系统、照明系统、节能设备等系统与设备都依赖智能控制。然而，在很多建筑中，这些系统并没有按期望运行。这样就造成了能源的浪费。这些问题的存在使建筑调试得到发展。

调试包括检查和验收建筑系统、验证建筑设计的各个方面、确保建筑是按照承包文件建造的，并验证建筑及系统是否具有预期功能。建筑调试的好处：在建筑调试过程中，对建筑系统进行测试和验证，以确保它们按设计运行并且达到节能和经济的效果；建筑调试过程有助于确保建筑的室内空气品质的良好；施工阶段和居住后的建筑调试可以提高建筑系统在真实环境中的性能，减少用户的不满程度；施工承包者的调试工作和记录保证系统按照设计安装，减少了在项目完成之后和建筑整个寿命周期问题的发生，也就意味着减少了维护与改造的费用；在建筑的整个寿命周期内进行定期、每年或者每两年的再调试能保证系统连续地正常运行。因此也保持了室内空气品质，建筑再调试还能减少工作人员的抱怨并提高他们的效率，也减少了建筑业主潜在的责任。

1. 需要调试的建筑系统

在大型复杂的建筑中，大多数系统都是综合的。根据美国供热、通风和空调工程师学会（ASHRAE）出版的暖通空调系统调试指南，具体如表 9-3 所示。

2. 建筑调试的策略

美国供热、通风和空调工程师学会（ASHRAE）指南提供了一个很好的模式，图 9-8 为一个三步的调试过程，表示了建议项目成员在每一步中的工作和责任。确保调试策略包含了调试过程的所有必须的每一个工作。

建筑设备系统的调试设计记录表格范本，如下表 9-4 所示。

需要调试的系统实例 表 9-3

机械		管道	电气	控制		火灾管理			喷淋	电梯	音像系统
热水系统		服务热水器	紧急发电装置	空气处理设备	VAV 和定风量末端设置	空气处理设备	风机	VAV 和定风量末端设置	立管和喷淋系统		
泵		泵	火灾管理系统	气流测量装置		空气处理装置	防火防烟阀				
电子蒸汽加湿器		水槽		水冷式房间空调机组		火灾管理系统					
冷却塔		增压机		火灾管理系统							
制冷设备				建筑管理系统							
空气处理设备	风机										
	VAV 和定风量末端设置										
空气处理装置	风阀										
	防火阀										
	平衡阀										
	防火防烟阀										
气流测量装置											
水槽											
水冷式房间空调机组											
控制系统											
火灾管理系统											

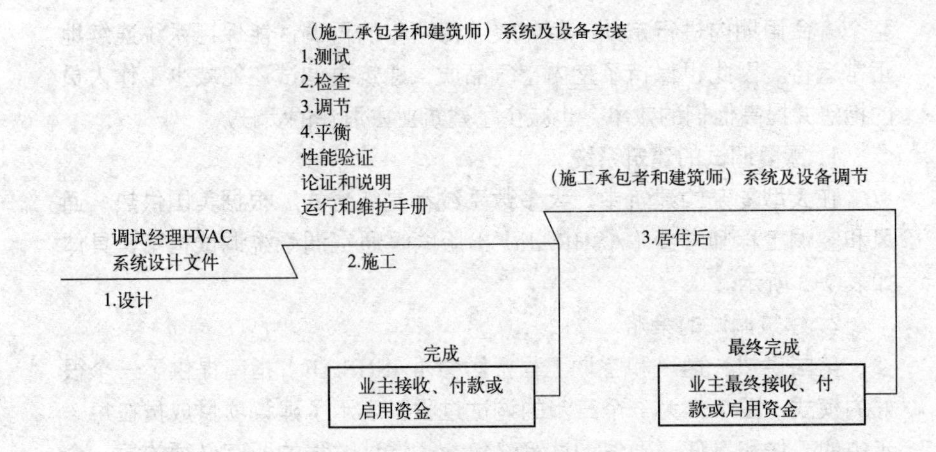

图 9-8　三步调试过程

建筑设备系统的调试设计记录　　表 9-4

房间		最多人数		设备		通风量（CFM）	
数量	名称	预计	规范	计算机	复印机	总风量	最小新风量

3. 建筑调试报告

调试过程完成之后，调试代理应交一份调试报告给业主，具体内容如下：

（1）建筑说明，包括大小、位置和用途；

（2）调试组的成员和责任；

（3）最终的项目设计文件和调试计划及说明；

（4）该项目包含的建筑、机械和电气等每个系统的书面和（或）系统描述；

（5）与设计意图有关的系统性能总结；

（6）完成的试运行核对清单；

（7）完成的运行核对清单；

（8）所有的一致意见、不一致意见和费用跟踪表；

（9）每个系统的手册，具体包括以下内容：

①系统实际意图；

②系统说明；

③竣工图；

④说明书和同意交付使用书；

⑤紧急停机和运行程序；

⑥测试一平衡及其他测试报告；

⑦启动和验证清单和报告；
⑧运行及维护手册；
⑨材料安全数据图表（MSDS）和化学品弃置要求；
⑩培训文件和计划。

9.4.4　设备的故障诊断

建筑设备要具有较高的性能，除了在设计和制造阶段加强技术研究外，在运行过程中时刻保持在正常状态并实现最优化运行也是必不可少的。近来也有研究表明，商业建筑中的暖通空调系统经过故障检测和诊断调试后，能达到20%~30%的节能效果。因此，加强暖通空调系统的故障预测，快速诊断故障发生的地点和部位，查找故障发生的原因能减少故障发生的概率。一旦故障诊断系统能自动地辨识暖通空调设备及其系统的故障，并及时地通知设备的操作者，系统能得到立即的修复，就能缩减设备“带病”运行的时间，也就能缩减维修成本和不可预知的设备停机时间。因此，加强对故障的预测与监控，能够减少故障的发生，延长设备的使用寿命，同时也能够给业主提供持续的、舒适的室内环境，这对提高用户的舒适性、提高建筑的能源效率、增加暖通空调系统的可靠性、减少经济损失将有重要的意义。

1. 故障检测与诊断的定义与分类

故障检测和故障诊断是两个不同的步骤，故障检测是确定故障发生的确切地点，而故障诊断是详细描述故障是什么，确定故障的范围和大小，即故障辨识，按习惯统称为故障检测与诊断（FDD）。故障检测与诊断的分类方法很多，如按诊断的性质分，可分为调试诊断和监视诊断；如果按诊断推理的方法分，又可以分为从上到下的诊断方法和从下到上的方法；如果按故障的搜索类型来分，又可以分为拓扑学诊断方法和症状诊断方法。

2. 常用的故障检测与诊断方法

目前开发出来的用于建筑设备系统故障检测与诊断的方法（工具）主要有以下几种（表9-5）。

常用的故障诊断方法　　表9-5

故障诊断方法	优点	缺点
基于规则的故障诊断专家系统	诊断知识库便于维护，可以综合存储和推广各类规则	如果系统复杂，则知识库过于复杂，对没有定义的规则不能识别故障
基于模型的故障诊断方法	各个层次的诊断比较精确，数据可通用	计算复杂，诊断效率低下，每个部件或层次都需要单独建模
基于故障树的故障诊断方法	故障搜索比较完全	故障树比较复杂，依赖大型的计算机或软件
基于案例推理的故障诊断方法	静态的故障推理比较容易	需要大量的案例
基于模糊推理的故障诊断方法	发展快，建模简单	准确度依赖于统计资料和样本

续表

故障诊断方法	优点	缺点
基于模式识别的故障诊断方法	不需要解析模型，计算量小	对新故障没有诊断能力，需要大量的先验知识
基于小波分析的故障诊断方法	适合作信号处理	只能将时域波形转换成频域波形表示
基于神经网络的故障诊断方法	能够自适应样本数据，很容易继承现有领域的知识	有振荡，收敛慢甚至不收敛
基于遗传算法的故障诊断方法	有利于全局优化，可以消除专家系统难以克服的困难	运行速度有待改进

3. 故障检测与诊断技术在暖通空调领域的应用

目前，关于暖通空调的故障检测和诊断以研究对象来分，主要集中在空调机组和空调末端，其中又以屋顶式空调最多，主要原因是国外这种空调应用最多，另外，这个机型容量较小，比较容易插入人工设定的故障，便于实际测量和模拟故障。表 9-6 列出了暖通空调系统常见的故障及其相应的诊断技术。说明：并不是表中规定的故障检测与诊断方法不能用于其他的设备，或某个设备只能用表中所示的故障检测与诊断方法，表中所列的只是常用的方法而已。

4. 暖通空调故障检测与诊断的现状与发展方向

目前开发出来的主要故障诊断工具有：用于整个建筑系统的诊断工具；用于冷水机组的诊断工具；用于屋顶单元故障的诊断工具；用于空调单元故障的诊断工具；变风量箱诊断工具。但上述诊断工具都是相互独立的，一个诊断工具的数据并不能用于另一个诊断工具中。

可以预见，将来的故障诊断工具将是建筑的一个标准的操作部件。诊断学将嵌入到建筑的控制系统中去，甚至故障诊断工具将成为 EMCS 的一个模块。这些诊断工具可能是由控制系统生产商开发提供，也可能是由第三方的服务提供商来完成。换句话说，各个诊断工具的数据和协议将是开放的和兼容的，是符合工业标准体系的，具有极大的方便性和实用性。

暖通空调常见故障及诊断工具 **表 9-6**

设备类型	常见故障现象	诊断模型或方法
单元式空调机组	热交换器脏污、阀门泄漏	比较模型和实测参数的差异，用模糊方法进行比较
变风量空调机组	送、回风风机损坏、冷冻水泵损坏、冷冻水泵阀门堵塞、温度传感器损坏、压力传感器损坏	留存式建模与参数识别方法，人工神经网络方法
往复式制冷机组	制冷剂泄漏、管路阻增大、冷冻水量和冷却水量减少	建模，模式识别，专家系统
吸收式制冷机组	COP 下降	基于案例的拓扑学监测
整体式空调机	制冷剂泄漏、压缩机进气阀泄露、制冷剂管路阻力大、冷凝器和蒸发器脏污	实际运行参数与统计数据分析
暖通空调系统灯光照明等	建筑运行参数变化建筑运行费用飙升	整个建筑系统进行诊断

第10章 绿色建筑的评价

10.1 绿色建筑评价概述

面对目前我国建筑业高能耗、高污染的现状，发展绿色建筑已经是一件刻不容缓的事情，选择绿色建筑成为未来建筑业发展的必然趋势。而什么是绿色建筑呢？本书的前面几章都做了定义和阐述，但是面对一个特定建筑，它是否“绿色”是由谁确定的呢？“绿色”的程度又如何呢？这就需要明确绿色建筑的评价标准。因此，根据当前对于绿色建筑的认识以及技术水平，对建筑的绿色程度进行评判并划定绿色建筑的“门槛”，对积极引导和大力发展绿色建筑，具有十分重要的意义。

“绿色”是一个涵盖非常广泛的概念，对“绿色建筑”进行的评估包括许多技术性的指标和非量化的评判，如何将这些错综复杂且相互影响和联系的数据进行梳理和总结，是一个科学的绿色建筑评价标准应该解决的主要问题。标准要力求凸显重要因素，弱化非重要因素，得出与被评价建筑本身节能环保方面的特征相符的结论。

绿色建筑评价标准要有很强的地区适应性。不同的国家和地区因绿色建筑业发展程度的不同、资源蕴含量和优势的不同、经济水平的差异、人们对于绿色建筑的观念差别等因素决定了绿色建筑评价标准不能是一个放之四海而皆准的东西，要有很强的针对性和适用性。

建筑是使用寿命比较长的产品（一般为 50~100 年，甚至更长），在其全生命周期中，各种因素此消彼长，交替出现，在不同时期表现出不同特征。因此对于绿色建筑的评价必须从建筑全生命周期的角度进行审视和评判，才能得出较为准确的结论。

10.1.1 绿色建筑评价关注的内容

1. 资源消耗

据统计，人类从自然界所获得的 50% 以上的物质原料用来建造各类建筑及其附属设备。这些建筑在建造和使用过程中又消耗了全球能量的 50% 左右，绿色建筑评价的重要目标就是通过对相关分解指标的综合评价，确定和衡量被评估建筑在控制资源消耗方面的水平。

2. 环境负荷

建设项目从设计、生产到运营维护、更新改造乃至废弃、回收、处理的整个生命周期都对环境造成了不同程度的影响和负荷。绿色建筑评价标准要求项目在建设过程中选用清洁的原材料，采用对环境影响较小的施工工艺，力求将建筑在全生命周期中对环境的影响降到最低。

3. 室内外环境品质

项目建设的目的就是为人类创造舒适、高效的生活和使用空间，对建筑物室内外环境品质的要求同样是评价标准关注的重要内容，包括良好的采光条件、空气洁净清新、低辐射和噪声污染等方面。

4. 经济投入

绿色建筑在其建造、使用等过程中时时刻刻都与经济发生密切的联系。人们在关注资源消耗、环境负荷、环境品质等方面的同时，经济是实现上述目标的基础。一幢建设费用和使用费用都居高不下的环保节能建筑无法得到业主和使用者的青睐，将之推广发展更是难上加难。

10.1.2　绿色建筑评价的基本原则

1. 科学性原则

绿色建筑的评价应符合人类、建筑、环境之间的相互关系，遵循生态学和生态保护的基本原理，阐明建筑环境影响的特点、途径、强度和可能的后果，在一个适当空间和时间范围内寻求有效的保护、恢复、补偿与改善建筑所在地原有生态环境，并预计其影响和发展趋势。评价过程应当有一套清晰明确的分类和组织体系，对一定数量的关键问题进行分析，采用标准化的衡量手段，为得出正确的评价结论提供有效支撑。

2. 可持续发展原则

绿色建筑评价其实质是建筑的可持续发展评价，必须考虑到当前和今后人们之间的平等和差异，将这种考虑与资源的利用、过度消耗、可获取的服务等问题恰当地结合起来，有效地保护人类赖以生存的自然资源和生态系统。

3. 开放性原则

评价应注重公众参与，从评价的准备、实施、形成结论都应该和公众（包括社区居民、专业人士、社会团体、公益组织等）有良好的沟通渠道，公众能够从中获取足够信息，表达共同意愿，监督运作过程，确保得到不同价值观的认可，吸取积极因素为决策者提供参考。

4. 协调性原则

绿色建筑评价体系应能够协调经济、社会、环境和建筑之间的复杂关系，协调长期与短期、局部与整体的利益关系，提高评价的有效性。

10.1.3　主要的理论及方法

1. 系统工程理论

绿色建筑评价体系是一个复杂的体系，各层级因子之间存在纵向的隶属关系和横向的制约关系。根据对评价系统的分析，将所含的因素分系统、分层次地构成一个完善、有机的层次结构，通过一定的方法达到总体效果最优的目标。

2. 可持续发展理论

可持续发展是指既满足当代人的需求又不对后代人满足其需求的能力构成危害的发展，包含两个基本观点：一是发展，二是发展要适当。绿色建筑就是要求建筑的发展与人类的需求相一致，尽量减少对生态环境产生的负面影响。它的发展能够与经济和社会的持续发展保持协调的步伐，而不是超越或滞后。绿色建筑评价标准中应该包含了全面可持续发展理论的要求，站在更高的视野关注建筑对于生态环境的影响，追求建筑、人类、社会、环境的协调发展和综合效益。

3. 全生命周期评价理论

全生命周期评价是（Life Cycle Assessment，LCA）最初来自于工业系统，是一种评价产品、工艺或活动从原材料采集、到产品生产、运输、销售、使用、回用、维护和最终处置整个生命周期有关的环境负荷的过程；它首先辨识和量化整个生命周期阶段中能量和物质的消耗以及环境释放，然后评价这些消耗和释放对环境的影响，最后评价减少这些影响的机会。生命周期评价注重研究系统在生态健康、人类健康和资源消耗领域内的环境影响。只有对产品整个生命周期的每一阶段都有详细的了解，才能对各阶段的环境影响做出客观公正的评价。

生命周期评价作为一个面向产品的环境管理工具，主要考虑在产品生命周期的各个阶段对环境造成的干预和影响，是对产品的整个生命周期进行环境影响分析，通过编制一个系统的物资投入与产出的清单来评价这些与投入产出有关的潜在环境影响，并根据生命周期评价的目的解释清单记录和环境影响的分析结果。

全生命周期评价可分为四个工作阶段：

①目标与范围的界定：将全生命周期评估研究的目的和范围予以明确，使其与预期的应用相一致；

②清单分析：编制一份与研究的产品系统有关的投入产出清单，包含资料搜集和运算，以便量化一个产品系统的相关投入与产出，这些投入与产出包括资源的使用以及对空气、水体及土地的污染排放等；

③影响评估：采用全生命周期清单分析的结果来评估因投入产出而导致的环境影响；

④结果说明：将清单分析及影响评估所发现的与研究目的有关的结果合并起来，形成最后的结论和建议。

对于建筑而言，其全生命周期可分为建筑原材料的开采、材料的加工制造、施工、运营和维护、最终的废弃物处理和再生利用阶段（图 10-1）。

①建筑原材料的开采阶段：这个阶段是建筑生产过程对生态环境冲击最严重的阶段之一，因人类的活动而使沉积地下多年的物质在短时间内加入了地球生物化学循环，剧烈的冲击着该物质的循环平衡；而且由于开采范围和深度不断扩大，对地球物理环境造成了深刻的不可逆变化，诸如岩层破坏、地下水位下降、水体破坏、地

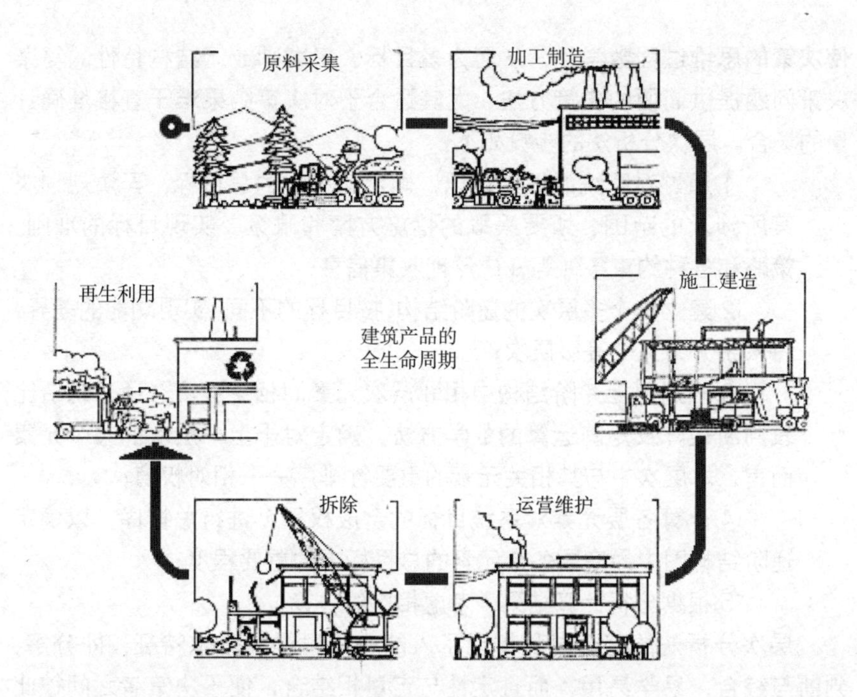

图 10-1 建筑全生命周期示意图

质灾害等；

②材料的加工制造阶段：这个阶段一方面将绝大部分人暂时不需要的材料以废弃物的形式直接排入环境，另一方面通过许多复杂的过程制造了许多自然界并不存在的物质，因为降解困难而无法回归自然界参与物质循环；

③施工阶段：这个阶段因直观而易于被人们认识和了解，施工过程中制造的粉尘、垃圾、噪声都被人们高度关注，并通过改善施工工艺明显的减少建筑垃圾和环境污染的产生；

④运营和维护阶段：这个阶段是建筑全生命周期中时间最长的阶段，虽然单位时间内对环境的影响容易被人忽略，但通过长时间的积累所形成的影响非常巨大；科学合理的设计方案、环保节约的生活方式都对降低环境的影响至关重要；

⑤最终的废弃物处理和再生利用阶段：建筑物的拆除虽然意味着建筑物功能的结束，但并不代表建筑生命周期的结束；大量建筑废弃物对环境造成的压力可通过一些处理方式得到改善，比如可以重复使用的材料得到再利用、一些废弃物转为其他用途、无法再利用的做好妥善粉碎和掩埋，尽量降低对环境的压力和危害。

4. 层次分析法

层次分析法（AHP）是将决策总是有关的元素分解成目标、准则、方案等层次，在此基础之上进行定性和定量分析的决策方法。该方法是美国运筹学家匹茨堡大学教授萨蒂于 20 世纪 70 年代初，提出的一种层次权重决策分析方法。这种方法的特点是在对复杂的决策问题的本质、影响因素及其内在关系等进行深入分析的基础上，利用较少的定量信息使决策的思维过程数学化，从而为多目标、多准则或无结构特性的复杂决策问题提供简便的决策方法。尤其适合于对决策结果难于直接准确计量的场合。层次分析法的步骤如下：

①通过对系统的深刻认识，确定该系统的总目标，弄清规划决策所涉及的范围、所要采取的措施方案和政策、实现目标的准则、策略和各种约束条件等，广泛地收集信息；

②建立一个多层次的递阶结构，按目标的不同、实现功能的差异，将系统分为几个等级层次；

③确定以上递阶结构中相邻层次元素间相关程度。通过构造比较判断矩阵及矩阵运算的数学方法，确定对于上一层次的某个元素而言，本层次中与其相关元素的重要性排序——相对权值；

④计算各层元素对系统目标的合成权重，进行总排序，以确定递阶结构图中最底层各个元素的总目标中的重要程度；

⑤根据分析计算结果，考虑相应的决策。

层次分析法的整个过程体现了人的决策思维的基本特征，即分解、判断与综合，易学易用，而且定性与定量相结合，便于决策者之间彼此沟通，是一种十分有效的系统分析方法，广泛地应用在经济管理规划、能源开发利用与资源分析、城市产业规划、人才预测与评价、交通运输、水资源分析利用等方面。

5. 绿色建筑评价的一般过程

绿色建筑评价的对象以新建建筑和改建、翻新建筑为主，其过程大致分为确立评估对象类型、收集相关数据信息、进行分析与评价、提出结果与建议四个阶段；其中确立评估对象类型属于准备阶段，需要根据对象的类型选取相应的评估标准和流程，这个阶段是整个评价工作的基础；第二阶段是进行信息收集和数据测试，此阶段是评估的核心内容，评估人员根据标准的要求进行各层次和各类定量数据的采集和定性问题的判定；第三阶段综合各个层次的结果，配合权重系统计算评价结果；最后根据前期成果形成评价结论，给予相关认证，对于未能达标的项目提出明确的指导意见，阐明改进措施。

10.2 国外评价体系简介

根据用途的不同，可将现行的国外绿色建筑评价体系分为三类：

①对建筑材料和构配件的绿色性能评价与选用系统，以 BEES 和 Athena 为代表；

②对建筑某一方面的性能进行绿色评价的系统，以 Energy Plus、Energy 10 和 Radiance 为代表；

③绿色建筑性能的综合评价系统，以英国的 BREEAM、美国的 LEED、日本的 CASBEE 和多国 GBTool 为代表。

绿色建筑性能的综合性能评价系统是以前两类体系为基础，随着各国对绿色建筑评价理论和方法研究的深入，综合评价系统得到了较快的发展。下面将对有代表性的评价体系进行简要介绍。

10.2.1　英国 BREEAM 评价体系

“建筑研究机构环境评估法”（Building Research Establishment Environmental Assessment Method，简称 BREEAM 体系）最初是由英国“建筑研究机构”（Building Research Establishment，BRE）在 1990 年制定的世界上第一部绿色建筑评估体系，可称为绿色建筑评估体系的开山鼻祖。其他发达国家和地区后来制定的绿色建筑评估体系直接借鉴或受到其深刻影响，如美国的 LEED 和加拿大的 BEPAC。

该评价体系的出台与英国由来已久的环境问题和当时的环境政策有重要的联系。作为老牌资本主义工业大国，英国在工业化的初期就由于单纯追求经济发展而使人类长期赖以生存的环境遭到了空前的污染与破坏，特别是 1952 年爆发的史称“八大公害”之一的伦敦烟雾事件，为人们对环境问题的关注敲响了警钟，也给英国人特别是伦敦人造成了巨大的心理创伤。英国政府于 1847 年制定实施的《都市改善法》和 1974 年制定的《污染控制法》实施效果显著，奠定了环境保护的良好法律环境，使英国的环境得到了显著的保护和改善。在此背景之下，一部 BREEAM 评估体系应运而生。

1．BREEAM 体系的目标

BREEAM 体系的目标是减少建筑物的环境影响，体系涵盖了包括从建筑主体能源到场地生态价值的范围。BREEAM 体系通过设置得分等级对设计、建造以及建筑维护阶段中的最优者进行认证与奖励。BREEAM 体系旨在激发各界认识到建筑对于环境的深刻影响，同时希望在建筑的规划、设计、建造以及使用管理阶段能够为决策者们做出正确的选择提供必要的帮助。

为了易于被理解和接受，BREEAM 采用了一个相当透明、开放和比较简单的评估架构。所有的“评估条款”分别归类于不同的环境表现类别，这样根据实践情况变化对 BREEAM 进行修改时，可以较为容易地增减评估条款。被评估的建筑如果满足或达到某一评估标准的要求，就会获得一定的分数，所有分数累加得到最后的分数，BREEAM 根据建筑得到的最后分数给予“通过、好、很好、优秀”四个级别的评定。最后则由 BRE 给予被评估建筑正式的“评定资格”。

2．BREEAM 体系的评估组成内容分九大部分

管理——总体的政策和规程；健康和舒适——室内和室外环境；能源——能耗和二氧化碳（CO_2）排放；运输——有关场地规划和运输时二氧化碳的排放；水——消耗和渗漏问题；原材料——原料选择及对环境的作用；土地使用——绿地和褐地使用；地区生态——场地的生态价

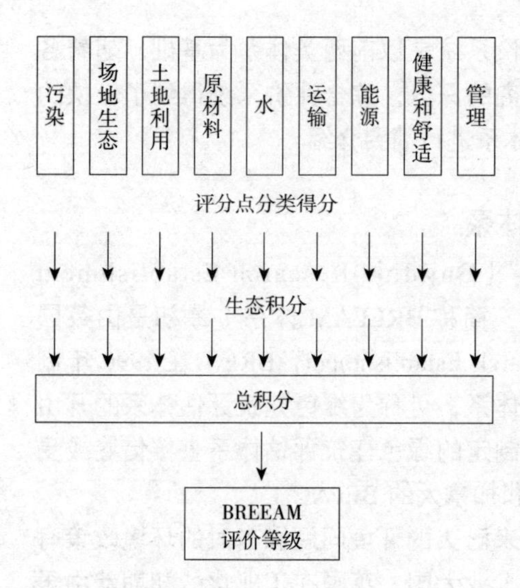

图 10-2 BRREAM 评价内容与过程示意图

值；污染——（除二氧化碳外的）空气和水污染。每一条目下分若干子条目，各对应不同的得分点，分别从建筑性能，设计与建造、管理与运行这 3 个方面对建筑进行评价，满足要求即可得到相应的分数，如图 10-2 所示。

九大部分各自评分点的得分相加得到总分，然后加上"生态积分"确定的权重系统就可得到最后得分。

3. 体系构成

BREEAM 评估体系指标的建立基于建筑对全球、地区和室内环境造成的影响，并考虑了管理问题，将这些因素作为研究制定 BREEAM 体系的出发点（图 10-3，表 10-1、表 10-2）。

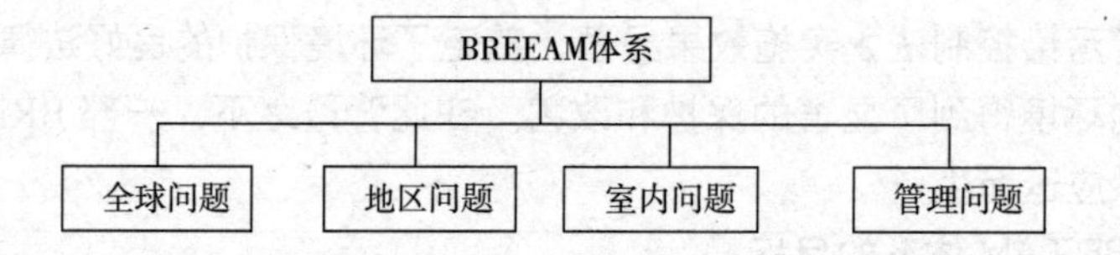

图 10-3 BREEAM 体系的组成

影响分类及具体内容 表 10-1

分类	具体内容
全球问题	能源节约和排放控制、臭氧层减少措施、酸雨控制措施、材料再循环 / 使用
地区问题	节水措施、节能交通、微生物污染预防措施
室内问题	高频照明、室内空气质量管理、氡元素管理
管理问题	环境政策和采购政策、能源管理、环境管理、房屋维修、健康房屋标准

BREEAM-Ecohomes 评价系统框架及分值 表 10-2

BREEAM-Ecohomes	评价分值	占总分值的比例 %
能源消耗	44	21
运输	14	7
污染	28	14
材料使用	31	15
水资源的有效利用	30	14
土地利用与生态	36	17
健康与舒适	24	12
合计	207	100

4. 版本介绍

为了推广该评估体系，BREEAM 开发了针对不同建筑类型的版本，列于表 10-3。

BREEAM 版本及应用范围　　表 10-3

主要版本	颁布时间	评估范围
1/90	1990	新建办公建筑
2/91	1991	新建超级市场
3/91	1991	新建住宅
4/93	1993	已建办公建筑
5/93	1993	新建工业建筑
BREEAM 体系 98 办公	1998	已建及新建办公建筑
BREEAM 体系零售建筑	2003	新建及运行商业建筑
BREEAM 体系办公	2004	新建或翻新办公建筑、已建并使用的办公建筑
生态家园	2004	新建及翻新独立住宅和公寓
BREEAM 体系工业建筑	2004	新建工业建筑

5. 评估体系特点

BREEAM 体系引入了全生命周期和生态积分的概念。生态积分（Ecopoint）是指对环境影响的一个独立单元，它的得分是对单元中某个特定产品或过程造成的整体环境影响的度量。根据在英国国内的标准，每一个英国公民每年造成的环境影响被定义为 100 个生态积分，积分越多表示环境影响越大。生态积分计算的环境冲击包括：气候变迁、酸沉积、臭氧损耗、石化燃料消耗、空气污染——人体毒害、交通污染和阻塞、水污染——人体毒害、水污染——生态毒性、水污染——富营养化、矿物质萃取、水获取、废弃物和空气污染——低度臭氧生成。生态积分没有普遍适用性，针对不同的地区需要重新测算和定义。

评分过程

原则

（1）根据被评估建筑种类确定需要评估的部分。

①新建项目和改建项目参评“设计与建造”和“建筑性能”两部分；

②空置建筑参评“建筑性能”部分；

③已使用项目参评“建筑性能”和“管理与运行”两部分。

（2）计算各评估项目在各条款中的得分以及占此条款总分的百分比。

（3）得分乘以该条款的权重系数，即得到被评估建筑此条款的最终得分。

（4）被评估建筑每项条款得分累加得到总分。

自 1990 年首次实施以来，BREEAM 系统得到不断地完善和扩展，可操作性大大提高。基本适应了市场化的要求，至2000年已经评估了超过500个建筑项目，成为各国类似研究领域的成果典范。受其影响启发，加拿大和澳大利亚颁布了各自的BREEAM系统，我国香港特区政府也颁布了类似的HK-BEAM评价系统。

10.2.2 美国LEED评价体系

1. 体系简介

为了通过创造和实施广为认可的标准、工具和建筑物性能表现评估标准，实现定义和度量可持续发展建筑“绿色”程度的目标，美国绿色建筑协会（USGBC）于1995年发起编写了《能源与环境设计先导》（Leadership in Energy and Environmental Design，LEED）。在借鉴英国的BREEAM（建筑研究机构环境评价方法 Building Research Establishment Assessment Method ）和加拿大BEPAC（建筑环境性能评价标准 Building Environment Performance Assessment Criteria）两大绿色建筑分级体系的基础上，形成了LEED完备的评价体系（表10-4）。从推出之初的1.0版本直至目前最新的4.0版，逐渐得到的不断的修正和完善。

LEED评价系统框架及分值　　表10-4

	分值	占总分值的比例%
可持续建筑场址	14	20
水资源利用	5	7
建筑节能与大气	17	25
材料与资源	13	19
室内环境质量	15	22
设计过程及创新性	5	7
总计	69	100%

LEED蕴含鲜明的激励先进机制。它针对的是愿意领先于市场、相对较早地采用绿色建筑技术应用的项目群体。作为一个权威的第三方评估和认证结果，对于提高这些绿色建筑在当地的市场声誉以及取得优质的物业估值有很好的帮助。尽管那些极端热衷绿色建筑应用创新的先行者并非LEED评估标准的目标群体，但仍然为其提供了一个机制来鼓励使用创新的绿色建筑技术。随着绿色建筑逐渐成为建筑市场的主流，整个行业水平不断提高。与此同时希望取得LEED认证的建筑物，其性能表现也必须相应提升，同时鼓励应用绿色建筑技术的行业先行者。

2. 体系内容

LEED创立之初仅仅有面向新建筑和楼宇改造工程的版本LEED-NC，随着体系的不断完善，逐渐发展为包括6种彼此关联但又有不同侧重的评估体系。

1）LEED-NC（LEED for New Construction 面向新建筑的评估）

对新建筑和楼宇改造工程进行绿色建筑评估的体系简称为 LEED-NC（LEED for New Construction and Major Renovations），是 LEED 家族中的第一个产品，也是旗舰产品，是后来 5 个分体系发展的基础。主要用于指导各种高性能的商业和公共机构建筑的设计和施工过程，尤其是针对办公楼宇，同时也被运用于 K-12 学校（从幼儿园到高中）、住宅楼、厂房、实验室等建筑类型中。

随着 LEED-NC 的应用从办公楼延伸拓展到多种建筑类型中，不同的建筑类型由于其本身的某些技术特点，需要在绿色建筑评估体系中予以特别的对待和处理。因此，美国绿色建筑协会推出了在不同建筑类型中如何应用 LEED-NC 评估体系的《LEED 应用指南》。这套目前尚在开发过程中的指南包括：零售商业应用指南（LEED-NC for Retail）、校园建筑应用指南（LEED-NC Multiple Buildings and On-Campus Building Projects）、4 层以下小型旅馆应用指南（LEED-NC Application Guild for Lodging）、医疗设施应用指南（LEED-NC for Healthcare）、实验室建筑应用指南（LEED-NC for Laboratories）和中小学建筑应用指南（LEED-NC for Schools）。

2）LEED-EB（LEED for Existing Building 面向既有建筑营运管理评估）

与 LEED-NC 侧重于新建筑的设计和施工过程相互补，LEED-EB 的理念是将建筑物的营运效率最大化，同时减少对于环境的影响。LEED-EB 为建筑物的业主和物业管理单位提供了一个评估系统，以便有效地比较和验证在建筑的整个生命周期的营运过程中所进行的更新、改善和维护保养等措施的实际效果。

作为在全美受到广泛认可的绿色建筑评估体系，LEED-EB 认证有助于展现业主在环保方面的承诺和领导作用，吸引新的租客，同时也是企业向其员工和所在的社区传递人性关怀的信息。LEED-EB 在以下 6 个方面提出改善的建议：

①建筑物周围场地养护计划；

②节水及节能措施；

③使用环保材料进行清洁和维修工作；

④废水管理；

⑤改善室内环境质量；

⑥在建筑物的生命周期中减少对环境的影响。

LEED-EB 的灵活性使得实施者可以按照该建筑物或者是该组织机构的环保目标来建立相应的营运、维护和系统更新的策略。相应的认证和再认证过程使得建筑物的长期营运成本得以降低，从而取得整个投资周期的最佳回报。

3）LEED-CI（LEED for Commercial Interior 针对商业内部装修的评估）

由于零售商店选址于各种大厦楼宇内部，他们只是租赁店铺而并非新建建筑。因此这些租户只能控制其商店内部装修的实施，而整个楼宇的其他部分则是在业主的控制之下，针对这种评估市场，推出了 LEED for Commercial Interior，简称 LEED-CI。

LEED-CI 提供了一套集成的设计指南，主要用于优化租赁空间的整体性能，提高处于商店内人员的舒适程度，同时最大限度地减少内部装修所附带的环境影响。对于租赁区域的装修和改造而言，LEED-CI 是理想的绿色设计和绿色施工评估系统。根据 LEED-CI 的建议，租户及其设计、施工团队在他们能够控制的区域范围内采取各种可持续发展的设计措施，提高整个商店的室内环境。作为一项权威的第三方认证，LEED-CI 认证能够彰显出该商店内部改造项目的绿色程度，并表明该商店在创造健康、舒适的室内空间环境方面处于领先地位，从而有助于商家在激烈的市场竞争中脱颖而出。

LEED-CI 另一个更重要的方面是强调对于员工的投资。对于一个获得 LEED-CI 认证的商业空间而言，雇主不仅仅是在员工的士气和健康方面进行投资，而且是在员工的工作效率上进行投资。包括有：

①冷热环境的舒适程度；

②用于良好的日照和景观；

③把室内污染物的含量降到最低；

④对灯光和温度的控制。

LEED-CI 所鼓励的整合设计过程可以确保从项目的一开始就将环保节能的措施与整个设计融为一体，从而降低了整个项目的成本。这个整合设计过程也为租户和雇主评估装修改造工程中采取环保节能措施的投资和益处提供了一个框架。

4）LEED-CS（LEED for Core & Shell 业主和租户协同发展的评估）

为了鼓励业主在大厦的设计和施工过程中也采用绿色环保的可持续发展理念，美国绿色建筑协会推出了 LEED for Core & Shell，简称 LEED-CS。

LEED-CS 也是一个针对特定市场需求的产品。在高度发达的商业社会中，如零售商场等建筑物建成之后，其内部空间往往都是出租给商家进行不同商业形态的营运，被称为 Core & Shell 开发模式。LEED-CS 承认在各种开发模式中，由于无法预测商户、租户入驻之后的需求，开发商对于楼宇的控制受到一定的限制，而只能在其所能直接控制管理的公共区域内实施可持续发展的绿色设计和施工措施。开发商可以实施一些可持续发展的设计，使得将来入驻的租户可以间接受益。反之，如果不予以足够的重视，开发商的某些做法也将使得未来入驻的租户无法满足绿色环保的装修标准。因此，LEED-CS 的目的，是希望在开发商的开发过程中和未来租户的装修过程中建立一种协调互动的关系，从而使得未来租户的商业内部装修可以最大限度地利用开发商已经实施的绿色环保策略。

5）LEED-H（LEED for Home 住宅评估）

针对庞大住宅建筑市场，LEED for Home 定位于所有住宅产品中的前 25%，即其价格和成本可以承受实施一些有助于可持续发展的节能和环保措施，包括：

①能源的有效使用；

②水资源的有效利用；

③通过设计改进、材料选择和利用、施工技术改良等手段，实现建筑施工过程的资源有效利用；

④土地资源的有效利用；

⑤提高室内空气质量以保障住户的身体健康；

LEED-H 所针对的住宅产品主要类型包括：独立基地上建造的规模较小的独立结构、单个家庭居住的独立房屋、复式别墅、排屋、多幢联建住宅等。

6）LEED-ND（LEED for Neighborhood Development 社区规划与发展评估）

LEED-ND 是美国绿色建筑协会最新推出的、也是所有 LEED 评估体系产品中层次最高的部分。其评估范围涵盖了多种建筑类型、多种用途、多个地块，而且也将所有其他 LEED 产品协调融入其中。

LEED-ND 评估体系的开发是为了解决城市化过程中因无节制的城市扩展带来的环境和其他方面的负面影响，并集成了三个主要的原则：智慧增长（Smart Growth）、城镇化（Urbanism）和绿色建筑（Green Building）。

LEED-ND 主要针对两个群体：房地产开发商和城市规划者。其评估内容主要包括如下四个类别：

项目选址的利用效率：包括周边的交通资源、市政基础设施配套、是否旧区改造、配套公共空间、教育设施、工作距离等。

环境保护：包括对于物种、农田、湿地等的保护和施工期间的场地保养等。

规模紧凑、功能完整、相互依存的社区开发模式：包括社区发展规模的控制、社区内建筑类型的多样化、包含适合不同消费群体的住宅产品、能够融生活和娱乐于一体的综合社区功能等。

资源的有效利用：包括节水、节能、提倡绿色建筑、采用可再生能源、中水回用、降低热岛效应、材料循环、光污染控制等。

同其他 LEED 评估体系产品不同的是，LEED-ND 更加强调“智慧增长”的概念以及综合性社区开发模式的应用措施，当然同时也鼓励采用一些最主要的绿色建筑技术。

总体上，LEED-NC 和 LEED-EB 一起构成了办公楼建筑在全生命周期中应当采取的可持续发展措施；LEED-CS 和 LEED-CI 一起构成了一个完整开发 Core & Shell 所应采取的绿色建筑措施。LEED-H 是面向住宅这一主要的建筑类型，而 LEED-ND 则在更高的社区规划与发展层面上把各种LEED产品结合起来，提出了实现“智慧增长”和综合性社区发展模式的具体措施。

3. 评估过程

1）参与认证项目的资格

所有满足标准建筑设计规范的商业楼宇都可以参与LEED楼宇认证，范围包括：办公楼、零售和服务设施、公共建筑、酒店和四层及以上的住宅楼。

2）项目注册

要想获得LEED认证首先要通过USGBC网站（网址：www.usgbc.org）的项目注册，项目注册是与USGBC联系沟通、获得相关信息和软件工具等的一个重要步骤。注册完成后，项目联系人将获得访问各种资源的权限，从而可以深入了解LEED申请的整个过程并获得有关的答疑。

3）阅读《LEED参考指南》

当项目注册完成后，建议项目团队向美国绿色建筑协会购买一本项目所对应评估体系的《LEED参考指南》，并非强制性购买。《参考指南》是所参加评估体系的详尽说明，为LEED项目的可持续发展设计提供了丰富的参考资源，同时也是LEED项目认证的评判依据，以及LEED专家认证考试的教材。《参考指南》列出了各个得分点的详细信息以及引用的各项设计和施工标准，以帮助项目团队理解满足这些规范和标准所能够为项目实施带来的益处。其中不仅解释了每一个子项的评价意图、思路及相关的环境、经济和社会因素、评价指标来源等，还对相关设计方法和技术提出建议与分析，并提供了参考文献目录和实例分析。

4）文档记录

项目一旦注册成功，项目设计团队就应该开始准备各种文档记录以满足各个得分点的文件提交要求。这些文档将成为LEED认证申请中所申明的各项建筑性能表现的证明文件。比如LEED2.1版本提供的信函模板（Letter Template）是一个动态跟踪项目申请进程和文档记录的软件工具。对于每一个得分点都会进行有关数据统计，并提醒申请者签署对建筑物所达到的性能表现的有关申明，并提示文档记录是否已经满足了各得分点对于文件提交的要求。

5）得分点释疑

在某些情况下，项目团队可能对于某一个特定的项目如何去申请LEED的得分感到困惑或遇到困难。在《LEED参考指南》中，美国绿色建筑协会已经尝试去解释各种可能出现的情况，但仍然还有许多涵盖不及之处。为此，美国绿色建筑协会建立了一个标准的项目问题咨询流程，专为各个已经登记注册的LEED项目服务，称为“得分点释疑”。这个流程的目的是为了确保对于同一种类型疑问的解答在不同的项目应用中都保持一致，不会因为项目不同而有所偏颇，同时也是为了方便不同的项目之间共享信息。

如果遇到疑问，可尝试通过下列步骤得到解答：

查阅《LEED 参考指南》对于问题得分点的描述，包括该评估点的目的、实施要求和有关计算方法；

反复研究该评估点的目的，并思考该项目是否可以满足此种目的；

查看“得分点释疑问”（Credit Interpretation Requent，简称 CIR）的网站，看是否有过类似问题的解答；

如果在 CIR 网站上找不到类似的疑问解答，或者解答不充分，不足以帮助理解问题，则可以通过 CIR 网址提交问题解答申请并支付一定的费用。

6）递交认证申请

在美国绿色建筑协会网站上，对于申请的流程；所需要的评估时间以及费用都给出了详细的描述，需要特别注意在提交申请的时候仔细查看。申请认证的项目必须首先满足所有“评估前提”的要求，并满足一些评估点的要求，才能取得一定的认证级别。目前部分项目开通了网上无纸化申请业务，其他未开通的项目则需要准备一式两份的项目认证申请文件并邮寄至美国绿色建筑协会的 LEED 认证经理。

在提交认证申请文件和交纳认证费用后，需经历初步审核——完善材料——最终审核的程序，只有通过“最终审核”才可获得相应级别的 LEED 认证金属牌匾。

7）认证颁发

如果项目团队接受 LEED 的最终审核结果，或者在得到认证通知函 30 天内没有提出疑义，则此认证为最终结果。美国绿色建筑协会将向项目团队颁发正式的认证函件以及相应级别的 LEED 认证金属牌匾。

申请项目在满足了所有评估前提条件后，评估结果则按照评估要点和创新分的满足情况分为四个级别：

认证级：达到 26~32 分；

银　级：达到 33~38 分；

金　级：达到 39~51 分；

白金级：达到 52~69 分。

根据评估得出的分数来决定不同的认证级别，也可恰当地反映出建筑物性能表现的级别（图 10-4）。

（a）

（b）

（c）

（d）

图 10-4　LEED 认证牌匾
（a）认证级；（b）银级；（c）金级；（d）白金级

4．LEED 的特点

LEED 是一个民间、基于共识的、市场推动的建筑评估系统。体系所建议的节能和环保原则及相关措施都是基于目前市场上成熟的技术应用，同时也尽量在依靠传统实践和提倡新兴概念之间取得一个良好的平衡。

一般而言，LEED 评估体系从以下 5 个方面来考察绿色建筑：

①场地选址；

②水资源利用效率；

③能源利用效率及大气环境保护；

④材料及资源的有效利用；

⑤室内环境质量。

除此之外，LEED 还特别增加一些奖励分，称为“设计流程创新”，目的是鼓励创新，同时也弥补上述几方面出现的疏漏。

LEED 的评估点分为三种类型：

1）评估前提：项目都必须同时满足的必要条件，否则无法通过认证。

2）得分点：即在上述 5 个方面中所描述的各种建筑采取的技术措施。项目实施过程中，可以自行决定要采取哪些评估要点所建议的技术措施，但每一个 LEED 认证级别都会有相应的得分总值要求。

3）创新分：这些分数主要用于奖励两种情况，一种是候选项目中采取的技术措施所达到的效果显著超过了某些评估要点的要求，具有示范效果；另一种情况是项目中采取的技术措施在 LEED 评估体系中没有提及的环保节能领域取得了显著的成效。

上述评估点都是通过四个方面来阐述其要求：评估点的目的、评估要求、建议采用的技术措施以及所需提交的文档证明的要求。这种结构使得每个 LEED 评分点都易于理解和实施。

LEED 以评估对象的性能表现为评估标准，即每个得分点的获得乃是取决于建筑物在某方面的性能表现，而与达到这个表现背后所采取的技术无关。比如在 LEED-NC 中，如果建筑物中所采取的可再生能源达到建筑物总体电力消耗的 5%，则可以得 1 分，至于是采用太阳能还是生物能、风能、潮汐能来达到这 5%，由实施者自行决定。

目前 LEED 已在美国和其他国家得到了广泛的应用。在中国，截止至 2018 年已有 1240 个项目申请并获得 LEED 的认证。在本书首次出版时，LEED 已更新到 4.1 版本。

10.2.3 多国 GBC 评价体系

1998 年 10 月，由加拿大自然资源部发起，在加拿大的温哥华召开了以加拿大、美国、英国等 14 个西方主要工业国共同参与的绿色建筑国际会议——“绿色建筑挑战 98”（Green Building Challenge’98）。会议的中心议题是通过广泛交流此前各参与国的相关研究资料，发展一个能得到国际广泛认可的通用绿色建筑评估框架，以便能对现有的不同建筑环境性能评价方法进行比较。同时考虑地区差异，允许各国专家小组根据各地区实际情况自定义具体的评价内容、评价基准和权重系数。通过这种灵活调节，各国可通过改编而拥有自己国家或地区版的评价工具——GBTool。因此，通用性与灵活性的良好结合，是GBTool的最大特色。系统框架及分值分配，如表10-5所示。

GBTool评价系统框架及分值表　　表10-5

	分值	占总分值的比例%
资源消耗	20	20
环境负荷	25	25
室内环境品质	20	20
可使用性	15	15
经济性	10	10
运营前的管理	10	10
运输情况	0	0
总计	100	100

专为GBC’98开发的绿色建筑评估系统称为绿色建筑工具（GBT），系统的主要部分以软件的形式于1998年春完成。GBTool’98的主要特征为：

①系统为三种类型的建筑准备了不同分册：办公建筑、集合住宅、学校建筑；

②评估内容主要涉及了资源消耗、环境负荷、室内环境质量、设备质量、成本、前期运作六大方面；

③多层次架构，由条款→子条款→指标→子指标依次而下，子指标是最基础最详尽的层级；

④评估构架中既有定量指标，也有定性指标；

⑤所有指标和条款都采用-2~+5的评分机制，0为参考基准点，-2代表性能较差，+5代表最高的绿色程度；

⑥每一参数都有书面说明，以与每一得分项目对照，评分者可就实际表现选择最近的说明，而国际小组也可根据国家或地区的不同在制定限度内修订这些说明；

⑦次指标和指标层级上部都有权重，权重也可由国际小组进行修改；

⑧GBTool包括两种软件：绿色建筑输入（GBI）模式，绿色建筑评估（GBA）模式；这些模式是在跨平台资料库的程式下开发的，就概念来说，是一套建立在Excel基础上非常简单的系统，所有评价内容过程均在软件内显示与运行，根据预设在软件内的公式和规

则自动计算生成最后评价结果；GBTool 本身并不含有如能源消耗模拟（DOE—2）等特殊的计算程序，但希望今后能将这些相关模型进行链接，整合为一个系统平台或其他一些专业模型的“引擎”；

⑨评估结果表示为被评估建筑各种性能的得分列表，并以直方图的形式直观表现。

在 GBC’98 阶段，各国专家小组希望建立一个“参考建筑”，即一个与被评建筑具有相同面积、形状、用途和运行方式的模拟模型，作为系统评价的基准参照。然而，实践证明此法并不可行。

2000 年 10 月，在荷兰召开的“可持续建筑 2000”（GBC’2000）会议上，GBC’98 各参与国公布了在两年时间内利用 GBTool 对各种典型建筑进行测试的结果，作为改进的建议对 GBTool 进行版本的更新。在 GBC’2000 中，“参考建筑”方法被取消，改为有各国专家小组负责决定和认证合适可靠的基础评定参数。而 GBC 的评价框架体系也从仅适用于评价“绿色建筑”，扩充到包括生态可持续发展评价在内的更广阔的范围，如加入社区交通等内容。

2002 年 9 月，包括中国在内的 21 个参与国在挪威召开了 GBC’2002，在先前研究基础上产生的更新成果 GBTool’2002 在此次会议上得到介绍。

在 GBC 运动的发展过程中，各参与国都选择了一些建筑项目参加 GBTool 工具的试评估，其评估结果在各次会议上进行相互交流。这种国际性的绿色建筑试验成为 GBC 最大特色之一。不但有利于 GBTool 的不断改进，也大大促进了世界绿色建筑实践的深入研究，这是其他商业评估体系难以做到的。如加拿大选送 GBC2000 的约克大学计算机科学楼，美国参加 GBC2002 的 Bighorn 零售中心等等。

10.2.4 日本 CASBEE 评价体系

2001 年，由日本学术界学科带头人、建筑设计等企业的专家、国土交通省、地方公共团体联合组成的“建筑物综合环境评价委员会”开始实施了关于建筑物综合环境评价方法开发的调查研究工作，力求对以建筑设计为代表的建筑活动、资产评估等各种事务进行整合，形成一套与国际接轨的标准和评价方法。该评价方法称为 CASBEE（Comprehensive Assessment System for Building Environmental Efficiency），全称为“建筑物综合环境性能评价体系”，是日本国土交通省支持下，由企业、政府、学术界联合组成的“日本可持续建筑协会”合作研究的成果。

CASBEE 评价体系由一系列的评价工具所组成。其中最核心的是与设计流程（设计前期、中期和后期）紧密联系的四个基本评价工具，他们分别是：规划与方案设计工具、绿色设计工具、绿色标签工具与绿色运营与改造设计工具。分别应用于设计流程的各个阶段，同时每个阶段的评价工具都能够适用于若干种用途的建筑。如：

CASBEE-PD（CASBEE for Pre-design）是用于新建建筑规划在方案设计阶段的规划与方案设计工具。以客户 / 执行方、规划设计人员提供支持为目的，用于建筑物进入具体设计之前，主要对场地选址、地质诊断以及项目对环境的基本影响等进行评价的工具。

CASBEE-NC（CASBEE for New Construction）是用于新建建筑设计阶段的绿色设计工具。从基本设计到技术设计阶段，为提高被评建筑物的建筑环境效率（BEE），供建筑设计师和工程师提供一种比较简练的自评工具。它是根据设计说明和对未来性能的预测进行评估的。重建建筑依照新建建筑评价，有效期为三年。当三年之后再次评估则需要按照下文所述 CASBEE-EB 进行。

CASBEE-EB（CASBEE for Existing Building）是用于现有建筑的绿色标签工具。在建筑物建成之后，利用特定指标评定建筑物绿色等级的评价工具，需要在建成一年之后才能评价，评价结果有利于市场对建筑物进行资产评估。

CASBEE-RN（CASBEE for Renovation）是用于改造和运行的绿色运营与改造设计工具，本工具可为建筑物运行监控、试运行和改进设计提供咨询。

此外 CASBEE 还开发了一系列有特定用途的扩展评价工具：

CASBEE-TC（CASBEE for Temporary Construction）：用于临时建筑的评估。此工具与 CASBEE-NC 的不同之处在于：对室内环境背景噪声的要求降低；取消了对建筑耐久性、可适应性等内容的评价；将建筑材料的“3R（Reuse、Reduction、Recycle）”和“减少废弃物”作为附加条目进行评价并提高了权重，以反映此类型建筑材料再利用和废弃物减量的重要性。

CASBEE-HI 是针对热岛效应的具体评价工具，其功能是在基本工具对于热岛评价条目的基础上进行更为深入和定量化的评价。

CASBEE-DR 是对于某个区域尺度的延伸评价工具，有别于对单体建筑的评价。

CASBEE-HD 是对于独立住宅的评价工具。

CASBEE 的评价内容：

CASBEE 评价体系构建的前提是建立了一个以用地边界和建筑最高点之间的假想封闭空间作为建筑物环境效率评价的封闭体系，并设定此假想空间为设计和使用者可以控制的空间，将封闭空间内部建筑使用者生活舒适性的改善定义为“（改善）假象封闭空间内部的质量和性能”，即 Quality—Q；而在此封闭空间外部无法受到设计和使用者的控制，将此空间外部公共区域的负面环境影响定义为“（降低）外部环境负荷”，即 Load—L。

在此前提之下，将 R 和 L 划分为四个层级的子项，每个子项是所在上层子项的进一步分类，并对各子项设置相应的权重。

CASBEE 的评分参考如下基准：

评分基准的考虑：对所研究建筑采用与办公建筑相同的评分基准，以评价当时的社会与技术发展水平。场合不同时，需考虑地域差别，根据勘查结果确定参考建筑，设定多个评分标准。

评分等级以下列条件为准：采用 5 级评分方式，基准值为 3 分，满足法律规定的最低条件时定为 1 分。

权重系数：CASBEE 一般具有 4 级权重，各项目的权重系数需根据不同用途进行讨论确定（表 10-6）。

CASBEE 不同版本权重表　　表 10-6

评价内容	2003 年版权重	2004 年版权重	工厂类建筑权重
Q1 室内环境	0.50	0.40	0.30
Q2 服务环境	0.35	0.30	0.30
Q3 室外环境	0.15	0.30	0.40
LR1 能源	0.50	0.40	0.40
LR2 资源与材料	0.30	0.30	0.30
LR3 建筑用地外环境	0.20	0.30	0.30

当评价开始时，先从 R 和 L 最底层的评价指标开始，评价分数乘以其权重得到该指标得分，所有同类指标得分求和即得到对应的上一级指标的评价分数，依次类推直到最高层级。然后将 Q 和 L 相比就得到建筑环境效率值 BEE，见式 10-1。

$$BEE=\frac{Q}{L} \tag{10-1}$$

10.3　中国绿色建筑评价体系介绍

在绿色建筑评价体系制定方面，中国进行了许多有益的尝试，逐步建立了自己的绿色建筑评价体系。从 2001 年开始，中华人民共和国建设部（现住房和城乡建设部）住宅产业化促进中心制订了《绿色生态住宅小区建设要点与技术导则》《国家康居示范工程建设技术要点（试行稿）》，同时《中国生态住宅技术评估手册》《绿色奥运建筑评估体系》也陆续推出。2006 年 3 月 7 日，建设部和国家质量监督检验检疫总局联合发布了中国第一部关于绿色建筑的国家标准——《绿色建筑评价标准》GB/T 50378—2006，标志着中国绿色建筑的发展进入了一个新的阶段。2014 年，《绿色建筑评价标准》GB/T 50378—2014 经过第一次修编，确定了以四节一环保为核心的评价体系。2018 年，《绿色建筑评价标准》进入第二次修编，在原有基础上重新构建了绿色建筑评价指标体系；调整了绿色建筑的评价阶段；增加了绿色建筑基本级；拓展了绿色建筑内涵；提高了绿色建筑性能要求。以上规章制度构成了中国的绿色建筑评价体系。下面取其中有代表性的进行简要介绍。

10.3.1 《中国生态住宅技术评估手册》

为了促进中国住宅产业的可持续发展，中华全国工商业联合会房地产商会会同清华大学、建设部科技发展促进中心、中国建筑科学研究院等单位编制了国内第一部生态住宅评估体系——《中国生态住宅技术评估手册》(以下简称《手册》，封面见图 8-2)。《手册》于 2001 年 9 月完成第一版的制定，并用于国内第一批“全国绿色生态住宅示范项目”的指导和评估。随后于 2002 年、2003 年、2007 年相继推出了第二版、第三版和第四版，受到业界的广泛关注和认可。

1. 评估体系结构

评估体系由住区环境规划设计、能源与环境、室内环境质量、住区水环境、材料与资源等五个部分组成、涵盖了住区生态性能的各个方面。体系结构和内容设置上，充分考虑了设计指导和性能评价的综合性，评价指标分四级：一级为评估体现的五个方面，二级为五个方面的细化，三级为部分二级指标的进一步细化，四级为具体措施(表 10-7)。这种指标体系结构具有良好的开放性，便于指标的增减和修改。由于目前我国生态住宅评估所需的基础数据较为缺乏，如各种建筑材料生产过程中的能源消耗、二氧化碳排放量、各种不同植被和树种二氧化碳固定量等都还没有统计数据，使得定量评价的标准难以科学地确定。因此，评价

《中国生态住宅技术评估手册》评估体系框架　　表 10-7

一级指标	二级指标	三级指标	四级指标（措施与评价）
住区环境规划设计	住区区位选址	使用废弃土地作为住宅用地	
		保护用地及其周围自然环境	
		保护用地及其周围人文环境	
		利用具有潜力的再开发用地	
		提高土地利用率	
		有利于减灾和防灾	
		远离污染源	
	住区交通		
	规划有利于施工		
	住区绿化		
	住区空气质量		
	住区环境噪声		
	日照与采光		
	改善住区微环境		

续表

一级指标	二级指标	三级指标	四级指标（措施与评价）
能源与环境	建筑主体节能		
	常规能源系统优化利用	冷热源和能量转换系统	
		能源输配系统	
		照明系统	
		热水供应系统	
	可再生能源利用		
	能耗对环境的影响		
室内环境质量	室内空气质量	施工现场	
		通风及空调系统	
		污染源控制	
		室内空气质量客观评价	
	室内热环境		
	室内光环境	室内日照与采光	
		室内照明	
	室内声环境	平面布置合理	
		建筑构件隔声	
		设备噪声控制	
		室内噪声	
住区水环境	规划用水	水量平衡	
		节水指标	
	给水排水系统	给水系统	
		排水系统	
	污水处理与回用	回用率指标	
		污水处理系统	
		污水回用系统	
	雨水利用	屋顶雨水	
		地表径流雨水	
		雨水处理与利用	
	绿化与景观用水	绿化用水	
		景观用水	
		湿地	
	节水设施与器具	节水设施	
		节水器具	
材料与资源	使用绿色建材		
	资源再利用	旧建筑改造	
		旧建筑材料利用	
		固体废弃物的处理	
	住宅室内装修		
	垃圾处理		

指标采取定性和定量相结合的原则。定性指标以技术措施为主，既有利于评价，也有助于指导设计。

2. 分值分配（表 10-8）

《中国生态住宅技术评估手册》分值分配　　表 10-8

评价系统	具体内容	分值
住区环境规划设计（100 分）	住区区位选址	20 分
	住区交通	10 分
	规划有利于施工	10 分
	住区绿化	15 分
	住区空气质量	10 分
	降低噪声污染	10 分
	日照与采光	10 分
	改善住区微环境	15 分
能源和环境（100 分）	建筑主体节能	40 分
	常规能源系统的优化利用	30 分
	可再生能源	30 分
	能耗对环境的影响	10 分
室内环境质量（100 分）	室内空气质量	15 分
	室内热环境	10 分
	室内光环境	10 分
	室内声环境	10 分
	室内空气质量客观评价	15 分
	未遭否决基本分数	40 分
小区水环境（100 分）	用水规划	12 分
	给水排水系统	0
	污水处理与利用	17 分
	雨水利用	8 分
	绿化与景观用水	14 分
	节水器具和设施	9 分
	未遭否决基本分数	40 分
材料与资源（100 分）	使用绿色建材	30 分
	就地取材	10 分
	资源再利用	15 分
	住宅室内装修	20 分
	垃圾处理	25 分

3. 评价方法

在评估体系框架下，构建的评分标准体系由必备条件审核、规划设计阶段评分标准、验收与运行管理阶段评分标准三部分组成。

必备条件审核旨在对参评项目是否满足国家法规、标准和规范要求，以及是否符合绿色建筑基本要求进行审核。不符合必备条件中的任何一条，都不能参加生态住宅的评估。以能源与环境评价为例，必备条件如表 10-9 所示。

评估方式分项目评估、阶段评估和单项评估三种。

项目评估是包括各单项、各阶段的全程评估。符合绿色要求的参评项目其单项得分必须达到 60 分以上，阶段得分 300 分以上，项目总得分 600 分以上。

阶段评估是对阶段各单项内容的全面评价，符合阶段绿色要求的项目，各单项评分必须达到 60 分以上，阶段得分 300 分以上。

参加单项评估的项目，符合单项绿色要求其得分必须达到 70 分以上。

4. 评分原则与标准

分值分配

规划设计阶段评分和验收与运行管理阶段评分都是以评估体系的一级指标的五个方面为基础的。每个方面均为 100 分，每个阶段总分为 500

能源与环境部分必备条件　　表 10-9

项目	必备条件	必备条件分类		所属阶段	审核
		标准规范	绿色要求		
建筑主体节能	建筑维护结构热工性能分别满足《夏热冬冷地区居住建筑节能设计标准》JGJ 134—2010 和《严寒和寒冷地区居住建筑节能设计标准》JGJ 26—2018 等现行标准中的相关规定	√		规划	
	建筑耗热量、耗冷量指标分别满足《夏热冬冷地区居住建筑节能设计标准》JGJ 134—2010 和《严寒和寒冷地区居住建筑节能设计标准》JGJ 26—2018 等现行标准中的相关规定	√		规划	
	建筑物全年耗热量指标（Q_H）、建筑物全年耗冷量指标（Q_c）应分别低于建筑所在地区所规定的能耗现值		√	规划	
常规能源系统优化利用	不得违反国家的能源政策和法规	√		规划	
	ECC 不低于 0.21		√	规划	
	TDC 不低于 3		√	规划	
	建筑设计必须充分考虑自然采光		√	规划	
	必须采取相应的节点措施		√	规划	
	不得专门设置住区锅炉房集中制备生活热水		√	规划	
可再生能源	不得违反国家的能源政策和法规	√		规划	
	地热、水源热泵系统所用地下水必须 100% 回灌	√		规划	
能耗对环境的影响	能源系统污染物排放符合国家及地方相关标准	√		规划	
	空调制冷设备和消防设备中不采用含 CFC（氟氯化碳）的制冷剂		√	规划	
	单位建筑面积的 CO_2、SO_2、NO_x 及总悬浮颗粒物（TSP）年排放指标不得超过规定标准		√	规划	
	单位建筑面积的建筑物夏季排热量指标不高于 0.2GJ/m^2		√	规划	

分。两个阶段总分合计为 1 000 分。以规划设计阶段能源与环境评价为例，评分标准如表 10-10 所示。

能源与环境评分标准　　表 10-10

<table>
<tr><th></th><th>二级指标</th><th>三级指标</th><th>四级指标（措施与评价）</th><th>分值</th></tr>
<tr><td rowspan="7">规划设计阶段（100 分）</td><td colspan="2">建筑主体节能（40 分）</td><td>以建筑全年耗热量、耗冷量低于参照建筑物的百分比作为评价指标</td><td>40</td></tr>
<tr><td rowspan="4">常规能源系统优化利用（30 分）</td><td>冷热源和能量转换系统</td><td>以建筑冷热源的能量转换效率，比当地规定的能量转换效率基准值高出的百分比作为评价指标</td><td>13</td></tr>
<tr><td>能源输配系统</td><td>以输配系数 TDC 值作为评价指标，并考虑运行工况智能化监控</td><td>7</td></tr>
<tr><td>照明系统</td><td>是否采用高效光源及智能化管理系统</td><td>5</td></tr>
<tr><td>热水供应系统</td><td>利用工业废热回收和其他能源制备热水，并采取措施提高能量转换的效率</td><td>5</td></tr>
<tr><td colspan="2">可再生能源利用（20 分）</td><td>利用各种可再生能源提供生活用热水，进行冬季供暖，空调制冷，发电的比例</td><td>20</td></tr>
<tr><td colspan="2">能耗对环境的影响（10 分）</td><td>单位建筑面积各种污染物（CO_2、NO_x、SO_x，总悬浮颗粒物 TSP）排放量、排热量低于基准值的比例</td><td>10</td></tr>
</table>

1）评分步骤

①按照上表所示的评分表分阶段、分子项对逐条措施进行评分；

②对于具有明确量化指标的措施，完全依据量化指标进行评分；

③对于无法量化的措施，依据评分原则和专家经验进行评分；

④各项措施的最终得分取各评估专家评分的算术平均数；

⑤按一级指标对各措施的得分进行累计，得到单项总分（满分 100 分）；

⑥按阶段对各单项得分进行累计，得到阶段总分（满分 500 分）；

⑦将两个阶段总分相加，得到项目总分（满分 1 000 分）。

2）应用效果

截至 2007 年，全国共建立了三十多项绿色生态住宅示范项目。在这些项目的规划设计阶段，《手册》主要用作生态设计指南；在规划设计完成之后，用作此阶段的生态评价标准；在验收后的运行阶段，用作该阶段的评价标准。如表 10-11 所示列出了其中十个项目的生态指标统计分析，可看出各项目节能指标均高于国家标准规定 50% 的节能要求，节水指标也都符合《手册》的要求。

10.3.2 《绿色奥运建筑评估体系》

国际奥委会从 20 世纪 70 年代开始对奥运会提出环保方面的要求，并将环境保护逐步政策化。1991 年在对奥林匹克运动宪章作修改时，增加了一个新条款，提出申办奥运会的所有城市必须提交一份环保计划。1996 年国际奥委会正式成立了环境委员会，明确了“环境保护”是奥林

部分项目生态指标统计分析　　表 10-11

序号	项目	建筑面积（万 m^2）	绿地率（%）	节能率（%）	节水率（%）	增加节能成本（%）	增加节水成本（%）
1	天津蓝天假期	12.2	35	—	31.7	—	1.8
2	常州金色新城	28.4	38.4	52.0	22.3	5.5	1.1
3	西安枫林绿洲	107.3	39.5	56.1	18.1	6.2	1.0
4	成都锦城豪庭	6.0	43.9	53.5	15.0	5.9	0.8
5	深圳碧海富通城	20.0	55	55.3	18.5	9.3	1.2
6	北京当代万国城	66.0	36	61.1	32.9	7.5	1.7
7	宁波国际广场	16.0	36.5	54.0	15.0	6.0	0.6
8	上海经纬城市绿洲	28.7	43	62.0	25.4	8.1	1.5
9	沈阳锦绣山庄	6.5	65	64.8	11.3	11.0	0.5
10	银川清水湾	25.0	50	64.0	25.8	9.6	1.5
	平均值		44.2	58.1	21.6	7.7	1.2

匹克运动中不可缺少的重要部分，“环保”被列为现代奥运会的主题之一，成为继“运动”和“文化”之后奥林匹克运动的第三大领域。

北京 2008 年奥运会明确提出了“绿色奥运”“科技奥运”和“人文奥运”的口号，为了使奥运建筑真正具有绿色的内涵，需要建立一套科学的评估体系作为评价手段，《绿色奥运建筑评估体系》（GOBAS）应运而生（图 10-5）。2003 年，经由清华大学、中国建筑科学研究院等 9 家单位联合研究开发的《绿色奥运建筑评估体系》正式面世。GOBAS 力图通过建立严格的、可操作的建设全过程监督管理机制，落实到招标、设计、施工、调试及运行管理的每个环节，来实现奥运建筑的绿色化。

1. 体系框架

GOBAS 借鉴了日本 CASBEE 评估体系中建筑环境效率——绿色建筑的性价比——的概念，将评分指标分为 Q（Quality）和 L（Load）两大类：

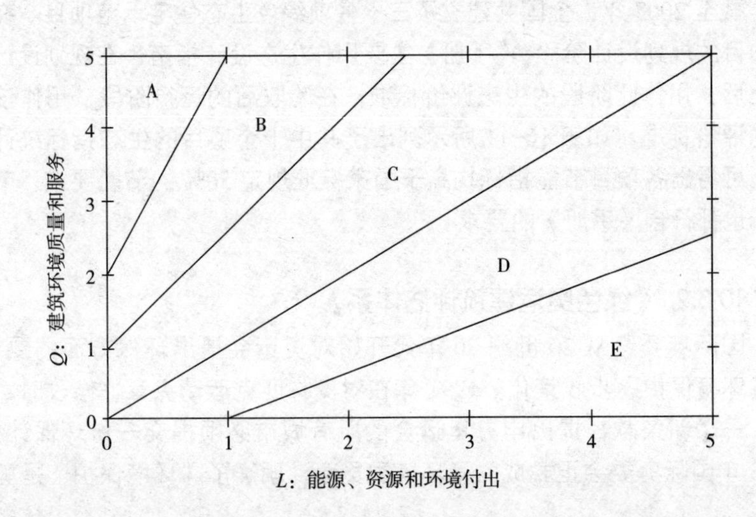

图 10-5 《绿色奥运建筑评估体系》评估结果框图

Quality 指建筑环境质量和为使用者提供服务的水平；Load 指能源、资源和环境负荷的付出，并用由 L 和 Q 为横、纵坐标建立的平面框图来划分参加评估项目的绿色性。如图 10-5 所示。

当评估结果位于图中 A 区时，表示此项目在较少的资源和环境代价之下取得了良好的建筑品质，可称为优等的绿色建筑；当处于 B、C 区域时，表示在较高的资源和环境代价之下并未取得良好的建筑品质，但在框图的划分中仍然处于“上游”位置，可成为普通化的绿色建筑；当处于 D、E 两区域时，说明该评估项目已经处于高消耗、低品质的被淘汰类别，特别是处于 E 区域更是需要极力避免发生的情况。

GOBAS 主要由下列部分组成：

①绿色奥运建筑评估纲要（评估内容和要求）；

②绿色奥运建筑评分手册（评估记分办法）；

③评分手册条文说明（解释原理及条目含义）；

④评估软件。

2. 评估内容

按照全过程监控、分阶段评估的指导思想，评估过程可分为四大的部分：

①第一部分：规划阶段；

②第二部分：设计阶段；

③第三部分：施工阶段；

④第四部分：验收与运行管理阶段。

针对上述不同建筑阶段的特点和要求，分别从环境、能源、水资源、材料与资源、室内环境质量等方面进行评估。只有在前一阶段达到绿色建筑的基本要求，才能继续进行下一阶段的设计、施工工作，当按照这一体系在建设过程的各个阶段都达到绿色要求时，这个项目就可以认为达到绿色建筑标准。

在建筑全生命周期的各个阶段，对环境性能有不同的侧重要求。在规划阶段，比较强调位置选择、能源系统选择等可能对未来造成重大影响的战略性问题；在详细设计阶段，不再考虑选址等因素对环境性能带来的影响，因为这些因素在这一阶段已经无法改变，转而偏重于对于设计细节的考察；施工阶段不再考察建筑设计因素，而是关注施工过程；验收与运行管理阶段用实测的方式对以前的预测性能进行印证。即使各个阶段存在相同的评价内容，在权重设置上也有所区别（表 10-12）。

10.3.3 《绿色建筑评价标准》GB/T 50378—2019

2006 年 3 月由建设部和国家质量监督检验检疫总局联合发布的《绿色建筑评价标准》GB/T 50378—2019（以下简称《标准》）是我国第一个关于绿色建筑评价的国家标准。2014 年，该评价标准进行了第一次修订，2018 年底，该标准进行了第二次修订。新修订的《绿色建筑评价标准》GB/T

《绿色奥运建筑评估体系》分阶段考察内容　　表 10-12

阶段	类别	主要考察内容
规划设计	场地选址	与城市总体规划的协调；满足防灾、减灾的要求；建设用地的使用符合节省土地资源的原则；现场水系与地貌状况评估；对生态环境的影响；建设场地的环境质量；对现有交通和市政基础设施的影响等
	总体规划环境影响评价	土地规划合理性；对地下水和地表水系的影响；场地生物多样性；现场的电磁污染、噪声污染状况；建筑的相互遮挡状况和日照间距的保证；由于建筑所导致的周边热环境与风环境状况；可能出现的热岛效应水平等
	交通规划	规划区域交通网络的评价；与城市公共交通的联系；停车场的设置以及小区的人流组织等
	绿化	原有绿化的保护及规划设计的绿化率
	能源规划	能源转换效率评价；对城市能源系统的冲击；可再生能源和新能源的使用状况以及建筑能源消耗导致的环境影响
	资源利用	项目的必要性和规模评价，建筑材料消耗总量的分析评价；现有建筑的利用状况；项目的赛后利用可能性和充分性评价；对固体废弃物处置方案的评价
	水环境规划	用水规划；对给水、排水系统规划的评价；对污、废水处理与回用的评价；雨水利用状况评价；绿化与景观用水规划以及湿地的开发与人工湿地规划
详细设计	建筑设计	建筑规模、容积与面积控制；结构材料选择；建筑主体节能；室内热环境效果；室内自然采光状况；室内可以获得的日照量；隔声与噪声控制设计评价；建筑内自然通风效果分析；对于奥运建设项目的可适应性评价
	室外工程设计	场地工程的评价；绿化和园林工程评价；道路工程评价以及室外照明和光污染控制分析
	材料与资源利用	根据所使用的全部建筑材料定量地计算分析这一新建项目导致的资源消耗量和生产与运输这些材料所消耗的能源及对环境的影响。检查建筑材料的本土化比例并评估其利用状况
	能源消耗及其对环境影响	所采用的冷热源和能量转换系统效率；由风、水循环系统构成的能源输配系统的输配效率；供热空调系统在部分负荷下和只有部分空间使用的条件下的可用性和效率；所采用的新风热回收技术评价；其他用能系统评价；照明系统的节能分析；对用能设备的计量、监测与控制状况；可再生能源的利用；能源系统运行对环境影响和空调制冷设备中是否使用了破坏大气臭氧层的物质
	水环境系统	饮用水安全性评价；污废水处理及资源化评价；再生水回用率与回用方案评价；雨水利用；绿化与景观用水以及节水设备与节水器材的使用
	室内空气质量	主要涉及室内自然通风与空调通风系统对改善室内空气质量的分析评价和装饰装修材料无害化评价
施工阶段	施工的环境影响	减少施工对土壤环境和大气环境的影响；施工噪声；水污染；光污染；施工期间对周边区域的安全影响评价和采取的古树名木与文物保护措施
	能源利用与管理	降低施工能耗的措施和施工过程用能优化
	材料与资源	对材料的节约利用；施工材料的合理选择；资源再利用措施和就地取材情况
	水资源	施工用水的节约和各种水资源的优化利用
	人员安全与健康	考察现场的安排措施，实现人性化作业；改善施工人员的工作环境
验收运行阶段	室外环境	对周边生态环境的影响；对原生环境保护与改善；室外热舒适度与热岛效应；室外风环境；环境噪声与振动；室外照明；大气质量；道路工程及交通状况
	室内环境	测试并评价室内空气质量；室内声、光、热湿环境
	能源消耗	对试运行阶段的系统能耗进行评估
	水环境	实际使用效果与用量的考核与测试计量
	绿色管理	考察有无有效的管理体制和激励机制来实现有效的绿化管理、固体废弃物收集和处理、空调系统运行的卫生管理、水质管理、节水管理与节能管理

50378—2019 重新构建了绿色建筑评价指标体系；调整了绿色建筑的评价阶段；增加了绿色建筑基本级；拓展了绿色建筑内涵；提高了绿色建筑性能要求。这对于推动我国绿色建筑的发展，具有重要的实践和社会意义。

1. 评价对象和阶段

该标准适用于对适用于各类民用建筑绿色性能的评价。对绿色建筑的评价分为预评价和评价链各个阶段。在建筑设计施工图完成并取得《建设工程规划许可证》后可以进行绿色建筑预评价，而绿色建筑评价则应在建设工程竣工验收后进行。

2. 特点

当前社会主要矛盾已经转化为人民日益增长的美好生活需要和不平衡不充分的发展之间的矛盾；指出增进民生福祉是发展的根本目的，要坚持以人民为中心，坚持在发展中保障和改善民生，不断满足人民日益增长的美好生活需要，使人民获得感、幸福感、安全感更加充实；提出推进绿色发展，建立健全绿色低碳循环发展的经济体系，构建市场导向的绿色技术创新体系，推进资源全面节约和循环利用，实施国家节水行动，降低能耗、物耗，实现生产系统和生活系统循环链接，倡导简约适度、绿色低碳的生活方式，开展创建节约型机关、绿色家庭、绿色学校、绿色社区和绿色出行等行动。新《标准》GB/T 50378—2019 响应当前时代的需求，以“四节一环保”为基本约束，以“以人为本”为核心要求，在安全耐久、服务便捷、健康舒适、环境宜居、资源节约、管理与创新等方面进行综合评价。

3. 评价指标体系与等级划分

《标准》GB/T 50378—2019 的指标体系由五大类及加分项指标组成：

①安全耐久；②服务便捷；③健康舒适；④环境宜居；⑤资源节约；加分项：管理与创新。

每大类指标均包括控制项、评分项。控制项为绿色建筑的必备条件，评分项与加分项为划分绿色建筑等级的可选条件。新《标准》GB/T 50378—2019 中五类指标的评分项的总值为 600 分（见表 10-13），加分项的总值为 100 分，绿色建筑评价的总得分应按下式进行计算。

$$Q=Q\mathrm{J}+Q1+Q2+Q3+Q4+Q5+Q\mathrm{A}$$

式中　Q——总得分；

$Q\mathrm{J}$——基本级绿色建筑的基础分值，应按本《标准》第 3.2.10 条规定确定；

$Q1$~$Q5$——评价指标体系 5 类指标分别为安全耐久、服务便捷、健康舒适、环境宜居、资源节约；

$Q\mathrm{A}$——加分项的总附加得分。

根据得分情况，绿色建筑又分为基本级、一星级、二星级、三星级 4 个等级。当绿色建筑进行星级评价时，满足全部的控制项要求即可获得基础分400分，且安全耐久、服务便捷、健康舒适、环境宜居4类指标的评分项得分不应小于30分，资源节约指标的评分项得分不应小于60分。当总得分分别达到600分、700分、850分且满足建筑全装修、建筑设计能耗、室内污染物浓度、暖通空调设备和电气产品节能、全部卫生器具用水效率等方面的相关要求时绿色建筑等级分别为一星级、二星级、三星级。

绿色建筑各类评价指标评分项总分值　　表10-13

评价指标	安全耐久	服务便捷	健康舒适	环境宜居	资源节约
总分值	100	100	100	100	200

4. 配套文件及等级评价

为了更加具体深入的推进《绿色建筑评价标准》GB/T 50378—2019的实施，受住房和城乡建设部科技司委托，科技发展促进中心和依柯尔绿色建筑研究中心组织编写了《绿色建筑评价技术细则》及《绿色建筑评价技术细则补充说明》，上述两个文件可为绿色建筑的规划、设计、建设和管理提供更加规范的具体指导，为绿色建筑评价标识提供更加明确的技术原则，为绿色建筑创新奖的评审提供更加详细的评判依据。

1）绿色建筑评价标识

绿色建筑评价标识，是依据《绿色建筑评价标准》GB/T 50378—2019、《绿色建筑评价技术细则（试行）》，以及《绿色建筑评价标识管理办法（试行）》确认绿色建筑等级的信息性标识。

绿色建筑评价标识在《绿色建筑评价标识管理办法》的指导和监督之下进行推广，并采取分级管理办法，一、二星级由住房和城乡建设部以及省直辖市建设主管部门委托专业的社团机构负责管理，三星级由住房和城乡建设部委托科技发展促进中心和绿色建筑专业委员会负责。相应的配套政策有：对获得绿色建筑高等级证书的项目，可以考虑授予其国家绿色建筑创新奖；利用市场的激励机制推动绿色建筑的发展，对于物质奖励主要依托市场的规律和机制来设置鼓励措施；国家与地方制定绿色建筑和可再生能源在建筑中应用的政策。国家财政每年已安排10亿元作为可再生能源在建筑中应用项目的补贴。

标识体现了绿色建筑理念，也就是建筑的“四节一环保”和全生命周期的可持续发展。证书体现对运行管理阶段的控制，也就是建筑节能、节材、节水的潜力根据设计值标定，但是实际测量的结果可能与设计值有所区别，这就是建筑“绿色程度”的差距，必须通过标识对实际运行管理进行改正。

绿色建筑评价标识申报流程如图10-6所示。

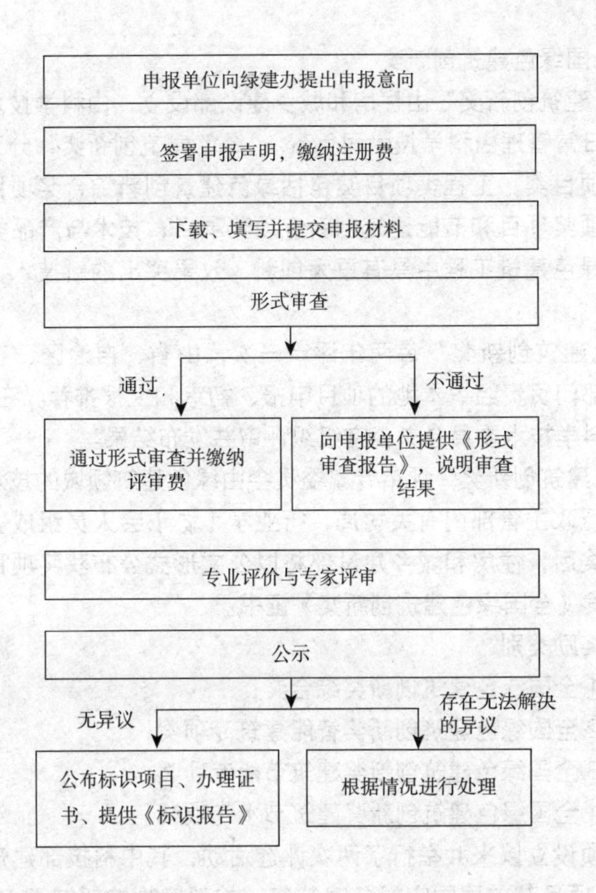

图 10-6　绿色建筑评价标识申报流程

2008 年 7 月住房和城乡建设部根据《绿色建筑评价标识管理办法》、《绿色建筑评价标准》GB/T 50378—2019 和《绿色建筑评价技术细则》评选出首批“绿色建筑设计评价标识”，包括上海市建筑科学研究院绿色建筑工程研究中心办公楼在内的六座建筑榜上有名（表 10-14）。

首批绿色建筑评价标识授予建筑名单　　表 10-14

编号	项目类型	项目名称	完成单位	标识星级
1	公共建筑	上海市建筑科学研究院绿色建筑工程研究中心办公楼	上海市建筑科学研究院（集团）有限公司	★★★
2		华侨城体育中心扩建工程	深圳华侨城房地产有限公司	★★★
3		中国 2010 年上海世博会世博中心	上海世博（集团）有限公司	★★★
4		绿地汇创国际广场准甲办公楼	上海绿地杨浦置业有限公司	★★
5	住宅建筑	金都·汉宫住宅小区	武汉市浙金都房地产开发有限公司	★
6		金都·城市芯宇住宅小区（1号、2号、3号、5号、6号楼）	杭州启德置业有限公司	★

2）全国绿色建筑创新奖

“绿色建筑创新奖”由住房和城乡建设部设立，由科学技术委员会负责实施，日常管理由科学技术司负责。“绿色建筑创新奖”分工程类和技术产品类项目奖。工程类项目奖包括绿色建筑创新综合奖项目、智能建筑创新专项奖项目和节能建筑创新专项奖项目；技术与产品类项目奖是指应用于绿色建筑工程中具有重大创新、效果突出的新技术、新产品和新工艺。

“绿色建筑创新奖”每两年评审一次，由省、自治区、直辖市建设行政主管部门负责组织本地的项目申报、初审和上报推荐。在此基础上，由建设部科学技术委员会办公室组织评审并发布结果。

“绿色建筑创新奖”评审专家委员会由绿色建筑领域的技术专家和国务院建设行政主管部门有关司局、行业学（协）会人员组成。通过评审的项目获奖后，住房和城乡建设部将以公文形式公布获奖项目，并向获奖单位颁发《全国绿色建筑创新奖》证书。

（1）奖励类别

①全国绿色建筑创新奖综合奖；

②全国绿色建筑创新奖智能建筑专项奖；

③全国绿色建筑创新奖建筑节能专项奖；

④全国绿色建筑创新奖建筑节水专项奖。

该奖项设立以来共举行了两次评选活动，其中科技部建筑节能示范楼等 40 个项目获首届国家绿色建筑奖，首都博物馆新馆等 13 所建筑获第二届国家绿色建筑创新奖。

绿色建筑创新奖申报流程，如图 10-7 所示。

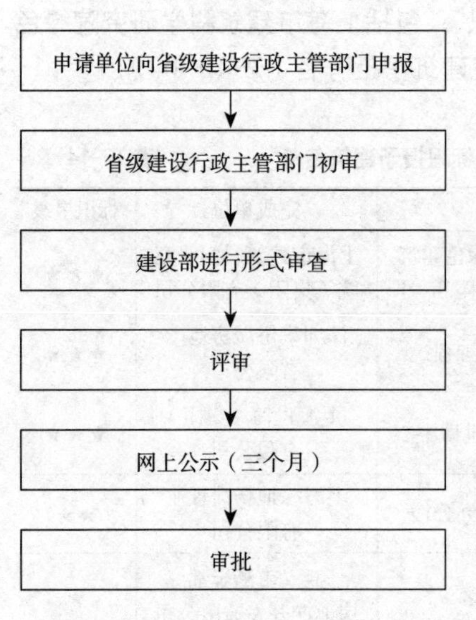

图 10-7　绿色建筑创新奖申报流程

（2）评分标准

为细分绿色建筑的相对差异，在控制项达标的情况下，按《绿色建筑评价技术细则》的要求进行评分。根据设定的分值，按满足要求的情况评分，逐项评分并汇总各类指标的得分。

六类指标分别评分。每类指标一般项总分为 100 分，所有优选项合并设 100 分。存在不参评项时，总分不足 100 分，应按比例将总分调整至 100 分计算各指标的得分。

六类指标一般项和优选项的得分汇总成基本分。汇总基本分时，为体现六类指标之间的相对重要性，设权值如表 10-15 所示。

各指标权值分配表 表 10-15

指标名称＼建筑分类	住宅	公建
节地与室外环境	0.15	0.10
节能与能源利用	0.25	0.25
节水与水资源利用	0.15	0.15
节材与材料资源利用	0.15	0.15
室内环境质量	0.20	0.20
运营管理	0.10	0.15

基本分 =∑ 指标得分 × 相应指标的权值 + 优选项得分 ×0.20

进行绿色建筑创新奖和工程项目评审，应附加对项目的创新点、推广价值、综合效益的评价，分值设定如表 10-16 所示。

附加项目分值分配表 表 10-16

	评审要点	分值
创新点	创新内容、难易程度或复杂程度、成套设备与集成程度、标准化水平	10
推广价值	对推动行业技术进步的作用、引导绿色建筑发展的作用	10
综合效益	经济效益、社会效益、环境效益、发展前景及潜在效益	10

总得分 = 基本分 + 创新点项得分 + 推广价值项得分 + 综合效益

5. 评价过程及案例介绍

上海市建筑科学研究院绿色建筑工程研究中心办公楼，如图 10-8 所示。

上海建筑科学研究院绿色建筑工程研究中心办公楼位于上海市莘庄科技发展园区内，占地面积 905m²，建筑面积 1994m²。建筑主体为钢筋混凝土框架剪力墙结构，屋面为斜屋面结构。南面两层、北面三层。围绕生态建筑“节约资源、节省资源、保护环境、以人为本”的基本理念，该示范楼采用了四种外墙外保温体系、三种遮阳系统、断热铝合金双玻中空 LOW-E 窗、自然通风系统、热

图 10-8 上海市建筑科学研究院绿色建筑工程研究中心办公楼

湿独立控制的新型空调系统、太阳能空调和地板采暖系统、太阳能光伏发电技术、雨污水回用技术、再生骨料混凝土技术、室内环境智能调控系统、绿化配置技术、景观水域生态保持和修复系统、环保型装饰装修材料等众多新技术和新产品，通过建筑一体化匹配设计和应用，形成了自然通风、超低能耗、天然采光、健康空调、再生能源、绿色建材、智能控制、资源回用、生态绿化、舒适环境等十大技术特点。多种生态技术和绿色建材的应用，使得这幢生态建筑示范楼的综合耗能仅是同类建筑的四分之一，再生能源利用率占建筑使用耗能的 20%，再生资源利用率达到 60%，室内环境达到了健康、舒适的指标，体现了生态建筑基本的理念，成功地被评审为 2008 年度第一批“绿色建筑设计评价标识”项目并荣获最高等级（三星级），引领我国未来建筑发展方向。

第11章 绿色建筑设计实例

11.1 长江上游彝族新生土绿色建筑

11.1.1 项目背景

永仁县位于滇中高原北缘、云南省楚雄彝族自治州的北部。当地气候类型多样，从北部、东南部的南亚热带气候，向西逐步过渡为中亚热带和北亚热带丘陵季风气候。永仁县境内森林资源较为丰富，拥有森林面积113万亩，有全国最大的云南松母树林基地，素有彝州“绿海”之称，其林地覆盖率为55.3%。由于长期过度开发及毁林开荒，全县水土流失面积曾一度达781.1km^2。因此，永仁县先后被列为国家“长防林”工程建设县、“天保”工程重点县、国家生态环境建设重点县。同时计划将原先居住在山区的彝族、傣族等原住民从山上有序地搬迁下来。然而由于彝族居民地处贫困山区，这里群山逶迤、山高谷深，加之政府财力及自身经济条件均十分有限，大部分居民基本上无力建造砖房，而依然依赖建造传统的土瓦房。因此，研究并推广实施经济、实用、充分利用太阳能等自然资源的绿色民居建筑，改善与改造传统的彝族土围护墙建筑，对于规划控制环境的可持续发展具有重要的现实意义和推广前景。从2002年开始，西安建筑科技大学绿色建筑研究中心经过两年多的理论分析、现场测试调研、实验室试验、模拟与能耗模拟等研究工作，恰逢云南省永仁县开始实施“易地扶贫”移民搬迁工程，课题组作为志愿者，联合设计院及县扶贫搬迁指挥部，对该工程进行深入研究，将成果无偿应用于此项工程中并负责了工程设计及技术指导。2004年，该项工程被建设部现住房和城乡建设部列为《长江上游绿色乡村生土民居建筑示范项目》。2005年末项目建设完工；搬迁人数7 500余人，近2 000户，建筑面积约30万m^2。经过6年多的艰苦努力，新型生土民居建筑模式已经推广应用45余万m^2，取得了良好的社会和环境效益。

11.1.2 项目简介

1. 设计目标

设计组以考虑空间、环境与技术的设计理念，多学科多专业整合的“整体生态空间”设计策略为基础，从自然环境条件、民居建筑特色、民风习俗传承等的认识与研究出发，综合了建筑、结构、材料、建筑物理环境及绿色技术等多专业技术对民居进行多层面研究，从传统室内外空间、民族习俗文化、建筑构筑传承到与民居庭院生态环境空间的整体设计，以及有限经济条件基础等，均体现出新的设计理念、策略及设计方法，以便为引导当地民居的绿色发展作出样板。

2. 建筑方案

（1）节地设计

考虑到节省耕地和充分利用当地的地形条件，永仁新型生土民居聚落主要采用集中式布局方式。

（2）院落设计

院落空间是彝族重要的家庭仪式空间场所。可以堆放柴草、粮食，也是举行红白事的场所。根据当地人实际生产生活需要，将院落设计为菜地或绿地，其他部分做适当铺装。

（3）单体设计

建筑以院落为核心展开布置，以高差和院落作为人畜空间空间分离的手段，将牲畜空间布置在较低区域，人活动区域布置在较高区域。建筑主体以堂屋为核心，东西两侧布置卧室、餐厅、厨房、楼梯间等。同时，考虑洁污分区，将卫生洗浴空间临近牲畜畜廊布置。基于这一空间模式设计出两种典型建筑模式（图 11-1、图 11-2）。

3. 绿色建筑技术

1）生土围护结构体系

（1）生土材料的改进与应用

通过对地方生土材料各项物理性能的试验研究，寻找其改性与改良的可行途径，为生土建筑的材料应用提供依据（图 11-3）。

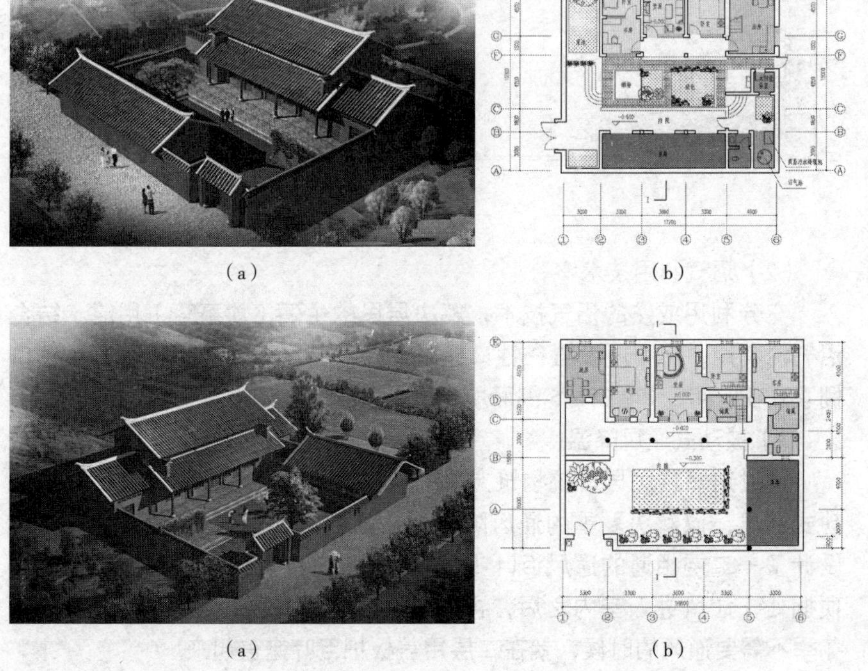

图 11-1　方案（一）
（a）效果图；
（b）首层平面图
（图片来源：西安建筑科技大学绿色建筑研究中心）

图 11-2　方案（二）
（a）效果图；
（b）首层平面图
（图片来源：西安建筑科技大学绿色建筑研究中心）

图 11-3 生土材料加工与制作
（图片来源：西安建筑科技大学绿色建筑研究中心）

（a）

（b）

（2）土木围护结构的抗震

以实验室模型抗震研究为工程建设依据，为土木构造的选型与实施提供指导。

（3）生土围护结构的节能

利用生土围护结构热稳定性好的优点，营造节约建筑能耗与采暖能耗的民居生活空间。

2）可再生资源利用

（1）被动式太阳能利用

按照彝族民居的传统建筑形式，建筑形体通过巧妙设计，实现冬季采暖、夏季遮阳（图 11-4）。除此之外，还结合洗浴空间的设计采用了太阳能热水系统，太阳能热水器放置在洗浴间的屋顶上面。

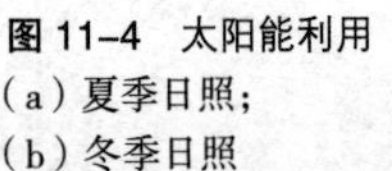

图 11-4 太阳能利用
（a）夏季日照；
（b）冬季日照
（图片来源：西安建筑科技大学绿色建筑研究中心）

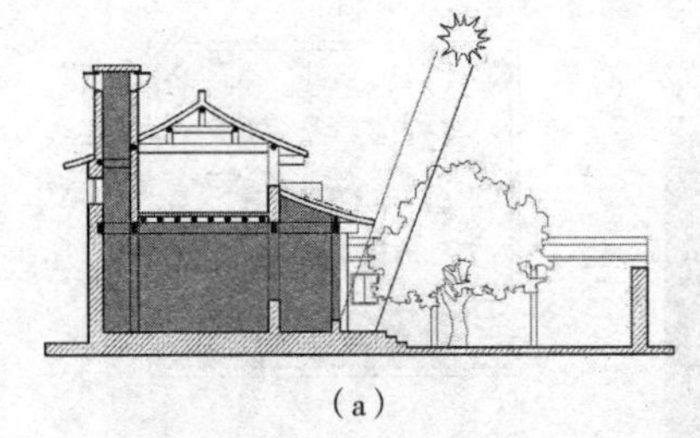
（a）

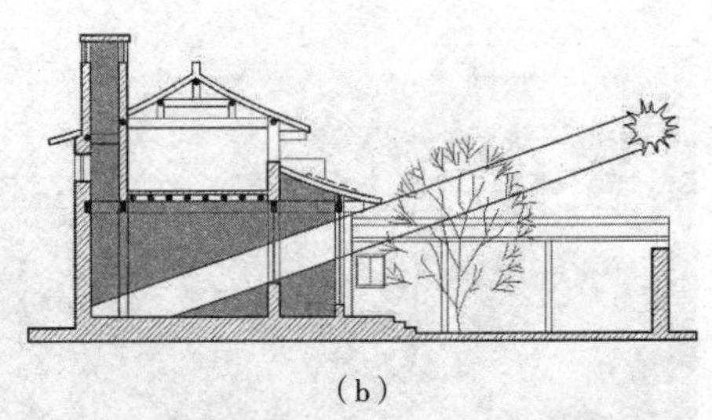
（b）

（2）沼气利用技术

充分利用成熟的沼气技术，解决居民的生活（炊事等）用能。结合沼气的利用，将厕所设置在牲口棚附近，然后将沼气池和厕所以及牲口棚联系在一起，如图 11-5 剖面所示。

3）被动式通风降温

通过对彝族民居传统构筑方法的认识，合理利用空间及构件设置被动式通风，以解决夏季的通风降温。在不破坏当地居住风俗的情况下，设计了一二层相通的通风百叶（图 11-6）。将出风口放在和后墙相交的顶棚处，让风进入室内之后，再通过百叶进入二层，然后从二层排出。冬季不需要通风的时候，就在二层用盖板把百叶遮盖起来。

图 11-5 沼气池位置
（图片来源：西安建筑科技大学绿色建筑研究中心）

（a）

（b）

图 11-6 通风孔
（a）通风孔一；
（b）通风孔二
（图片来源：西安建筑科技大学绿色建筑研究中心）

4）环境保护技术

（1）生态庭院设计

庭院具有特殊生态特性，通过合理解决生产、生活；输入、输出；人、畜；绿地、院坝等关系，建立和谐的庭院微型生态系统（图 11-7）。

（a）

（b）

图 11-7 生态庭院
（a）生态庭院一；
（b）生态庭院二
（图片来源：西安建筑科技大学绿色建筑研究中心）

（2）污物与污水处理设计

按照经济实用的原则，实现简单易行的污物处理。设置污水过滤、下渗与排放的土法处理系统。设计出适宜农村家庭的生活污水处理和雨水净化系统（图 11-8、图 11-9），将过滤收集的生活有机物作为沼气池的原料之一。

图 11-8　家庭式生活污水处理系统示意（左）
（图片来源：西安建筑科技大学绿色建筑研究中心）
图 11-9　利用雨水净化污水处理系统示意（右）
（图片来源：西安建筑科技大学绿色建筑研究中心）

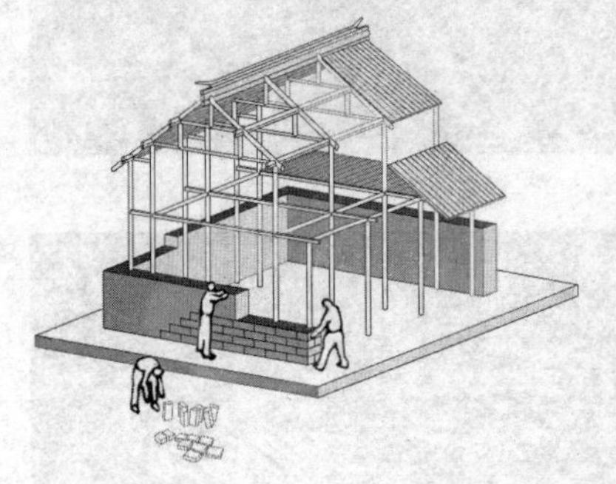

图 11-10　土坯墙体与木构架
（图片来源：西安建筑科技大学绿色建筑研究中心）

5）构造技术

（1）土坯和夯土围护结构防水构造

根据彝族传统建造经验，针对新迁地的自然气候条件，改进与优化防水构造措施，提高居住质量。

（2）土坯墙体与木构架的匹配

针对不同搬迁地的山地土质情况，采用土坯墙与改进的木构架结构体系，提高民居的防灾抗震能力（图 11-10）。

11.2　川西地震灾后重建绿色建筑

11.2.1　项目背景

2008 年 5.12 汶川大地震造成我国四川、陕西、甘肃三省部分地区受灾，尤以四川省为重。四川彭州通济镇大坪村就是典型之一。该村距汶川的直线距离不足 30km，虽整体村寨自然环境基本保留完整，但单体房屋均破坏严重，无法继续居住。5.12 汶川大地震后，应中国红十字基金会和北京地球村环境文化中心邀请，课题组作为志愿者团队，义务为重灾区的成都彭州市通济镇大坪村“灾后重建生态民居示范工程”提供研究设计、技术服务、测试评价等。

震前灾区的乡村建筑基本上应以传统乡土民居为主，但却出现了许多经模仿城镇建筑而建成的似是而非的“现代”乡村建筑。出现这些建筑的原因很多：显得洋气、空间组织好、采光好、市场建材供应、木材的短缺、经济基础薄弱、传统营建方式缺乏提升等。这些由村民和工匠自发模仿的新民居建筑，不论是它的舒适性、节能性、安全性普遍都很差，而且从一般意义上失去了地域建筑特征。

课题组经过大量现场测试、调查，运用本学科团队提出的“建筑性能层级需求”原理创作设计出“抗震安全、功能便利、环境舒适、节能环保、成本适宜、地域风貌特征明显”的生态民居模式和方案。本项目通过大坪村 44 户村民的整体原地易址重建，帮助村民重建家园，营造具有绿色生态理念与现代生活气息的生态民居。

图 11-11　大坪村示范工程实景
（图片来源：西安建筑科技大学绿色建筑研究中心）

大坪村重建示范工程始于 2008 年 8 月，至 2008 年底已全部建成。2009 年年初，村民搬入新居。后该项目在大坪村又继续推广建设多达 200 余户。示范工程项目实景，如图 11-11 所示。

11.2.2　项目简介

1. 地理概况

大坪村隶属于四川省彭州市通济镇。该镇位于东经 103°49′，北纬 30°9′，坐落在彭州市西北 25km，成都以北 65km 处。地处川西龙门山脉支脉玉垒山脉的天台山、白鹿顶南麓，湔江之滨。通济镇海拔为 805~2 484m，大坪村所在地约 1 400m，这里气候温和、雨量充沛、四季分明、无霜期长、日照短，平坝、丘陵、低山、中山、高山区气候差异明显，年平均气温为 15.6℃。全年无霜期 270 多天，气候温湿，雨量充沛，降雨主要集中时段在 6~9 月，年平均降雨量 960mm 左右。全年主导风向为东北风，夏冬季主导风向为东北风。年平均风速为 1.3m/s，年瞬间最大风速 21m/s。

2. 现存问题

原住居民的住屋形式是在夏凉冬冷的山区发展与延续下来的，其主要问题是空间的冬季保温。因此，改进建筑的冬季保暖效果是克服民居缺陷的主要途径。

冬季建筑室内的温湿度与室外接近，居民有两个月需要烤火越冬，说明建筑的围护体系存在着较大的缺陷，主要原因是门窗与木板围护墙体太简陋。因此，从构造措施上提高围护墙体的隔热性能、增加房间的保温效果是民居热环境的首要问题。

堂屋与卧室的采光口易在室内形成较大的眩光，而室内的自然光照度随房间进深下降较大，尤其是卧室，基本上处于严重的照度不足范围中，是不利于视觉卫生与提高生活质量的。因此，如何在保留传统的基础上为居民创造较理想的光环境亦是新建民居需要解决的问题。

通过村落环境实际调查分析，可以认识到，当地居民受经济条件限制，在延续传统建房经验的过程中，存在较多的空间缺陷，这些缺陷不但影响居民的身心健康，对传统民居的绿色进化也非常不利，在众多因素的作用下，有可能促使其产生异变，造成更多的人居环境问题，并对生存环境与社会环境产生累积而滞后的影响。为了切实帮助大坪村居民建造适应地域气候、采用适宜技术的新型传统民居，我们在其传统住屋形式基础上，针对其空间缺陷进行了改进，并按建筑系统与庭院生态系统的设计策略进行了建筑方案的优化研究与设计。

设计理念

要在大坪村自然区内改造民居，使其更新为兼具生活和旅游接待双重功能的集合体，面临的首要问题是经济与环境的关系问题。由于当地村民生活在崇山峻岭之中，虽环境优美却交通不便，建房材料有限，基本是依靠土、木、篱笆、瓦来维持住屋的原始形态。针对如此低下的经济水平，我们提出了以下设计理念：

（1）充分利用当地的土、石、木、瓦材料，结合当地建造技术与现代建筑设计技术，形成适宜当地实情的适用建造技术，根据民居现状提出相应的经济型改造措施，突出传统民居的建筑风格，向游客宣扬大坪村的“乐和”文化。

（2）充分利用当地的太阳能资源，以简单易造、可行的直接受益窗融入民居设计中，同时，集中解决冬季保温的热环境问题；提高室内采光，通风的卫生要求；解决人、畜，厕所以及庭院布局的关系问题，从而初步改善居住生活环境条件，形成优点鲜明、经济适用的新型民居。

（3）针对大坪村守山泉水而居的特殊条件，设计自然流转的水系统，同时，依山体台地地势，设计生态湿地生活污水净化系统，保护栖居地的生态环境。

（4）强调和发展以家庭为单位的生态庭院系统，大力发展中药种植生产，如杜仲、厚补、黄连、川穹等，大力开发并种植洋姜、板栗、核桃、猕猴桃等经济作物，发展家庭养殖鸡、鸭、鹅、羊等家禽，形成村落、经济与环境的和谐发展。

11.2.3 建筑方案

我们在方案设计中建立了基本模块与多功能模块的基本单元，如图 11-12 所示。基本模块有：主房（堂屋）模块，次房（厢房）模块；多功能模块分为：厨房（餐厅），卫生间（储藏），阳光间（挑台）。

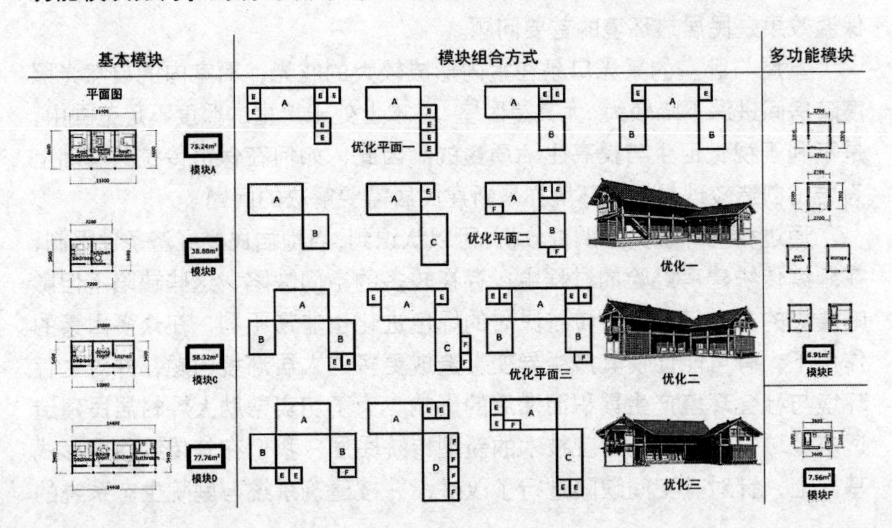

图 11-12 平面模块组合（图片来源：西安建筑科技大学绿色建筑研究中心）

利用两种类型的不同模块，即可组合出多种满足村民需求的民居。在此基础上，我们优选出了三种基本的民居形式，分别适应三口之家（120m²）、四口之家（150m²）及五口之家（180m²）的居住（图 11-13~图 11-15）。同时，还优选出来两种带有旅游接待功能的标准发展户型，作为风景旅游经济发展的示范户类型。

11.2.4　绿色技术

1．自然通风组织

门窗设计考虑了夏季自然通风，在平面布局上有利于利用室外风压形成穿堂风，在堂屋和厨房空间组织上有利于形成竖向热压对流，适宜于大坪村夏季湿度较高的气候特点（图 11-16）。

（a）　　（b）

图 11-13　三口之家
（a）效果图；
（b）首层平面图
（图片来源：西安建筑科技大学绿色建筑研究中心）

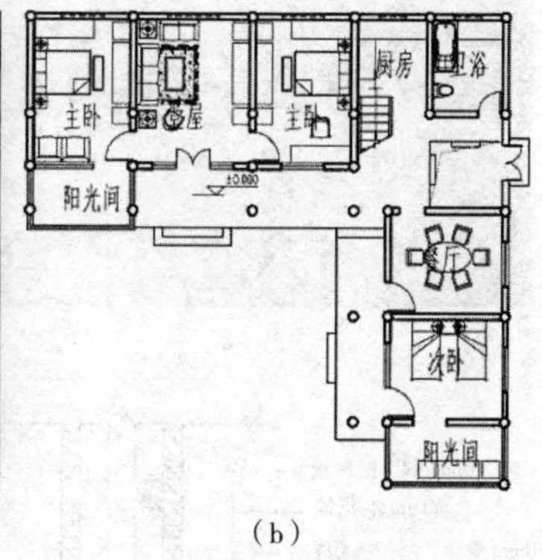

（a）　　（b）

图 11-14　四口之家
（a）效果图；
（b）首层平面图
（图片来源：西安建筑科技大学绿色建筑研究中心）

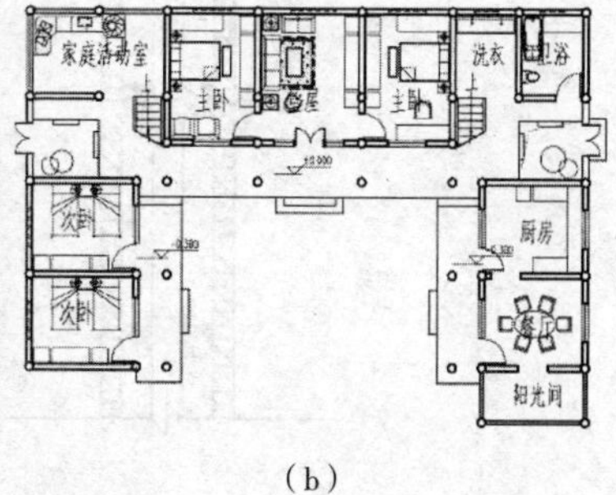

（a）　　（b）

图 11-15　五口之家
（a）效果图；
（b）首层平面图
（图片来源：西安建筑科技大学绿色建筑研究中心）

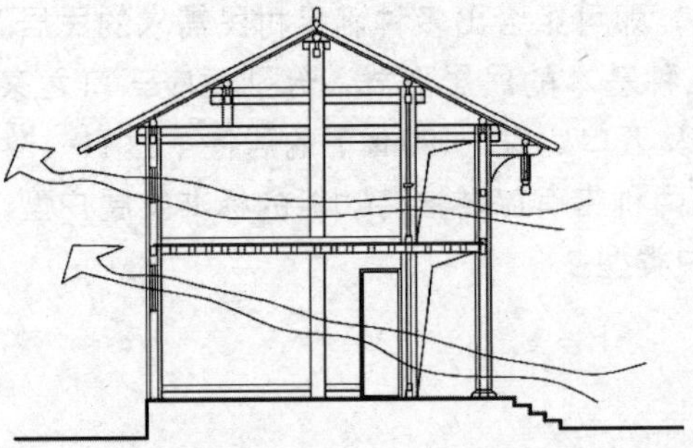

图 11–16　自然通风示意
（图片来源：西安建筑科技大学绿色建筑研究中心）

2. 夏季遮阳

立面设计中采用挑檐解决了夏季遮阳问题，一般出挑水平长度在 2m 以上，有的达到 2.5m，这主要取决于挑檐对室内光线遮挡及屋顶高度（图 11–17）。

3. 冬季保温

设计依然采用土—木结构，木板竹篱敷土墙。为了改善传统墙体的冬季保温性能，将墙体改进为夹土或夹聚苯板的保温墙（图 11–18）。同时，选用密闭性良好的木窗。

4. 光环境设计

新方案设计中除满足光环境舒适性要求外，为节约照明能耗，降低了房间的开间和进深，且增加了开窗，所以取得了比旧民居更好的采光环境。

5. 低碳材料

当地因盛产竹木，而被居民广泛用于墙面围护构造。建筑被竹木围合，与周边群山氛围和谐统一。土、竹可结合起来使用。当地竹笆墙利用较

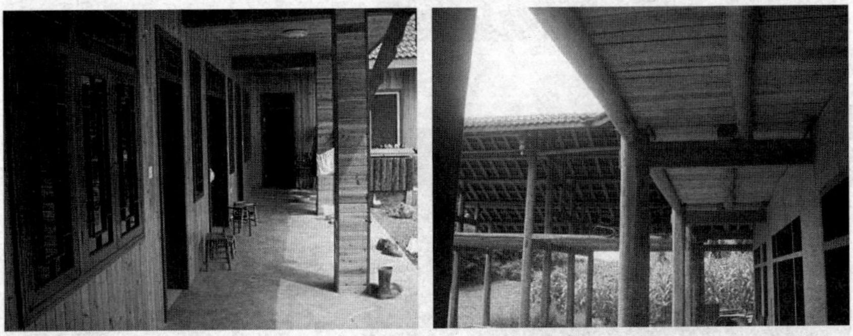

（a）　（b）

图 11–17　夏季遮阳
（a）建筑首层挑檐遮阳；
（b）建筑二层挑檐遮阳
（图片来源：西安建筑科技大学绿色建筑研究中心）

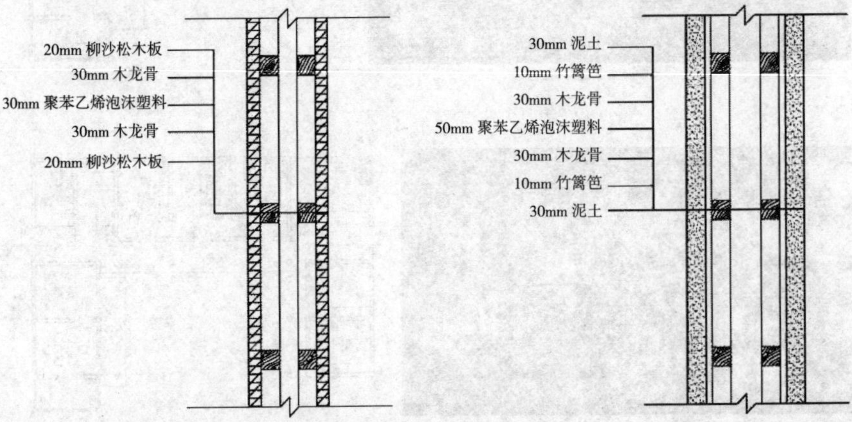

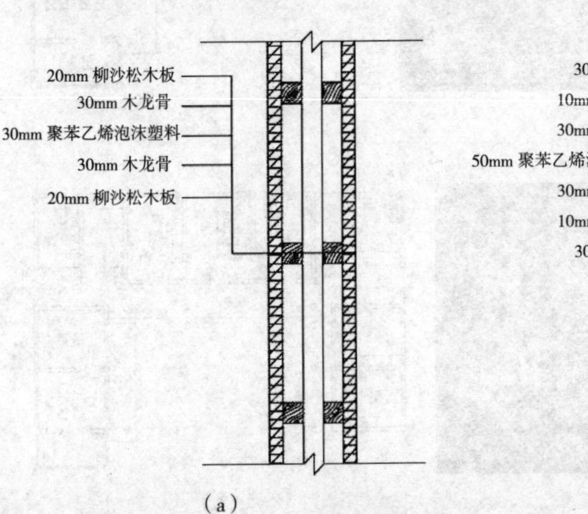

（a）

30mm 泥土
10mm 竹篱笆
30mm 木龙骨
50mm 聚苯乙烯泡沫塑料
30mm 木龙骨
10mm 竹篱笆
30mm 泥土

（b）

图 11–18　墙体构造做法
（a）做法一；（b）做法二
（图片来源：西安建筑科技大学绿色建筑研究中心）

多，但因其墙体较薄，且保温隔声效果较差，被大量应用于厨房单体围护。设计考虑结合土来使用，竹篱上抹土作围护墙，局部需要可单用竹笆墙，以此作为隔墙，操作简单且居民可根据自己喜好制作图案，另外以抹土作为隔墙，可有效提高房间保温、隔声效果，降低建造成本，还可以降低对大气的二氧化碳排放，起到对大坪村地区生态环境的保护作用，实现人与环境的可持续发展。

6. 可再生能源利用

在正房中采用了直接式和附加阳光间（图 11-19）等太阳能利用技术，这些被动式太阳能利用，可以有效地改善冬季室内热环境，减少对自然林木作为取暖能源的砍伐；为居民综合使用太阳能创造较好的条件。

当地盛产黄连植物秸秆，每户村民均饲养牲畜，可作为沼气原料，可为村民提供部分炊事能源。

7. 庭院生态系统

庭院系统中的伴生种群是系统良性发展的重要因素，主要的饲养品种为：马、羊、鸡、鹅、鸭、兔等，应鼓励养殖。

适当扩大庭院后，厕所独立卫生，改善当地人祖祖辈辈简陋的卫生习惯，同时也可以加大伴生种群与人的居住距离，方便控制寄生种群的繁殖与危害，提高卫生标准，保证居民的健康生活。

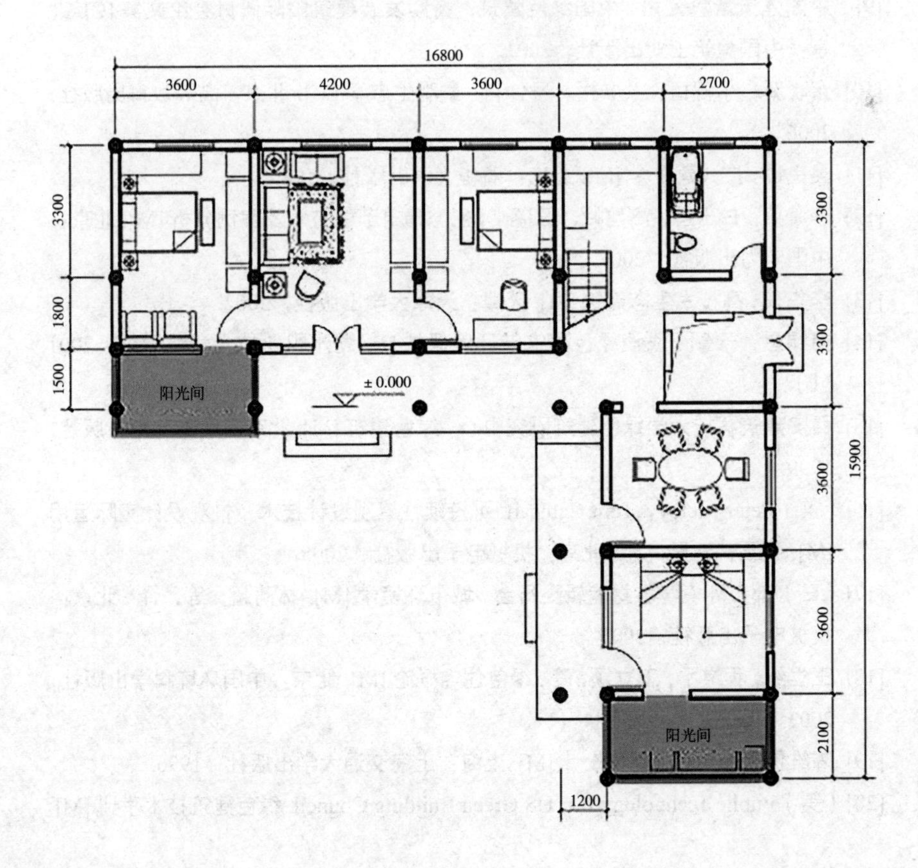

图 11-19　附加阳光间
（图片来源：西安建筑科技大学绿色建筑研究中心）

参考文献

一、著作

[1] （英）布赖恩·爱德华兹.可持续性建筑 [M]. 周玉鹏，宋晔皓，译.北京：中国建筑工业出版社，2003.

[2] 林宪德.绿色建筑 [M]. 北京：中国建筑工业出版社，2007.

[3] （美）Alanna Stang, Christopher Hawthorne. 绿色住宅设计 [M]. 周志敏，陈海明，译.北京：中国电力出版社，2007.

[4] 北京文化传播有限公司.世界绿色建筑设计 [M]. 北京：中国建筑工业出版社，2008.

[5] The David and Lucile Packard Foundation. Building for Sustainability Report[R], 2002，10.

[6] 中国建筑科学研究院.绿色建筑技术导则 [Z]. 北京：建设部，科技部印发，2005.

[7] 中国建筑科学研究院，上海市建筑科学研究院.绿色建筑评价标准 [S]. 北京：中国建筑工业出版社，2006.

[8] 高祥生.住宅室外环境设计 [M]. 南京：东南大学出版社，2001.

[9] 中国建筑承包公司.中国绿色建筑、持续发展建筑国际研讨会论文集 [C]. 北京：中国建筑工业出版社，2001.

[10] 余晓新，牛健植，关文彬，冯仲科.景观生态学 [M]. 北京：高等教育出版社，2006.

[11] 吴良镛.广义建筑学 [M]. 北京：清华大学出版社，1989.

[12] 李海英，白玉星，高建岭，王晓纯.生态建筑节能技术及案例分析 [M]. 北京：中国电力出版社，2007.

[13] 李华东.高技术生态建筑 [M]. 天津：天津大学出版社，2002.

[14] 褚锡星，廖颖.浅谈绿色建筑与环境保护 [J]. 湖州职业技术学院学报，2001（1）.

[15] 西安建筑科技大学绿色建筑研究中心.绿色建筑 [M]. 北京：中国计划出版社，1999.

[16] （美）Peter Melby，Tom Cathcart. 可持续性景观设计技术：景观设计实际运用 [M]. 张颖，李勇，译.北京：机械电子出版社，2005.

[17] （日）都市环境学教材编辑委员会.城市环境学 [M]. 林荫超，等，译.北京：机械电子出版社，2005.

[18] 王立红，程道平，王立颖，等.绿色住宅概论 [M]. 北京：中国环境科学出版社，2003.

[19] 陈维信，施琪美.环境设计 [M]. 上海：上海交通大学出版社，1996.

[20] （美）Public Technology Inc. US Green Building Council. 绿色建筑技术手册 [M].

王长庆，龙惟定，杜鹏飞，等，译 . 北京：中国建筑工业出版社，1999 .
[21] 中国建筑科学研究院 . 绿色建筑在中国的实践 评价・示例・技术 [M]. 北京：中国建筑工业出版社，2007.
[22] 宋德萱 . 节能建筑设计与技术 [M]. 上海：同济大学出版社，2003 .
[23]《绿色建筑景观设计节能技术与整体评估实用手册》编委会 . 绿色建筑景观设计节能技术与整体评估实用手册 [M]. 南昌：红星电子音像出版社，2005.
[24] 姚宏韬 . 场地设计 [M]. 沈阳：辽宁科学技术出版社，2000.
[25] 赵思毅 . 湿地概念与湿地公园设计 [M]. 南京：东南大学出版社，2006.
[26] 李铮生 . 城市园林绿地规划与设计 [M]. 北京：中国建筑工业出版社，2006.
[27] 李敏 . 现代城市绿地系统规划 [M]. 北京：中国建筑工业出版，2002.
[28] 李百战 . 绿色建筑概论 [M]. 北京：化学工业出版社，2007.
[29] 冉茂宇 . 生态建筑 [M]. 武汉：华中科技大学出版社，2014.
[30] 柳孝图 . 建筑物理（第三版）[M]. 北京：中国建筑工业出版社，2010.
[31] 李百战 . 绿色建筑概论 [M]. 北京：化学工业出版社，2007.
[32] 刘加平，等 . 建筑物理（第 3 版）[M]. 北京：中国建筑工业出版社，2003.
[33] 中国建筑标准设计研究院，等 . 全国民用建筑工程设计技术措施—建筑节能专篇 [M]. 北京：中国计划出版社，2007.
[34]（美）M . 戴维. 埃甘，维克多. 欧尔焦伊 . 建筑照明（第 2 版）[M]. 北京：中国建筑工业出版社，2006.
[35] 徐占发 . 建筑节能技术实用手册 [M]. 北京：机械工业出版社，2005.
[36]（美）诺伯特. 莱希纳 . 建筑师技术设计指南 [M]. 张利，译 . 北京：中国建筑工业出版社，2004.
[37]（日）真锅恒博 . 住宅节能概论 [M]. 马俊，荣原，译 . 北京：中国建筑工业出版社，1987.
[38] 张神树,高辉 . 德国低 / 零能耗建筑实例解析 [M]. 北京：中国建筑工业出版社，2007.
[39] 王立雄 . 建筑节能 [M]. 北京：中国建筑工业出版社，2004.
[40] 王崇杰，薛一冰，等 . 太阳能建筑设计 [M]. 北京：中国建筑工业出版社，2007.
[41]（英）Deo Prasad，Mark Snow. 太阳能建一建筑光电一体化 [M]. Images Pnblishing. 2005.
[42] 魏群 . 城市节水工程 [M]. 北京：中国建材工业出版社，2006.
[43] 北京市城市节约用水办公室 . 生活用水器具与节约用水 [M]. 北京：中国建筑工业出版社，2004.
[44] 冉茂宇 . 生态建筑 [M]. 武汉：华中科技大学出版社，2014.
[45] 黄献明，邹涛，栗铁，夏伟 . 生态设计之路—— 一个设计团队的生态设计实践 [M]. 北京：中国建筑工业出版，2009.
[46] 宋晔皓 . 结合自然 整合设计 [M]. 北京：中国建筑工业出版社，2000.
[47]（美）C·亚历山大 H·奈斯 . 城市设计新理论 [M]. 陈治业，童丽萍，译 . 北京：

知识产权出版社，2002.
[48] 欧内斯特 · 斯滕伯格 . 城市设计的整体性理论 [M]. 北京：中国建筑工业出版社，2005.
[49] 华晓宁 . 整合于景观的建筑设计 [M]. 南京：东南大学出版社，2009.
[50] (美) 伦纳德 · R · 贝奇曼 . 整合设计——建筑学的系统要素 [M]. 梁多林，译 . 北京：机械工业出版社，2005.
[51] 马骏 . 创新设计的协同与决策技术 [M]. 北京：科学出版社，2008.
[52] 芮延年，刘文杰，郭旭红 . 协同设计 [M]. 北京：机械工业出版社，2003.
[53] 邓南圣，王小兵 . 生命周期评价 [M]. 北京：化学工业出版社，2003.
[54] TopEnergy 绿色建筑论坛 . 绿色建筑评估 [M]. 北京：中国建筑工业出版社，2007.

二、期刊

[1] 董靓 . 绿色建筑学研究 (1) ——绿色建筑学的涵义及其知识体系初探 [J]. 建筑科学，2007，23 (4)：4-7.
[2] 黄志斌，江泓 . 绿色设计及其自然哲学基础 [J]. 自然辩证法研究，1998，14 (8)：9-11.
[3] (德) 渥尔纳 · 皮特 · 库斯特 . 德国屋顶花园绿化 [J]. 中国园林，2005 (4)：71-75.
[4] 杨冬辉 . 关于城市与城市森林同步规划的思考 [J]. 规划师，2003，19 (1)：25-28.
[5] 陈湘满，姚俊华 . 论城市化进程中的耕地保护机制 [J]. 无锡商业职业技术学院学报，2007 (1)：13-15+74.
[6] 简菊芳 . 屋顶绿化 被遗忘的绿地 [J]. 中国科技财富，2006 (12)：74-78.
[7] 胡连荣 . 屋顶绿化 PK 室内空调 [J]. 知识就是力量，2007 (1)：20-22.
[8] 王少南 . 太阳能建筑技术在国内外的发展 [J]. 新型建筑材料，2006 (1)：44-46.
[9] 王俊岭 . 北京某学校雨水利用设计 [J]. 水资源保护，2006 (1)：50-52.
[10] 全新峰，张克峰，李秀芝 . 国内外城市雨水利用现状及趋势 [J]. 能源与环境，2006 (1)：19-21.
[11] 李静毅，杨志峰，王利强 . 上海世博园区雨水利用的研究及设计思路 [J]. 水处理技术，2007 (6)：81-84.
[12] 梁学广 . 我国中水利用的现状及对策 [J]. 湖南农机，2007 (07)：109-111.
[13] 齐康 . 地方性建筑风格的新创造 [J]. 东南大学学报：自然科学版，1996，26 (6)：1-8.
[14] 曾捷 . 绿色建筑的整体设计思路 [J]. 工程质量，2005 (12)：12-16.
[15] 施骞，徐莉艳 . 绿色建筑评价体系分析 [J]. 同济大学学报 (社会科学版)，2007 (2)：112-117+124.
[16] 刘启波，周若祁 . 绿色住区综合评价指标体系的研究 [J]. 新建筑，2003 (1)：

27-29.
[17] 秦佑国，林波荣，朱颖心 . 中国绿色建筑评估体系研究 [J]. 建筑学报，2007（3）：68-71.
[18] 建设部住宅产业促进中心 . 绿色生态住宅小区建设要点与技术导则 [J]. 住宅科技，2001（6）：3-10.

三、规范

[1] 中华人民共和国建设部 . 建筑隔声评价标准：GB/T 50121—2005[S]. 北京：中国建筑工业出版社，2005.
[2] 中华人民共和国住房和城乡建设部 . 民用建筑隔声设计规范：GB 50118—2010[S]. 北京：中国建筑工业出版社，2010.
[3] 中华人民共和国住房和城乡建设部 . 建筑照明设计标准：GB 50034—2013[S]. 北京：中国建筑工业出版社，2014.
[4] 中华人民共和国住房和城乡建设部 . 建筑采光设计标准：GB 50033—2013[S]. 北京：中国建筑工业出版社，2013.
[5] 中华人民共和国住房和城乡建设部 . 民用建筑热工设计规范：GB 50176—2016[S]. 北京：中国建筑工业出版社，2017.
[6] 中华人民共和国住房和城乡建设部 . 民用建筑工程室内环境污染控制规范：GB 50325—2001（2013 年版）[S]. 北京：中国建设出版社，2013.
[7] 中华人民共和国住房和城乡建设部 . 采暖通风与空气调节设计规范：GB 50736—2012[S]. 北京：中国建筑工业出版社，2012.
[8] 中华人民共和国住房和城乡建设部 . 公共建筑节能设计标准：GB 50189—2015[S]. 北京：中国建筑工业出版社，2015.
[9] 国家质量监督检验检疫总局，中华人民共和国卫生部，国家环境保护总局 . 室内空气质量标准：GB/T 18883—2002[S]. 北京：中国质检出版社，2003.
[10] 中华人民共和国建设部 . 民用建筑热工设计规范：GB 50176—93[S]. 北京：中国计划出版社，1993.
[11] 中国建筑科学研究院 . 民用建筑节能设计标准（采暖居住部分）：JGJ 26—95[S]. 北京：中国建筑工业出版社，1996.
[12] 中国建筑标准设计研究院 . 平屋面改坡屋面建筑构造（03J203）[S]. 北京：中国建筑标准设计研究院，2007.

四、论文

[1] 韩芳垣 . 寒地城市住宅平改坡技术及应用策略 [D]. 哈尔滨：哈尔滨工业大学，2005.
[2] 孙世钧 . 采暖地区既有建筑改造的生态技术问题研究 [D]. 哈尔滨：哈尔滨工业大学，2007.
[3] 邓浩 . 区域整合的建筑技术观 [D]. 南京：东南大学，2002.
[4] 付晓惠 . 绿色建筑整合设计理论及其应用研究 [D]. 成都：西南交通大学，2011.

[5] 李立平 . 绿色生态住宅小区的开发与评价 [D]. 重庆：重庆大学，2004.
[6] 李路明 . 绿色建筑评价体系研究 [D]. 天津：天津大学，2003.

五、论文集及报告

[1] 付晓惠，董靓，王刚，邓俊 . 一种面向绿色建筑整合设计与设计信息管理软件平台 [C]// 全国高等学校建筑学学科专业指导委员会，建筑数字技术教学工作委员会 . 建筑设计信息流——2011 年全国高等学校建筑院系建筑数字技术教学研讨会论文集，2011：71-74.
[2] 清华大学建筑技术科学系 . 海外各国绿色建筑评估体系对比报告 [R].

六、网站

[1] 中国地源热泵服务网 . 地源中央空调的具体介绍 [EB/OL].www.dyrbcn.com.
[2] 中国地源热泵服务网 . 中国北部地区地源热泵示范工程 [EB/OL].www.dyrbcn.com.